Joachim Grehn – Joachim Krause

Metzler Physik 12

Ausgabe Bayern

Dr. Sylvia Becker, Florian Bell
Joachim Grehn, Dr. Andreas Kratzer
Joachim Krause, Gottfried Wolfermann, Ralph Zierke

Schroedel

Metzler Physik 12
Ausgabe Bayern

herausgegeben von
Joachim Grehn und Joachim Krause

bearbeitet von
Dr. Sylvia Becker, Niederroth
Florian Bell, München
Joachim Grehn, Kiel
Dr. Andreas Kratzer, München
Joachim Krause, Neumünster
Ralph Zierke, Planegg

Unter Mitarbeit von:
Gottfried Wolfermann, Schwabach

Druck A[1] / Jahr 2010

Alle Drucke der Serie A sind im Unterricht parallel verwendbar.

Redaktion: Bernd Trambauer
Fotos: Michael Fabian, Hans Tegen
Grafik: New Vision, Bernhard Peter; Birgit Schlierf; 2&3d. design, R. Diener, W. Gluszak; take five, J. Seifried
Computergrafik: Dr. Joachim Bolz; Joachim Krause; Dr. Monika Scholz-Zemann; Dr. Heiner Schwarze
Umschlaggestaltung: Janssen Kahlert Design & Kommunikation GmbH, Hannover
Satz: CMS – Cross Media Solutions GmbH, Würzburg
Druck und Bindung: westermann druck GmbH, Braunschweig

ISBN 978-3-507-**10707**-6

Vorwort

Liebe Schülerin, lieber Schüler!

Die bayerische Ausgabe der „Metzler Physik“, von der hier der Band für die Jahrgangsstufe 12 vorliegt, möchte Ihnen auch weiterhin ein verlässlicher und hilfreicher Begleiter in Ihrem Physikunterricht in der Oberstufe sein.

Im Unterricht der 11. Jahrgangsstufe haben Sie sich mit der klassischen Elektrodynamik, also der Lehre vom elektrischen und magnetischen Feld, von der elektromagnetischen Induktion und von den elektromagnetischen Schwingungen und Wellen und ihren technischen Anwendungen beschäftigt. Daneben haben Sie einen Einblick in die Relativitätstheorie gewonnen, die nicht mehr zur klassischen Physik zählt, sondern eine wesentliche Grundlage der modernen Physik darstellt.

Der Unterricht der 12. Jahrgangsstufe steht ganz im Zeichen der modernen Physik, deren zweiter Grundpfeiler neben der Relativitätstheorie die Quantenphysik ist. Die Atomphysik und die Kernphysik sind ebenso wie die Elementarteilchenphysik nur über die Quantenphysik zu verstehen, in die dieser Band einführt. Damit lernen Sie die wichtigsten Grundlagen der modernen Physik kennen.
Ein Kapitel über Physik und Wissenschaftstheorie behandelt die philosophischen und erkenntnistheoretischen Grundlagen, auf denen die Naturwissenschaft Physik beruht.
Sie werden wiederum erfahren, dass die Physik zur Erklärung der Phänomene erfolgreich vereinfachende Modelle wie das Ihnen schon bekannte Teilchenkonzept, das Feldkonzept und das Wellenkonzept benutzt, die eine mathematische Beschreibung ermöglichen.

Es ist allerdings nicht einfach, Physik allein durch das Studium eines Buches zu begreifen. Nach wie vor ist daher der Unterricht, in dem experimentiert und über Beobachtungen und Erklärungen diskutiert wird, unverzichtbar für den Erkenntnisprozess, der zu einem Verstehen der Physik führt.

So soll Ihnen dieses Buch einerseits zum Nacharbeiten und Vertiefen des im Unterricht Behandelten dienen und andererseits als Anregung und Vorbereitung auf den Unterricht oder zu seiner Ergänzung.
Ziel ist es, dass Sie mithilfe der Physik unsere komplizierte Welt, die von Naturwissenschaft und Technik geprägt ist, besser begreifen lernen und Nutzen und Gefahren, die aus ihnen resultieren, kompetent beurteilen können.

Wir wünschen Ihnen dabei Freude und Gewinn.

Zu diesem Buch

Das vorliegende Buch ist Teil des dreibändigen Unterrichtswerks „Metzler Physik Ausgabe Bayern“ für die Oberstufe des Gymnasiums. Das Unterrichtswerk umfasst die „Physik“-Bände für die 11. und die 12. Jahrgangsstufe sowie einen Band „Astrophysik“ für die Lehrplanalternative Astrophysik der 12. Jahrgangsstufe.
Hervorgegangen sind diese Bände aus dem seit vielen Jahren bewährten einbändigen Oberstufenlehrbuch „Metzler Physik“ des Schroedel Verlages.

Kennzeichen dieser Bearbeitung der „Metzler Physik“, die sich streng an den neuen bayerischen Lehrplan hält, ist die an Experimenten orientierte Konzeption. Besonderer Wert ist auf die exakte Definition der verwendeten Begriffe gelegt. Damit wird auf eine der wesentlichen Schwierigkeiten im Physikunterricht reagiert, dass die Schülerinnen und Schüler sich häufig nicht im Klaren sind über die Bedeutung eines physikalischen Begriffs.

Jedem Kapitel ist eine *Einführung* vorangestellt, die keine abschließenden Informationen enthält, sondern die für die folgenden Darstellungen notwendigen Inhalte der Mittelstufe. Jedes Unterkapitel behandelt in abgeschlossener Form ein Thema. Die *verbindlichen Inhalte* des bayerischen Lehrplans sind in größerer Schrift gesetzt. Definitionen, Begriffsbildungen und Gesetze sind mit einem grünen Balken an der Seite versehen. *Weiterführende Erörterungen* und *Ergänzungen* erscheinen in kleinerer Schrift und grüner Punktung am Rand. Durch grüne Umrandung sind *Anwendungen aus Umwelt und Technik* sowie *historische und erkenntnistheoretische Betrachtungen* der Physik als Exkurse vom verbindlichen Sachtext abgehoben. *Methodenbildungen* sind als solche gekennzeichnet und von den Sachtexten durch grüne Linien abgesetzt. Am Schluss eines Kapitels wird das Grundwissen zusammengefasst. Aufgaben stehen am Ende der Sachtexte und Kapitel, vernetzende Aufgaben am Ende des Buches. Musteraufgaben mit Lösungen sollen helfen, Strategien für das Lösen von Aufgaben zu entwickeln.

Dank gilt dem Verlag für die intensive Betreuung und die hervorragende Ausstattung des Werkes. Dank gilt ebenso allen, die mit Rat und Auskunft geholfen haben.

München im Frühjahr 2010

Joachim Grehn und Joachim Krause

INHALTSVERZEICHNIS

1 Eigenschaften von Quantenobjekten

2 Ein Atommodell der Quantenphysik

3 Kernphysik

4 Aufbau der Materie

5 Physik und Wissenschaftstheorie

6 Anhang

Bildquellenverzeichnis

1 EIGENSCHAFTEN VON QUANTENOBJEKTEN

Quantenobjekte sind Gegenstände der *Mikrophysik*, wie z.B. Elektronen, Atome und Atomkerne oder auch Photonen, also Objekte, deren Verhalten nicht mehr mit der sogenannten *klassischen Physik* beschrieben werden kann. Die Theorie, die das Verhalten von Quantenobjekten beschreibt, ist die *Quantenphysik* oder *Quantenmechanik*.

In der Quantenphysik hat sich gezeigt, dass viele Größen nur in Vielfachen von bestimmten kleinsten Beträgen, sogenannten *Quanten* (quantum, lat.: wie viel) auftreten. So sind z.B. elektrische Ladungen stets Vielfache der kleinsten Ladung, der Elementarladung $e = 1{,}602 \cdot 10^{-19}$ As.

Der Ursprung der Quantenphysik liegt in der Thermodynamik. Die Energie der Strahlung, die von einem Körper ausgeht, ist über viele verschiedene Wellenlängen verteilt, wobei das Maximum der *Intensität* der Strahlung von der Temperatur des Körpers abhängt. Die Intensität ist definiert als Quotient aus Energie E, die in der Zeit Δt auf die Fläche ΔA trifft, und dem Produkt aus der Fläche ΔA und der Zeit Δt:

$$I = \frac{E}{\Delta A \, \Delta t}$$

Zur Berechnung der Abhängigkeit der Intensität I von der Wellenlänge λ (**Abb. 6.1**) musste Max PLANCK (1858–1947) im Jahre 1900 die ihm sehr widerstrebende Annahme machen, dass Strahlung nur in bestimmten Energiequanten abgegeben wird.

Einen weiteren Schritt zur Entwicklung der Quantenphysik machte EINSTEIN im Jahre 1905 mit seiner Deutung des *lichtelektrischen Effekts*, bei dem Licht aus metallischen Oberflächen Elektronen auslöst. Die Energie dieser Elektronen hängt nicht von der Intensität des Lichtes ab, sondern nur von dessen Frequenz. Nach EINSTEIN liegt die Energie des Lichtes einer bestimmten Frequenz f bei der Wechselwirkung mit dem Metall stets in Vielfachen einer kleinsten Einheit, dem Photon, vor.

Diese Annahme bzw. Deutung einer quantenhaften Emission und Absorption von Strahlung war unvereinbar mit der bis dahin geltenden, *klassischen* Auffassung der Physik, nach der Wärmestrahlung bzw. Licht eine Wellenerscheinung ist, wie durch eine Vielzahl von Interferenzexperimenten unwiderlegbar gezeigt wird. Nach der klassischen Physik ist Licht eine elektromagnetische Welle, die sich mit Lichtgeschwindigkeit ausbreitet und deren Energie kontinuierlich veränderbar ist. In dieser Theorie hatten Energiequanten keinen Platz.

Ein weiterer experimenteller Befund einer Quantelung war die von J. FRANCK und G. HERTZ 1913 festgestellte quantenhafte Energieabgabe beschleunigter Elektronen an Atome, die zeigte, dass Atome ganz bestimmte Energiezustände besitzen und nur die Energiedifferenzen zwischen diesen Zuständen absorbieren können.

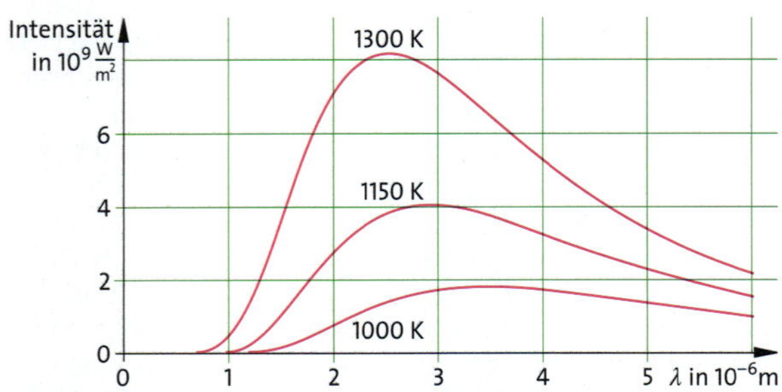

6.1 Die Intensität der Strahlung eines Körpers bei drei verschiedenen Temperaturen in Abhängigkeit von der Wellenlänge. Das Maximum verschiebt sich mit höherer Temperatur zur kürzeren Wellenlänge hin.

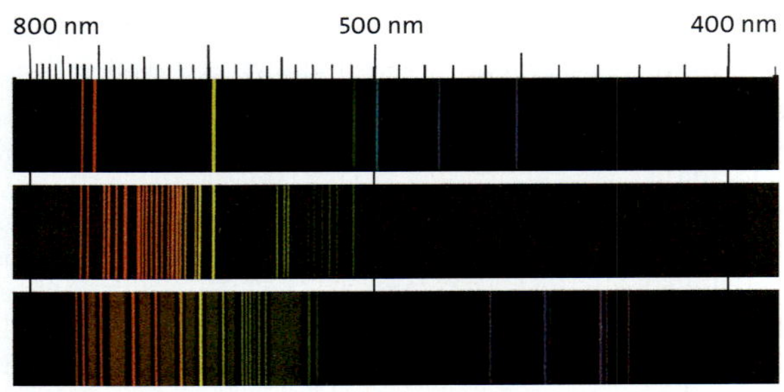

6.2 Diskrete Linienspektren der Gase Helium (oben), Neon (Mitte) und Argon (unten). Jeder Linie mit einer bestimmten Wellenlänge λ entspricht nach der Gleichung $c = \lambda f$ eine bestimmte Frequenz f und somit Quanten bestimmter Energie.

Nur diese Energiedifferenzen geben die Atome auch wieder ab, wie Spektren von Gasen mit diskreten Wellenlängen zeigen (**Abb. 6.2**).

Ein weiterer Schritt zur Entwicklung der Quantenphysik war die theoretische Berechnung der Lichtwellenlängen, die vom Wasserstoffatom ausgesandt werden, durch Niels BOHR (1885–1962) im Jahr 1913. Er führte für die Bahnen der Elektronen, die nach dem von RUTHERFORD entwickelten Atommodell um den Atomkern kreisen, sogenannte *Quantenbedingungen* ein. Danach sind nur ganz bestimmte Radien der Elektronenbahnen möglich. Unbefriedigend an dieser Vorgehensweise war jedoch, dass diese Bedingungen nicht logisch aus einem physikalischen Sachverhalt abgeleitet, sondern willkürlich gesetzt wurden. Einer Lösung dieser Problematik kam im Jahr 1924 Louis DE BROGLIE (1892–1987) näher, als er in einer Symmetriebetrachtung für Elektronen auf dieselben Eigenschaften schloss, die auch das Licht besitzt. Licht breitet sich im Raum als Welle aus und verhält sich bei der Absorption und Emission als Photon wie ein Teilchen. Also schlug DE BROGLIE vor, dass Elektronen sich bei ihrer Ausbreitung im Raum wie eine Welle verhalten sollten. Die Richtigkeit dieser Annahme zeigt die **Abb. 7.1 b)**, bei der Elektronen beim Durchgang durch pulverisiertes Aluminium ein gleichartiges Interferenzmuster erzeugen wie Röntgenstrahlung, also wie Lichtwellen (**Abb. 7.1 a**). Interferenzerscheinungen sind ein eindeutiger Beweis für das Vorliegen von Wellen.

Die offensichtliche Widersprüchlichkeit des Auftretens von Teilcheneigenschaft und Welleneigenschaft sowohl bei Licht als auch bei Elektronen – also bei Materie – löst sich dadurch auf, dass die Welleneigenschaft eine Information über die Wahrscheinlichkeit darstellt, Photonen bzw. Elektronen in einem betrachteten Raumpunkt anzutreffen.

Alle diese verschiedenen Einzelschritte von PLANCKS Strahlungsformel und EINSTEINS Deutung des lichtelektrischen Effekts über BOHRS Quantenbedingungen für das Wasserstoffatom und DE BROGLIE's Wellen für die Ausbreitung von Elektronen mündeten schließlich in einer geschlossenen Theorie, der Quantenphysik.

Erwin SCHRÖDINGER (1887–1961) stellte 1926 eine Differentialgleichung auf, bei deren Anwendung auf das Wasserstoffatom allein aus Randbedingungen ohne weitere willkürliche Annahmen die diskreten Energiezustände des Atoms folgen. Als Lösung der Differentialgleichung ergibt sich eine sogenannte Wellenfunktion, deren Amplitude eine Aussage über die Antreffwahrscheinlichkeit des Elektrons im Atom macht.

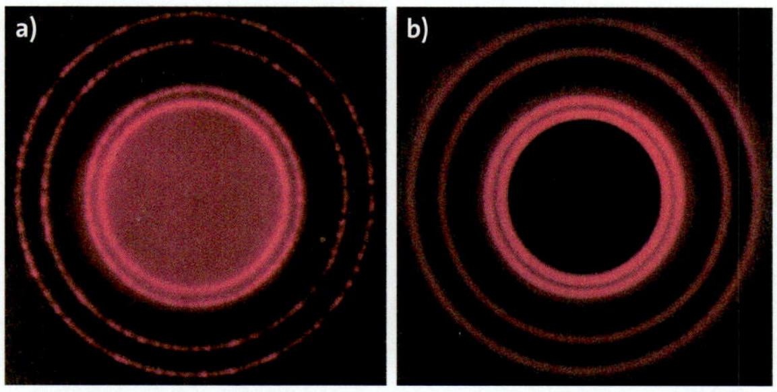

7.1 Ein Elektronenstrahl erzeugt nach dem Durchgang durch pulverisiertes Aluminium, also durch eine Vielzahl ungeordnet liegender Aluminiumkristalle, ein gleiches Interferenzmuster **(a)** wie Röntgenlicht **(b)**.

Schon 1925 hatte Werner HEISENBERG (1901–1976) seine *Quantenmechanik* geschaffen, die sich als identisch mit der Schrödinger'schen *Wellenmechanik* erwies. Im Rahmen dieser Theorie leitete HEISENBERG 1927 die nach ihm benannte *Unschärferelation* her, nach der es grundsätzlich nicht möglich ist, für ein Teilchen gleichzeitig mit beliebiger Genauigkeit seinen Ort und seinen Impuls anzugeben. Diese Unbestimmtheit beruht nicht auf einer Unzulänglichkeit des Messvorganges, sondern ist grundsätzlicher Natur.

Aus der Unschärferelation ergibt sich auch, dass die Bohr'sche Theorie des Wasserstoffatoms (mit dem auf einer definierten Bahn mit bestimmter Geschwindigkeit um den Atomkern umlaufendem Elektron) diesem Sachverhalt unangemessen ist. Der Vergleich der Bohr'schen Ergebnisse mit denen der quantenphysikalischen Behandlung zeigt, dass der Ort des Elektrons im Wasserstoffatom unbestimmt ist, dass jedoch die Wahrscheinlichkeit, das Elektron in einer Kugelschale mit dem von BOHR berechneten Radius anzutreffen, am größten ist.

Die Quantenphysik macht über Licht und submikroskopische Objekte folgende Aussagen:

> Licht ist nicht nur eine elektromagnetische Welle, sondern auch eine Wahrscheinlicheitswelle, die sich im Raum ausbreitet.
> Licht wird in Form von Photonen emittiert und absorbiert.
> Das Verhalten von submikroskopischen Quantenobjekten wie Elektronen oder Photonen wird im Raum durch eine Wahrscheinlichkeitswelle beschrieben.
> Für Quantenobjekte gilt die Unschärferelation, nach der die Genauigkeit einer gleichzeitigen Angabe von Ort und Impuls einer grundsätzlichen Grenze unterliegt.

1.1 Die Quantelung elektromagnetischer Strahlung

Durch elektromagnetische Strahlung, d.h. mit einer elektromagnetischen Welle (→ Bd. 11, 5.2) wird Energie transportiert, die in einem oszillierenden elektromagnetischen Feld enthalten ist. Zur Beschreibung eines solchen Wechselfeldes ist die Beschränkung auf das elektrische Feld ausreichend. Die Energiedichte des elektrischen Feldes ist proportional zum Quadrat der Amplitude der elektrischen Feldstärke $\hat{E}^2$ (→ Bd. 11, 1.2.2). Damit ist auch die Intensität I der Strahlung, also die Energie, die pro Zeiteinheit auf eine Flächeneinheit trifft, proportional zum Quadrat der Amplitude $\hat{E}^2$ der elektromagnetischen Welle.

> Die Intensität einer elektromagnetischen Welle ist proportional zum Quadrat ihrer Amplitude: $I \sim \hat{E}^2$.

1.1.1 Der lichtelektrische Effekt

Durch Bestrahlung mit Licht können Elektronen aus Metalloberflächen herausgelöst werden. Dieser bereits aus der Mittelstufe bekannte *Fotoeffekt* oder *lichtelektrische Effekt* (→ Bd. 11, 3.1) lässt sich mit einem einfachen Versuch nach W. HALLWACHS demonstrieren.

Versuch 1: Eine blank geschmirgelte Zinkplatte ist mit einem Elektroskop verbunden. Die Platte wird elektrisch geladen und mit dem Licht einer Quecksilberdampflampe bestrahlt (**Abb. 8.1**).
Beobachtung: Wurde die Platte negativ aufgeladen, geht der Ausschlag des Elektroskops während der Bestrahlung rasch zurück, d.h. die Platte entlädt sich. Wurde sie positiv aufgeladen, bleibt die Aufladung der Platte erhalten. ◂

Licht ist in der Lage, negativ geladene Elektronen aus einer Metalloberfläche herauszulösen (**Fotoelektronen**). Dazu muss es Energie an die Elektronen übertragen.

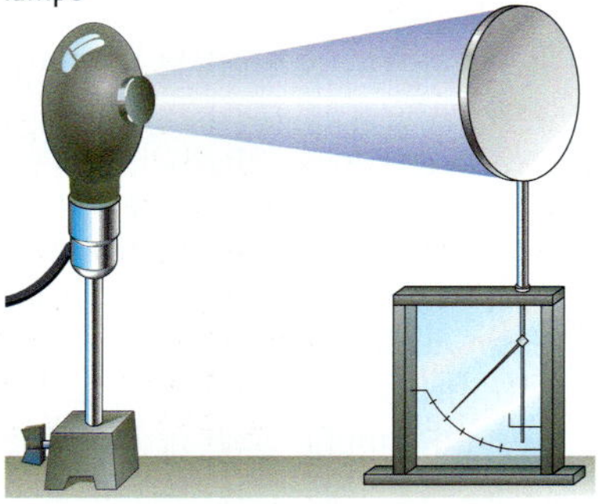

8.1 Grundversuch zum lichtelektrischen Effekt: Eine negativ geladene Metallplatte entlädt sich bei Bestrahlung mit einer Quecksilberdampflampe, eine positiv geladene nicht.

Bei einem Sonnenbad führt die übertragene Energie zu einer Bräunung der Haut. Hinter einer Glasscheibe, die für den im Sonnenlicht enthaltenen UV-Anteil undurchlässig ist, findet jedoch keine Bräunung statt. Es stellt sich die Frage, weshalb der UV-Strahlung bei der Bräunung eine besondere Rolle zukommt und weshalb selbst bei intensiver Bestrahlung mit sichtbarem Licht keine Bräunung stattfindet.

Mit einer Abwandlung von Versuch 1 lassen sich der Einfluss der im Spektrum der Quecksilberdampflampe enthaltenen UV-Strahlung und die Auswirkung einer veränderten Intensität der Bestrahlung untersuchen.

Versuch 2: Die Zinkplatte und eine spiralförmige Elektrode werden in Reihe mit einem Strommessverstärker an ein Hochspannungsnetzgerät angeschlossen. Durch die Spiralelektrode hindurch wird die Zinkplatte mit dem Licht der Quecksilberdampflampe bestrahlt (**Abb. 9.1**). In den Strahlengang kann zur Abschirmung der im Quecksilberspektrum enthaltenen UV-Strahlung eine Glasscheibe eingebracht werden.
Beobachtung: Das Messgerät zeigt einen elektrischen Strom an. Wird die Glasscheibe in den Strahlengang gehalten, sinkt die Stromstärke sofort auf null ab. Nach Entfernen der Glasscheibe steigt die Stromstärke ohne Verzögerung wieder auf den ursprünglichen Wert an.
Erklärung: Aus der Zinkplatte werden Fotoelektronen herausgelöst, die sich im elektrischen Feld zur Spiralelektrode hin bewegen, sodass der Messverstärker einen Strom anzeigt. Die Stromstärke ist proportional zur Anzahl der in der Zeiteinheit ausgelösten Elektronen.
Da die Glasscheibe den UV-Anteil der Strahlung abschirmt, muss für das Herauslösen der Elektronen auf der Zinkplatte allein die UV-Strahlung verantwortlich sein. ◂

Es verwundert, dass in Versuch 2 der Fotoeffekt nur bei kurzwelliger UV-Bestrahlung eintritt: Nach der klassischen Physik hängt die durch eine elektromagnetische Welle übertragene Energie allein von ihrer Amplitude und nicht von ihrer Frequenz ab.
Bemerkenswert ist weiter, dass *sofort* nach dem Entfernen der Glasscheibe (oder einer Blende) genügend Energie vorhanden ist, um Elektronen aus der Zinkplatte herauszulösen. Nach der klassischen Lichtwellentheorie kann unter der Annahme, dass die Lampe in alle Richtungen gleichmäßig abstrahlt und sich die Strahlungsenergie gleichmäßig auf der Zinkplatte verteilt, die Zeitspanne Δt abgeschätzt werden, die durchschnittlich nötig ist, um einem Elektron die zum Austritt nötige Strahlungsenergie zuzuführen.

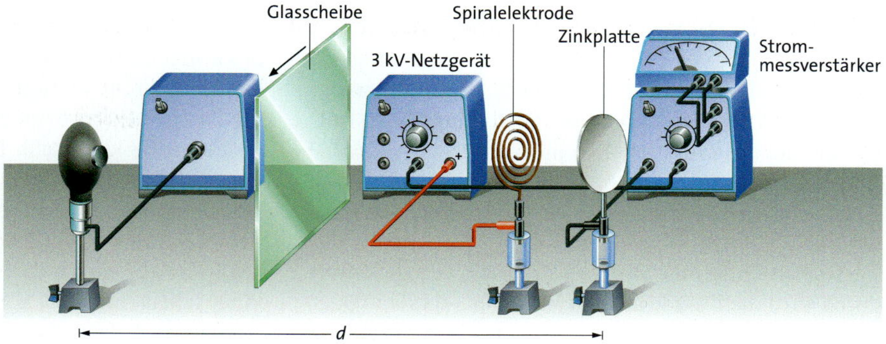

9.1 Messung des Fotostroms: Im elektrischen Feld zwischen den Elektroden fließt bei Beleuchtung der Zinkplatte mit einer UV-Lampe ein elektrischer Strom. Die Glasscheibe zwischen der Lampe und den Elektroden verhindert den Effekt. Eine Halbierung des Abstandes zwischen Lampe und Zinkplatte bewirkt eine Vervierfachung der Fotostromstärke.

Zum Herauslösen eines der im Material frei beweglichen Leitungselektronen aus der Metalloberfläche ist eine vom Material abhängige **Austrittsenergie E_A** erforderlich. Die spezifischen Werte für die Austrittsenergie sind in physikalischen Tabellenwerken aufgelistet, für Zink ist $E_A = 4{,}3$ eV. In → 1.1.2 wird gezeigt, wie Austrittsenergien gemessen werden können.
Vereinfachend wird davon ausgegangen, dass jedes Zinkatom ein Elektron zu den Leitungselektronen beiträgt. Das bedeutet, dass für ein Leitungselektron durchschnittlich die Menge an Energie zur Verfügung steht, die auf die Querschnittsfläche A_{Atom} eines Zinkatoms eingestrahlt wird. Der reflektierte Anteil der Strahlungsenergie wird vernachlässigt.
Aus der Strahlungsleistung P der Lampe und ihrem Abstand d zur Zinkplatte lässt sich die für ein Leitungselektron zur Verfügung stehende Strahlungsleistung P_e in einer Modellrechnung abschätzen.
Für $P = 20$ W und $d = 1$ m ergibt sich

$$\frac{P_e}{P} = \frac{A_{\text{Atom}}}{A_{\text{Kugel}}} = \frac{\pi r_{\text{Atom}}^2}{\pi 4 d^2} \quad \text{und daraus}$$

$$P_e = \frac{r_{\text{Atom}}^2}{4d^2} P = \frac{(10^{-10}\text{ m})^2}{4 \cdot (1\text{ m})^2} \cdot 20\text{ W} = 0{,}3\text{ eV/s}.$$

Damit kann Δt näherungsweise berechnet werden:

$$\Delta t = \frac{E_A}{P_e} = \frac{4{,}3\text{ eV}}{0{,}3\text{ eV/s}} \approx 14\text{ s}$$

Es müsste also eine merkliche Zeit dauern, bis nach dem Entfernen der Glasscheibe der Fotoeffekt einsetzt. Das verzögerungslose Einsetzen des Fotostroms steht damit im Widerspruch zur Annahme einer gleichmäßigen Verteilung der Strahlungsenergie und damit auch im Widerspruch zur klassischen Lichtwellentheorie.

Der folgende Versuch untersucht den Einfluss der Strahlungsintensität auf die Anzahl der Fotoelektronen.

Versuch 3: Die Intensität des Lichtes auf der Zinkplatte wird geändert, indem der Abstand zwischen der Platte und der Lampe variiert wird, denn die von einem Strahlungskegel beleuchtete Fläche ist proportional zum Quadrat des Abstandes der Fläche von der Lichtquelle.
Beobachtung: Die Stromstärke und damit die Anzahl der in der Zeiteinheit ausgelösten Elektronen wächst mit der Intensität an. Bei Halbierung des Abstandes, also bei vierfacher Strahlungsintensität (→ S. 83), wird auch die vierfache Fotostromstärke gemessen.
Befindet sich die Glasscheibe im Strahlengang, so geht die Stromstärke auf den Wert null zurück, auch bei stark erhöhter Intensität. Es werden dann also keine Elektronen mehr ausgelöst. ◂

Eine Veränderung der Intensität der UV-Strahlung führt zu einer entsprechend geänderten Anzahl der Fotoelektronen. Sichtbares Licht hingegen kann den Fotoeffekt auch bei hoher Intensität nicht auslösen. Offensichtlich spielt die Frequenz der Strahlung die entscheidende Rolle bei der Energieübertragung.

Das Auftreten des Fotoeffekts hängt von der Frequenz der Strahlung ab, nicht von ihrer Intensität.
Eine Erhöhung der Intensität führt zu einer höheren Fotostromstärke, falls die Frequenz der Strahlung für das Herauslösen der Fotoelektronen ausreicht.
Das verzögerungslose Einsetzen des Fotoeffekts kann ebenso wie die Frequenzabhängigkeit mit der Auffassung von Licht als elektromagnetischer Welle nicht erklärt werden.

Aufgaben

1. „Die Energie einer Schwingung ist proportional zum Quadrat ihrer Amplitude und unabhängig von der Frequenz.“ Erörtern Sie die Gültigkeit dieser Aussage am Beispiel eines ungedämpften elektromagnetischen Schwingkreises.
2. Berechnen Sie die Strahlungsleistung, die eine Quecksilberdampflampe haben müsste, um nach dem klassischen Wellenbild auf einer Zinkplatte im Abstand $d = 1{,}0$ m den Fotoeffekt innerhalb von 1,0 s auslösen zu können.
Vergleichen Sie Ihr Ergebnis mit der elektrischen Leistungsaufnahme der Quecksilberdampflampe von 250 W.

1.1.2 Das Planck'sche Wirkungsquantum

Die Verwendung anderer Metalle, z. B. Caesium, ermöglicht es, den Fotoeffekt auch bei Bestrahlung mit sichtbarem Licht auszulösen. In einer speziellen Fotozelle sind eine Caesiumkatode und eine ringförmige Anode in einem evakuierten Glaskolben eingeschlossen (**Abb. 10.1**).

Versuch 1: Durch die Ringelektrode der Fotozelle hindurch wird die Katode aus Caesium mit Tageslicht oder dem Licht einer Glühlampe beleuchtet (**Abb. 10.1a**). Die beiden Elektroden sind über ein Strommessgerät miteinander verbunden.
Beobachtung: Im Stromkreis fließt ohne eine extern angeschlossene Spannungsquelle ein Strom.
Ergebnis: Der Versuch zeigt, dass Elektronen, durch das Licht ausgelöst, aus der Metallschicht austreten und sich zur gegenüberliegenden Elektrode bewegen. Diese Fotoelektronen müssen nach dem Verlassen des Metalls eine Geschwindigkeit besitzen, also eine kinetische Energie haben, die nur vom Licht stammen kann. ◂

Mit dem nächsten Versuch soll die kinetische Energie der Fotoelektronen bestimmt werden.

Versuch 2: Parallel zur beleuchteten Fotozelle werden ein Kondensator und ein Spannungsmessgerät angeschlossen (**Abb. 10.1b**).
Beobachtung: Die Spannung am Kondensator steigt bis auf einen Grenzwert an.
Ergebnis: Elektronen werden aus der Caesiumschicht herausgelöst. Etliche Fotoelektronen gelangen zur Ringelektrode und bewirken somit eine Aufladung des Kondensators. Mit der Ladung auf dem Kondensator steigt auch die Spannung. Nach Erreichen des Grenzwertes U_0 findet keine weitere Aufladung mehr statt. ◂

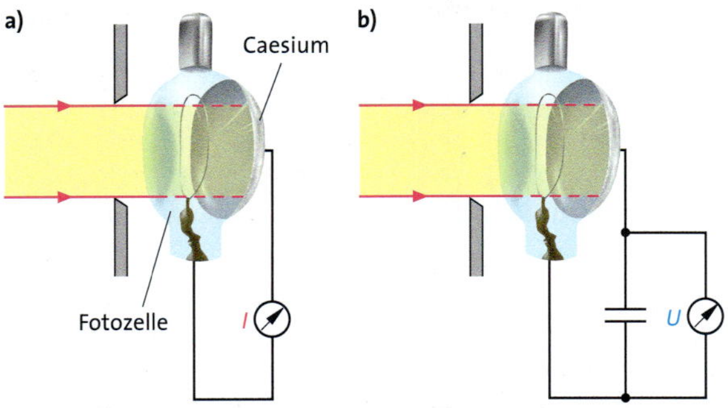

10.1 a) Sichtbares Licht löst in der Fotozelle Elektronen aus der auf der Rückwand aufgedampften Caesiumschicht. Etliche Fotoelektronen gelangen zur linken Ringelektrode.
b) Die Fotoelektronen laden einen Kondensator auf. Aus dem Grenzwert der Spannung lässt sich die kinetische Energie der Fotoelektronen zu Beginn der Bewegung bestimmen.

Die Elektronen haben, wenn sie gegen die Spannung U des Kondensators angelaufen sind, die Energie $E_{pot} = e\,U$ (→ Bd. 11, Kap. 1) abgegeben. Dies setzt voraus, dass die Elektronen zuvor über eine höhere oder zumindest gleich große kinetische Energie verfügt haben. Wenn kein Fotoelektron mehr genügend kinetische Energie hat, um gegen die Spannung U anzulaufen, stellt sich der Grenzwert U_0 der Kondensatorspannung ein. Dann ist $E_{pot} = e\,U_0$ gleich der beim Auslösen vorhandenen kinetischen Energie E_{kin} der Elektronen. Aus dem Grenzwert U_0 lässt sich so auf E_{kin} schließen.

Bislang wurde die Fotozelle mit „weißem" Licht beleuchtet. Um Abhängigkeiten von der Frequenz des Lichts zu untersuchen, lassen sich aus dem weißen Licht Anteile bestimmter Frequenzen herausfiltern. Besonders einfach ist dies bei Verwendung des Lichts einer Quecksilberdampflampe. Ihr Licht weist, spektral zerlegt, wenige diskrete Linien unterschiedlicher Frequenz auf, die sich durch Farbfilter auswählen lassen.

Versuch 3: Die Fotozelle wird jeweils mit einer bestimmten Wellenlänge bzw. Frequenz aus dem Licht der Quecksilberdampflampe bestrahlt (**Abb. 10.1b**). Ein *t-y*-Schreiber zeichnet zu jeder Frequenz den zeitlichen Verlauf der Kondensatorspannung U auf.
Ergebnis: Der Fotostrom lädt den Kondensator auf. Bei $\lambda = 546$ nm (grünes Licht) erreicht die Endspannung $U_0 = 0{,}40$ V, bei $\lambda = 436$ nm (blaues Licht) 1,05 V und bei $\lambda = 405$ nm (violettes Licht) 1,19 V (**Abb. 11.1**). Die aus den Wellenlängen mit $f = c/\lambda$ berechneten Frequenzwerte zeigen, dass die Spannungsgrenzwerte U_0 mit der Frequenz wachsen. Das violette Licht überträgt offenbar mehr Energie auf das einzelne Elektron als das blaue oder grüne. ◂

> Beim lichtelektrischen Effekt erhält das einzelne Fotoelektron einen Energiebetrag, der von der Frequenz der Strahlung abhängt. Je höher die Frequenz, desto größer der Energiebetrag.

Im Folgenden wird der Einfluss der Intensität untersucht. Dazu wird Versuch 3 mit Licht einer beliebigen Frequenz wiederholt.

Versuch 4: Bei unterschiedlichen Intensitäten bzw. unterschiedlichen Abständen zwischen Lichtquelle und Fotozelle wird die Aufladung des Kondensators gemessen (**Abb. 11.2**).
Beobachtung: Die Zeitspanne, die der Kondensator zum Erreichen der Endspannung benötigt, verlängert sich bei geringerer Intensität. Der Grenzwert U_0 der Spannung bleibt dagegen konstant, ist also unabhängig von der Intensität.

Ergebnis: Die kinetische Energie der Fotoelektronen ist unabhängig von der Intensität des Lichtes. Eine geringere Intensität bewirkt eine geringere Anzahl der in der Zeiteinheit ausgelösten Fotoelektronen. Durch den geringeren Ladestrom verzögert sich die Aufladung des Kondensators. ◂

> Der auf das einzelne Elektron übertragene Energiebetrag ist von der Intensität unabhängig. Die Intensität des Lichts bestimmt die Anzahl der in der Zeiteinheit ausgelösten Elektronen.

Aus dem Grenzwert der Spannung U_0 lässt sich $E_{pot} = e\,U_0$ und damit E_{kin} berechnen. Der untere Graph in **Abb. 11.3** zeigt den linearen Zusammenhang zwischen der kinetischen Energie der Fotoelektronen und der Frequenz f des Lichtes. Unterhalb der **Grenzfrequenz f_G** bzw. oberhalb der **Grenzwellenlänge $\lambda_G = c/f_G$** werden keine Elektronen aus dem Metall herausgelöst, da die übertragene Energie kleiner ist als die zum Auslösen aus der Metalloberfläche nötige **Austrittsenergie E_A**. Die Gesamtenergie E, die vom Licht an ein Elektron übertragen wird ist $E_{kin} + E_A = E$. Der obere Graph in **Abb. 11.3** zeigt die direkte Proportionalitätvon E und f.

> Licht der Frequenz f überträgt an ein ausgelöstes Elektron die kinetische Energie $E_{kin} = hf - E_A$. Unterhalb der Grenzfrequenz $f_G = E_A/h$ tritt kein Fotoeffekt auf.

Aus der Steigung der Geraden, die für alle Katodenmaterialen gleich ist, lässt sich die Konstante h berechnen:

$$h = \frac{E_2 - E_1}{f_2 - f_1} = \frac{(1{,}91 - 0{,}64) \cdot 10^{-19}}{(7{,}40 - 5{,}49) \cdot 10^{14}} \frac{\text{J}}{\text{s}^{-1}} = 6{,}6 \cdot 10^{-34}\ \text{Js}$$

Die Konstante h erhielt von Max PLANCK den Namen **Wirkungsquantum**. Die Bezeichnung gründet sich auf den physikalischen Begriff der Wirkung als Produkt aus Energie und Zeit mit der Einheit Js.

> Das **Planck'sche Wirkungsquantum** **$h = 6{,}626 \cdot 10^{-34}$ Js** ist die universelle Naturkonstante der Quantenphysik.

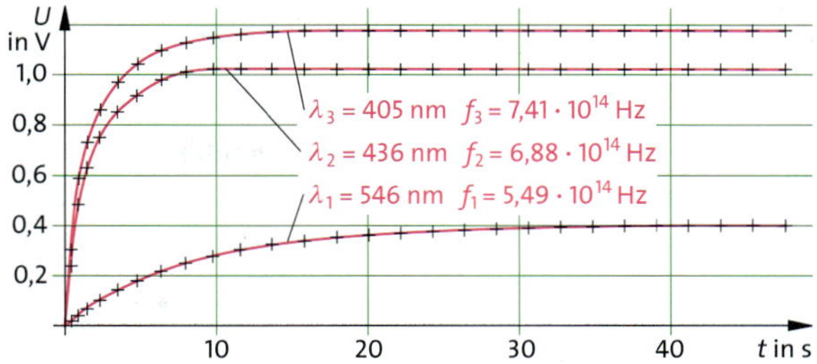

11.1 Licht mit höherer Frequenz überträgt mehr Energie auf das einzelne Elektron. Mit der höheren kinetischen Energie können die Fotoelektronen den Kondensator auf eine höhere Spannung aufladen. Erst wenn die Spannung des Kondensators $U = U_0$ ist, erreichen keine weiteren Fotoelektronen die Kondensatorplatte, die Aufladung ist abgeschlossen.

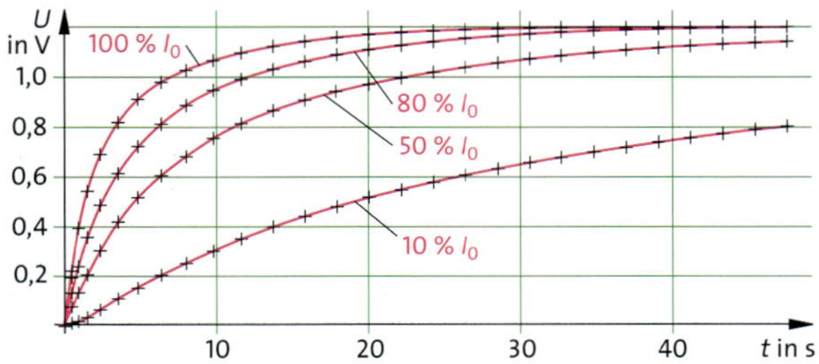

11.2 Bei fester Wellenlänge (λ = 405 nm) wird die Intensität geändert. Je größer die Intensität der Strahlung, desto mehr Fotoelektronen werden im Zeitintervall erzeugt; damit steigt der Ladestrom und der Grenzwert der Spannung wird schneller erreicht. Der Grenzwert U_0 ist stets gleich.

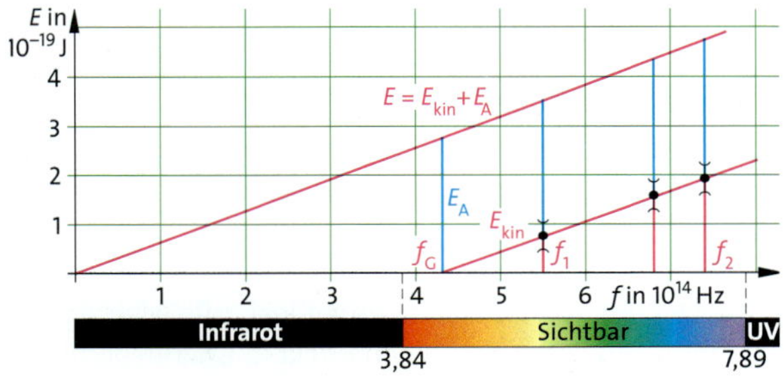

11.3 Die kinetische Energie E_{kin} der Fotoelektronen steigt linear mit der Frequenz. Der Fotoeffekt setzt erst oberhalb der Grenzfrequenz f_G ein. Die Gesamtenergie E ist proportional zur Frequenz. Die Steigung des f-E-Graphen ist $h = 6{,}6 \cdot 10^{-34}$ Js.

Aufgaben

1. Berechnen Sie jeweils die Energie, die UKW-Strahlung (f = 90 MHz), Mobilfunkstrahlung (f = 1,8 GHz) und Röntgenstrahlung (λ = 1,0 nm) an ein Elektron übertragen kann.
2. Die Austrittsenergie von Zink beträgt 4,3 eV.
   a) Berechnen Sie die Grenzwellenlänge, unterhalb der der Fotoeffekt für Zink eintritt.
   b) Berechnen Sie die kinetische Energie der ausgelösten Fotoelektronen bei UV-C-Bestrahlung (λ = 250 nm).
3. **a)** Berechnen Sie aus den Ergebnissen von Versuch 3 die Austrittsenergie von Caesium.
   b) Entscheiden Sie durch Rechnung, ob das Licht eines Rubinlasers (λ = 694 nm) den Fotoeffekt bei Caesium auslösen kann.
4. Eine Wolfram-Fotozelle (Grenzwellenlänge λ_G = 271 nm) emittiert Fotoelektronen mit der Energie 400 meV. Berechnen Sie die Wellenlänge der verwendeten Strahlung.

1.1.3 Die Lichtquantenhypothese

Die Vorgänge der Lichtausbreitung wie z. B. Beugung, Brechung und Interferenz lassen sich nur als Wellenphänomene verstehen. In dieser Vorstellung ist Licht einer Spektralfarbe eine Welle mit bestimmter Frequenz. Der im vorangegangenen Abschnitt behandelte lichtelektrische Effekt ist dagegen eine Wechselwirkung von Licht mit Materie. Eine Erklärung des lichtelektrischen Effekts bedeutet seine Einordnung in ein bestimmtes Vorstellungsbild, also etwa in die Wellenvorstellung von der Lichtausbreitung oder in die Teilchenvorstellung von Elektronen.

Die experimentellen Ergebnisse des Fotoeffekts stehen im Widerspruch zu den klassischen Vorstellungen von Licht als einer elektromagnetischer Welle. Die Widersprüche lauten im Einzelnen:

1. Das Auftreten des Fotoeffekts hängt von der Wellenlänge der Bestrahlung ab, nicht jedoch von ihrer Intensität. *Unterhalb der Grenzfrequenz tritt selbst bei hohen Intensitäten kein Fotoeffekt auf.*
2. Beim Fotoeffekt wird Energie von der Strahlung auf Elektronen übertragen. *Der Betrag der kinetischen Energie der ausgelösten Fotoelektronen hängt nur von der Frequenz, nicht jedoch von der Intensität des Lichts ab.*
3. Bei einer kontinuierlichen Verteilung der Strahlungsenergie wäre ein verzögertes Einsetzen des Fotoeffektes zu erwarten. *Aber selbst bei geringer Intensität setzt der Fotoeffekt ohne Verzögerung ein.*

Eine Beschreibung der Energieübertragung fand Albert Einstein im Jahre 1905, für die er 1921 den Nobelpreis erhielt. Einsteins Thesen lassen sich wie folgt zusammenfassen:

- Der Energieaustausch von Licht mit Materie erfolgt beim lichtelektrischen Effekt in Energiebeträgen der Größe $E = hf$. Diese quantisierten Energiebeträge werden von Lichtquanten oder Photonen übertragen.
- Mit der Absorption eines Photons wird die Energie $E = hf$ auf ein Elektron übertragen. Die Größe der absorbierten Energiebeträge ist der Frequenz f des Lichtes proportional.
- Ein Elektron absorbiert jeweils nur die Energie eines einzelnen Photons. Die Energie des Lichtes wird damit nicht kontinuierlich, sondern nur in festen Energiebeträgen übertragen.
- Eine Erhöhung der Intensität des Lichtes bedeutet eine Vergrößerung der Anzahl der Photonen, die in einer bestimmten Zeit auf eine bestimmte Fläche auftreffen oder durch sie hindurchströmen.

Nach dieser Vorstellung wird der lichtelektrische Effekt folgendermaßen erklärt:
Zu 1: Aus dem Energiestrom des Lichts absorbieren die Elektronen des Metalls Energie in den Portionen $E = hf$, wobei ein einzelnes Elektron stets nur die Energie eines Photons aufnimmt. Nur dann, wenn der Betrag $E = hf$ größer ist als die zum Austritt aus der Metalloberfläche benötigte Energie E_A, wird ein Elektron auch tatsächlich ausgelöst. *Langwellige Strahlung mit $f < f_G = E_A / h$ kann deshalb auch bei hoher Intensität den Fotoeffekt nicht auslösen.*
Zu 2: Die Energie eines ausgelösten Elektrons ist gleich der Differenz aus der absorbierten Energie $E = hf$ und der Austrittsenergie E_A. Diese Energiedifferenz besitzt das Elektron als kinetische Energie. *Wegen $E_{kin} = hf - E_A$ ist die kinetische Energie durch die Frequenz der Strahlung bestimmt.*
Zu 3: Da die Absorption eines einzigen Photons genügt, um ein Elektron aus der Katode herauszulösen, kann auch der Fotoeffekt sofort bei Beginn der Bestrahlung einsetzen. *Auch bei geringer Intensität können Photonen mit ausreichend hoher Frequenz die Elektronen sofort aus dem Metall herauslösen.*

Eine Erhöhung der Intensität des Lichtes führt zu einer Vergrößerung der Anzahl der pro Zeiteinheit und Flächeneinheit absorbierten Photonen und damit zu einem Anstieg des Fotostroms, nicht jedoch zu einer Vergrößerung der von den Elektronen absorbierten Energiebeträge. Von intensiverem Licht werden also pro Zeiteinheit und Flächeneinheit mehr, jedoch nicht energiereichere Elektronen ausgelöst. Dies ist eine überraschende Feststellung.

Aufgaben

1. Erörtern Sie, ob die folgenden Aussagen im Einklang mit Einsteins Lichtquantenhypothese stehen. Korrigieren Sie gegebenenfalls Fehlvorstellungen.
a) Je größer die Lichtintensität, desto größer ist auch die Photonenenergie.
b) Eine Vergrößerung der Intensität bewirkt eine Erhöhung eines bereits bestehenden Fotostromes.
c) Je größer die Energie der absorbierten Strahlung ist, desto größer ist die kinetische Energie der Fotoelektronen.

2. a) Berechnen Sie die Anzahl der Photonen, die eine 60 W-Glühlampe (Lichtausbeute 4,0 %) und eine 11 W-Energiesparlampe (Lichtausbeute 20 %) im sichtbaren Bereich pro Sekunde emittieren. Gehen Sie vereinfachend von der einheitlichen Wellenlänge $\lambda = 600$ nm für alle emittierten Photonen aus.
b) Berechnen Sie die Anzahl der Photonen pro Quadratmillimeter und pro Sekunde für die 60 W-Glühlampe im Abstand 1,0 m und für einen Laserpointer (Strahlungsleistung 1,0 mW, $\lambda = 633$ nm, Strahlquerschnitt 3,0 mm^2).

1.1.4 Umkehrung des lichtelektrischen Effektes mit Leuchtdioden

Leuchtdioden sind aus dem alltäglichen Gebrauch diverser elektrischer Geräte bekannt. Eine Leuchtdiode ist eine Halbleiterdiode, die bei Anlegen einer bestimmten Spannung sichtbares Licht emittiert. Die Vorgänge in einer Leuchtdiode sind in gewisser Weise eine Umkehrung des Fotoeffekts.

Versuch 1: An eine (Leucht-) Diode wird eine regelbare Spannungsquelle angeschlossen. Spannung U und Stromstärke I werden gemessen und so die Kennlinie ermittelt (**Abb. 13.1**).
Ergebnis: Bei Überschreiten einer bestimmten Spannung U_0 setzt plötzlich ein Stromfluss ein, der dann mit weiterer Erhöhung von U sehr stark anwächst. Unterhalb von U_0 fließt kein messbarer Strom. Bei Vertauschen der Polung kann kein nennenswerter Strom gemessen werden.
Deutung: Das abrupte Einsetzen des Stroms lässt vermuten, dass die Spannung U_0 zum Überwinden einer Potentialbarriere $\Delta\varphi = U_0$ im Inneren der Diode benötigt wird. Elektronen, die die Barriere überwunden haben, steht die Energie $E = e\,U_0$ als kinetische Energie zur Verfügung. Eine deutliche Erhöhung der Spannung über U_0 hinaus würde die Diode zerstören. ◂

In Leuchtdioden wird die zur Verfügung stehende Energie in Licht umgewandelt. Der Zusammenhang zwischen der Spannung U_0 und der Wellenlänge λ des Lichtes soll in einem weiteren Versuch untersucht werden.

Versuch 2: Ein Schaltbrett enthält Leuchtdioden für Licht unterschiedlicher Farben und Wellenlängen (**Abb. 13.2**). Die Dioden werden nacheinander an eine regelbare Spannungsquelle angeschlossen. Die Spannung wird so lange erhöht, bis die jeweils angeschlossene Diode leuchtet.
Ergebnis: Die Dioden leuchten bei unterschiedlichen Spannungen U_0. U_0 ist umso höher, je kleiner λ ist.
Deutung: Die Elektronen geben ihre Energie an das Licht ab. Je höher die Spannung ist, desto mehr Energie besitzt das Elektron und desto kurzwelliger ist die emittierte Strahlung bzw. umso größer ist die Energie der emittierten Photonen (**Tab. 13.2**). ◂

Wie bei der Untersuchung des lichtelektrischen Effekts interessiert auch hier der Zusammenhang zwischen der Energie $E = e\,U_0$ der Elektronen und der Frequenz f der Strahlung.

Auf dem Schaltbrett in **Abb. 13.2** sind die Wellenlängen λ der Dioden bereits angegeben. Sie wurden aus dem Gitterspektrum (→ Bd. 11, 5.2.7) ermittelt. Mit den Werten für λ lässt sich mit $f = c/\lambda$ die Frequenz f berechnen. Jede Messung liefert damit ein Wertepaar $(f; E)$. **Abb. 13.3** zeigt diesen Zusammenhang zwischen der Energie der Elektronen und der Frequenz des emittierten Lichts. Die Messpunkte liegen auf einer Geraden mit der Steigung h. Die Energie E des Elektrons wird also vollständig an ein Photon übertragen.

> In einer Leuchtdiode erzeugen Elektronen mit der Energie $E = e\,U$ Licht der Frequenz f. Für die dabei emittierten Photonen gilt $E = hf = e\,U$.

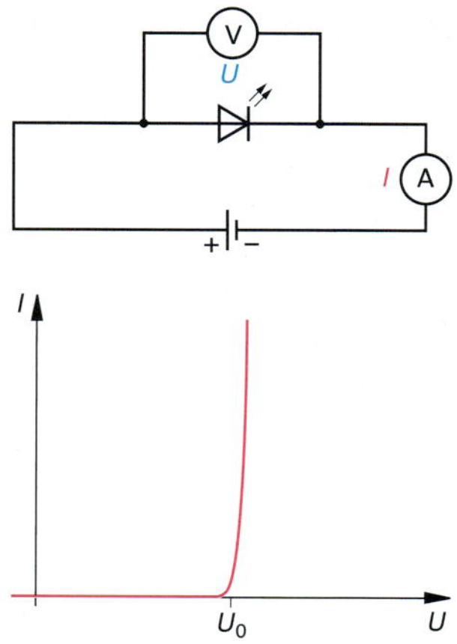

13.1 Aufnahme der Kennlinie einer Halbleiterdiode. Bei Erreichen einer bestimmten Spannung U_0 setzt bei richtiger Polung ein steil ansteigender Strom I ein.

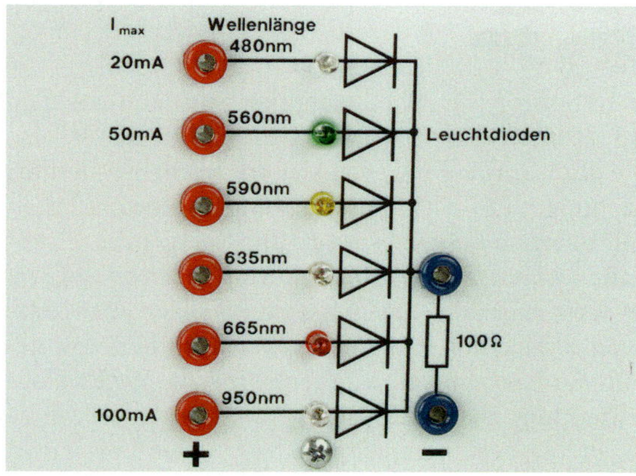

Farbe	U_0 in V	λ in nm	f in 10^{14} Hz
Rot	1,85	665	4,51
Orange	1,95	635	4,72
Gelb	2,10	590	5,08
Grün	2,20	560	5,35
Blau	2,60	480	6,25

13.2 Oben: Leuchtdioden für unterschiedliche Wellenlängen; unten: Messwerte für U_0 und λ

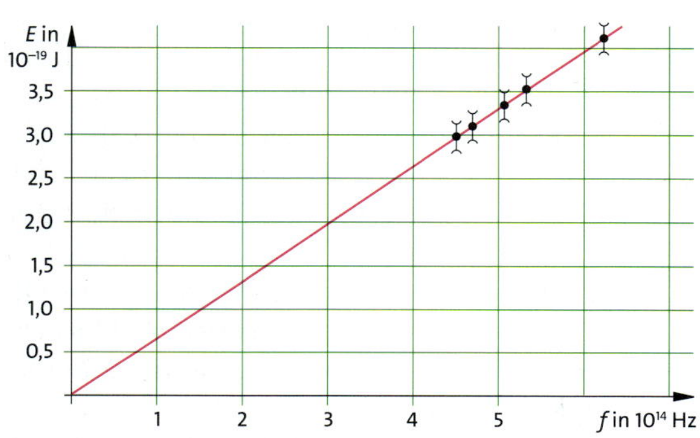

13.3 Die Energie der Elektronen über der Frequenz der Strahlung aufgetragen ergibt eine Ursprungsgerade. Das Licht benötigt keine Austrittsenergie. Die Steigung der Geraden liefert den Wert von $h = 6{,}6 \cdot 10^{-34}$ Js.

1.1.5 Masse und Impuls des Photons

Erste Hinweise darauf, dass Photonen neben ihrer Energie auch Impuls und Masse zuzuschreiben sind, liefert die Relativitätstheorie (→ Bd. 11, Kap. 3). Nach ihr sind Energie und Masse zueinander äquivalente Größen: $E = mc^2$. Damit lässt sich einem Photon mit der Energie $E = hf$ die Masse $m_{Ph} = E/c^2 = hf/c^2$ zuordnen. Diese Masse ist jedoch nur als Energieäquivalent und nicht im Sinne der Ruhemasse eines klassischen Körpers zu interpretieren, denn ein Photon kann nicht „ruhen": Es bewegt sich immer mit Lichtgeschwindigkeit. Aus diesem Grund muss die Ruhemasse m_0 eines Photons gleich null sein, denn wäre $m_0 \neq 0$, so würde nach der Relativitätstheorie seine Masse m unendlich groß werden:

$$m = \frac{m_0}{\sqrt{1-(v/c)^2}} \longrightarrow \infty \quad \text{für} \quad v \longrightarrow c$$

Der Impuls p_{Ph} des Photons ergibt sich dann aus dem Produkt aus Masse m_{Ph} und Geschwindigkeit c, also $p_{Ph} = m_{Ph}\,c = hf/c = h/\lambda$, mit der für Wellen geltenden Beziehung $c = \lambda f$. So erhalten Photonen, obwohl sie keine Ruhemasse besitzen, neben der Energie die Eigenschaften Masse und Impuls, die von Teilchen mit von null verschiedener Ruhemasse, etwa Elektronen oder Protonen, bekannt sind. Impuls, Masse und Energie der Photonen hängen von der Frequenz bzw. Wellenlänge der Strahlung ab.

> Photonen haben die **Energie E**, den **Impuls p_{Ph}** und die **Masse m_{Ph}**. Dabei gilt:
>
> $$E = hf; \qquad p_{Ph} = \frac{h}{\lambda} \qquad m_{Ph} = \frac{hf}{c^2}$$
>
> Photonen haben keine Ruhemasse.

Photonen können Stöße mit anderen Teilchen durchführen, die ähnlich wie Stöße zwischen massiven Körpern, z. B. Billardkugeln, verlaufen. Der Satz von der Impulserhaltung gilt auch für Stöße von Photonen mit anderen Teilchen.

So wird z. B. beim Fotoeffekt neben der Energie auch Impuls übertragen, jedoch nicht an das einzelne Elektron, sondern an den gesamten Festkörper der Fotozelle. Die Fotozelle nimmt den Impuls des Photons auf, erhält wegen ihrer im Vergleich zum Photon sehr großen Masse dabei allerdings kaum Energie – wie ein Medizinball, der von einem Tischtennisball getroffen zwar dessen Impuls aufnimmt, aber fast keine kinetische Energie. Die Energie des Photons geht vollständig auf das Fotoelektron über. Die Messung des Impulses der Fotoelektronen liefert jedoch keine verwertbare Aussage über den Impuls p des Photons bzw. für das Produkt aus dessen Masse m und der Geschwindigkeit c.

Der Compton-Effekt als Nachweis

Impuls und Masse von Photonen treten z. B. bei der Wechselwirkung hochenergetischer Photonen mit einzelnen Elektronen in Erscheinung. Im Jahre 1922 untersuchte der Amerikaner A. H. COMPTON die Streuung von Röntgenstrahlung an Kohlenstoff und fand, dass neben einer Streustrahlung, die dieselbe Frequenz und Wellenlänge wie die einfallende Strahlung besaß, ein weiterer Strahlungsanteil mit einer etwas größeren Wellenlänge vorhanden war (**Abb. 14.1**). Aus der Änderung der Wellenlänge folgt mit $p = h/\lambda$ eine Impulsänderung des Photons.

Ein nach **Abb. 14.2** durchgeführtes Experiment bestätigt die Impulsänderung von Photonen der Röntgenstrahlung beim Stoß mit Elektronen. Dabei wird die Eigenschaft genutzt, dass die Absorption von Röntgenstrahlung durch eine Aluminiumplatte von der Frequenz der Strahlung abhängt. Röntgenstrahlung geringerer Frequenz, also geringerer Energie, wird stärker absorbiert als Strahlung größerer Energie.

Versuch 1: Die Intensität der an einem Plexiglasblock gestreuten Strahlung wird gemessen, wobei sich eine Aluminiumplatte als Absorber in **Abb. 14.2** erst in der Stellung 1, dann in der Stellung 2 befindet.
Ergebnis: Mit dem Absorber in Stellung 1 ist die Zählrate höher als mit dem Absorber in Stellung 2. Der Unterschied der Zählraten beträgt etwa 10 %. ◂

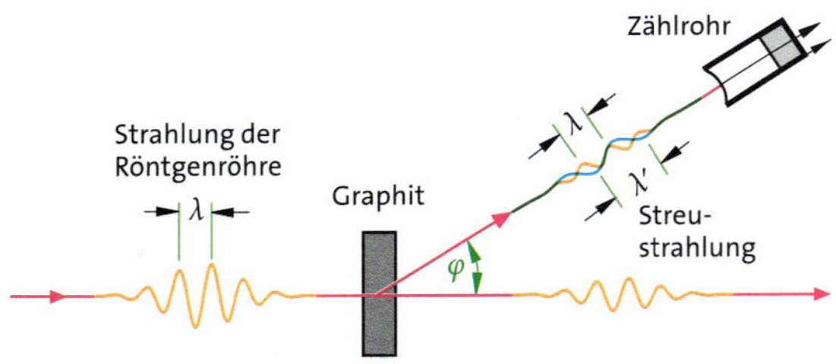

14.1 Schematische Darstellung des Compton-Effekts: Neben der ursprünglichen Wellenlänge λ wird nach der Streuung auch die größere Wellenlänge λ' nachgewiesen.

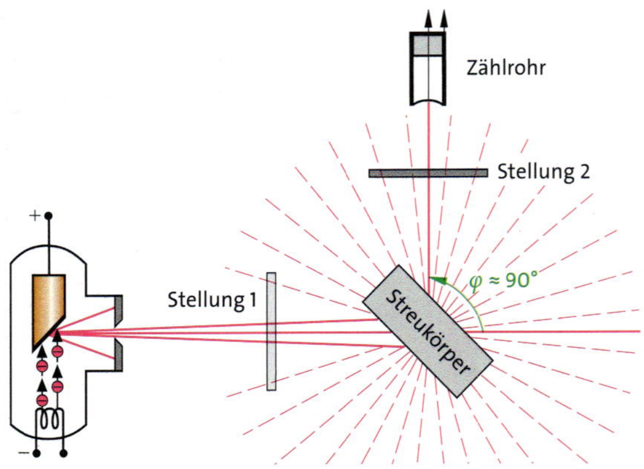

14.2 Versuchsaufbau zum Compton-Effekt: Die Schwächung der gestreuten Strahlung durch den Absorber in Stellung 2 ist stärker.

Die Absorption der gestreuten Strahlung ist also stärker als die der noch nicht gestreuten Strahlung. Da die Aluminiumplatte Strahlung mit niedrigerer Frequenz stärker absorbiert, muss die Frequenz der gestreuten Strahlung geringer sein. Wegen $E = hf$ ist eine Abnahme der Frequenz mit einer Verringerung der Energie verbunden. Die Energieübertragung erfolgte jedoch nicht durch eine Absorption der Photonen wie beim Fotoeffekt, sondern durch eine Verringerung ihrer Energie und damit einer Abnahme ihres Impulsbetrages. Die Photonen haben Energie und Impuls an die Elektronen im Streukörper abgegeben.

Compton-Effekt: Beim Stoß von Photonen mit Elektronen werden wie bei einem elastischen Stoß Energie und Impuls übertragen. Daher enthält die gestreute Strahlung einen Anteil mit größerer Wellenlänge.

Eine genauere Untersuchung zeigt, dass die Wellenlängenänderung nicht größer sein kann als rund 5 pm. Der Compton-Effekt lässt sich deshalb nur bei kurzwelliger Strahlung (Röntgen- oder γ-Strahlung) nachweisen.

Aufgaben

1. Berechnen Sie den Impuls eines Photons aus dem Spektrum des sichtbaren Lichts ($\lambda = 600$ nm) und eines Röntgenphotons der Energie 30 keV.

2. Ein Photon ($\lambda = 250$ nm) trifft senkrecht auf die Oberfläche einer Zinkplatte ($E_A = 4{,}3$ eV) und löst dort ein Fotoelektron heraus. Dieses wird senkrecht zur Oberfläche emittiert.
a) Berechnen Sie die Geschwindigkeit des Fotoelektrons und die Impulse von Photon (p_{Ph}) und Elektron (p_e).
b) Erläutern Sie, inwiefern das Ergebnis ($p_e \gg p_{Ph}$) mit dem Impulserhaltungssatz vereinbar ist.

***3.** Die Sonne bestrahlt die Erde mit 1,36 kW/m². Zeigen Sie, dass
a) der Gesamtimpuls p_{ges} der pro Zeiteinheit eingestrahlten Photonen nur von der Strahlungsleistung P (und nicht von den vorkommenden Wellenlängen) abhängt: $p_{ges} = P\,t/c$.
b) der Impuls der Photonen, die pro Sekunde und Quadratmeter auf die Erde treffen, $4{,}5 \cdot 10^{-6}$ Ns beträgt.
c) Berechnen Sie, welche Kraft die Sonnenphotonen auf einen Spiegel mit der Fläche 1,0 m² ausüben, von dem sie senkrecht reflektiert werden.

Exkurs

Segeln mit Photonenwind

Bereits dem Astronomen Johannes Kepler fiel bei seinen Beobachtungen vor rund 400 Jahren auf, dass die Schweife von Kometen stets von der Sonne weg gerichtet sind. Er mutmaßte, dass dafür ein von der Sonne ausgehender „Wind" verantwortlich sein müsste. In letzter Zeit wurden Raumsonden entwickelt, die durch den von Kepler beobachteten Druck der Sonnenstrahlung hinaus ins All getrieben werden sollen, ähnlich wie ein Segelschiff, das vor dem Wind segelt.
Solch ein „Sonnensegler" kann auf einen eigenen Antrieb verzichten, da er vom Strahlungsdruck der Sonne angetrieben wird. Diese Antriebskraft ist zwar sehr klein, steht jedoch permanent zur Verfügung, sodass die Reisegeschwindigkeiten herkömmlicher Raumfahrzeuge, die mit Raketenantrieb zwar stark, aber nur kurze Zeit beschleunigt werden, bei längeren Reisen durch das All übertroffen werden können.

Als Sonnenwind wird der von der Sonne ausgehende Strom geladener Teilchen (hauptsächlich Protonen) bezeichnet. Darüber hinaus emittiert das Tagesgestirn natürlich auch Licht und andere elektromagnetische Strahlung, also unzählige Photonen.

Da die solaren Photonen, ebenso wie die Teilchen des Sonnenwindes (Teilchengeschwindigkeit 400 – 800 km/s) Impuls besitzen, üben sowohl die elektromagnetische Strahlung wie auch die Teilchenstrahlung einen Druck auf eine Fläche senkrecht zur Strahlungsrichtung aus.

Aus der Teilchendichte des Sonnenwindes (ca. 7 Protonen pro cm³) und der Solarkonstante (1,36 kW/m²) lassen sich beide Strahlungsdrücke berechnen. Das Ergebnis ist überraschend: Der durch die Photonen, also das Sonnenlicht hervorgerufene Druck beträgt in Erdnähe einige μPa und ist damit weit über 100mal höher als der durch die Teilchenstrahlung des Sonnenwindes ausgeübte Druck.

Ein Sonnensegler sollte demnach am besten einen Spiegel benutzen, der Licht, also die Sonnenphotonen, möglichst vollständig reflektiert. Denn bei der Reflexion überträgt das Photon den doppelten Impulsbetrag auf den Spiegel. Wie bei Schiffen gilt auch hier: Je größer die Segelfläche, desto größer die Antriebskraft.
Die durch den Strahlungsdruck von einigen μPa ausgeübte Kraft ist sehr klein. Der Sonnensegler sollte deshalb neben einer großen Segelfläche möglichst wenig Masse haben, um nennenswert beschleunigt werden zu können.
In den letzten Jahren wurden einige Spiegel im Labor erfolgreich getestet. Im Bild dargestellt ist die privat finanzierte Sonde „Cosmos 1". Sie hatte eine Masse von 100 kg und eine Spiegelfläche von 600 m², bestehend aus einer 5 μm dünnen, aluminiumbedampften Spiegelfolie.

Leider scheiterten bislang alle Versuche der Erprobung im Weltall daran, dass die Trägerraketen versagten. „Cosmos 1" ging im Jahre 2005 kurz nach dem Start verloren. Ein ähnliches Schicksal ereilte die kleinere NASA-Sonde „NanoSail D" 2008. Weitere Versuche sollen folgen.

1.2 Welleneigenschaften der Elektronen

In diesem Kapitel soll gezeigt werden, dass – ebenso wie Strahlung Teilcheneigenschaften besitzt – Teilchen Welleneigenschaften aufweisen. Teilchen wie z. B. Elektronen haben im Gegensatz zu Photonen eine Ruhemasse. Dass nun auch Elektronen Welleneigenschaften besitzen, wirkt zunächst befremdend. Elektronen sind aus der klassischen Physik als punktförmige Teilchen mit Eigenschaften wie Masse, Impuls, Energie usw. aus Experimenten bekannt. Ihre Welleneigenschaften wie Interferenz und Beugung sind, wie in der Mittelstufe bereits gezeigt wurde, zwar nicht einfach nachzuweisen, aber doch beobachtbar.

1.2.1 De-Broglie-Wellen

Im Jahre 1923 veröffentlichte der Franzose Louis DE BROGLIE (ausgesprochen: de brɔj) als Erster Gedanken über eine Wellentheorie von Teilchen. Bei der Herleitung seiner Theorie ließ er sich von der Analogie zum Licht leiten: Die Ausbreitung von Licht lässt sich mithilfe von Strahlen und Wellen beschreiben.
Dementsprechend ordnete DE BROGLIE nun allen Teilchen, z. B. den Elektronen, bei ihrer Ausbreitung Welleneigenschaften zu. Vom Licht sind Eigenschaften, die sich in den Formeln $E = hf$, $E = mc^2$ und $p = h/\lambda$ ausdrücken, bekannt. Es ist zu untersuchen, in welcher Weise diese Zusammenhänge auf Elektronen und eventuell andere Teilchen übertragbar sind. DE BROGLIE ging davon aus, dass diese Beziehungen auch auf Teilchen anwendbar sind und stellte folgende **Hypothesen** auf:

- Teilchen zeigen Welleneigenschaften. Die Wellenlänge ist $\lambda = h/p$. h ist das Planck'sche Wirkungsquantum und p der Impuls des Teilchens.
- Zwischen der Frequenz f der Welle und der Gesamtenergie E des Teilchens besteht die Beziehung $E = hf$.

Die Gleichung $\lambda = h/p$ wird als De-Broglie-Gleichung bezeichnet, λ ist die **De-Broglie-Wellenlänge**.

Der Wellencharakter von Elektronen lässt sich mit einer Elektronenbeugungsröhre demonstrieren:

Versuch 1: Der gebündelte Strahl einer Elektronenbeugungsröhre wird auf eine dünne Folie mit Grafitkristallpulver geschossen (**Abb. 16.2**), in der die Elektronen gestreut werden. Da das Schirmbild bei Annäherung eines Magneten verzerrt wird, ist sichergestellt, dass es tatsächlich durch geladene Teilchen (Elektronen) erzeugt wird.
Beobachtung: Auf dem Leuchtschirm der Röhre erscheint ein kreisförmiges Bild mit einer ausgedehnten hellen Mitte und deutlich voneinander getrennten hellen und dunklen Ringen (**Abb. 16.2**), deren Radius bei Erhöhung der Beschleunigungsspannung U_B abnimmt. ◀

Nach der Streuung der Elektronen beim Durchdringen der Grafitschicht sollte auf dem Leuchtschirm eine kreisförmige helle Fläche erscheinen, bei der die Helligkeit von innen nach außen gleichmäßig abnimmt.
Das Auftreten der Ringe ist überraschend und deutet auf eine Interferenzerscheinung hin. Die dunklen Zonen lassen sich nur durch destruktive Interferenz einzelner Elektronenstrahlen erklären. Deshalb ist es sinnvoll, den Elektronen eine Wellenlänge zuzuordnen. Da der Radius der Interferenzringe mit zunehmender Geschwindigkeit abnimmt, muss dies auch für die Wellenlänge der Elektronen gelten. Die Interferenz von Elektronen ist somit eine Bestätigung der Hypothesen von DE BROGLIE.

Elektronen haben Welleneigenschaften. Durch Streuung an einem Kristallpulver lässt sich die Interferenz von Elektronenstrahlen nachweisen. Elektronen mit dem Impuls p haben die Wellenlänge $\lambda = h/p$.

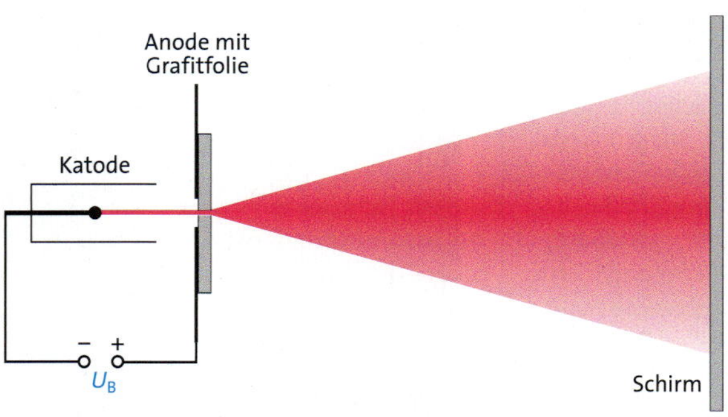

16.1 Schematische Darstellung der Elektronenbeugung an einer dünnen Folie aus Grafitkristallen

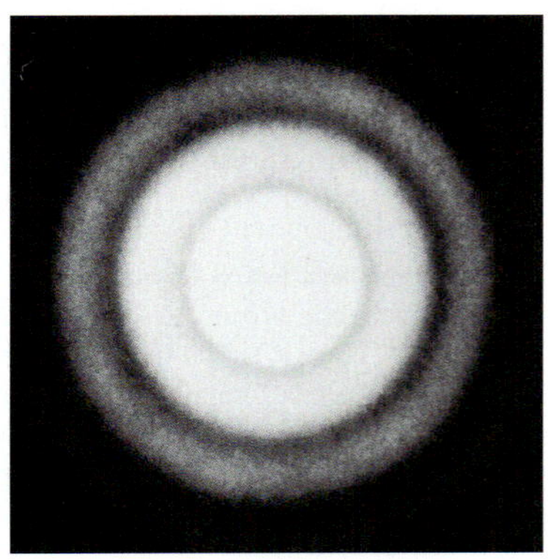

16.2 Das Schirmbild einer Elektronenbeugungsröhre zeigt deutlich ein Muster aus hellen und dunklen Ringen. Die dunklen Stellen im Bild lassen sich nur durch destruktive Interferenz der Elektronenstrahlen erklären.

Die Wellenlänge, die demzufolge z. B. einem Elektron zugeordnet wird, lässt sich leicht abschätzen:
Die Beschleunigungsspannung der Elektronenbeugungsröhre beträgt $U_B = 4{,}0$ kV. Unter Vernachlässigung der relativistischen Massenzunahme ergibt sich mit der Elektronenmasse m, der Elementarladung e und den Energietermen $\frac{1}{2} m v^2 = e U_B$ die Geschwindigkeit $v = 3{,}75 \cdot 10^7$ m/s. Der Impuls $p = m v$ ist $p = 3{,}42 \cdot 10^{-23}$ Ns, der sich in die De-Broglie-Gleichung $\lambda = h/p$ einsetzen lässt. Daraus ergibt sich die De-Broglie-Wellenlänge des Elektrons zu

$$\lambda = 1{,}937 \cdot 10^{-11}\ \text{m} = 1{,}9\ \text{pm}.$$

Aufgaben

1. Berechnen Sie die De-Broglie-Wellenlänge von Elektronen für die Beschleunigungsspannungen $U_1 = 1{,}0$ V; $U_2 = 1{,}0 \cdot 10^3$ V und $U_3 = 1{,}0 \cdot 10^6$ V (relativist. Rechnung!).
2. Berechnen Sie für Photonen und Elektronen der Wellenlänge $\lambda = 100$ pm den Impuls. Vergleichen Sie die Energie der Photonen mit der kinetischen Energie der Elektronen.
3. Mithilfe der De-Broglie-Gleichung lässt sich formal jedem Körper mit dem Impuls p eine Wellenlänge zuordnen. Beurteilen Sie, ob dies für makroskopische Körper physikalisch sinnvoll ist, indem Sie die De-Broglie-Wellenlänge z. B. eines Tennisballs (Masse $m = 58$ g, Durchmesser $d = 65$ mm und Geschwindigkeit $v = 100$ km/h) berechnen.

Bestätigung der De-Broglie-Gleichung

Die Wellenlänge von Elektronen mit kinetischer Energie von wenigen Kiloelektronvolt liegt also im Bereich der Röntgenstrahlung. Der Nachweis von Welleneigenschaften bewegter Elektronen kann demnach mit Methoden gelingen, die auch bei Röntgenstrahlung angewendet werden. Welleneigenschaften von Röntgenstrahlung zeigen sich in den Interferenzen bei der Reflexion an Kristallen oder bei ihrer Durchstrahlung.

Ein Kristall ist aus regelmäßig angeordneten Atomen aufgebaut, die sogenannte Netzebenen bilden (**Abb. 17.1**). Trifft Röntgen- oder Elektronenstrahlung auf einen Kristall, so wird an diesen Netzebenen jeweils ein Teil der Strahlung reflektiert und insgesamt um den Winkel 2ϑ aus der ursprünglichen Strahlrichtung abgelenkt. Die an den tiefer liegenden Netzebenen reflektierten Teilstrahlen legen somit einen längeren Weg zurück als die an den höher liegenden Ebenen reflektierten: Es kommt zu einem Gangunterschied Δs zwischen benachbarten Teilstrahlen. Analog zum optischen Gitter ergibt sich nach der Reflexion je nach Gangunterschied konstruktive oder destruktive Interferenz der Teilstrahlen.

Der Gangunterschied Δs lässt sich aus dem Winkel ϑ und dem Netzebenenabstand d berechnen (**Abb. 17.1**):

$$\Delta s = 2 d \sin \vartheta$$

Für $\Delta s = n\lambda$ mit $n = 1, 2, \ldots$ interferieren die an benachbarten Netzebenen gestreuten Teilstrahlen konstruktiv.

Gleichsetzen der rechten Seiten ergibt sich die Bragg'sche Gleichung für maximale Intensität bei Reflexion am Kristallgitter (SIR WILLIAM LAWRENCE BRAGG, 1890–1971):
$n\lambda = 2 d \sin \vartheta$.

Die Tatsache, dass auf dem Schirm Interferenzringe und nicht etwa Streifen zu sehen sind, ist durch die Struktur der Graphitfolie zu erklären: Die Folie besteht nicht nur aus einem einzigen Kristall, sondern aus sehr vielen mikroskopisch kleinen Kristallstücken, die in regelloser Anordnung zusammengepresst sind (**Abb. 17.2 a**). Zu jedem Streuwinkel 2ϑ gibt es rotationssymmetrisch zum einfallenden Strahl in jeder Richtung einen Mikrokristall, dessen Netzebenen unter dem Winkel ϑ getroffen werden. Bei entsprechendem Gangunterschied interferieren die Teilstrahlen konstruktiv und es ergibt sich ein heller Interferenzring aus Elektronenstrahlen, die um den Winkel 2ϑ aus der ursprünglichen Strahlrichtung abgelenkt wurden.
Bei den beiden hellen Ringen handelt es sich um Maxima 1. Ordnung, die durch Reflexionen an Netzebenen im Abstand $d_1 = 123$ pm und $d_2 = 213$ pm entstehen. Für die Wellenlänge ergibt sich also $\lambda = 2 d \sin \vartheta$. Aus der Geometrie des Aufbaus (**Abb. 17.2 b**) folgt $\tan 2\vartheta = r/l$.
Mit den Werten $r = 2{,}2$ cm und $l = 14$ cm aus dem Experiment lässt sich der Winkel ϑ und für $d = 123$ pm die De-Broglie-Wellenlänge λ berechnen:
$\tan 2\vartheta = r/l \Rightarrow \vartheta = 4{,}5°$ $\quad \lambda = 2 d \sin \vartheta = 19$ pm
Dieser Wert stimmt mit dem zuvor nach der De-Broglie-Gleichung $\lambda = h/p$ bestimmten Wert überein.

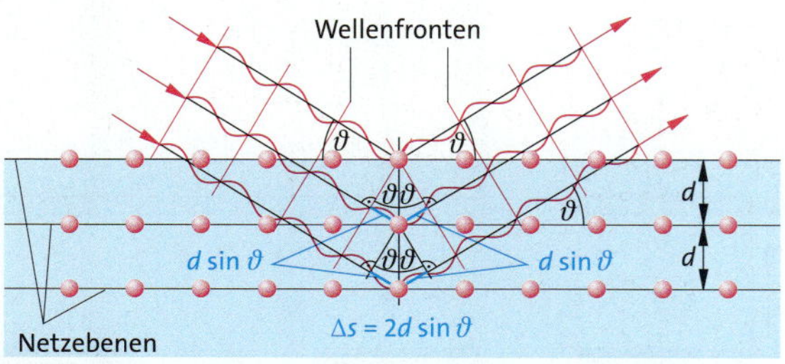

17.1 Elektronenstrahlen treffen unter dem Winkel ϑ auf ein Kristallgitter und werden an den einzelnen Netzebenen reflektiert. Zwischen benachbarten Teilstrahlen entsteht ein Gangunterschied Δs.

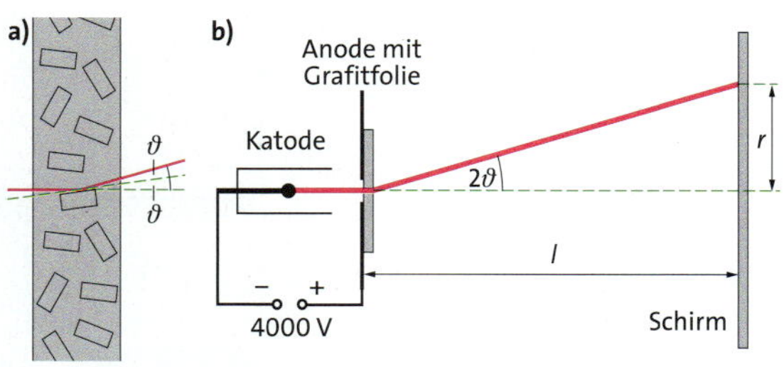

17.2 a) Das Elektronenstrahlbündel fällt unter dem Winkel ϑ auf die Netzebenen eines Mikrokristalls und wird um 2ϑ abgelenkt. **b)** Im Abstand l zur Streufolie wird ein heller Interferenzring mit dem Radius r beobachtet.

1.2.2 Das Elektron – kein klassisches Teilchen

Im vorangegangenen Kapitel sind für die Ausbreitung von Elektronen Welleneigenschaften postuliert worden. Dass beim Durchgang von Elektronen durch Kristalle Interferenzerscheinungen auftreten, ist ein Indiz dafür, dass dieses Postulat vernünftig ist.

Weitere Versuche, die die Welleneigenschaften von Elektronen zeigen, können sich im Prinzip an den Interferenzexperimenten mit Licht orientieren. Es zeigt sich allerdings, dass es sehr schwierig ist, die entsprechenden Experimente zu realisieren. Dafür verantwortlich ist im Wesentlichen der kleine Wert der De-Broglie-Wellenlänge von etwa 5 pm, der sich aus der für eine elektronenoptische Fokussierung erforderlichen Beschleunigungsspannung von knapp 50 kV nach $e\,U = m\,v^2/\,2 = p^2/2\,m$ und $p = h/\lambda$ ergibt.
Ein **Doppelspaltversuch mit Elektronen** wurde 1959 von C. Jönsson mit eng zusammenliegenden, feinen Spalten durchgeführt. Eine wesentliche Schwierigkeit lag für Jönsson damals darin, außerordentlich feine metallische Spalte herzustellen, die materiefrei bleiben mussten. Da Elektronen in Materie stärker gestreut werden als etwa Licht in Glas, konnte die Spaltblende nicht wie optische Blenden auf ein Trägermaterial aufgebracht werden. Jönsson stellte die Spaltblenden aus Kupfer durch Galvanisieren her. Es gelang ihm, eine Spaltbreite von 0,5 µm mit einem Spaltabstand von 2 µm zu erreichen. Im Vergleich zur De-Broglie-Wellenlänge der Elektronen ist dieser Abstand um viele Größenordnungen größer, sodass mit einem sehr engen Abstand der Interferenzstreifen zu rechnen war. Zur Beobachtung verwendete Jönsson ein Elektronenmikroskop, welches das Interferenzmuster vergrößert auf einem Schirm oder einer Fotoplatte abbildete (**Abb. 18.1**). Dieses Interferenzmuster wurde nochmals durch ein Okular vergrößert, um mit dem Auge betrachtet werden zu können.

18.1 Elektronenstrahlinterferenzen an einem Doppelspalt nach Jönsson in ca. 10 000-facher Vergrößerung. Die Aufnahme der Interferenzfigur erfolgte mit einem Elektronenmikroskop.

Der experimentelle Nachweis von Interferenzen gelingt nicht nur mit Elektronen. Entsprechende Experimente zeigen auch Interferenzen von Protonen, Neutronen, Atomen und sogar Molekülen.

Welleneigenschaften in der Ausbreitung

Der Doppelspaltversuch ist geeignet, um noch einmal über die Teilchen- und Wellenvorstellung bei Elektronen nachzudenken. Die Elektronen werden aufgrund des glühelektrischen Effekts aus der Metalloberfläche emittiert, in einem elektrischen Feld beschleunigt, treffen auf die Doppelspaltanordnung und werden dann auf einem Bildschirm registriert.
Bei der Emission und beim Auftreffen der Elektronen auf dem Bildschirm scheint es sich um einzelne Teilchen zu handeln. Dann wäre es eigentlich auch naheliegend sich vorzustellen, dass die Elektronen genauso als kleine Teilchen durch den Raum zum Doppelspalt gelangen und dort entweder durch den einen oder den anderen Spalt fliegen. Doch genau dann, wenn angenommen wird, dass die Elektronen entweder durch den einen oder den anderen Spalt fliegen, lässt sich die Interferenzerscheinung nicht mehr erklären.

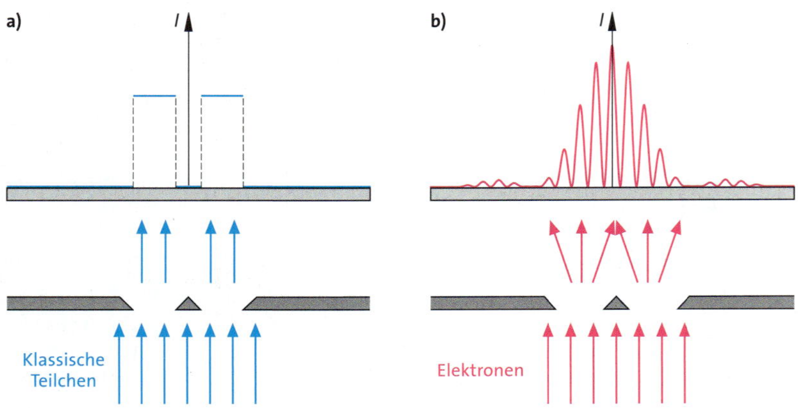

18.2 a) Bei zwei nebeneinander befindlichen Spalten sollte sich die *klassisch erwartete Verteilung* der beiden Einzelspaltintensitäten ergeben. **b)** Die *tatsächlich auftretende Verteilung* mit Maxima und Minima lässt sich nur durch Beugung und Interferenz, also durch Wellenphänomene, erklären.

Abb. 18.2 a) zeigt, welche Intensitätsverteilung sich bei klassischen Teilchen ergeben müsste, die durch zwei Spalte fliegen. Es entsteht ein Schattenbild der beiden Öffnungen. Elektronen verhalten sich jedoch nicht wie klassische Teilchen: Gelangen sie durch eine enge Öffnung, tritt *Beugung* auf, d. h. die Strahlrichtung franst in den geometrischen Schattenraum hinein aus, so dass es hinter dem Doppelspalt zu einer Überlagerung der beiden Teilstrahlen kommt. Im Bereich dieser Überlagerung ist ein Streifenmuster mit eng beieinanderliegenden Maxima und Minima (**Abb. 18.2 b**) zu beobachten, das sich nur durch *Interferenz* erklären lässt.

Es ist also falsch anzunehmen, dass ein Elektron durch einen bestimmten Spalt geht, denn dies würde zu der absonderlichen Vorstellung führen, dass das Elektron wissen müsste, ob der andere Spalt offen oder geschlossen ist. Ist nur ein Spalt geöffnet, so treffen Elektronen auch in Bereichen auf dem Schirm auf, in denen sich bei zwei offenen Spalten keine Elektronen nachweisen lassen. Die zusätzliche Öffnung des zweiten Spaltes führt an den Stellen der Minima zu einer Abnahme der Intensität. Dieses bei Wellen bekannte Phänomen ist mit der Vorstellung von Elektronen als klassische Teilchen nicht vereinbar. Das Verhalten von Elektronen ist nur dann zu beschreiben, wenn bei der Ausbreitung Welleneigenschaften verwendet werden.
Dabei sind die Natur und die Eigenschaften der Welle noch offen.

> Wellenphänomene wie Beugung und Interferenz sind auch bei Elektronen zu beobachten.
> Die Ausbreitung von Elektronen kann nur mit Hilfe eines Wellenmodells beschrieben werden.

Aufgaben

1. Zum Versuch von Jönsson: Elektronen werden mit einer Spannung $U_A = 54{,}7\ \text{kV}$ beschleunigt und hinter einem Doppelspalt (Spaltabstand $d = 2{,}0\ \mu\text{m}$) im Abstand $e = 40\ \text{cm}$ registriert. Berechnen Sie die Wellenlänge λ der Elektronen und den Abstand a der Interferenzmaxima.
2. Der Versuch von Jönsson (Aufgabe 1) soll mit Protonen statt mit Elektronen bei sonst gleichen Aufbauwerten durchgeführt werden. Berechnen Sie die Wellenlänge und den Abstand der Interferenzmaxima.

Exkurs

Welleneigenschaften großer Moleküle

Elektronen gehören mit ihrer sehr kleinen Masse und ihrer verschwindenden Größe zu den kleinsten materiellen Teilchen. Es stellt sich die Frage, ob Welleneigenschaften auch bei größeren Teilchen, etwa bei Nukleonen, Atomen oder gar Molekülen, zu beobachten sind.
Im Jahr 2000 wurden in einem weltweit beachteten Experiment an der Universität Wien die Welleneigenschaften von C60-Fullerenen nachgewiesen. Diese großen Moleküle haben die Gestalt eines Fußballs und sind aus 60 Kohlenstoffatomen zusammengesetzt. Ihr Durchmesser beträgt etwa 1 nm. Trotz ihrer Größe sind Fullerene so stabil, dass sie unbeschadet auf ca. 600 °C aufgeheizt werden können.

Die C60-Moleküle treten aus dem Ofen mit einer breiten Geschwindigkeitsverteilung aus. Hintereinander angeordnete, rotierende Lochscheiben lassen nur Fullerene mit der Geschwindigkeit 120 m/s passieren, die in einem fein fokussierten Strahl auf

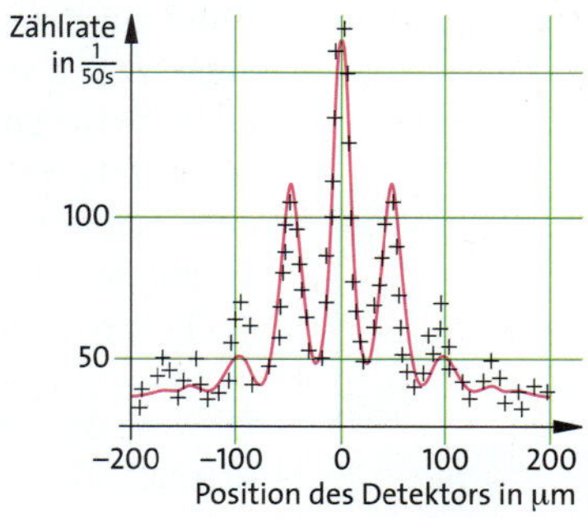

ein Gitter mit einem Spaltabstand von 100 nm treffen. Im verschiebbaren Detektor werden die Moleküle durch einen Laserstrahl ionisiert und die dabei abgelösten Elektronen registriert.
Das Ergebnis ist ein Interferenzbild mit ausgeprägten Maxima und Minima. Der Versuch zeigt, dass selbst bei so komplexen Molekülen wie Fullerenen die Messungen in voller Übereinstimmung mit der quantenmechanischen Erwartung Interferenzen zeigen. Selbst so große Moleküle wie Fullerene sind also durch eine De-Broglie-Welle zu beschreiben.
Ob sich Interferenzen und damit Welleneigenschaften auch für größere Objekte als Fullerene nachweisen lassen ist eine bislang noch offene Frage.

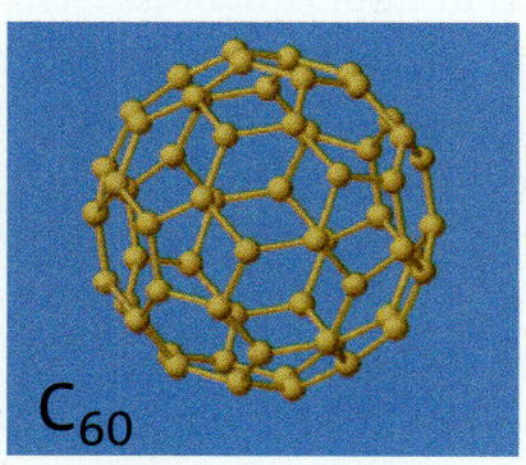

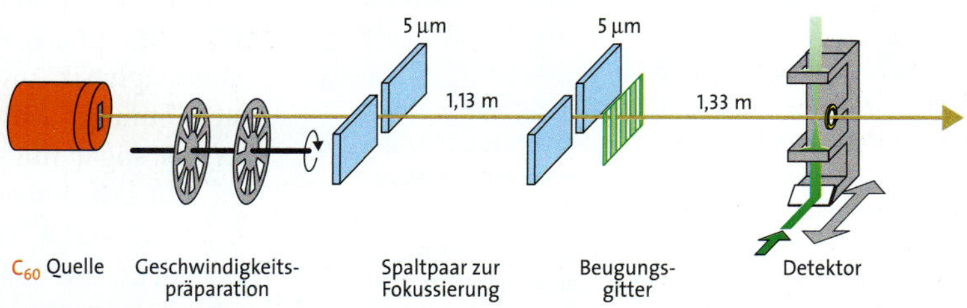

1.3 Quantenphysik und klassische Physik

In den vorangegangenen Kapiteln wurde gezeigt, dass sowohl Licht als auch Elektronen bei der Ausbreitung im Raum Welleneigenschaften, z. B. Interferenzerscheinungen, zeigen, sich jedoch bei der Wechselwirkung mit Materie wie Teilchen verhalten. Im nun folgenden Kapitel soll dies unbefriedigende Nebeneinander zweier Modellvorstellungen aus der klassischen Physik durch die Quantenphysik aufgelöst werden.

1.3.1 Wahrscheinlichkeit und Intensitätsverteilung

EINSTEINS Lichtquantenhypothese (→ 1.1.3) scheint in der klassischen Physik unvereinbar mit der Interferenzfähigkeit von Licht (→ Bd. 11, Kap. 5): Wie sollte es möglich sein, dass lokalisierte Photonen beim Doppelspaltexperiment ein Interferenzmuster auf einem lichtempfindlichen Film erzeugen? Mit klassischen Teilchen jedenfalls ist insbesondere das Auftreten der Minima nicht zu erklären: Die Intensität dürfte sich durch Öffnen eines zweiten Spalts nicht stellenweise verringern.
Es stellt sich die Frage, wie dann überhaupt das bekannte Interferenzmuster des Doppelspaltversuches zustande kommen kann, wenn ein Lichtstrahl ein Strom von Photonen ist. Ein Doppelspaltversuch mit reduzierter Intensität der Lichtquelle liefert Hinweise, wie das Interferenzmuster entstehen könnte.

Versuch 1: Das aufgeweitete Lichtbündel eines Lasers fällt auf einen Doppelspalt (**Abb. 20.1a**). Die Intensität des Strahls kann über Polarisationsfilter reduziert werden Mit einer Fotokamera ohne Objektiv wird die Interferenzfigur ca. 1 m hinter dem Doppelspalt chemisch auf einem Film anhand von Schwärzungen registriert.

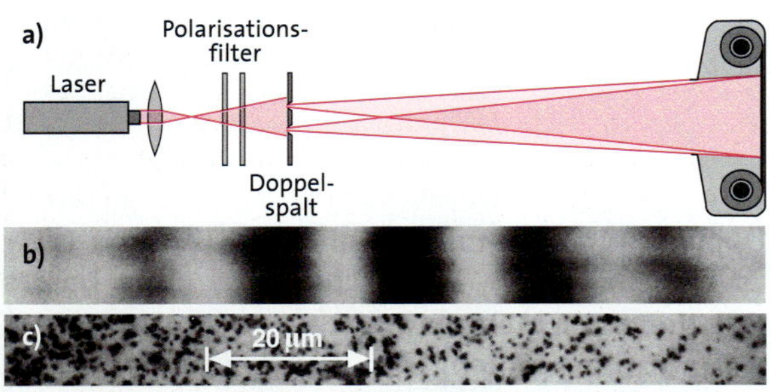

20.1 a) Registrierung der Intensitätsverteilung hinter einem Doppelspalt mit einer Filmkamera (Kameragehäuse ohne Objektiv). Mit zwei gekreuzten Polarisationsfiltern lässt sich die Intensität einstellen. **b)** Das Interferenzbild auf dem Film zeigt eine etwas unregelmäßige Verteilung der Energie. **c)** In der 500-fachen Vergrößerung sind die Schwärzungen der einzelnen Kristalle zu erkennen.

Beobachtung: Die stärkste Schwärzung des Films tritt an den Stellen auf, an denen nach der Lichtwellentheorie die Maxima der Intensität zu erwarten sind (**Abb. 20.1b**). Unter dem Mikroskop ist zu erkennen, dass sich das Interferenzbild aus lauter einzelnen Punkten zusammensetzt (**Abb. 20.1c**), an denen die Lichtenergie eine Schwärzung des Films bewirken konnte. Die Schwärzungspunkte häufen sich im Bereich der Maxima und dünnen zu den Minima hin aus. ◂

Es ist anzunehmen, dass für die Schwärzung eines Punktes eine bestimmte Menge an Lichtenergie notwendig ist. Die Lichtintensität I, die auf eine Stelle ΔA des Films trifft, ist proportional zur Anzahl N der an dieser Stelle auftreffenden Photonen und damit proportional zur Dichte $N/\Delta A$ der Photonen: $I \sim N/\Delta A$.
Die Intensitätsverteilung ist nach der Lichtwellentheorie durch die Überlagerung der beiden Teilwellen des Doppelspaltes unter Berücksichtigung ihrer Phasenlage gegeben. Dabei ist die Intensität proportional zum Quadrat der Amplitude der resultierenden Lichtwelle: $I \sim \hat{E}^2$.

> Die Dichte der Photonen ist proportional zur Intensität der Lichtwelle und somit auch proportional zum Amplitudenquadrat der elektrischen Feldstärke:
> $N/\Delta A \sim I \sim \hat{E}^2$

Um zu untersuchen, ob das Interferenzmuster durch eine gegenseitige Beeinflussung der Photonen verursacht wird, führte der englische Physiker G. I. TAYLOR (1886–1975) im Jahre 1909 Interferenzversuche mit sehr geringer Intensität durch. TAYLOR ging davon aus, dass die Photonen einzeln in großem zeitlichem Abstand auf dem Film absorbiert wurden und dabei eine Schwärzung verursachten. Somit war eine Wechselwirkung zwischen den Photonen auszuschließen. Um ein gut sichtbares Bild zu erhalten, musste der Film über eine Zeit von 2000 Stunden belichtet werden. Danach erhielt er ein ebenso deutliches Interferenzmuster wie bei kurzer Belichtung mit hoher Intensität.

Ob TAYLOR mit den ihm zur Verfügung stehenden Mitteln tatsächlich einzelne Photonen nachweisen konnte, ist mittlerweile umstritten. Sein Experiment gilt jedoch nach wie vor als eines der Schlüsselexperimente zur Quantenphysik und inspiriert auch heute noch zur Nachahmung. Mittlerweile ist das Experiment von TAYLOR sogar mit massiven Teilchen wiederholt worden: Mit *Elektronen* (TONOMURA, 1989), mit *Neutronen* (Z. ZEILINGER, 1991), mit He^+-*Atomen* (CARNAL, 1991) und sogar mit komplexen *Molekülen* (A. ZEILINGER, 2000). Die Ergebnisse stimmen mit denen für Photonen überein. Im Folgenden wird deshalb oft pauschal von **Quantenobjekten** die Rede sein, da es unnötig ist, die übereinstimmenden Erkenntnisse für jede einzelne Teilchenart neu zu formulieren.

Die Ergebnisse des von TONOMURA durchgeführten Experimentes mit Elektronen sind in **Abb. 21.1** dargestellt. Die Anordnung war ähnlich zum Doppelspaltversuch. Bei dem Experiment trafen etwa 10 Elektronen pro Sekunde nacheinander und unabhängig voneinander auf einen Detektor. Im ersten Bild wurden 8 Elektronen registriert. Dabei erscheint die Verteilung der Treffer über den Bildausschnitt völlig regellos und zufällig.

> Es ist keine Vorhersage möglich, an welchem Ort der nächste Treffer registriert wird.
> Quantenobjekte zeigen **stochastisches Verhalten**.

Es ist nun zu untersuchen, ob bei der scheinbar zufälligen Verteilung der einzelnen Quantenobjekte das Interferenzbild verschwindet. Passieren die Elektronen den Doppelspalt einzeln, so sollte keine Auslöschung stattfinden können und an die Stelle eines streifenartigen Interferenzmusters das verschwommene Beugungsbild zweier Einzelspalte treten.
Im Verlauf der Zeit (**Abb 21.1**) entsteht jedoch aus einzelnen markierten Wechselwirkungsorten das bekannte Interferenzmuster des Doppelspaltes, das so klar ist, als wäre es mit großer Intensität aufgenommen worden (→ 1.2.2). Es spielt demnach auch für ein einzelnes Elektron eine Rolle, ob es einen Doppelspalt oder einen Einzelspalt passiert.

Dieses sonderbare Verhalten, das in der vertrauten Alltagswelt keine Entsprechung besitzt, wirft die Frage auf, weshalb der größte Teil der Elektronen, die alle unter den gleichen Bedingungen durch den Doppelspalt gelangen, im Bereich der Maxima auftrifft.
Wegen ihres stochastischen Verhaltens ist die deterministische Beschreibung einzelner Quantenobjekte (etwa durch eine Bahngleichung) unmöglich. Wie bei anderen Zufallsexperimenten ergeben sich erst durch die Betrachtung einer ausreichenden großen Anzahl von Quantenobjekten zuverlässige Erkenntnisse, die dann in Form von Wahrscheinlichkeitsaussagen zu formulieren sind.

Eine große Anzahl von Quantenobjekten erzeugt ein streifenartiges Interferenzmuster mit Maxima und Minima. Im Bereich der Maxima treffen die meisten Quantenobjekte auf. Dort ist die Dichte der nachgewiesenen Teilchen am größten und damit auch die **Wahrscheinlichkeit** w, nach einer bestimmten Bestrahlungszeit ein einzelnes Teilchen zu registrieren.

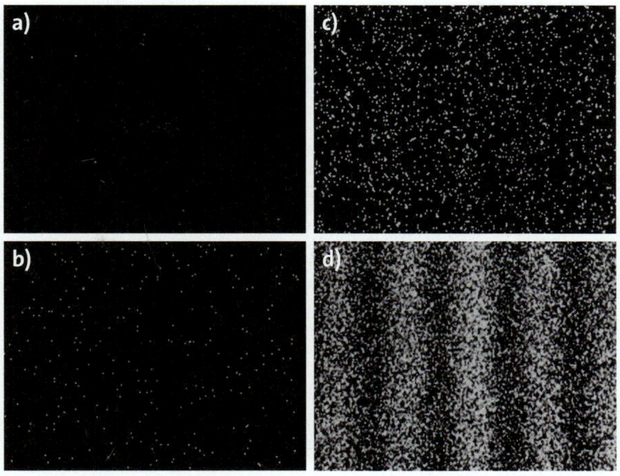

21.1 Sukzessiver Aufbau eines Interferenzbildes aus einzelnen Elektronen. Die Aufnahmen zeigen **a)** 8, **b)** 270, **c)** 2000 und **d)** 160 000 registrierte Elektronen. Bei einer geringen Anzahl registrierter Elektronen scheinen die Auftrefforte zufällig über den Schirm verteilt zu sein. Erst im Verlauf der Bildfolge entwickeln sich die Streifen des Interferenzbildes.

Mit der großen Anzahl von Quantenobjekten wird auch viel Energie zu den Maxima übertragen. Die Intensität I, die auf eine Stelle ΔA des Schirms trifft, ist proportional zur Anzahl N der dort nachgewiesenen Quantenobjekte. Damit ist I auch proportional zur Wahrscheinlichkeit w, ein einzelnes Quantenobjekt dort zu registrieren.

> Ein Interferenzbild gibt Aufschluss über die **Wahrscheinlichkeit w**, dass ein einzelnes Quantenobjekt an der Stelle ΔA auf dem Schirm auftrifft: $w \sim I$.

Quantenobjekte folgen einer Wahrscheinlichkeitsverteilung, die sich aus der Intensitätsverteilung des physikalischen Kontextes, z. B. der Doppelspaltanordnung, ergibt. Ein Quantenobjekt kann nicht isoliert und unabhängig von den äußeren Bedingungen beschrieben werden.

Aufgaben

1. Photonen mit der Wellenlänge $\lambda = 633$ nm treffen auf einen Doppelspalt im Abstand $a = 10$ m zu einem Detektor, der einzelne Photonen registriert. Der Spaltabstand b beträgt 0,35 mm, die Spaltbreiten sind noch kleiner.
a) Skizzieren Sie analog zu **Abb. 21.1** ein mögliches Schirmbild für 10 bzw. für 100 registrierte Photonen im Maßstab 1:1.
b) Spalt 2 wird verschlossen. Skizzieren Sie ein Schirmbild für den geöffneten Spalt 1 (wieder 10 bzw. 100 Photonen).
c) Wieder wird Spalt 2 verschlossen, Spalt 1 bleibt offen; nach der Hälfte (also nach 5 bzw. nach 50) der registrierten Photonen wird jedoch gewechselt, d. h. Spalt 2 ist geöffnet und Spalt 1 verschlossen. Erörtern Sie, inwiefern sich die Schirmbilder nach 10 bzw. 100 Photonen von Ergebnissen aus den Aufgaben a) und b) unterscheiden.

Methode

Simulation der Photonenverteilung hinter dem Doppelspalt

Das Experimentieren mit einzelnen Quantenobjekten erfordert hohen technischen Aufwand, präzise Ausführung und viel Geduld. Für den Unterricht stehen mittlerweile etliche Simulationsprogramme zur Verfügung, mit deren Hilfe die wesentlichen Aussagen über Quantenobjekte ohne großen Aufwand veranschaulicht werden können. An dieser Stelle sollen die Überlegungen dargelegt werden, die zu einem solchen Simulationsprogramm führen.
Die Simulation soll in Form eines 3D-Säulendiagramms den Ausschnitt eines Schirms zeigen, auf dem einzelne Photonen in einem Raster registriert werden. Um die Grundgedanken der Simulation darzulegen, genügt ein grober Ausschnitt von 11×10 Rasterpunkten.
Die Höhe jeder Säule (z-Achse) gibt die Anzahl der Photonen wieder, die während des Simulationsexperiments im zugehörigen Rasterelement registriert werden. Durch die x- und die y-Koordinaten wird der Ort des Rasterelements auf dem Schirm festgelegt. Dabei wird die y-Koordinate nur für eine plastischere Darstellung eingeführt (Schirmhöhe/Zeilen). Die maßgebliche Variable für einen Ort auf dem Schirm ist die x-Koordinate (Schirmbreite/Spalten), da sie die Phasendifferenz $\Delta\varphi$ der Teilwellen bestimmt. Der Einfachheit halber wird anstelle der x-Koordinate gleich die Phasendifferenz $\Delta\varphi$ angetragen.

Definition der Voraussetzungen

Das Ziel der Simulation ist es, das Verhalten einzelner Quantenobjekte, z. B. Photonen hinter einer Doppelspaltanordnung darzustellen. Dazu sollen die Erkenntnisse des Abschnittes → 1.3.1 als Voraussetzungen in die Simulation eingehen und anschließend das Ergebnis der Simulation mit dem des realen Experiments verglichen werden.

1. Der Auftreffort jedes einzelnen Photons muss zufällig sein (stochastisches Verhalten).
2. Die Wahrscheinlichkeit $w(x)$, dass ein Photon an einem bestimmten Ort x auftrifft, soll proportional zur Intensität des Interferenzbildes $I(x)$ gemäß der Lichtwellentheorie sein.

Das stochastische Verhalten der Photonen wird durch eine Zufallszahl aus dem Intervall $[0; 1]$ simuliert.
Die Intensität $I(x)$ lässt sich dem abgebildeten Interferenzbild des Doppelspaltes entnehmen.
Ein Maximum liegt gemäß der Lichtwellentheorie vor, wenn der Phasenunterschied $\Delta\varphi$ der beiden Teilwellen null oder ein ganzzahliges Vielfaches von 2π beträgt (→ Bd. 11, 5.2.6). Im Idealfall sehr schmaler Spalte haben alle Maxima die gleiche Intensität.

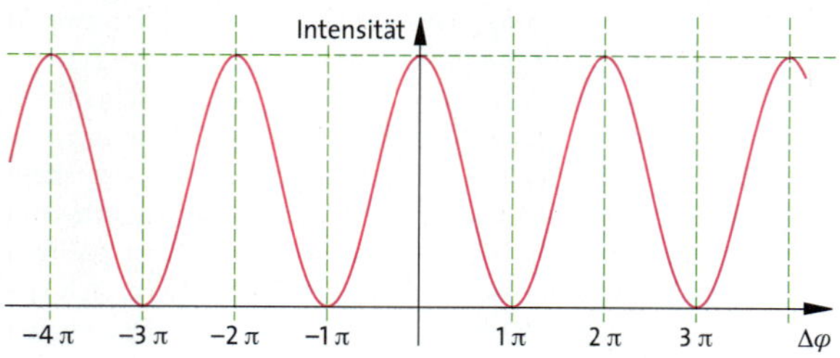

Die Wahrscheinlichkeitsverteilung (gelber Bereich)

Es ist anhand der abgebildeten Intensitätsverteilung leicht einzusehen, dass die Intensität I durch das Quadrat einer Kosinusfunktion beschrieben werden kann: $I \sim \cos^2(\Delta\varphi/2)$:
In Übereinstimmung mit dem Interferenzbild ergeben sich so Maxima bei null und den geradzahligen Vielfachen von π und Minima bei ungeradzahligen Vielfachen von π denn $\cos^2(\pi/2) = 0$ und $\cos^2(2\pi/2) = 1$.
Wegen $w \sim I$ gilt auch $w(\Delta\varphi) \sim \cos^2(\Delta\varphi/2)$.
In Worten: Die Wahrscheinlichkeit, ein einzelnes Photon an einem Ort des Schirms nachzuweisen, für den der Phasenunterschied zwischen beiden Teilstrahlen im Wellenmodell $\Delta\varphi$ beträgt, ist proportional zum Kosinusquadrat des halben Phasenunterschieds.

Um die Maxima 1. Ordnung noch gut erkennen zu können, empfiehlt sich eine Abbildung bis zum Minimum zweiter Ordnung, also bis zur maximalen Phasendifferenz $\Delta\varphi_{max} = 3\pi$. Der Phasenunterschied (x-Achse) wird von $\Delta\varphi = -3\pi$ an für jede Spalte in Schritten von $3\pi/5$ bis auf $3\pi \approx 9{,}42$ erhöht.
Im Raster aus 11 Spalten kann nun für jeden der 11 Phasenunterschiede das Kosinusquadrat berechnet werden. Die Wahrscheinlichkeit $w(\Delta\varphi)$ ergibt sich aus dieser Verteilung, indem jeder einzelne Zellenwert durch die Summe aller 11 Kosinusquadrate dividiert wird (hier 5), denn die Wahrscheinlichkeit, dass ein Photon in irgendeiner der 11 Spalten nachgewiesen wird, soll 1 betragen. Dieser Vorgang heißt *Normierung der Wahrscheinlichkeitsverteilung* (→ 1.3.3).

Festlegung des Auftreffortes (orangefarbener Bereich)

Der „Schirm" des simulierten Doppelspaltversuches besteht aus einem Raster mit 10 Zeilen und 11 Spalten. Das Rasterelement (K; L) liegt in der Spalte K und der Zeile L. In welcher Zeile bzw. Spalte ein simuliertes Photon nachgewiesen wird, bestimmen die zwei Zufallszahlen Z und S aus dem Intervall $[0; 1]$, welche die Tabellenkalkulation durch den Befehl „=ZUFALLSZAHL()" für jedes Photon einzeln erzeugt.

Da sich die Photonen gleichwahrscheinlich über die Zeilen verteilen sollen, kann die Zuordnung der Zeilennummer L (von 1 bis 10) des Photons Nr. 1 einfach durch die Berechnung „=AUFRUNDEN(10*B11;0)" erfolgen.

Entscheidend ist die Zuweisung der Spaltennummer K, da hierfür die in Zeile 6 berechnete Verteilungsfunktion $\Sigma w(\Delta\varphi)$ zu berücksichtigen ist. Dafür werden die Einzelwahrscheinlichkeiten $w(\Delta\varphi)$ der 11 Phasenunterschiede aus Zeile 5 schrittweise aufsummiert. Auf diese Weise entsteht eine Unterteilung des Intervalls $[0; 1]$ in 11 Teilintervalle. Jedem dieser Intervalle wird entsprechend der abgebildeten Graphik eine Spalte K mit $K \in \{1; 2; ...; 11\}$ zugeordnet. Die Zuordnung der Spalten kann mittels der VERWEIS-Funktion erfolgen:

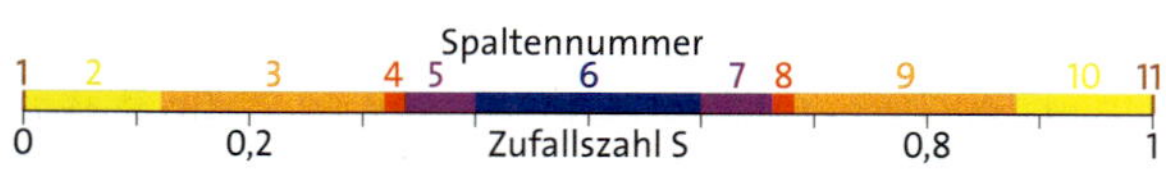

	A	B	C	D	E	F	G	H	I	J	K	L	M	N	O	P	Q	R
1							**Einzelne Photonen am Doppelspalt**											
2		$\Delta\varphi_{max}$		9,425														
3		$\Delta\varphi$			–9,42	–7,54	–5,65	–3,77	–1,88	0,00	1,88	3,77	5,65	7,54	9,42	Σ		
4		$\cos^2(\Delta\varphi/2)$			0,00	0,65	0,90	0,10	0,35	1,00	0,35	0,10	0,90	0,65	0,00	5		
5		$w(\Delta\varphi)$			0,00	0,13	0,18	0,02	0,07	0,20	0,07	0,02	0,18	0,13	0,00	1		
6	Photon Nr.	$\Sigma w(\Delta\varphi)$		0	0,00	0,13	0,31	0,33	0,40	0,60	0,67	0,69	0,87	1,00	1,00			
7																		
8							Zeilen-	Spaltennummer										
9		Z	L	S	K	100*K+L	nummer	1	2	3	4	5	6	7	8	9	10	11
10	1	0,561	6	0,168	3	306	10	0	0	0	0	0	0	0	0	0	0	0
11	2	0,221	3	0,387	5	503	9	0	0	0	0	0	0	0	0	0	0	0
12	3	0,673	7	0,454	6	607	8	0	0	0	0	0	0	0	0	1	0	0
13	4	0,68	7	0,631	7	707	7	0	0	0	0	0	1	1	0	0	0	0
14	5	0,135	2	0,739	9	902	6	0	0	2	0	0	0	0	0	0	0	0
15	6	0,717	8	0,846	9	908	5	0	1	0	0	0	0	0	0	0	0	0
16	7	0,511	6	0,22	3	306	4	0	0	0	0	0	1	0	0	0	0	0
17	8	0,096	1	0,254	3	301	3	0	0	0	0	1	0	0	0	0	0	0
18	9	0,378	4	0,525	6	604	2	0	0	0	0	0	0	0	0	1	0	0
19	10	0,491	5	0,002	2	205	1	0	0	1	0	0	0	0	0	0	0	0

„=VERWEIS(D10;D$6:N$6;H$9:R$9)“ ordnet jedem Wert aus D10 (Zufallszahl S), der im Intervall [D6; E6[(Teilintervall von [0; 1]) liegt, den Wert in Zelle H9 (Spalte K = 1) zu, [E6; F6[den Wert in I9, usw. Jedem Wert aus [N6; ∞[wird der Wert in Zelle R9 (Spalte K = 11) zugewiesen.
(Die durch die „$“-Zeichen hergestellten absoluten Bezüge ermöglichen einfaches Kopieren durch Ziehen mit der Maus für die folgenden Photonen.)
Das Rasterelement, in dem ein Photon auftrifft, kann durch eine vierstellige Zahl $k_1k_2l_1l_2$ angegeben werden, wobei die rechten beiden Stellen aus der Zeilennummer und die linken beiden aus der Spaltennummer bestehen. Die Berechnung „=100*K+L“ liefert also eindeutig das Rasterelement für jedes Photon.

Definition des Schirms (grauer Bereich)

Der simulierte Schirm besteht aus 11 × 10 Zellen. Jedes der simulierten Photonen, das z. B. im Rasterelement 306 auftrifft, soll in der Zelle in Spalte 3 und Zeile 6 des Schirms (hier also Zelle J14 des Rechenblattes) gezählt werden. Dies leistet die Eingabe „=ZÄHLENWENN($F$10:$F$19;J$9*100+$G14)“:
In J14 wird aus dem Bereich der Auftrefforte (F10 bis F19) jedes Rasterelement mit der Nummer 306 (also J9*100+G14) gezählt, hier mit dem Ergebnis „2“. Durch Ziehen mit der Maus wird die Berechnung auf die anderen Schirmzellen kopiert.

Graphische Ausgabe

Der Inhalt des „Schirms“, also der dunkelgrau unterlegten Zellen H10 bis R19 kann mit Hilfe eines 3D-Säulendiagramms graphisch dargestellt werden. Je nach verwendeter Software gibt es eine Vielzahl von Möglichkeiten, die Darstellung an die eigenen Vorstellungen anzupassen. In der oberen Abbildung ist das Ergebnis für die zehn ersten in den Schirmzellen (H10 bis R19) gezählten Photonen dargestellt. Durch Ziehen mit der Maus kann der Simulationsumfang leicht auf z. B. 100 Photonen erweitert werden. Nach entsprechender Anpassung des Zählbereichs der Schirmzellen zeigt die Simulation die Verteilung von 100 Photonen (**Abb. b**)
Betätigen der F9-Taste (Neuberechnung) erzeugt einen neuen Photonenschwall und ein neues Diagramm.

Vergleich mit dem Experiment

Bei geringer Photonenzahl wird die stochastische Natur der Quanten deutlich. Die Photonen scheinen sich in der Simulation ebenso wahllos zu verteilen wie die Elektronen im TONOMURA-Experiment (→ 1.3.1). Erst mit zunehmender Trefferanzahl bilden sich aus den scheinbar wahllos auftreffenden Photonen die deutlich zu erkennenden Maxima erster Ordnung und die Minima heraus, ebenso wie es im tatsächlich durchgeführten Experiment mit Elektronen der Fall ist.

Mit den in → 1.3.1 erarbeiteten Wahrscheinlichkeitsaussagen kann das Verhalten von Quantenobjekten in hinreichend guter Übereinstimmung mit dem realen Experiment simuliert werden. Damit ist die Richtigkeit dieser Aussagen durch die Simulation bestätigt.

a)

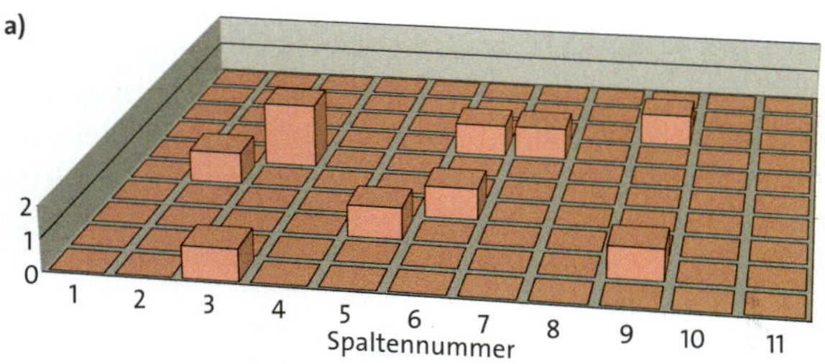

b)

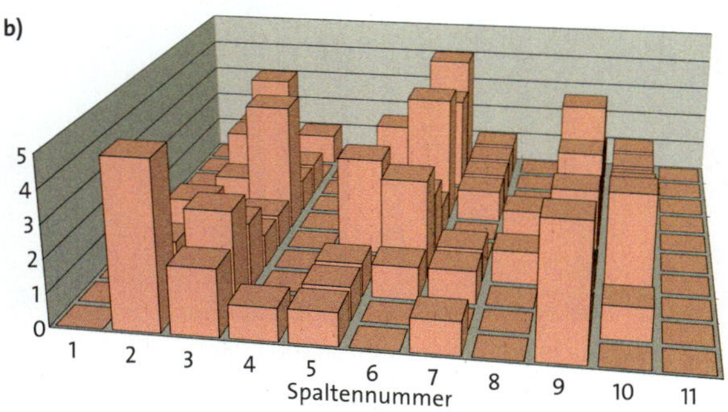

1.3.2 Das Unschärfeprinzip

Quantenobjekte können nur unzureichend mit den Mitteln der klassischen Physik beschrieben werden. So scheint es offensichtlich, dass jeder klassische Körper zu jedem Zeitpunkt seiner Bewegung einen genau bestimmten Ort und eine genau bestimmte Geschwindigkeit besitzt, die auch beide mit entsprechendem Aufwand beliebig genau gemessen werden können.

Werner HEISENBERG zeigte in seiner Arbeit „*Über den anschaulichen Inhalt der quantentheoretischen Kinematik und Mechanik*“, dass der Ort eines Teilchens nicht beliebig genau festgelegt werden kann, ohne den Impuls des Teilchens zu beeinflussen. Stark vereinfacht können HEISENBERGS Überlegungen, deren Darstellung im Rahmen der Schulphysik nicht möglich ist, anhand der Beugung von Wasserwellen oder Quantenobjekten (→ 1.2.2) an einem Spalt illustriert werden.

Versuch 1: Aus der Wellenlehre ist das Phänomen der Beugung bekannt: Eine ebene Wellenfront bewegt sich exakt in z-Richtung (**Abb. 24.1**), die x-Komponente der Geschwindigkeit ist null. Durch einen Spalt der Breite $2\,\Delta x$ soll ein schmaler Streifen der Wellenfront mit einer möglichst scharf definierten x-Koordinate ausgeblendet werden. Das bedeutet, die x-Koordinate der Wellenfront wird bis auf eine *Unbestimmtheit* Δx festgelegt. Hinter dem Spalt weisen die Wellenfronten dann jedoch eine Geschwindigkeitskomponente in x-Richtung auf und zwar umso stärker, je schmaler der Spalt ist. Hinter einem sehr schmalen Spalt von der Größenordnung der Wellenlänge ist die Ausbreitungsrichtung völlig unbestimmt.
Ergebnis: Je genauer die Wellenfront auf eine x-Koordinate eingeschränkt wird, desto stärker weicht die Ausbreitungsrichtung hinter dem Spalt von der ursprünglich exakt präparierten Ausbreitung in z-Richtung ab. ◄

Versuch 2: Versuch 1 wird mit einem parallelen Lichtbündel (**Abb. 24.2**) durchgeführt, d. h. die Photonen sind z. B. mithilfe von Linsen so präpariert worden, dass sie sich alle sehr genau in z-Richtung bewegen. Der Impuls p_x in x-Richtung ist damit nahezu gleich null. Mithilfe eines verstellbaren Spaltes soll nun die x-Koordinate der Photonen bis auf eine Unschärfe Δx genau festgelegt werden, viel genauer, als dies etwa durch den Durchmesser eines Laserstrahls gegeben ist.
Ergebnis: Analog zu den Wasserwellen wird das Licht am Spalt gebeugt. Die Photonen erhalten also durch die Präparation der x-Koordinate einen Impuls Δp_x in (positiver oder negativer) x-Richtung. Die sorgsame Präparation des Impulses $p_x = 0$ wurde durch die Präparation des Ortes $x = 0$ zerstört: Hinter dem Spalt ist der Impuls p_x der Photonen *unbestimmt*. ◄

Es ist also nicht möglich, den Ort und den Impuls eines Photons gleichzeitig mit beliebiger Genauigkeit festzulegen. Diese Aussage gilt für beliebige Quantenobjekte, denn Versuch 2 lässt sich im Labor entsprechend auch mit Elektronen oder anderen Teilchen durchführen. HEISENBERG fand 1927 dieses Naturprinzip und es gelang ihm auch, dies in seiner berühmten Unschärfe- oder Unbestimmtheitsrelation zu quantifizieren.

Heisenberg'sche Unschärferelation
Ort und Impuls eines Quantenobjektes können nicht gleichzeitig beliebig genau festgelegt werden.
Das Produkt aus Ortsunschärfe Δx und Impulsunschärfe Δp_x kann nicht kleiner werden als $h/4\pi$:

$$\Delta x\,\Delta p_x \geq \frac{h}{4\pi}$$

Für die Gültigkeit der Unschärferelation gibt es keine prinzipielle obere Grenze, sie gilt für alle Körper. Wegen der Kleinheit des Planck'schen Wirkungsquantums fällt sie jedoch nur bei Quantenobjekten ins Gewicht.

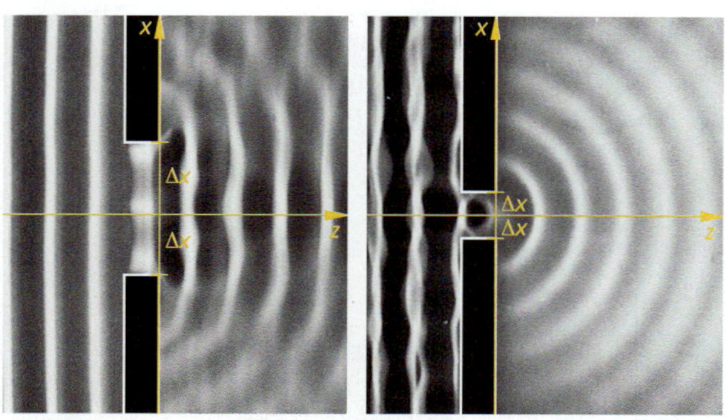

24.1 Beugung in der Wellenwanne: Sinkt der Durchmesser $d = 2\,\Delta x$ der Blendenöffnung auf die Größenordnung der Wellenlänge ab (rechts), dann fächert der Strahl durch Beugung in alle Richtungen auf.

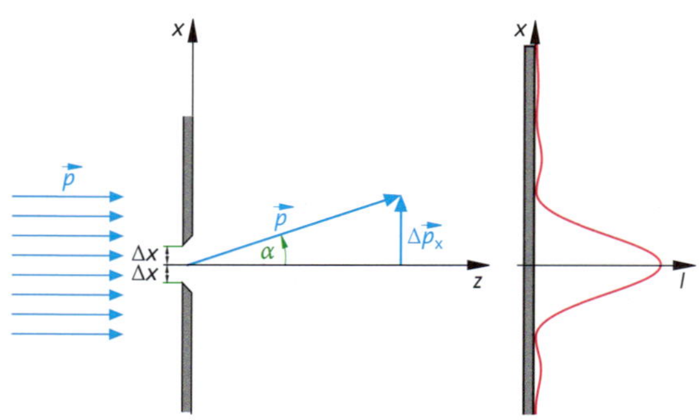

24.2 Treffen Quantenobjekte auf einen schmalen Spalt, so tritt Beugung auf. Der Versuch, die x-Komponente des Ortes genau festzulegen, führt zu einer Unschärfe der x-Komponente des Impulses.

Unschärfe von Wellenpaketen

Die Ausbreitung von Licht und anderer elektromagnetischer Strahlung lässt sich mit demWellenmodell beschreiben. Wenn dabei von der Wellenlänge λ und der Frequenz f gesprochen wird, bezieht sich dies auf einen unendlich lang ausgedehnten Wellenzug. Solch ein Wellenzug wird durch eine zeitlich unbegrenzte und ungedämpfte Schwingung erzeugt, z. B. wenn eine elektromagnetische Welle durch einen ungedämpft schwingenden Sendedipol abgestrahlt wird.

Ein einzelnes *Teilchen*, z. B. ein Photon, kann jedoch vernünftig nur durch ein räumlich begrenztes *Wellenpaket* beschrieben werden, das durch ein entsprechendes zeitlich begrenztes Schwingungspaket erzeugt wurde. Ein solches Schwingungspaket wird durch die Überlagerung von unendlich vielen Sinus- und Kosinusfunktionen aus einem Frequenzintervall $f \pm \Delta f$ erzeugt. In **Abb. 25.1 a)** ist eine einfache, unendlich ausgedehnte Sinusschwingung mit der Frequenz $f = 50$ Hz abgebildet. Eine Überlagerung von drei nahe beieinanderliegenden Frequenzen (**Abb. 25.1 b**) aus dem Bereich von $f \pm \Delta f$ mit $\Delta f = 5$ Hz ergibt deutlich voneinander getrennte Schwingungspakete. Die Überlagerung von immer mehr Frequenzen aus dem gleichen Frequenzbereich $f \pm \Delta f$ führt dazu, dass benachbarte Schwingungspakete immer weiter voneinander getrennt werden (**Abb. 25.1 b** bis **d**). Im Grenzfall der Überlagerung unendlich vieler Frequenzen bleibt nur noch ein einziges Schwingungspaket übrig. Wie gut zu erkennen ist, verändert sich dabei die zeitliche „Breite" $2\,\Delta t$ der Schwingungspakete nicht, solange auch Δf konstant bleibt.

In **Abb. 25.2** ist dargestellt, wie sich eine Veränderung des Frequenzintervalls Δf auf die Halbbreite der Schwingungspakete Δt auswirkt: Eine Halbierung der **Frequenzunschärfe** Δf bewirkt eine Verdopplung der **zeitlichen Unschärfe** Δt, was auf eine indirekte Proportionalität von Δt und Δf hindeutet. Die Proportionalitätskonstante lässt sich aus den in **Abb. 25.2** angegebenen Daten ablesen: $\Delta t\,\Delta f = \frac{1}{2}$.
Dieser Zusammenhang gilt nicht nur für eine Frequenzintervall um die Grundfrequenz $f = 50$ Hz herum, sondern für beliebige andere Grundfrequenzen und wird als **akustische Unschärfe** bezeichnet.

Die Anwendung der akustischen Unschärfe auf elektromagnetische Schwingungen erlaubt einen Schluss auf die Unschärfe elektromagnetischer Wellenpakete, d. h. auf die Unschärfe von Photonen: Ein Sender emittiert in der Zeitspanne $2\,\Delta t$ ein Wellenpaket von Frequenzen aus einem Intervall der Breite $2\,\Delta f$. Mit dem Frequenzintervall Δf ist durch den Zusammenhang zur Energie $E = hf$ ein Energieintervall, also eine Energieunschärfe $\Delta E = h\,\Delta f$ verbunden. Daraus folgt die

Energie-Zeit-Unschärfe $\quad \boldsymbol{\Delta E\,\Delta t = h/2}$.

Für den Impuls ergibt sich über die Geschwindigkeit v des Wellenpakets ein ähnlicher Zusammenhang. Das Wellenpaket legt den Weg Δx in der Zeit $\Delta t = \Delta x / v$ zurück. Für die Frequenz f besteht mit den Formeln $f\lambda = v$ und $\lambda = h/p$ der Zusammenhang $f = vp/h$ zum Impuls p. Durch Einsetzen von $\Delta f = v\,\Delta p/h$ und $\Delta t = \Delta x/v$ in die Formel $\Delta t\,\Delta f = \frac{1}{2}$ ergibt sich die

Orts-Impuls-Unschärfe $\quad \boldsymbol{\Delta x\,\Delta p = h/2}$.

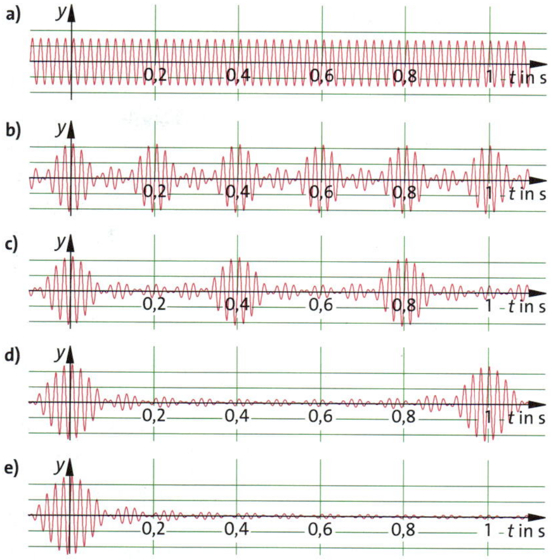

25.1 Der Graph einer Sinusschwingung mit der Frequenz $f = 50$ Hz (rot) und die Überlagerung von **b)** 3, **c)** 5, **d)** 11 und **e)** „sehr vielen" Schwingungen aus dem Intervall [45 Hz; 55 Hz]. Mit zunehmender Anzahl der Frequenzen wird der Abstand der Schwingungspakete immer größer. Eine Überlagerung unendlich vieler Frequenzen aus einem Frequenzintervall ergibt ein einzelnes Schwingungspaket.

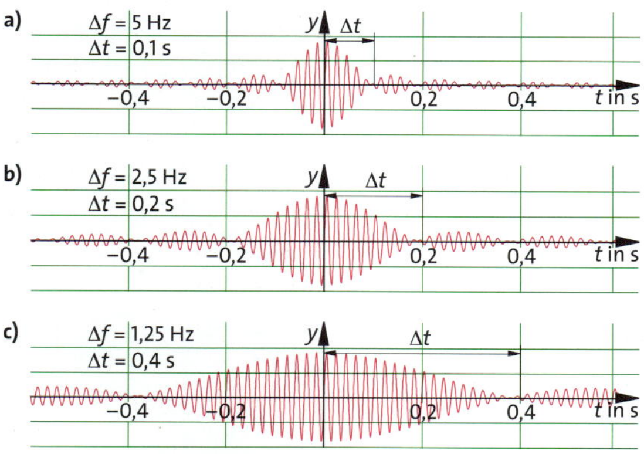

25.2 Darstellung der Frequenz-Zeit-Unschärfe: Schwingungspakete von sehr vielen Einzelschwingungen aus dem Intervall [50 Hz $-\Delta f$; 50 Hz $\pm\Delta f$]. Mit abnehmender Breite der Frequenzunschärfe Δf wächst die zeitliche Unschärfe Δt der Schwingungspakete. Dabei bleibt der Wert der Produktes aus Δf und Δt unverändert: $\Delta f\,\Delta t = 0{,}5$

> Energie und Dauer bzw. Impuls und Ort eines einzelnen Wellenpaketes können nicht gleichzeitig beliebig genau bestimmt sein.

Dabei hängt der Term auf der rechten Seite der Unschärfebeziehungen von der genauen Gestalt des Wellenpaketes ab. HEISENBERG zeigte mit seiner Unschärferelation $\Delta x\,\Delta p \geq h/4\pi$, dass das Produkt aus Orts- und Impulsunschärfe nicht kleiner werden kann als $h/4\pi$.

1.3.3 Die Wellenfunktion

Die Aussagen der vorangegangenen Abschnitte über Teilchen- und Wellenvorstellungen bei Licht und Elektronen gelten für alle Teilchen im Bereich der Mikrophysik. Deshalb liegt der Gedanke nahe, den Wellenaspekt bei der Ausbreitung von Elektronen oder anderen Materieteilchen in ähnlicher Form zu beschreiben, wie es mit dem elektromagnetischen Feld für die Ausbreitung von Licht bereits erfolgt ist.

Licht ist eine elektromagnetische Welle, die durch zeitlich und örtlich veränderliche Werte der elektrischen Feldstärke E und der mit ihr verknüpften magnetischen Flussdichte B beschrieben wird. Die Intensität des Lichtes ist zum einen proportional zum Quadrat der Amplitude der elektrischen Feldstärke an dieser Stelle und zum anderen proportional zur Wahrscheinlichkeit, dort ein Photon anzutreffen (→ 1.3.1). Also gilt für Licht, das sich in einer x-y-Ebene ausbreitet, dass das Quadrat der Amplitude der elektrischen Feldstärke $\hat{E}^2\,(x, y, t)$ proportional ist zur Wahrscheinlichkeit, ein Photon an der Stelle $P\,(x\,|\,y)$ zur Zeit t zu registrieren. Bei bekannter Verteilung des elektromagnetischen Feldes im Raum lässt sich damit die Wahrscheinlichkeit angeben, ein Photon in einem Teilvolumen des Raums nachzuweisen.

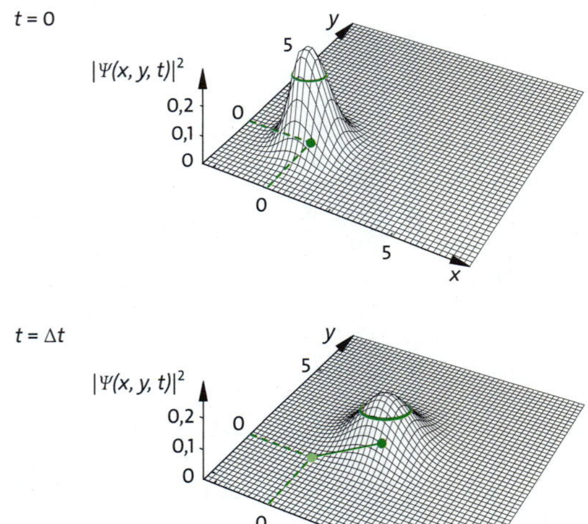

26.1 Ein Wellenpaket beschreibt die Bewegung eines Quantenobjekts, welches bei P (0|0) startet und sich in Richtung P (5|5) bewegt, für drei aufeinanderfolgende Zeitpunkte. Der grüne Punkt markiert die jeweilige Position des klassischen Teilchens innerhalb des Wellenpaketes.

In gleicher Weise kann das Verhalten von Elektronen und auch anderer Materieteilchen, die sich in einer x-y-Ebene ausbreiten, durch eine Funktion $\Psi\,(x, y, t)$, beschreiben werden, deren Amplitudenquadrat proportional zur Wahrscheinlichkeit ist, ein Teilchen anzutreffen. Die Funktion wird kurz Ψ-Funktion (Psi-Funktion) oder auch **Wellenfunktion** genannt, weil sie analog zur elektromagnetischen Welle die Welleneigenschaften bei der Ausbreitung von Quantenobjekten beschreibt. Die Wertemenge der Ψ-Funktion wird von komplexen Zahlen gebildet, ihr Betragsquadrat $|\Psi|^2$ hat jedoch in jedem Fall einen reellen Wert. Auf die Idee einer Wellenfunktion war Erwin SCHRÖDINGER im Jahre 1925 gestoßen, als er sich mit dem Problem befasste, eine Wellengleichung für bewegte Elektronen aufzustellen. Mit seiner Theorie gelingt es, die Funktion $\Psi\,(x, y, t)$ für Quantensysteme zu berechnen.

Abb. 26.1 zeigt ein Beispiel für die berechnete Ausbreitung eines Quantenobjekts in einer x-y-Ebene, welche mehr der eines Wellenpakets als der eines Teilchens entspricht. Das Betragsquadrat $|\Psi\,(x, y, t)|^2$, die sogenannte *Wahrscheinlichkeitsdichte* (nach oben aufgetragen), ist proportional zur Wahrscheinlichkeit, das Quantenobjekt in einem Flächenbereich $\Delta A = \Delta x\,\Delta y$ am Ort $P\,(x\,|\,y)$ anzutreffen. Die Wahrscheinlichkeit w, das Quantenobjekt in einem Flächenelement ΔA am Ort $P\,(x\,|\,y)$ zur Zeit t anzutreffen, ist das Produkt aus Wahrscheinlichkeitsdichte und Flächenelement

$$w = |\Psi\,(x, y, t)|^2\,\Delta A.$$

Die Abbildung zeigt, dass sich das Wellenpaket mit der Zeit ausdehnt, weil es aus einer Überlagerung einzelner Wellen besteht, die sich mit unterschiedlichen Geschwindigkeiten ausbreiten.

Den Physikern zur Zeit SCHRÖDINGERS war zunächst nicht klar, wie die Werte der Ψ-Funktion physikalisch zu interpretieren seien. Unter den verschiedenen Deutungsmöglichkeiten hat sich die zuerst von Max BORN (1882–1970) gegebene *stochastische Interpretation* durchgesetzt, entsprechend der die in den vorangegangenen Abschnitten dargestellten Überlegungen auch entwickelt wurden (für räumliche Ausbreitung formuliert):

- Die Funktion $\Psi\,(x, y, z, t)$ beschreibt die Ausbreitung von Teilchen im Raum oder genauer die Wahrscheinlichkeit, Teilchen in einem bestimmten *Raumvolumen* ΔV nachzuweisen.

- Die Ψ-Funktion ist eine Wellenfunktion. Sie beschreibt im Raum Interferenzphänomene wie Interferenzmaxima und -minima. Die Amplituden an einem Ort sind aus Teilamplituden unter Berücksichtigung der Phasen zu bestimmen.
- Die Ψ-Funktion selbst hat keine direkte physikalische Bedeutung. Erst das Betragsquadrat $|\Psi(x, y, z, t)|^2$ der Funktion, die sogenannte **Wahrscheinlichkeitsdichte**, ist proportional zur Wahrscheinlichkeit, das Teilchen in einem Raumbereich ΔV anzutreffen. Diese Wahrscheinlichkeit wird **Antreffwahrscheinlichkeit** genannt.

> Das Produkt aus der Wahrscheinlichkeitsdichte $|\Psi(x, y, z, t)|^2$ der Wellenfunktion und dem Volumen ΔV gibt die Antreffwahrscheinlichkeit $w = |\Psi(x, y, z, t)|^2 \Delta V$ eines Teilchens in einem Raumvolumen ΔV in der Umgebung des Ortes $P(x, y, z)$ abhängig von der Zeit t an.

Eine Wahrscheinlichkeit kann nur Werte aus dem Intervall [0; 1] annehmen: null ist die Wahrscheinlichkeit des unmöglichen Ereignisses, eins die des sicheren. Das bedeutet für ein Quantenobjekt, z. B. ein Elektron, von dem bekannt ist, dass es sich mit Sicherheit in einem bestimmten Volumen V befindet, dass die Summe aller Wahrscheinlichkeiten $|\Psi(x, y, z, t)|^2 \Delta V$ für die Teilvolumina ΔV zu jedem Zeitpunkt t eins ergeben muss:

$$\sum_V |\Psi(x, y, z, t)|^2 \Delta V = 1$$

Diese Beziehung ist die sogenannte *Normierungsbedingung*. Die Wellenfunktion für ein Teilchen muss den Randbedingungen, die sich aus dem Potentialverlauf ergeben, und der Normierungsbedingung genügen.

Die formale mathematische Beschreibung der Quantenphänomene liefert keine Hinweise darauf, was unter einem Elektron oder einem anderen Materieteilchen in der Ausbreitung zu verstehen ist. Die Frage nach der Natur der Schwingung einer Materiewelle oder gar nach dem Trägermedium ist nicht zu stellen. Die Wellenfunktion ist nicht mehr als eine Methode zur Berechnung stochastischer Vorhersagen über das Verhalten von Quantenobjekten.

Exkurs

Der Welle-Teilchen-Dualismus

Die gleichartige Beschreibung der Ausbreitung von Elektronen und Photonen soll zum Anlass genommen werden, noch einmal über den Wellen- und Teilchencharakter von Elektronen und Photonen nachzudenken.

Nach der klassischen Theorie wird Licht als Welle aufgefasst. Es weist aber Teilcheneigenschaften auf, die mit dem Begriff *Photon* beschrieben werden, wenn es mit Materie wechselwirkt. Dagegen zeigen z. B. Elektronen, die klassisch als Teilchen aufgefasst werden, umgekehrt Welleneigenschaften wie Interferenz und Beugung.
Die Aussagen lassen sich verallgemeinern und zusammenfassen: Jeder Transport von Energie und Impuls zeigt Wellen- und Teilcheneigenschaften. Die beiden Eigenschaften werden mitunter in der Feststellung zusammengefasst, dass z. B. ein Elektron *sowohl Teilchen als auch Welle* sei. Teilchen und Welle werden als zwei Beschreibungsmöglichkeiten eines dualen Verhaltens, des **Welle-Teilchen-Dualismus**, aufgefasst.

Diese Aussage erhellt die Zusammenhänge jedoch nicht, denn in der klassischen Physik schließen sich die Konzepte „Teilchen" und „Welle" gegenseitig streng aus:
Ein **klassisches Teilchen** ist ein kleiner massiver Körper. Er befindet sich zu einem bestimmten Zeitpunkt an einem Punkt im Raum, hat Impuls und Energie und bewegt sich auf einer Bahn, die sich durch die Bewegungsgleichungen theoretisch mit beliebiger Genauigkeit beschreiben lässt.
Eine **klassische Welle** bewegt sich ebenfalls im Raum, zeigt dabei aber im Gegensatz zum klassischen Teilchen Interferenz- und Beugungsphänomene. Es lässt sich auch kein Bahnverlauf angeben, da Energie und Impuls kontinuierlich im Raum verteilt sind. Mit endlichen Werten für Energie und Impuls pro Raumvolumen einer Welle werden Energie wie Impuls in einem Punkt null.
Elektronen oder Photonen sollten daher nicht als Teilchen oder als Welle, sondern als **Mikroobjekt** oder **Quantenobjekt** bezeichnet werden.

Eine fortgeführte Charakterisierung des Elektrons als Teilchen oder des Lichts als Welle sollte die geänderte Bedeutung dieser Beschreibung von Eigenschaften bewusst unterstützen. Dies wird erforderlich, wenn Welleneigenschaften oder Teilcheneigenschaften herausgestellt werden und an das klassische Verhalten erinnert oder darauf Bezug genommen werden soll.

Bei den *Welleneigenschaften* betrifft es das Verhalten eines Quantenobjekts bei seiner Ausbreitung, wenn die Wellenlänge in der Größenordnung der beugenden Objekte liegt (→ 1.2, 1.3.2). Ebenso betrifft das ein in einem Raumbereich von der Größenordnung der Wellenlänge, z. B. in einem Atom, eingeschlossenes Quantenobjekt.

Überträgt ein Quantenobjekt in einem Prozess dagegen Impuls und Energie, so treten die *Teilcheneigenschaften* und mit ihnen die Begriffe Elektron und Photon in den Vordergrund.

Exkurs

Interpretationsprobleme der Quantenphysik

Klassische Physik – Quantenphysik

Die klassische Physik ist die im *makroskopischen* Bereich geltende Physik der Newton'schen Mechanik und der Maxwell'schen Elektrodynamik, die Physik des strengen *Determinismus*, in der es möglich ist, aus der Kenntnis aller Größen, die den Zustand eines Systems beschreiben, mithilfe der bekannten Gesetzmäßigkeiten den zukünftigen Zustand im Prinzip exakt zu berechnen.

Praktische Schwierigkeiten bereiten lediglich die Messungenauigkeiten, die im Bereich der klassischen Physik mit entsprechendem Aufwand stets zu verringern sind.

Die *Quantenphysik* hat gezeigt, dass im *mikroskopischen* Bereich anderes gilt:

- Für die komplementären Messgrößen eines Zustands von Quantenobjekten gibt es eine grundsätzliche Grenze, die durch die Heisenberg'sche Unschärferelation beschrieben wird. Diese Grenze ergibt sich nicht aufgrund von Unzulänglichkeiten der angewendeten Messverfahren, sondern sie folgt aus den Eigenschaften der Quantenobjekte selbst.
- Jeder Messprozess im Bereich der Quantenphysik stellt einen Eingriff dar, der das weitere Verhalten des Messobjekts entscheidend beeinflusst, sodass einem Quantenobjekt stets nur die Eigenschaft zugeordnet werden kann, die gerade gemessen wurde. Es ist nicht davon auszugehen, dass die gemessene Eigenschaft bereits vor der Messung vorgelegen hat und dass andere, nicht gemessene Eigenschaften vorhanden sind.
- Eine strenge Determiniertheit wie in der klassischen Physik ist dementsprechend in der Quantenphysik nicht vorhanden. Jedoch gestattet die Ψ-Funktion eine Wahrscheinlichkeitsaussage über das Eintreten eines Ereignisses, z. B. über den Nachweis eines Quantenobjektes durch seine Ladung oder seine Masse, in einem Raumelement zu machen, sodass in diesem Sinne ein Determinismus vorhanden ist.

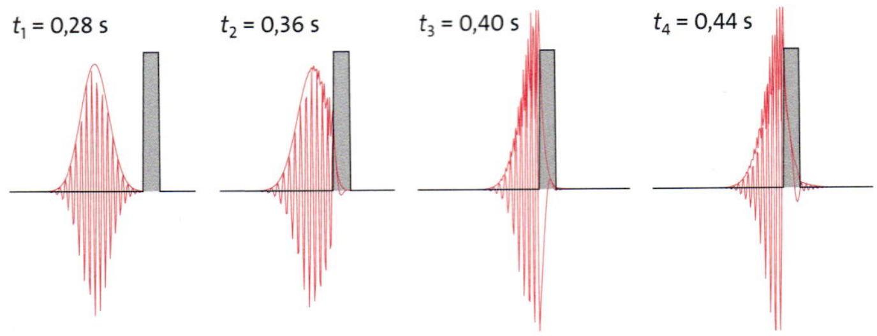

Kopenhagener Interpretation der Quantenphysik

Von Niels Bohr stammt die sogenannte *Kopenhagener Interpretation*, die in die philosophische Richtung des *Positivismus* (→ 5.2) einzuordnen ist. Sie befasst sich mit der Frage, die sich aus den Erkenntnissen über den quantenphysikalischen Messprozess ergibt, welche Eigenschaften einem Quantenobjekt selbst zuzuschreiben sind. Die wahrgenommenen bzw. gemessenen Eigenschaften hängen sowohl von dem Quantenobjekt selbst ab als auch von der verwendeten Messapparatur, z. B. dem Einfachspalt und der Registriereinrichtung.

Reale physikalische Eigenschaften besitzt ein Quantensystem nur im Zusammenhang mit einer Messapparatur, die diese Eigenschaft auch registriert. Es ist deshalb sinnlos, einem isolierten Quantensystem einen Zustand zuzuschreiben. Eine physikalische Größe kann nur dann als real angesehen werden, wenn sie gemessen wird oder gemessen worden ist.

Kritik an der Kopenhagener Interpretation

Diese Kopenhagener Sichtweise oder Interpretation hat weitere Konsequenzen: Kann nur dann etwas als *real existierend* angesehen werden, wenn es von einem Subjekt wahrgenommen wird? Dies würde bedeuten, dass die streng objektive Naturwissenschaft Physik die Existenz eines Subjekts bzw. eines Bewusstseins benötigen würde, um die Welt zu verstehen. Mit dieser Thematik haben sich zahlreiche Denker auseinandergesetzt und die unterschiedlichsten Lösungsvorschläge gefunden, die jedoch alle nicht recht befriedigen können. Die Existenz der Quantenobjekte bzw. des physikalischen Systems ist jedoch nicht infrage gestellt.

Die Kritik an der Kopenhagener Interpretation wurde häufig durch Gedankenexperimente verschärft, deren Aussagen allerdings ohne weitere physikalische Vorkenntnisse nur schwer zu interpretieren sind. Deshalb soll erst einmal ein vergleichsweise einfaches Experiment vorgestellt werden. Mit einem Wellenpaket wird die Ausbreitung eines Quantenobjekts, z. B. eines Elektrons, beschrieben. Die Bildleiste oben zeigt, wie sich der Wellenzug auf ein Hindernis zu bewegt. Bei dem Hindernis soll es sich im Fall der Lichtausbreitung um einen halbdurchlässigen Spiegel handeln, der einen Teil des Lichts durchlässt und den anderen Teil reflektiert. Für Elektronen lässt sich eine solche Anordnung durch den grau gezeichneten Verlauf der potentiellen Energie herstellen. Ein Teil der Welle, mit der die Ausbreitung des Elektrons beschrieben wird, wird in Bewegungsrichtung durchgelassen. Ein anderer Teil wird reflektiert und kehrt seine Bewegungsrichtung um. Die Abbildungen oben zeigen die Aufspaltung und das Auseinanderlaufen der Teilwellen. Das einlaufende Wellenpaket ist damit in zwei sich voneinander entfernende Teilwellen zerlegt, deren Amplitudenquadrat proportional zur Antreffwahrscheinlichkeit des Quantenobjekts ist. Angenom-

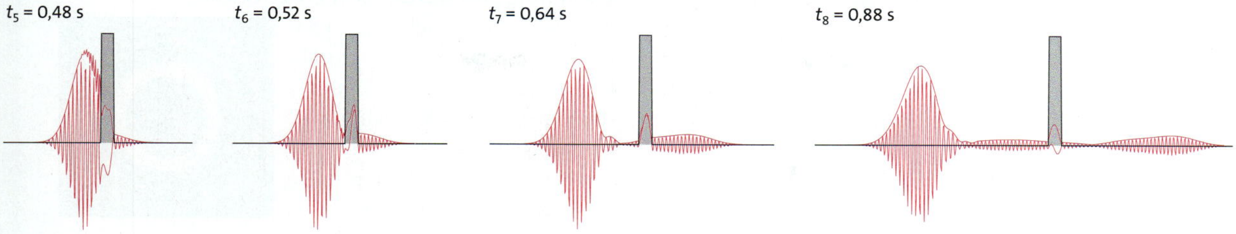

men, im nach links laufenden Wellenpaket wird ein Elektron nachgewiesen, dann hätte dieses Messergebnis zur Konsequenz, dass in allen anderen Bereichen die Amplitude der Welle unmittelbar auf null zusammenfallen müsste, um das Elektron nicht noch einmal an einem anderen Ort nachzuweisen. Dieser sogenannte „Kollaps der Wellenfunktion", der an allen Orten gleichzeitig erfolgen und sich deshalb mit Überlichtgeschwindigkeit ausbreiten müsste, wird als unglaubwürdig angesehen und als Argument gegen die Kopenhagener Interpretation der Quantenphysik verwendet.

Das EPR-Paradoxon

Auch EINSTEIN konnte sich mit diesen Konsequenzen der Quantenphysik nicht abfinden und versuchte zu zeigen, dass man im Gegensatz zu der von BOHR gegebenen Interpretation recht wohl davon ausgehen kann, dass Quantenobjekte physikalische Eigenschaften besitzen, ohne diese vorher gemessen zu haben. Bereits im Jahre 1935 hatten sich EINSTEIN, PODOLSKY und ROSEN ein Experiment ausgedacht, das nach den Urhebern EPR-Paradoxon genannt wird. Dieser damalige Gedankenversuch ist in den letzten Jahren mit aufwändigen Apparaturen verwirklicht worden. Den Grundgedanken des EPR-Paradoxons soll ein vereinfachtes Modellexperiment zeigen, das auf Überlegungen mit polarisiertem Licht aufbaut.

Von angeregten Atomen wird elektromagnetische Strahlung ausgesandt, die sich zu den Detektoren links und rechts in der Skizze hin ausbreitet. Mit den Detektoren werden Photonen der Strahlung nachgewiesen. Zusätzlich wird gemessen, wie oft die beiden Detektoren gleichzeitig ansprechen. Das Besondere an diesem ausgesuchten System ist die Tatsache, dass diese Gleichzeitigkeit der Nachweise, auch Korrelation genannt, sehr häufig gegeben ist. Der Gedanke, nach gemeinsamen Eigenschaften des einen und des anderen Photons zu suchen und sie auf einen gemeinsamen Entstehungsprozess zurückzuführen, ist deshalb naheliegend.

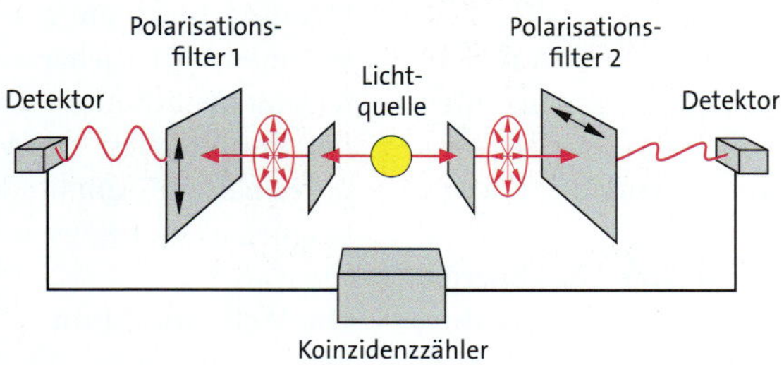

Zu diesem Zweck sind im Experiment zwei Polarisationsfilter 1 und 2 vorhanden, mit denen eine Messung der Polarisationsrichtung erfolgt. Bei gleicher Einstellung der Polarisationsfilter sind häufig Korrelationen zu messen, bei zueinander senkrecht eingestellten Filtern nur selten. Die Eigenschaften des auf der einen Seite registrierten Photons hängen also davon ab, welche Messung an dem räumlich entfernten Photon auf der anderen Seite durchgeführt wurde. Dieser Zusammenhang erscheint paradox, wenn man wie die Autoren des EPR-Paradoxons annimmt, dass die Zustände von räumlich voneinander getrennten Dingen voneinander unabhängig sind, und weiter, dass die beiden Photonen bereits vor der Messung über die Eigenschaften verfügen, die durch die Messung aufgedeckt werden. Woher soll das eine Photon „wissen", in welchem Experiment und mit welchem Ergebnis das andere Photon nachgewiesen wurde? Die Formulierung des EPR-Paradoxons legt nahe, intuitiv an zwei getrennte Systeme zu denken, zwischen denen keine physikalische Wechselwirkung besteht, wie es klassische Teilchen auch zeigen. Sollte das eine im linken Detektor nachgewiesene Photon bereits in der Ausbreitung mit bestimmten physikalischen Eigenschaften ausgestattet sein, dann müssten diese Eigenschaften sich abhängig von der Messung des anderen Photons verändern. Ein solcher Zusammenhang erscheint nicht denkbar. Die aus dem physikalischen Hintergrundwissen zu erwartende Annahme, Systeme in voneinander unabhängige Teilsysteme trennen zu können, führt bei Quantenobjekten zu einem Widerspruch mit den Experimenten.

Nicht-lokale Theorien

Der Physiker J. S. BELL konnte 1969 sogar zeigen, dass jede „lokale" Theorie, also eine Theorie der voneinander unabhängigen Teilsysteme, in Widersprüche zu den experimentellen Ergebnissen gerät. Eine Theorie, die davon ausgeht, dass das Messergebnis bei 1 vom Messergebnis bei 2 oder von der Stellung der Polarisationsfilter abhängt, ist somit widerlegt.

Die Quantenphysik stellt mit der Forderung nach einer globalen, raum-zeitlichen Systembeschreibung nicht die Realität infrage, aber sie zwingt dazu, unsere Alltagserfahrungen und die im Rahmen der klassischen Physik gebildeten Vorstellungen über die Realität wesentlich zu modifizieren. Der mathematische Formalismus der Quantenmechanik sagt die Messergebnisse wie die betrachteten Korrelationen korrekt voraus. Er gibt aber keinerlei Hilfe zu verstehen, wie diese Korrelationen zustande kommen und in welcher Weise sich Quantensysteme geeignet veranschaulichen lassen.

Grundwissen Eigenschaften von Quantenobjekten

Die Quantelung elektromagnetischer Strahlung

Durch elektromagnetische Strahlung wird Energie transportiert. Nach klassischem Verständnis ist die Intensität $I = E/(\Delta A\, \Delta t)$ einer Strahlung proportional zum Amplitudenquadrat der Welle.

Fotoeffekt

Licht bzw. UV-Strahlung kann Elektronen aus Metalloberflächen herauslösen. Aus dem Fotoeffekt (oder lichtelektrischem Effekt) ergeben sich Widersprüche zur klassischen Vorstellung von Licht als elektromagnetischer Welle:

- Unabhängig von der Intensität der Bestrahlung setzt der Fotoeffekt nur bei Frequenzen oberhalb einer Grenzfrequenz f_G ein.

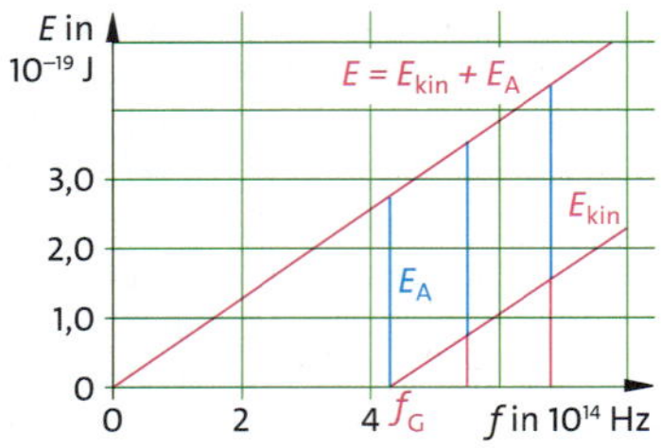

- Die kinetische Energie der Fotoelektronen hängt von der Frequenz f des Lichtes, nicht von seiner Intensität ab: $E_{kin} = hf - E_A$.
- Dabei ist $h = 6{,}626 \cdot 10^{-34}$ Js das Planck'sche Wirkungsquantum.
- Das verzögerungslose Einsetzen des Fotoeffektes ist nicht vereinbar mit einer völlig gleichmäßigen Verteilung der Strahlungsenergie im Raum.

Die Lichtquantenhypothese

Nach Einstein erfolgt der Energieaustausch von Licht mit Materie in Energieportionen, in sogenannten Lichtquanten oder Photonen.
Bei der Absorption eines Photons wird die Energie $E_{Ph} = hf$ übertragen.
Demnach wird beim Fotoeffekt ein Anteil der Energie des Photons zum Austritt eines Elektrons aus dem Katodenmaterial verwendet, den restlichen Anteil besitzt das Elektron als kinetische Energie:

$$E_{Ph} = E_{kin} + E_A \quad \text{bzw.} \quad E_{kin} = E_{Ph} - E_A$$

Für $E_{Ph} < E_A$ kann der Fotoeffekt nicht eintreten.
Hohe Lichtintensität bedeutet größere Photonenanzahl, nicht jedoch höhere Photonenenergie.

Impuls und Masse von Photonen

Photonen haben den Impuls $p = m_{Ph}\, c$.
Die Masse des Photons ist $m_{Ph} = E_{Ph}/c^2$.
Photonen haben keine Ruhemasse.
Ebenso wie in der klassischen Mechanik gelten der Impuls- *und* der Energieerhaltungssatz auch für Stöße von oder mit Photonen.

Welleneigenschaften von Elektronen

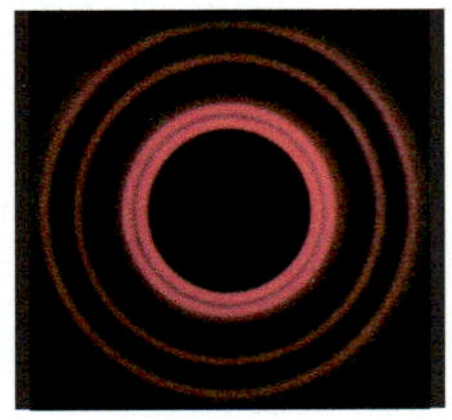

Die Welleneigenschaften von Elektronen lassen sich durch Interferenz z. B. bei der Durchstrahlung von Kristallpulver nachweisen.
Auch bei anderen Materieteilchen tritt Interferenz auf.

De-Broglie-Wellenlänge

Die De-Broglie-Wellenlänge von Materieteilchen ergibt sich aus dem Impuls des Teilchens:

$$\lambda = h/p$$

Beschreibung von Quantenobjekten

Teilchen wie Photonen, Elektronen oder Protonen, Neutronen, Atome und Moleküle, die in der Ausbreitung Welleneigenschaften und in der Wechselwirkung Teilchencharakter zeigen, werden als **Quantenobjekte** bezeichnet.

Intensität und Wahrscheinlichkeit

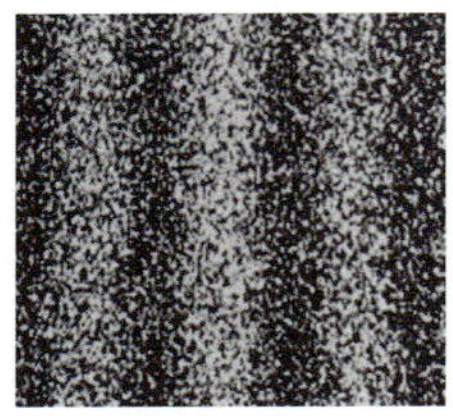

Quantenobjekte zeigen stochastisches Verhalten. Ihre Beschreibung ist nur über Wahrscheinlichkeitsaussagen möglich.
Die Wahrscheinlichkeit w, ein Quantenobjekt an einem bestimmten Ort nachzuweisen, ist proportional zur Intensität der Strahlung an diesem Ort: $w \sim I$.
Für Photonen ist die Antreffwahrscheinlichkeit proportional zur Amplitude der Feldstärke des elektromagnetischen Feldes: $w \sim \hat{E}^2$.

Die Wellenfunktion

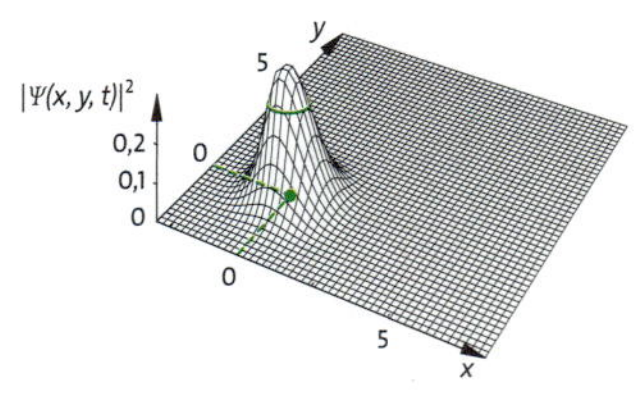

Die Wahrscheinlichkeit w, ein Quantenobjekt in einem Bereich ΔA um den Ort (x, y) zur Zeit t anzutreffen, ist durch das Betragsquadrat einer Wellenfunktion $\Psi(x, y, t)$ bestimmt: $w \sim |\Psi(x, y, t)|^2$.

Heisenberg'sche Unschärferelation

Ort und Impuls eines Quantenobjektes sind nicht gleichzeitig mit beliebiger Genauigkeit festgelegt. Für Orts- und Impulsunschärfe Δx und Δp_x gilt

$$\Delta x\, \Delta p_x \geq h/4\pi\,.$$

1. Berechnen Sie die Energie eines Photons in Joule und in Elektronvolt für

a) eine elektromagnetische Welle mit der Frequenz 100 MHz im UKW-Bereich

b) eine elektromagnetische Welle mit der Frequenz 900 kHz im Mittelwellenbereich.

2. Licht mit einer Wellenlänge von 300 nm fällt auf Kalium. Die emittierten Elektronen haben eine maximale kinetische Energie von 2,03 eV.

a) Berechnen Sie die Energie der einfallenden Photonen.

b) Berechnen Sie die Austrittsenergie für Kalium.

c) Berechnen Sie die erreichte Spannung, wenn das einfallende Licht eine Wellenlänge von 430 nm besitzt.

d) Berechnen Sie die Grenzwellenlänge des Fotoeffekts für Kalium.

3. Die Grenzwellenlänge des Fotoeffekts für Silber liegt bei 262 nm.

a) Berechnen Sie die Austrittsenergie für Silber.

b) Berechnen Sie die Grenzspannung für einfallende Strahlung der Wellenlänge 175 nm.

4. Zur Durchführung des Versuchs zum lichtelektrischen Effekt und zum Planck'schen Wirkungsquantum (→ 1.1.2) existiert eine experimentelle Alternative, die sogenannte *Gegenfeldmethode:*

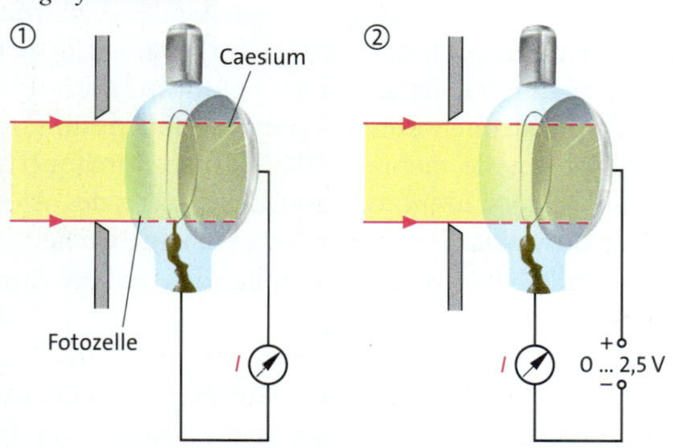

Die mit monochromatischem Licht beleuchtete Fotozelle ① bewirkt einen Fotostrom I, der in einem um eine einstellbare Spannungsquelle erweiterten Experiment ② verringert wird. Die Spannungsquelle ist derart gepolt, dass mit steigender Spannung U der Strom I auf null absinkt.

a) Erklären Sie die Bezeichnung „Gegenfeldmethode" für dieses Messverfahren.

b) Die Fotozelle wird mit Licht der Wellenlänge $\lambda = 436$ nm bestrahlt. Der erzeugte Fotostrom verringert sich auf null, wenn die Spannung von 0 V auf $U = 1{,}05$ V erhöht wird. Erklären Sie das Versuchsergebnis und werten Sie das Ergebnis hinsichtlich der Energie der Fotoelektronen aus.

c) Die Fotozelle wird nacheinander mit Licht der Wellenlängen $\lambda = 546$ nm (Grün) und 405 nm (Violett) bestrahlt. Der erzeugte Fotostrom wird null bei $U_{\text{Grün}} = 0{,}40$ V bzw. $U_{\text{Violett}} = 1{,}19$ V. Bestimmen Sie aus den Messwerten das Planck'sche Wirkungsquantum h.

5. Ein bestimmter Röntgenstrahl hat eine Wellenlänge von 35,0 pm.

a) Berechnen Sie die zugehörige Frequenz.

b) Berechnen Sie die zugehörige Photonenenergie und den zugehörigen Photonenimpuls.

***c)** Berechnen Sie die kinetische Energie eines Elektrons mit dem gleichen Impuls (relativistische Rechnung!).

d) Berechnen Sie die kinetische Energie eines Elektrons mit einer De-Broglie-Wellenlänge von 35,0 eV.

6. Ein Photon mit der Wellenlänge λ trifft auf ein freies, ruhendes Elektron.
Zeigen Sie, dass das Photon nicht von dem freien Elektron absorbiert werden kann, da der Impuls- und der Energieerhaltungssatz für diesen Fall nicht gleichzeitig erfüllt werden können

a) für $\lambda = 600$ nm

b) für eine beliebige Wellenlänge λ (nichtrelativistische Rechnung genügt).

7. Ein Fotoblitzgerät sendet einen Lichtimpuls von 1,0 ms Dauer aus, dessen Gesamtenergie 10 J beträgt.

a) Berechnen Sie unter der Annahme einer einheitlichen Wellenlänge von $\lambda = 600$ nm den Gesamtimpuls des Fotoblitzes.

b) Erörtern Sie, ob das Ergebnis aus a) bei Vorhandensein weiterer Wellenlängen beeinflusst wird.

c) Berechnen Sie die Rückstoßkraft, die während des Blitzes auf das Blitzgerät wirkt.

8. Ein Laserpointer der Masse 25 g (einschließlich Batterie) emittiert Licht der Wellenlänge $\lambda = 635$ nm mit der Leistung 1,0 mW exakt in eine Richtung.

a) Berechnen Sie Anzahl der in einer Sekunde emittierten Photonen.

b) Berechnen Sie die Größe der Schubkraft, welche alle in die gleiche Richtung emittierten Photonen auf den Laserpointer ausüben.

9. Geladene Teilchen werden durch die Spannung $U_B = 2{,}0$ kV beschleunigt. Berechnen Sie jeweils die De-Broglie-Wellenlänge, wenn es sich um

a) Elektronen

b) Protonen

c) einfach positiv geladene Natriumionen handelt.

10. Aus einem Strahl von Quantenobjekten, der exakt in y-Richtung ausgerichtet ist (d. h. $p_x = 0$), kann nur ein schmales Bündel durch einen Spalt der Breite 2,0 µm hindurchtreten. Die Quanten treffen auf einen Schirm im Abstand $a = 1{,}0$ m vom Spalt.
In welchen Bereich des Schirms muss nach der Heisenberg'schen Unschärferelation mit dem Auftreffen der Quantenobjekte gerechnet werden, wenn es sich um

a) Photonen mit der Energie 10 eV

b) Elektronen mit der kinetischen Energie 10 eV handelt?
(*Hinweis:* Berechnen Sie anhand des Impulsdiagramms zunächst den Winkel α, um den das durch den Spalt tretende Strahlbündel mindestens aufgeweitet wird.)

2 EIN ATOMMODELL DER QUANTENPHYSIK

Schon in der Antike beschäftigten sich Menschen mit Vorstellungen vom Aufbau der Materie. Die griechischen Philosophen LEUKIPP und DEMOKRIT stellten sich im 5. Jh. v. Chr. die Materie aufgebaut aus kleinsten nicht weiter teilbaren Teilchen, den Atomen, vor (átomos, griech.: unteilbar). Den modernen Atom- und Molekülbegriff hat die Chemie geschaffen. Der Chemiker John DALTON schloss Anfang des 19. Jahrhunderts aus der Untersuchung der Massenverhältnisse chemischer Verbindungen, dass jedes Element aus charakteristischen untereinander gleichen unteilbaren Atomen aufgebaut ist.

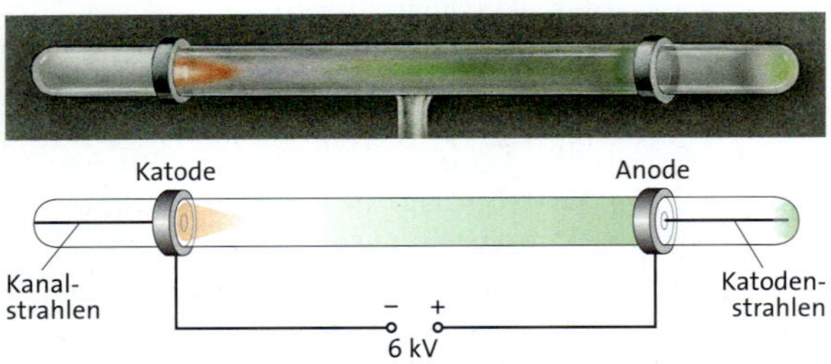

32.1 In Gasen entsteht bei geringem Druck zwischen zwei Elektroden, an denen eine Hochspannung liegt, eine sogenannte Gasentladung. Hinter den durchbohrten Elektroden sind Strahlen feststellbar, die sich als Elektronen (Katodenstrahlen) bzw. als Ionen (Kanalstrahlen) entpuppen.

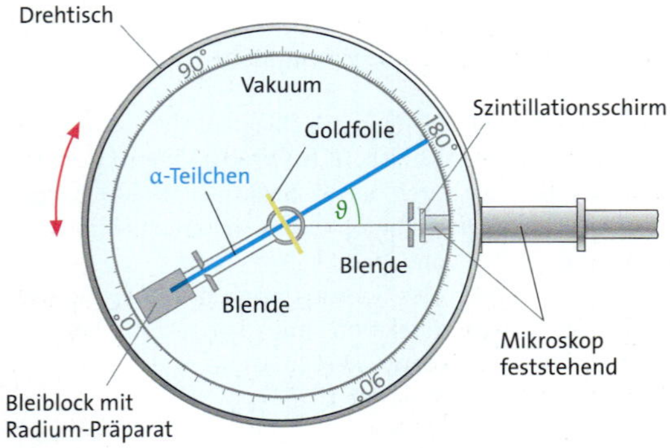

32.2 Versuchsaufbau zum Rutherford'schen Streuversuch: Mit dem Beobachtungsmikroskop wurde die Anzahl der abgelenkten α-Teilchen je Zeitintervall auf dem Szintillationsschirm ermittelt.

Ende des 19. Jahrhunderts ergab die Untersuchung von Gasentladungen u. a. durch J. J. THOMSON, dass die hinter den durchbohrten Elektroden austretenden Strahlen aus Teilchen bestehen (**Abb. 32.1**). Als Gasentladung wird das Fließen eines Stromes durch ein Gas bei geringem Druck bezeichnet. Die Ablenkung dieser Teilchen im magnetischen Feld zeigte, dass die *Katodenstrahlteilchen* (Elektronen) negativ, die *Kanalstrahlteilchen* (Ionen) positiv geladen waren und dass die Masse der Katodenstrahlteilchen in etwa 2000mal kleiner war als die der Wasserstoffatome. Daraus folgte, dass die Atome nicht unteilbar, sondern aus negativen Elektronen und positiv geladener Materie aufgebaut sind.

Die bei den Gasentladungen entstehenden Elektronen waren in der Lage, feste Materie in erheblichen Schichtdicken zu durchdringen. Philipp LENNARD (1862–1894) ließ die Elektronen durch Aluminiumfolien hindurchtreten, wobei sie mehrere 1000 Atome durchquerten. Daraus schloss LENARD, dass „das Innere des Atoms so leer ist wie das Weltall", jedoch von elektrischen Feldern erfüllt. Nur etwa der fünfmilliardste Teil des Atomvolumens ist undurchdringbar.

Das Verfahren, über die innere Struktur eines Objektes etwas zu erfahren, indem es einem Beschuss von Teilchen ausgesetzt wird, wendete Ernest RUTHERFORD im Jahre 1913 an. Er benutzte die von einem radioaktiven Präparat emittierten positiv geladenen α-Teilchen zum Beschuss einer etwa nur 100 Atomschichten dicken Goldfolie. Nahezu alle α-Teilchen durchdrangen die Folie und wurden nur zu einem geringen Teil abgelenkt. Das Maß der Ablenkung der α-Teilchen untersuchte RUTHERFORD, indem er die unter einem bestimmten Winkel auftretenden Teilchen mithilfe eines Mikroskops und eines Szintillationsschirms beobachtete und zählte (**Abb. 32.2**).

RUTHERFORDS Beobachtungen lieferten folgende Ergebnisse:

- Fast alle α-Teilchen gehen durch die Folie hindurch und werden nur sehr wenig abgelenkt. Sehr selten treten Ablenkungen unter einem Winkel von fast 180° auf.

• Messreihen mit Folien unterschiedlichen Materials ließen Schlussfolgerungen auf die Ordnungszahl des Materials im Periodensystem zu.

Diese Ergebnisse bestätigten die Vermutung, dass das Atom nahezu leer ist. Die seltene Ablenkung der positiv geladenen α-Teilchen erfolgt durch Wechselwirkung mit einem positiv geladenen Atomkern, der im Atom nur einen sehr geringen Raum einnimmt und in dem nahezu die gesamte Masse des Atoms vereinigt ist. Die Zahl der positiven Ladungen in dem Atomkern ist gleich der Ordnungszahl des jeweiligen Elements in Periodensystem.

Aufgrund dieser Ergebnisse entwickelte RUTHERFORD das nach ihm benannte Atommodell:

• Atome haben einen Durchmesser von ca. 10^{-10} m. Nahezu die gesamte Masse des Atoms befindet sich im *Kern* mit einem Durchmesser von ca. 10^{-14} m.

• Die gesamte positive elektrische Ladung befindet sich im Atomkern.

• Die betragsmäßig gleich große negative elektrische Ladung tragen die Elektronen in der *Atomhülle*.

Niels BOHR (1885 – 1962), der zur Zeit der Experimente von RUTHERFORD in dessen Labor arbeitete, schlug aufgrund dieser Erkenntnisse ein Modell des Wasserstoffatoms vor, das auch die Entdeckungen von PLANCK und EINSTEIN zur gequantelten Emission und Absorption von Strahlung berücksichtigte.
Nach dem Bohr'schen Modell sollte das Wasserstoffatom aus dem positiv geladenen Atomkern und einem negativ geladenen Elektron bestehen, das sich auf einer Kreisbahn um den Kern bewegt. Dabei wirkt die anziehende Coulomb-Kraft zwischen Elektron und Kern als Zentripetalkraft bei der Kreisbewegung, sodass das System aus Kern und Elektron mechanisch stabil ist.

Nach den Erkenntnissen der Elektrodynamik ist eine beschleunigte elektrische Ladung, wie das Elektron auf einer Kreisbahn, eine Quelle elektromagnetischer Strahlung. Das Elektron müsste also ständig Energie abstrahlen, was in kürzester Zeit dazu führen würde, dass es auf einer Spiralbahn in den Kern stürzt – was jedoch nicht der Fall ist. Dieses Problem löste BOHR durch die Forderungen (*Postulate*),

1. dass sich das Elektron in einem Wasserstoffatom nach Gesetzen der Mechanik *strahlungsfrei* auf bestimmten Kreisbahnen um den Kern bewegt, die als Energiezustände E_i, E_j des Atoms bezeichnet werden;

2. dass nur beim Übergang des Elektrons von einer Bahn zu einer anderen, also von einem Zustand zum anderen, ein bestimmter Energiebetrag in Form eines Photons emittiert oder absorbiert wird (**Abb. 33.1 a), b)**);

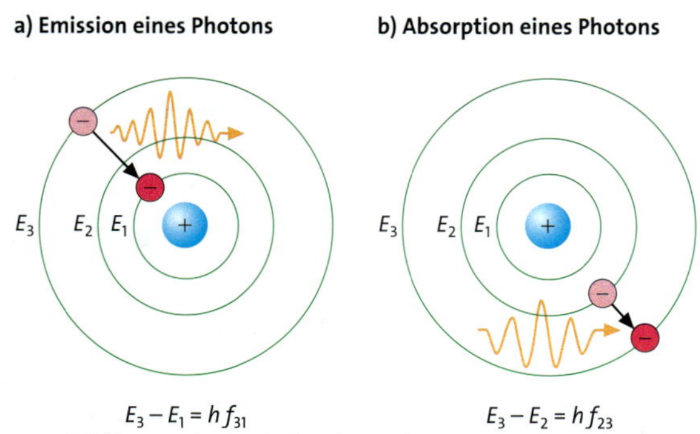

33.1 Erklärung der Emission bzw Absorption eines Photons im halbklassischen Bohr'schen Atommodell. **a)** Beim Übergang des Elektrons von einer äußeren auf eine innere Bahn wird ein Photon mit der Energie emittiert, die gleich der Differenz der beiden Energiezustände ist. **b)** Wird ein Photon mit einer Energie absorbiert, die genau der Differenz zweier Energiezustände entspricht, so springt das Elektron auf eine höhere Bahn. Nach der Quantenphysik gibt es für Elektronen aber keine genau bestimmten Bahnen.

3. dass für die absorbierte oder emittierte Energie gilt

$$hf = E_i - E_j.$$

Mit diesem sehr anschaulichen Modell gelang zwar die Berechnung der Wellenlängen der Spektrallinien des Wasserstoffatoms und durch Einfügen von Korrekturtermen die Berechnung der Spektren wasserstoffähnlicher Atome, aber es konnte keine Aussage über die Intensität der Spektrallinien gemacht werden. Zum anderen waren die Forderungen von BOHR willkürlich und nicht aus anerkannten einsehbaren Prinzipien abgeleitet. Warum sollte im submikroskopischen Bereich das Coulomb'sche Gesetz gelten, nicht aber das Gesetz über die Strahlung einer beschleunigten elektrischen Ladung? Warum sollten nur ganz bestimmte Kreisbahnen für das Elektron zugelassen sein?
Aufgrund dieser Widersprüche ist die Bohr'sche Theorie trotz ihrer Leistungen in manchen Bereichen unbefriedigend – genaugenommen falsch –, weil in ihr einerseits Gesetze der klassischen Physik angewandt werden, deren Gültigkeit aber andererseits durch quantentheoretische Annahmen eingeschränkt wird. Ganz deutlich wird am Beispiel der Bohr'schen Theorie auch die begrenzte Anwendbarkeit eines Modells.

Eine sehr abstrakte Theorie ohne willkürliche Forderungen legte 1926 Werner HEISENBERG vor. Im selben Jahr veröffentlichte Erwin SCHRÖDINGER seine *Wellengleichung* und zeigte, dass seine Wellenmechanik und die Heisenberg'sche *Matrizentheorie* gleichwertig sind.
Im Folgenden werden die Grundgedanken der Wellenmechanik und ihre Leistungsfähigkeit am Beispiel einiger Modelle und am Wasserstoffatom verdeutlicht.

2.1 Das Elektron im eindimensionalen Potentialtopf

Die spektrale Untersuchung von Licht, das von Atomen emittiert oder absorbiert wird, zeigt, dass es nur ganz bestimmte Wellenlängen hat. Licht der Wellenlänge λ hat die Frequenz $f = c/\lambda$, d.h. es besteht aus Photonen der Energie $E = hf$. Also werden von Atomen nur Photonen mit ganz bestimmten, diskreten Energiebeträgen emittiert bzw. absorbiert. Daraus folgt, dass Atome unterschiedliche, aber ganz bestimmte diskrete Energiezustände haben müssen. Ein einfaches Modell, das eine Erklärung diskreter Energiezustände ermöglicht, ist der sogenannte *eindimensionale Potentialtopf*.

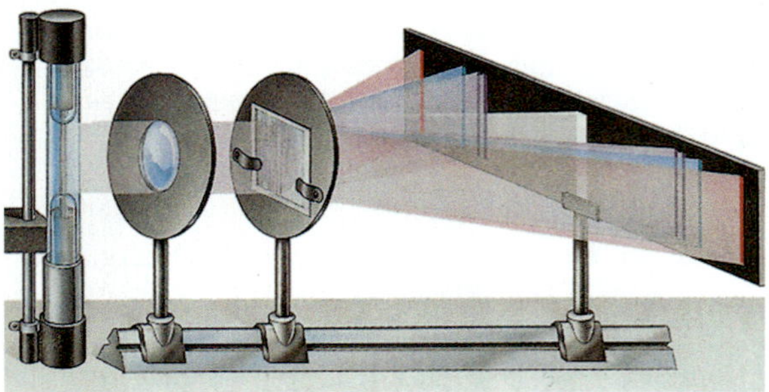

34.1 Das Wasserstoffspektrum: Links und rechts vom Hauptmaximum erscheinen die vier Linien erster Ordnung.

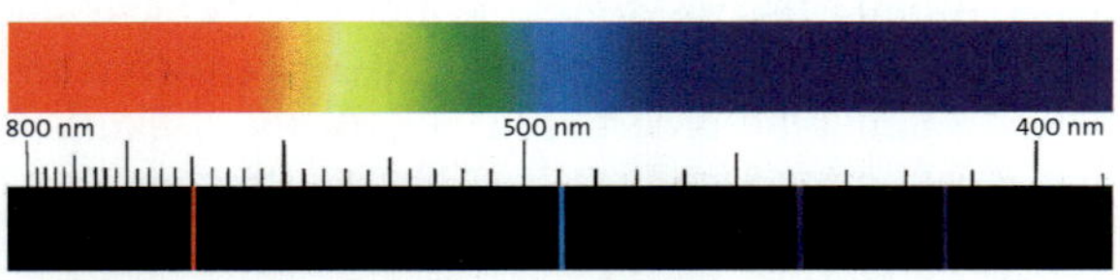

Linie	Wellenlänge λ in nm	Frequenz f in Hz	Energie $E = hf$
H_α	656	$4{,}57 \cdot 10^{14}$	$3{,}03 \cdot 10^{-19}$ J = 1,89 eV
H_β	486	$6{,}17 \cdot 10^{14}$	$4{,}09 \cdot 10^{-19}$ J = 2,55 eV
H_γ	434	$6{,}91 \cdot 10^{14}$	$4{,}58 \cdot 10^{-19}$ J = 2,86 eV
H_δ	410	$7{,}31 \cdot 10^{14}$	$4{,}84 \cdot 10^{-19}$ J = 3,02 eV

34.2 Linien und Daten des Wasserstoffspektrums im sichbaren Bereich im Vergleich zum Spektrum einer Glühlampe

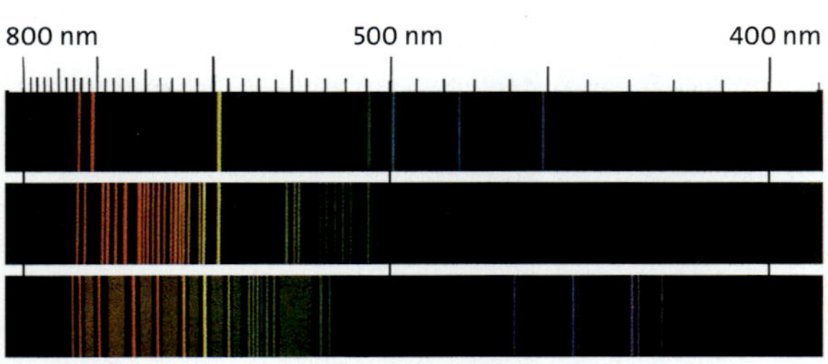

34.3 Spektren einatomiger Gase: Helium (oben), Neon (Mitte) und Argon (unten)

2.1.1 Die quantenhafte Emission

Jedes zum Leuchten gebrachte Gas (z.B. Natriumgas) hat ein charakteristisches Emissions- bzw. Absorptionsspektrum (→ Bd. 11, 5.3.2), sodass die Vermutung nahe liegt, dass zwischen der Emission und der Absorption von Licht und dem Aufbau der Atome dieser Gase ein ursächlicher Zusammenhang besteht.

Versuch 1: Das mit einer Gasentladung (→ S. 32) in Wasserstoffgas emittierte Licht wird mit einem Gitter spektral zerlegt (**Abb. 34.1**).
Beobachtung: Das Wasserstoffspektrum besteht im sichtbaren Teil aus vier einzelnen diskreten Linien. Aus den Daten des Versuchsaufbaus kann die Wellenlänge λ der Linien bestimmt und mit der Formel $f = c/\lambda$ die Frequenz f und die Energie der Photonen $E = hf$ berechnet werden (**Abb. 34.2 unten**).
Ergebnis: Wasserstoffatome emittieren im sichtbaren Bereich des Spektrums Licht, das aus Photonen mit vier verschiedenen Energiebeträgen besteht.
J.J. BALMER fand 1884 für die Frequenzen der vier Linien, die als H_α, H_β, H_γ und H_δ bezeichnet werden, das Bildungsgesetz

$$f = C\left(\frac{1}{2^2} - \frac{1}{m^2}\right),$$

die sogenannte **Balmer-Formel** mit der Konstanten $C = 3{,}288 \cdot 10^{15}$ Hz. Durch Einsetzen von $m = 3, 4, 5$ und 6 ergeben sich die Frequenzen f der vier bekannten Wasserstofflinien im sichtbaren Teil des Spektrums. ◀

Da es sich bei den Spektren leuchtender Gase um Linienspektren handelt (**Abb. 34.3**), die aus Licht mit diskreter Wellenlänge λ bzw. Frequenz f bestehen, werden generell wegen $E = hf$ nur Photonen mit diskreten Energiebeträgen emittiert.

Quantenhafte Emission: Die Aussendung (Emission) von Licht eines Gases in diskreten Linien bedeutet, dass die Gasatome nur bestimmte, für das Gas charakteristische Energiebeträge abgeben.

Aufgaben

1. **a)** Berechnen Sie mit der Balmer-Formel die Wellenlängen für $m = 7$ und $m = 8$.
   b) Bestimmen Sie die Frequenz f bzw. Wellenlänge λ, die sich für beliebig große Werte von $m \to \infty$ ergeben.
   c) Zeichnen Sie alle Linien, deren Wellenlänge Sie mithilfe der Balmer-Formel errechnen, in eine Skala.
2. Bestimmen Sie die Spektrallinien des Wasserstoffs im Infrarotbereich mit der Balmer-Formel.

2.1.2 Die quantenhafte Absorption

Die Absorption und Emission der Energie bei Atomen soll in einer Versuchsreihe am Beispiel von Natriumdampf weiter untersucht werden.

Umkehr der Natriumlinie

Versuch 1: In die nichtleuchtende Flamme eines Bunsenbrenners wird Natriumchlorid (Kochsalz) gebracht. Das entstehende Licht wird mit einem Prisma spektral zerlegt (**Abb. 35.1 a**).
Beobachtung: Durch das Natriumchlorid wird die Flamme intensiv gelb gefärbt. Das Spektrum zeigt eine einzige gelbe Linie, die Natriumlinie. ◄

Versuch 2: Das Licht einer Halogenlampe zeigt ein kontinuierliches Spektrum. Die Lampe emittiert also Photonen mit allen denkbaren Energiebeträgen aus dem Bereich des sichtbaren Spektrums. In den Strahlengang wird ein Glaskolben mit Natriumgas gehalten.
Beobachtung: Im Spektrum erscheint an der Stelle der gelben Natriumlinie eine schwarze Linie (**Abb. 35.1 b**). Das Natriumgas im Glaskolben leuchtet mattgelb. ◄

Versuch 3: Das Licht einer Quecksilberdampflampe aus sechs einzelnen Spektrallinien geht durch den Glaskolben mit Natriumdampf (**Abb. 35.1 c**).
Beobachtung: Durch Einfügen des mit Natriumdampf gefüllten Kolbens ändert sich am Spektrum nichts. ◄

Deutungen:
- *Versuch 1:* Natriumatome geben im sichtbaren Bereich Photonen der Wellenlänge $\lambda = 589$ nm und der Energie $E = h\,c/\lambda = hf = 2{,}1$ eV ab.
- *Versuch 2:* Nur Photonen mit genau diesem Energiebetrag werden auch absorbiert und – wie das Leuchten des Gases zeigt – in alle Raumrichtungen verteilt wieder emittiert. Da davon nur ein sehr geringer Teil in Richtung des Schirms fällt, erscheint im Spektrum diese Stelle dunkel.
- *Versuch 3:* Photonen mit einer anderen Energie werden nicht absorbiert. Die Wellenlänge der Na-Linie beträgt 589 nm, die der gelben Hg-Linie 578 nm.

Natriumatome absorbieren Photonen genau der Energie und Wellenlänge, die auch von ihnen ausgesendet werden. Dieser spezielle Effekt heißt **Umkehr der Natriumlinie**.

Der Vorgang, dass ein Atom durch Absorption eines Photons angeregt wird und bei Rückkehr in den ursprünglichen Zustand ein gleichartiges Photon wieder aussendet, wird als **Resonanzabsorption** bezeichnet.

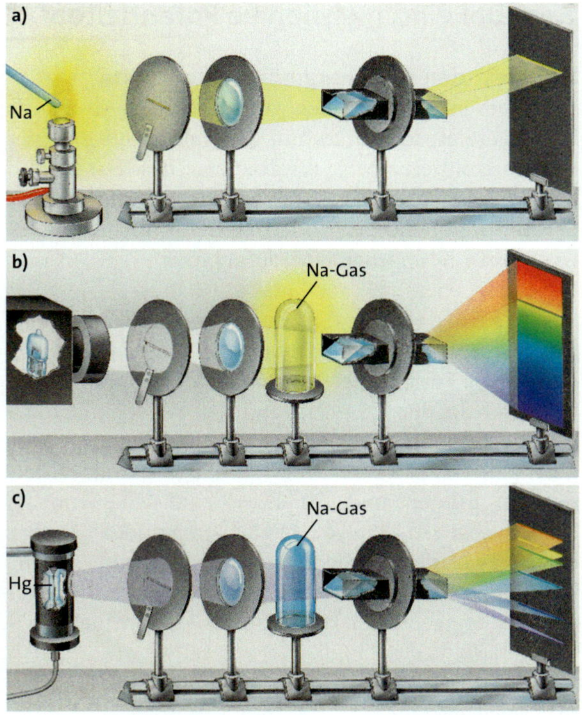

35.1 Umkehr der Natriumlinie. **a)** In die Bunsenflamme wird Kochsalz (NaCl) gebracht; das entstehende gelbe Licht zeigt eine Spektrallinie. **b)** Das Licht einer Halogenlampe durchstrahlt Natriumgas. Es entsteht anstelle der Na-Linie eine schwarze Linie im Spektrum. Das Natriumgas leuchtet gelb auf. **c)** Quecksilberdampflicht zeigt sechs diskrete Linien.

Atome absorbieren genau diejenigen Energiebeträge, die sie auch emittieren.

Das Spektrum der Sonnenstrahlung zeigt dunkle Linien, ähnlich den Ergebnissen von Versuch 2. Aus dem kontinuierlichen Spektrum des Sonnenlichts werden die sogenannten *Fraunhofer-Linien* herausgefiltert, die zu den Gasen der Sonnenoberfläche und der Atmosphäre der Erde gehören.

Aufgaben

1. **a)** Die Na-Dampflampe sendet Licht der Wellenlänge $\lambda = 589$ nm aus. Bestimmen Sie die Energie, die ein Photon dieser Strahlung überträgt.
   b) Die Photonen der Strahlung mit $\lambda = 589$ nm werden in Versuch 2 nicht auf dem Schirm nachgewiesen. Erklären Sie, wohin ihre Energie transportiert wird.
2. In Versuch 2 wird die Halogenlampe durch eine Na-Lampe ersetzt. Diese Lampe sendet ausschließlich das in Versuch 1 gezeigte gelbe Licht aus.
   a) Vergleichen Sie das Spektrum mit dem von Versuch 2.
   b) Beschreiben Sie, wie der Glaskolben mit Na-Dampf im Licht der Na-Dampflampe erscheint.

2.1.3 Der eindimensionale Potentialtopf

Energiestufen und Energieniveauschemata

Die Experimente der beiden vorhergehenden Abschnitte haben gezeigt, dass Atome nur ganz bestimmte Energiebeträge emittieren bzw. absorbieren. Dies lässt sich so deuten, dass Atome unterschiedliche Energiezustände besitzen und bei einer Änderung dieser Zustände entweder Energie abgeben oder aufnehmen.

Das Ergebnis bei der Untersuchung des Wasserstoffspektrums, bei dem die Frequenzen der Linien durch die Balmer-Formel gegeben sind, ist dann so zu verstehen, dass in der Gasentladung die Wasserstoffatome Energie aufnehmen, in höhere Energiezustände, die in der Balmer-Formel durch $m = 3, 4, 5, 6$ charakterisiert werden, geraten und die Energie anschließend als Photon abgeben. **Abb. 36.1** zeigt übereinander liegende Energiezustände, so genannte *Energieniveaus*, und die Übergänge in einen anderen Zustand, die den gemessenen Energiebeträgen der Photonen entsprechen.

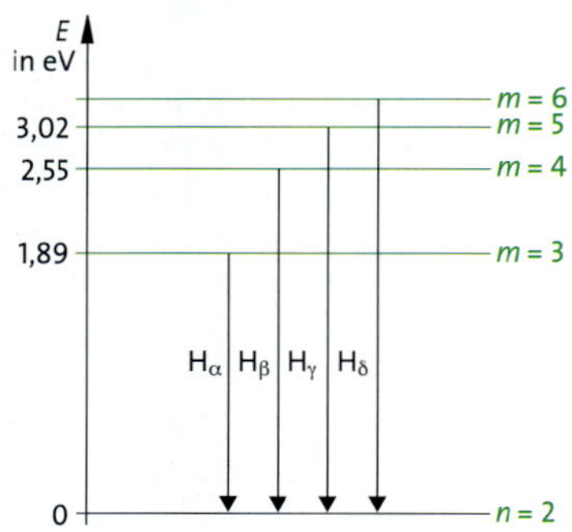

36.1 Energieniveauschema der Balmer-Serie: Die diskreten Linien im Spektrum (→ **Abb. 34.2**) werden als Energiezustandsänderungen gedeutet. Die Abstände der höheren Energiezustände vom unteren sind gleich der Energie $E = hf$ der emittierten Photonen.

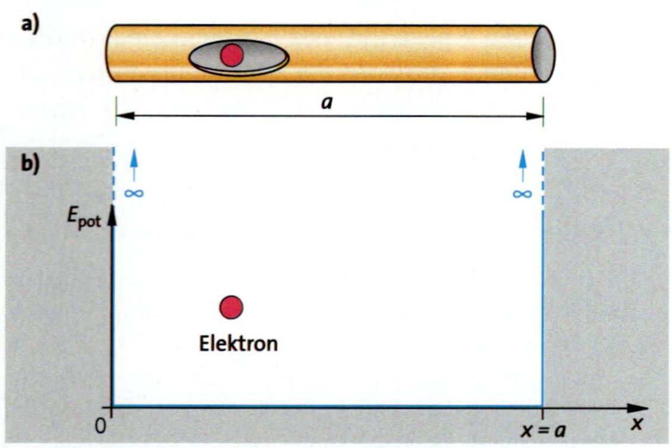

36.2 a) Das Teilchen kann sich in einem lang gestreckten Bereich nahezu kräftefrei bewegen.
b) Im eindimensionalen Potentialtopf werden die Verhältnisse idealisiert. Im Bereich der Länge a soll sich das Teilchen kräftefrei bewegen. Die Grenzen des Bereichs soll es nicht überschreiten. Die potentielle Energie wird dort als unendlich groß angenommen.

Der eindimensionale Potentialtopf

Bei dem Modell des eindimensionalen Potentialtopfes wird ein Teilchen in einem lang gestreckten Körper, z. B. ein Elektron in einem langen Molekül mit einer Länge a, als eingeschlossen betrachtet (**Abb. 36.2 a**). Innerhalb des Topfes sollen keine Kräfte auf das Teilchen wirken. Das bedeutet für die potentielle Energie den konstanten Wert $E_{pot} = 0$. Außerhalb des Topfes hingegen ist E_{pot} unendlich groß. Das Teilchen wird an der Begrenzung stark abgestoßen. Der Verlauf der potentiellen Energie hat damit die Form des Querschnitts eines Topfes (**Abb. 36.2 b**), daher der Name *eindimensionaler Potentialtopf*.

Stehende Wellen im eindimensionalen Potentialtopf

Nach Kapitel 1 besitzen Elektronen Welleneigenschaft. Das Quadrat der Amplitude der als Ψ-Funktion bezeichneten Welle ist zur Antreffwahrscheinlichkeit des Elektrons proportional. Da sich das Elektron nur im Bereich eines Potentialtopfes aufhalten kann, muss sich die Welle auch auf diesen Bereich beschränken, d. h. die Welle wird an den Wänden des Potentialtopfes reflektiert. Der reflektierte Teil und der anlaufende Teil der Welle überlagern sich, sie interferieren, und bilden eine sogenannte *stehende Welle* aus (→ Bd. 11, **Abb. 95.2**). Da das Elektron nicht außerhalb des Potentialtopfes sein kann, muss auch die Amplitude der Welle dort null sein, sodass an den Wänden des Potentialtopfes ein Knoten der stehenden Welle liegen muss. Aus → Bd. 11, **Abb. 95.3** ist abzulesen, dass der Abstand zweier benachbarter Knoten gleich der halben Wellenlänge $\lambda/2$ ist. Daher sind auf einer Strecke der Länge a alle Formen einer stehenden Welle möglich, deren Wellenlänge λ folgende Bedingung erfüllt (**Abb. 36.3**):

$$\frac{\lambda}{2} n = a \quad \text{mit} \quad n = 1, 2, 3, \ldots \qquad (1)$$

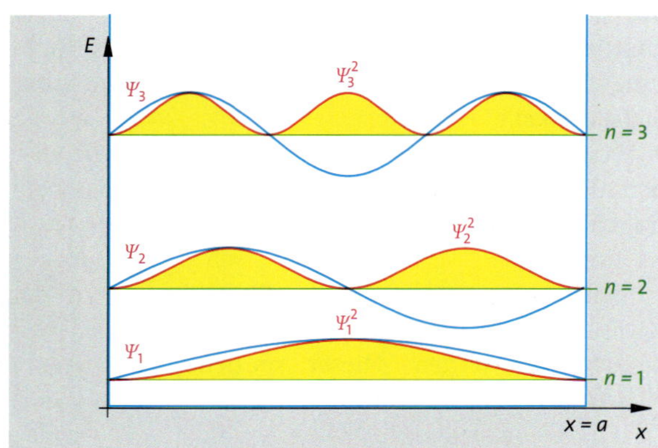

36.3 Die ersten drei stehenden Wellen Ψ_1, Ψ_2 und Ψ_3, die die Bedingung $n\lambda/2 = a$ erfüllen, und ihre Quadrate im eindimensionalen Potentialtopf. Die Antreffwahrscheinlichkeit $\Psi_1^2(x)\,\Delta x$ ist bei $x = \frac{a}{2}$ maximal.

Die Antreffwahrscheinlichkeit entlang der Strecke a ist proportional zu $\Psi(x)^2$ **Abb. 36.3** zeigt, dass die Antreffwahrscheinlichkeit für die Ψ-Funktion mit der größten Wellenlänge $\lambda = a/2$ der stehenden Welle in der Mitte des Bereichs maximal ist. Die Antreffwahrscheinlichkeit ist also nicht, wie vielleicht zu erwarten wäre, gleichmäßig über die Strecke a verteilt.

Energiewerte eines Teilchens im Potentialtopf

Die von der Wellenlänge der stehenden Welle abhängige Energie lässt sich durch den Zusammenhang der kinetischen Energie mit dem Impuls p bestimmen, da die potentielle Energie $E_{pot} = 0$ ist:

$$E = E_{kin} = \frac{p^2}{2m} \qquad (2)$$

Nach DE BROGLIE ist $\lambda = h/p$ und aus Gleichung (1) folgt mit $\lambda = 2a/n$

$$\frac{2a}{n} = \frac{h}{p}.$$

Nach p aufgelöst und in die Gleichung (2) eingesetzt ergibt sich für die Energie E_n des Teilchens

$$E_n = \frac{h^2}{8ma^2}n^2 \quad \text{mit} \quad n = 1, 2, 3, \ldots$$

Die Energie ist proportional zum Quadrat der *Quantenzahl n* (**Abb. 36.3**). Der niedrigste Energiezustand eines Teilchens ergibt sich für $n = 1$ und wird als **Nullpunktsenergie** bezeichnet. Die Quantelung der Energie ergibt sich also aus der Anwendung der Welleneigenschaften der Teilchen und der Annahme, dass sich stehende Wellen im Potentialtopf ausbilden.

> **Energiezustände:** Ein auf der Länge a eingeschlossenes Teilchen der Masse m hat die diskreten Energiezustände
>
> $$E_n = \frac{h^2}{8ma^2}n^2 \quad (n = 1, 2, 3, \ldots).$$

Im Modell des eindimensionalen Potentialtopfes führen Idealisierungen zu einer einfachen mathematischen Beschreibung. Die Ergebnisse lassen sich auf reale Systeme, also beispielsweise auf Atome und Moleküle, mit guter Genauigkeit übertragen (→ 2.1.4), wenn die Systeme den getroffenen Voraussetzungen relativ genau entsprechen.

Energieänderungen im Potentialtopf

Die Aufnahme oder Abgabe von Energie im eindimensionalen Potentialtopf erfolgt durch eine Zustandsänderung des Teilchens. Bei der Aufnahme von Energie wird ein Teilchen aus einem Zustand mit der Quantenzahl n in einen mit der Quantenzahl m angeregt. Es nimmt dabei die diskreten Energiebeträge $\Delta E = E_m - E_n$ auf.

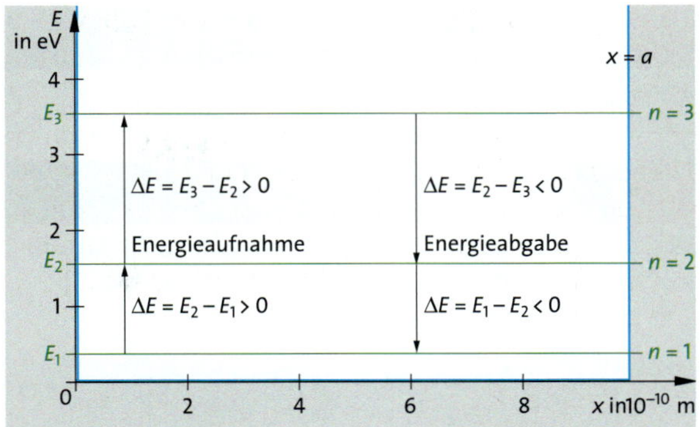

37.1 Die Energiestufen für ein Elektron in einem Potentialtopf mit der Länge $a = 10^{-9}$ m. Bei der Energieaufnahme wird das Elektron in einen Zustand höherer Energie angeregt. Die aufgenommene Energie entspricht der Energiedifferenz von Ausgangszustand und angeregtem Zustand (hier von $n = 2$ auf $m = 3$). Aus dem angeregten Zustand kann die Energie $E_3 - E_2$ oder $E_3 - E_1$ abgegeben werden.

Abb. 37.1 zeigt den Vorgang für die Quantenzahlen $n = 2$ und $m = 3$. Bei der Abgabe von Energie nimmt der Vorgang den umgekehrten Verlauf.

> **Energieänderung:** Im eindimensionalen Potentialtopf werden die diskreten Energiebeträge
>
> $$\Delta E = E_m - E_n = \frac{h^2}{8m_e a^2}(m^2 - n^2) \quad \text{mit} \quad m \neq n$$
>
> ausgetauscht.

Als Beispiel für die Energiemessung soll der in **Abb. 37.1** gezeigte Übergang vom Zustand $n = 2$ in den Zustand $m = 3$ für ein Elektron betrachtet werden. Mit den Konstanten und $a = 10^{-9}$ m, der Größenordnung eines Atoms, lässt sich ΔE berechnen:

$$\Delta E = \frac{h^2}{8m_e a^2}(m^2 - n^2) = \frac{(6{,}63 \cdot 10^{-34})^2}{8 \cdot 9{,}11 \cdot 10^{-31} \cdot 10^{-18}}(3^2 - 2^2)\,\text{J}$$

$$= 3{,}02 \cdot 10^{-19}\,\text{J} = 1{,}88\,\text{eV}$$

Diese Energie kann ein Photon liefern, dessen Wellenlänge λ mit $\Delta E = hf = hc/\lambda$ bestimmt wird:

$$\lambda = \frac{hc}{\Delta E} = \frac{6{,}63 \cdot 10^{-34} \cdot 3 \cdot 10^8}{3{,}02 \cdot 10^{-19}}\,\text{m} = 659\,\text{nm}$$

Aufgaben

1. Betrachten Sie das Wasserstoffatom in erster Näherung als einen eindimensionalen Potentialtopf mit der Länge $a_A = 10^{-10}$ m. Bestimmen Sie die Energie im Grundzustand für ein Nukleon im Kern, wenn $a_K = 10^{-15}$ m beträgt.
2. Berechnen Sie, wie sich die Energiedifferenzen zweier aufeinanderfolgender Zustände im eindimensionalen Potentialtopf mit zunehmendem Wert der Quantenzahl n ändern.

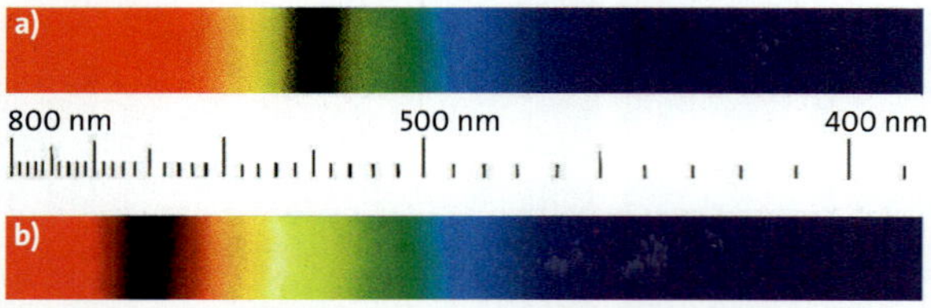

38.1 Absorptionsspektren zweier Cyanin-Farbstoffe. Die Farbstoffe unterscheiden sich in der Länge ihrer Moleküle.

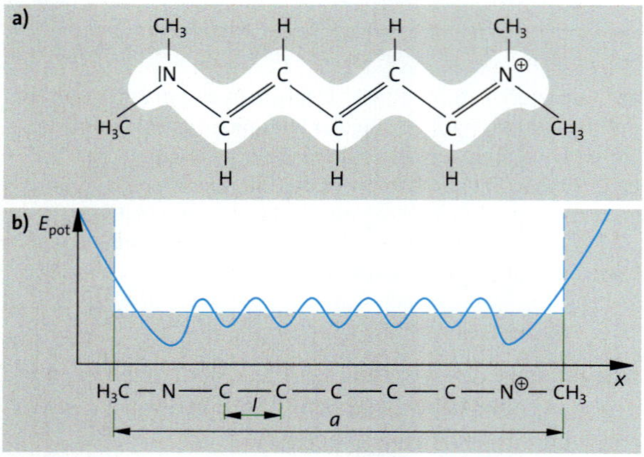

38.2 Farbstoffmolekül des Cyanins. **a)** Der weiße Bereich ist der Antreffbereich der im Molekül frei beweglichen Elektronen, die Valenzelektronen genannt werden. **b)** Der Verlauf der potentiellen Energie für ein Valenzelektron in einem Farbstoffmolekül. Er wird näherungsweise durch ein Kasten-Potential (gestrichelt) ersetzt.

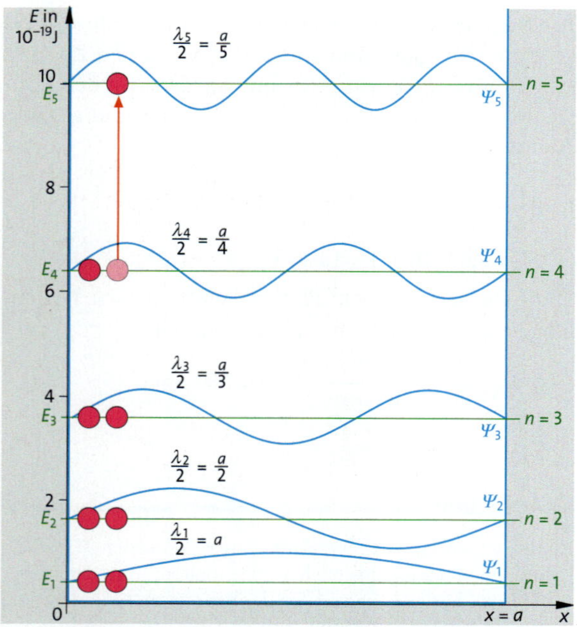

38.3 Energiewerte und Wellenfunktionen von Elektronen, die in der Atomkette eines Farbstoffmoleküls der Länge $a = 1{,}23$ nm anzutreffen sind. Die Energiestufen sind nach dem Pauli-Prinzip (→ 2.3.2) jeweils mit höchstens zwei Elektronen besetzt.

2.1.4 Eine Anwendung des Potentialtopfmodells

Bereits mit dem einfachen Modell des eindimensionalen Potentialtopfes lassen sich Eigenschaften bestimmter Moleküle quantitativ beschreiben.

Versuch 1: Weißes Licht wird durch eine verdünnte Lösung eines Cyanin-Farbstoffes gesandt und anschließend spektral zerlegt.
Beobachtung: Im Spektrum wird das Licht eines kleinen Wellenlängenbereichs von der Flüssigkeit absorbiert (**Abb. 38.1**). ◂

Die Wellenlänge des absorbierten Lichts lässt sich in manchen Fällen, wenn die Molekülstruktur bekannt ist, vorausberechnen. Als Beispiel soll das Farbstoffmolekül in **Abb. 38.2** dienen: Die Atome liegen in einer Ebene und bilden somit eine Zickzackkette. Die im Bereich der Kette beweglichen Elektronen, Valenzelektronen genannt, können sich innerhalb der in **Abb. 38.2 a)** weißen Fläche annähernd frei bewegen. Vereinfacht dargestellt befinden sich die Valenzelektronen in einem eindimensionalen Potentialtopf; demnach wird der Verlauf der potentiellen Energie in **Abb. 38.2 b)** idealisiert durch eine Rechteckkurve angenommen.
Die zu erwartenden Wellenfunktionen $\Psi(x)$ der möglichen Quantenzustände sind bis $n = 5$ in **Abb. 38.3** eingetragen. Links sind auf der vertikalen Achse die dazugehörigen Energien angegeben.

Ein Cyanin-Farbstoff stellt den Elektronen beispielsweise eine Länge von $a = 1{,}23$ nm zur Verfügung. In

$$E_n = \frac{h^2}{8\,m_e a^2} n^2$$

eingesetzt ergibt sich
für $n = 4$ der Energiewert $E_4 = 6{,}4 \cdot 10^{-19}$ J,
für $n = 5$ der Energiewert $E_5 = 10{,}0 \cdot 10^{-19}$ J (**Abb. 38.3**).
Der Farbstoff absorbiert die Energiedifferenz
$\Delta E = E_5 - E_4 = 3{,}6 \cdot 10^{-19}$ J. Die Absorption ist bei
$\lambda = h\,c/\Delta E = 554$ nm maximal (**Abb. 38.1 a**). Es handelt sich um den gelben Bereich des sichtbaren Spektrums.

Aufgaben

1. Ein Cyanin-Farbstoff besitzt ein Elektron im Zustand $n = 5$. Bestimmen Sie die Energie für die Anregung in den Zustand mit $n = 6$. Berechnen Sie die Wellenlänge der bei Anregung absorbierten Strahlung.
2. Ein Farbstoffmolekül hat eine typische Länge von $a = 1{,}0$ nm. Berechnen Sie die ersten sechs Energiestufen, die zu einer Absorption im sichtbaren Bereich des Spektrums (ca. 1,8 eV bis 3,0 eV) führen.

2.1.5 Die Schrödinger-Gleichung

Im Jahr 1926 formulierte Erwin SCHRÖDINGER die nach ihm benannte Gleichung, mit der sich die Antreffwahrscheinlichkeit von Teilchen im Raum und ihre Energiezustände berechnen lassen. Es ist nicht möglich, die Schrödinger-Gleichung aus übergeordneten Prinzipien herzuleiten. Die Bedeutung der Schrödinger-Gleichung zeigt sich in der vollständigen und zutreffenden Beschreibung quantenphysikalischer Systeme.

Die zeitunabhängige Schrödinger-Gleichung

$$\Psi''(x) + \frac{8\pi^2 m}{h^2}(E - E_{pot})\,\Psi(x) = 0$$

Die zeitunabhängige Schrödinger-Gleichung ist ein Spezialfall der zeitabhängigen Schrödinger-Gleichung. Sie beschreibt Systeme, bei denen die Funktionswerte $\Psi(x)$ und die potentielle Energie E_{pot} nur vom Ort abhängen. Lösungsfunktionen sind die von der Zeit unabhängigen Funktionen $\Psi(x)$, deren Quadrat die Antreffwahrscheinlichkeit $\Psi^2(x)\,\Delta x$ bestimmt.

Zunächst soll gezeigt werden, dass die stehenden Wellen im eindimensionalen Potentialtopf (→ 2.1.3) Lösungsfunktionen der Schrödinger-Gleichung sind. Schwingungen und Wellen lassen sich mithilfe von Sinusfunktionen beschreiben:

$$\Psi(x) = A\,\sin\left(\frac{2\pi}{\lambda}x\right)$$

Dies ist eine Funktion mit der Amplitude A, die für $x = 0$, $\lambda/2$, λ und alle weiteren Vielfachen von $\lambda/2$ den Funktionswert Null hat und für alle ungeradzahligen Vielfachen von $\lambda/4$ den Funktionswert A bzw. $-A$. Die erste und zweite Ableitung der Funktion nach x sind

$$\Psi'(x) = A\frac{2\pi}{\lambda}\cos\left(\frac{2\pi}{\lambda}x\right)$$

$$\Psi''(x) = -A\frac{4\pi^2}{\lambda^2}\sin\left(\frac{2\pi}{\lambda}x\right).$$

Einsetzen der Funktion und ihrer zweiten Ableitung in die Schrödinger-Gleichung für den linearen Potentialtopf, bei dem $E_{pot} = 0$ ist, ergibt

$$-A\frac{4\pi^2}{\lambda^2}\sin\left(\frac{2\pi}{\lambda}x\right) + \frac{8\pi^2 m}{h^2}E A\,\sin\left(\frac{2\pi}{\lambda}x\right) = 0.$$

Damit diese Gleichung für alle Werte von x erfüllt ist, muss gelten

$$-\frac{4\pi^2}{\lambda^2} + \frac{8\pi^2 m}{h^2}E = 0.$$

Daraus folgt $E = \frac{h^2}{2m\lambda^2}$; mit $\lambda = \frac{2a}{n}$ ergibt sich

$$E = \frac{h^2}{8ma^2}n^2.$$

Dieser Wert stimmt mit dem aus → 2.1.3 überein.

Numerische Lösung der Schrödinger-Gleichung für das Elektron im eindimensionalen Potentialtopf

Am Beispiel des einfachen Problems „Elektron im eindimensionalen Potentialtopf“ soll die Vorgehensweise einer numerischen Lösung der Schrödinger-Gleichung erläutert werden, um dieses Verfahren dann auf schwierigere Probleme anzuwenden.

Da die potentielle Energie im Potentialtopf null ist, lautet die Schrödinger-Gleichung

$$\Psi''(x) + \frac{8\pi^2 m}{h^2}E\,\Psi(x) = 0.$$

Einsetzen der Werte für die Masse des Elektrons und für die Planck'sche Konstante führt zur Gleichung

$$\Psi''(x) = -1{,}6382 \cdot 10^{38}\,\mathrm{J^{-1}\,m^{-2}}\,E\,\Psi(x).$$

Für einen Potentialtopf der Länge $a = 100$ pm ist eine Ψ-Funktion gesucht, deren Funktionswert an der Stelle $x = 0$ und auch an der Stelle $x = a$ null ist. Mit der Methode der kleinen Schritte werden nun ausgehend von der Stelle $x = 0$ und dem Funktionswert $\Psi(0) = 0$ weitere Funktionswerte errechnet. Der Wert der Energie E ist unbekannt und wird so gewählt, dass die schrittweise berechnete Ψ-Funktion an der Stelle $x = a$ den Funktionswert $\Psi(a) = 0$ hat (→Methode S. 40). Damit ergeben sich die Graphen der Ψ-Funktionen in **Abb. 39.1**. Die Abbildung zeigt, dass sich für $E_1 = 6 \cdot 10^{-18}$ J eine Funktion ergibt, die an der Stelle $x = a$ den Wert Null hat. Dieser Wert für die Energie stimmt genau mit dem für den Grundzustand der Energie im eindimensionalen Potentialtopf (→ 2.1.3) hergeleiteten Wert

$$E_1 = \frac{h^2}{8m_e a^2} = \frac{(6{,}63 \cdot 10^{-34}\,\mathrm{Js})^2}{8 \cdot 9{,}11 \cdot 10^{-31}\,\mathrm{kg} \cdot (100 \cdot 10^{-12}\,\mathrm{m})^2}$$
$$= 6{,}03 \cdot 10^{-18}\,\mathrm{J}$$

überein. Dies gilt auch für die anderen Energiewerte, zu denen sich Ψ-Funktionen ergeben, die die Bedingungen erfüllen.

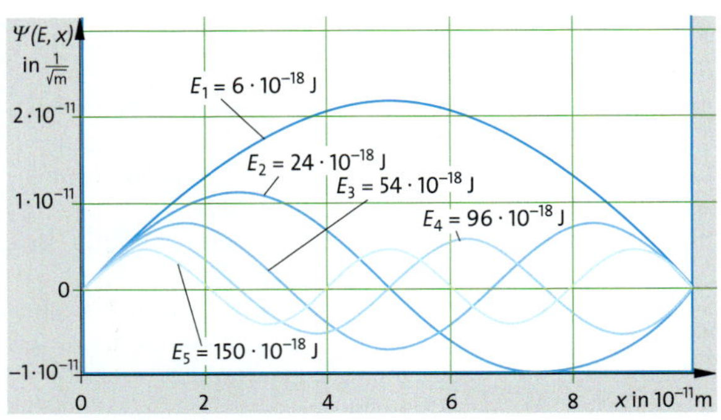

39.1 Graphen der Ψ-Funktionen im eindimensionalen Potentialtopf für unterschiedliche Werte der Energie: Alle Ψ-Funktionen erfüllen die Bedingung $\Psi_n(a) = 0$. Für die Wellenlängen gilt $\lambda_n = 2a/n$, für die Energiewerte gilt $E_n = n^2 E_1$

Das Elektron im Kastenpotential

Im Modell des eindimensionalen Potentialtopfes mit *unendlich* hohen Wänden ist der Aufenthalt von Elektronen streng auf den Potentialtopf beschränkt. Etwas näher an der Wirklichkeit ist das Modell eines **Potentialkastens** mit *endlich* hohen Wänden. Die potentielle Energie wird außerhalb des Kastens auf $E_{pot} = 0$ und innerhalb auf einen Wert $E_{pot} < 0$ festgelegt. **Abb. 40.1** zeigt den Potentialverlauf für $E_{pot} = -16 \cdot 10^{-18}$ J.

Für die Berechnung einer Ψ-Funktion mit der Methode der kleinen Schritte werden die Anfangwerte $x = a/2$, $\Psi(a/2) = 1$ und $\Psi'(a/2) = 0$ gewählt, die eine Funktion kennzeichnen, die bei $x = a/2$ ein Maximum hat. Für die Energie E erscheint der negative Wert $E = -10 \cdot 10^{-18}$ J geeignet, da $E - E_{pot} = -10 \cdot 10^{-18}\,\text{J} + 16 \cdot 10^{-18}\,\text{J} = 6 \cdot 10^{-18}$ J dem Wert im Potentialtopf mit unendlich hohen Wänden entspricht. Das Verfahren mit der Gleichung

$$\Psi''(x) = -1{,}6382 \cdot 10^{38}\,\text{J}^{-1}\text{m}^{-2} \cdot (E - E_{pot})\,\Psi(x) \qquad (3)$$

zeigt allerdings, dass $|\Psi(x)|$ und damit $\Psi^2(x)$ für $x > a$ große Werte annehmen. Es handelt sich also um einen Zustand, dessen Antreffwahrscheinlichkeit außerhalb des Topfes hoch ist, was der Realität widerspricht. Jedoch geht für den Wert $E_1 = -12{,}96 \cdot 10^{-18}$ J die Antreffwahrscheinlichkeit im Außenbereich gegen Null (**Abb. 40.1**). Eine Anregung mit der (Austritts-)Energie $E = 12{,}96 \cdot 10^{-18}$ J setzt das Elektron frei.

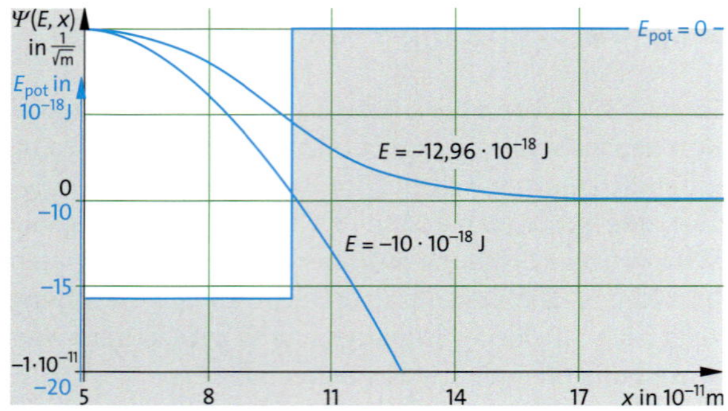

40.1 Graphen zweier Ψ-Funktionen für verschiedene Werte der Gesamtenergie $E = E_{kin} + E_{pot}$ im Kastenpotential. Nur die Funktion mit $E = -12{,}96 \cdot 10^{-18}$ J erfüllt die Bedingung, dass ihre Werte von $x = 5 \cdot 10^{-11}$ m in der Mitte des Potentialtopfes angefangen abfallen und für $x \to \infty$ gegen null streben.

Methode

Iterative Berechnung der Wellenfunktion im eindimensionalen Potentialtopf

Für die Steigung m_S der Sekante gilt:

$$m_S = \frac{\Psi(x) - \Psi(x - \Delta x)}{\Delta x}$$

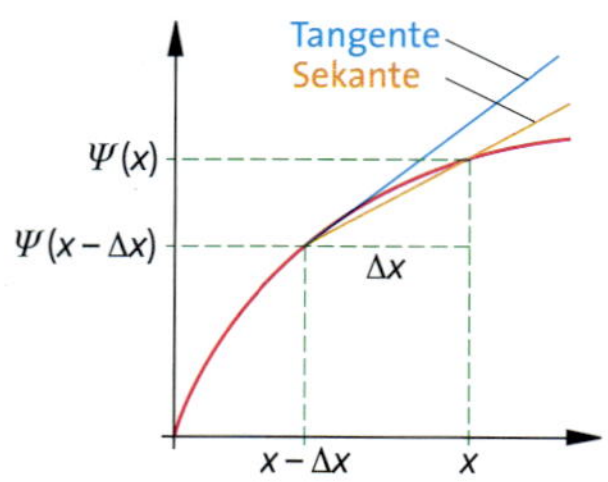

Die Steigung der Tangente m_T an der Stelle $(x - \Delta x)$ ist $m_T = \Psi'(x - \Delta x)$, die erste Ableitung der Funktion an der Stelle $(x - \Delta x)$.

Zwischen dem Funktionswert $\Psi(x - \Delta x)$ an der Stelle $(x - \Delta x)$ und dem Funktionswert $\Psi(x)$ an der Stelle x gilt dann:

$$\Psi(x) = \Psi(x - \Delta x) + m_S\,\Delta x$$

Wird in dieser Gleichung die Steigung der Sekante durch die Steigung der Tangente ersetzt, so liefert

$$\Psi(x) = \Psi(x - \Delta x) + m_T\,\Delta x \quad \text{bzw.}$$

$$\Psi(x) = \Psi(x - \Delta x) + \Psi'(x - \Delta x)\,\Delta x. \quad (1)$$

nur einen Näherungswert für $\Psi(x)$, da die Steigung der Tangente nur ungefähr gleich der Steigung der Sekante ist. Analog zur Gleichung (1) gilt für die erste Ableitung $\Psi'(x)$ die Beziehung

$$\Psi'(x) = \Psi'(x - \Delta x) + \Psi''(x - \Delta x)\,\Delta x. \quad (2)$$

In den Gleichungen (1) und (2) ist die Näherung für $\Psi(x)$ bzw. für $\Psi'(x)$ umso besser, je kleiner Δx ist.

Sind nun die zweite Ableitung $\Psi''(x - \Delta x)$, die erste Ableitung $\Psi'(x - \Delta x)$ und die Funktion $\Psi(x - \Delta x)$ an der Stelle $(x - \Delta x)$ bekannt, so kann zu einem gewählten Wert von Δx sowohl $\Psi(x)$ als auch $\Psi'(x)$ berechnet werden.

Der Wert von $\Psi''(x)$ an der Stelle x ergibt sich z. B. aus der Schrödinger-Gleichung für den eindimensionalen Potentialtopf

$$\Psi''(x) = -1{,}6382 \cdot 10^{38}\,E\,\Psi(x). \quad (3)$$

(ohne Einheiten!)

Wird das Verfahren zur Berechnung einer Lösung der Gleichung (3) auf einen Potentialtopf der Länge $a = 100$ pm angewandt, so muss zunächst ein beliebiger positiver Wert für die Energie z. B. $E = 1 \cdot 10^{-18}$ J vorgegeben werden. Die Schrittweite sei $\Delta x = 10$ pm. Ferner sind die Anfangswerte festzulegen: Es ist $\Psi(0) = 0$ und die Steigung wird der Einfachheit halber zu $\Psi'(0) = 1$ gewählt.

Startwerte: $\Psi''(0) = 0$, $\Psi'(0) = 1$, $\Psi(0) = 0$, $\Delta x = 10^{-11}$

1. Schritt: $\Psi''(\Delta x) = -1{,}64 \cdot 10^9$, $\Psi'(\Delta x) = 1$, $\Psi(\Delta x) = 10^{-11}$

2. Schritt: $\Psi''(2\,\Delta x) = -3{,}28 \cdot 10^9$, $\Psi'(2\,\Delta x) = 0{,}98$, $\Psi(2\,\Delta x) = 2{,}00 \cdot 10^{-11}$

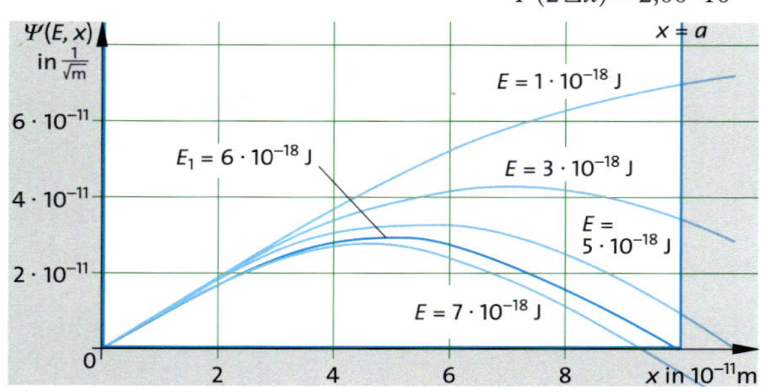

Die Abbildung zeigt, dass der für $E = 1 \cdot 10^{-18}$ J ermittelte Graph an der Stelle $x = a$ nicht durch den Punkt $(a, 0)$ verläuft. Eine Wiederholung des Verfahrens mit geänderten Werten für die Energie führt für einen ersten Wert $E_1 = 6 \cdot 10^{-18}$ J zu einer Ψ-Funktion mit den gewünschten Eigenschaften $\Psi(0) = 0$ und $\Psi(a) = 0$. Der mit dieser Methode ermittelte Wert $E_1 = 6 \cdot 10^{-18}$ J

Wellenmechanische Erklärung des Tunneleffekts

Bei der Berechnung einer Wellenfunktion $\Psi(x)$ für ein Elektron in einem Kastenpotential musste der Energiewert so gewählt werden, dass die Ψ-Funktion gegen null strebt, wenn x gegen unendlich geht. **Abb. 40.1** zeigt nun, dass $\Psi(x)$ außerhalb des Potentialtopfes $(x > a)$ noch nicht sofort null ist, dass also eine Antreffwahrscheinlichkeit ungleich null für das Elektron besteht, was nach der klassischen Physik unmöglich ist.

Auch die als **Tunneleffekt** bezeichnete Erscheinung, dass ein Teilchen jenseits eines Potentialwalls nachgewiesen werden kann, obwohl seine Energie nicht ausreicht, den Potentialwall zu überwinden, kann die Quantenphysik erklären. **Abb. 41.1a)** zeigt die schematische Darstellung einer Potentialbarriere der Größe E_0 und der Energie E eines Teilchens, die kleiner ist als der Wert zum Überwinden der Barriere. Das Teilchen halte sich links von der Barriere auf, was mithilfe der Schrödinger-Gleichung durch eine wellenförmige Ψ-Funktion beschrieben wird (**Abb. 41.1b**). Innerhalb der Barriere sind die Funktionswerte nicht null, sondern nehmen nur stark ab. Wenn der Funktionswert der Ψ-Funktion an der Stelle $x = a$ noch nicht null ist, so liefert die Berechnung mithilfe der Schrödinger-Gleichung auch hier eine wellenförmige Ψ-Funktion, jedoch mit entsprechend kleinerer Amplitude. Die Wahrscheinlichkeit, ein Teilchen außerhalb der Barriere anzutreffen, ist proportional zum Quadrat der Amplitude, also ungleich null. Der Tunneleffekt erklärt die Erscheinung des α-Zerfalls in der Kernphysik (→ 3.3.1).

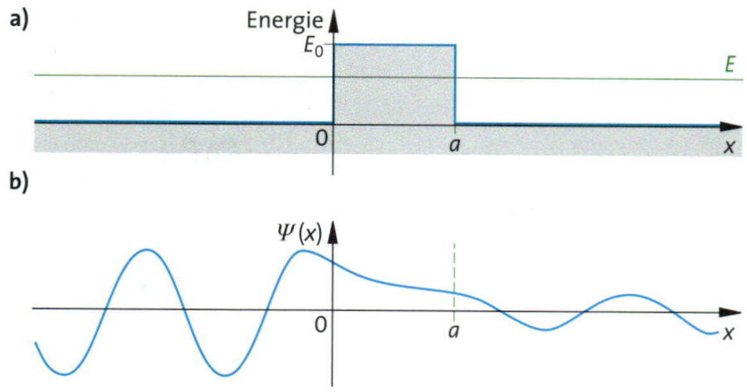

41.1 a) Teilchen mit der kinetischen Energie E befinden sich im Bereich $x < 0$ links von einer Potentialbarriere. Ihre Energie reicht nicht aus, um diese zu überwinden. Dennoch werden einige Teilchen dieser Energie jenseits der Barriere registriert. **b)** Die wellenmechanische Beschreibung der Teilchen links von der Barriere ist eine Ψ-Funktion mit einer bestimmten Amplitude. Die Beschreibung der Teilchen innerhalb der Barriere ergibt eine starke Abnahme der Funktionswerte. Außerhalb der Barriere für $x > a$ ergibt sich eine Ψ-Funktion geringerer Amplitude, die von der Breite a der Barriere abhängt.

Exkurs

Das Rastertunnelmikroskop

Eine Anwendung des Tunneleffekts ist das Rastertunnelmikroskop, für dessen Entwicklung G. Binning und H. Rohrer 1986 der Nobelpreis verliehen wurde. Die nebenstehende Abbildung zeigt das Prinzip:
Eine ultrafeine Metallspitze wird in einem Abstand von etwa 1 nm über die zu untersuchende Oberfläche geführt. Zwischen der Spitze und der Oberfläche liegt eine kleine Spannung von ca. 10 mV. Der schmale Spalt zwischen der Prüfspitze und der Oberfläche wirkt für Elektronen als Barriere. Ist der Spalt klein genug, tunneln Elektronen durch das Vakuum von der Spitze zur Oberfläche. Die Stärke des Tunnelstroms ist empfindlich vom Abstand zwischen Spitze und Oberfläche abhängig. Wird die Spitze in einem Raster über die zu untersuchende Oberfläche geführt, so liefert die Stromstärke eine Information über den jeweiligen Rasterpunkt. Auf diese Weise lassen sich Details von Oberflächen in der Größenordnung eines Atomdurchmessers vermessen. Die untere Abbildung zeigt die Verteilung von Iodatomen (hellrot) auf einer Platinoberfläche. Gemessen wird die Antreffwahrscheinlichkeit von Elektronen, nicht etwa die Farbe des Atoms oder der Oberfläche. Durch die unterschiedlichen Farben wird die Zahl der Elektronen pro Zeit bzw. der Strom veranschaulicht, der von der Oberfläche ausgeht. Aus der gelben Vertiefung wurde gerade ein Iodatom entfernt, dessen Durchmesser sich auf 0,3 nm abschätzen lässt.

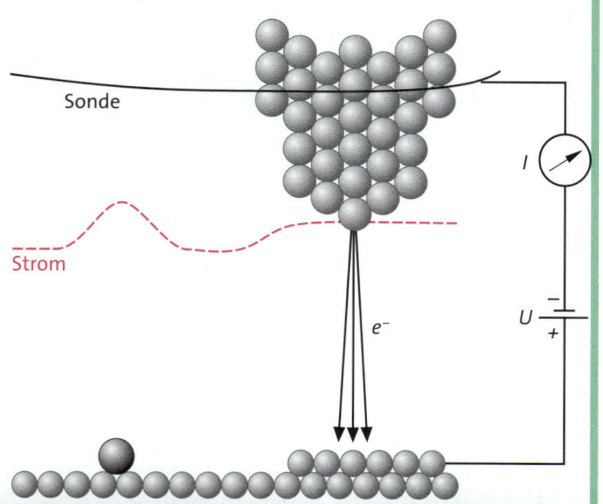

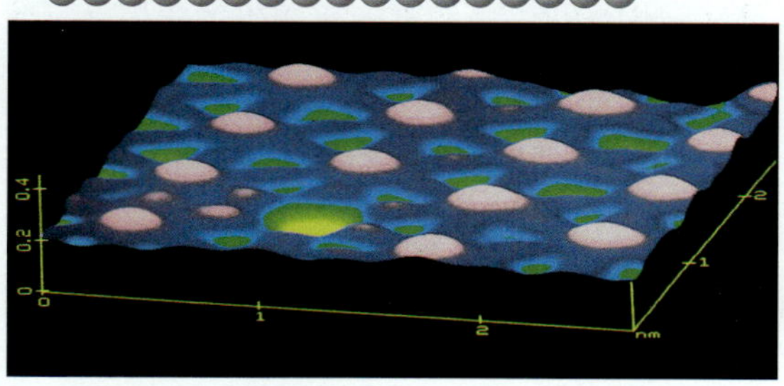

2.2 Das quantenphysikalische Modell des Wasserstoffatoms

Ein H-Atom besteht aus einem positiv geladenen Proton und einem negativ geladenen Elektron, das sich unter dem Einfluss der anziehenden Coulomb-Kraft im Raum um das Proton bewegt. Anders als der eindimensionale Potentialtopf ist das H-Atom dreidimensional.

2.2.1 Ebene Wellen

Ein Übergang vom eindimensionalen Fall zum nicht mehr darstellbaren dreidimensionalen Fall sind zweidimensionale stehende Wellen, die sich auf einer begrenzten Ebene ausbilden. **Abb. 42.1** zeigt die sogenannten *Chladni'schen Klangfiguren*. Eine in der Mitte fest eingespannte Platte wird in Tonschwingungen versetzt. Die Platte ist mit feinem Korkmehl bestreut, das sich bei bestimmten Frequenzen an ausgezeichneten Orten auf der Platte sammelt. Diese Orte sind sogenannte *Knotenlinien*, in denen die Platte nicht schwingt.
Dass sich im atomaren Bereich ähnliche Figuren ausbilden, zeigt die Aufnahme mit einem Rastertunnelmikroskop (**Abb. 42.2**). In einem Kreis mit einem Durchmesser von ca. 14 nm sind Eisenatome auf einer Kupferoberfläche angeordnet. Im Innern des Kreises bilden sich stehende Wellen aus, die die Antreffwahrscheinlichkeit von Kupferleitungselektronen angeben.

2.2.2 Lösungen der Schrödinger-Gleichung für das Coulomb-Potential

Das Elektron des Wasserstoffatoms befindet sich im elektrischen Coulomb-Feld des Protons. In allen Punkten des Raumes, die den Abstand r vom Proton haben, ist die potentielle Energie des Elektrons durch $E_{pot} = -e^2/(4\pi\varepsilon_0 r)$ gegeben (→ Bd. 11, 1.3.4). **Abb. 42.3** zeigt den trichterförmigen Verlauf der potentiellen Energie in einer Ebene durch den Mittelpunkt des Atoms.

Da die potentielle Energie nur von r abhängt, wird für die Lösung der Schrödinger-Gleichung eine Ψ-Funktion in Abhängigkeit von den *Polarkoordinaten* r, θ, Φ gesucht. **Abb. 42.4** zeigt den Zusammenhang zwischen kartesischen Korordinaten und Polarkoordinaten.
Eine hier nicht durchführbare Umformung der Schrödinger-Gleichung aus kartesischen Koordinaten (x, y, z) in Polarkoordinaten (r, θ, Φ) ergibt, dass die von den drei Variablen r, θ, Φ abhängige Ψ-Funktion $\Psi(r, \theta, \phi)$ sich als Produkt dreier Funktionen schreiben lässt, die jeweils nur von einer Variablen abhängen:

$$\Psi(r, \theta, \phi) = \Psi_r(r)\ \Psi_\theta(\theta)\ \Psi_\phi(\phi)$$

Die Schrödinger-Gleichung für die nur vom Radius abhängigen Terme, in der $\Psi_r(r) = \Psi(r)$ gesetzt wird, heißt

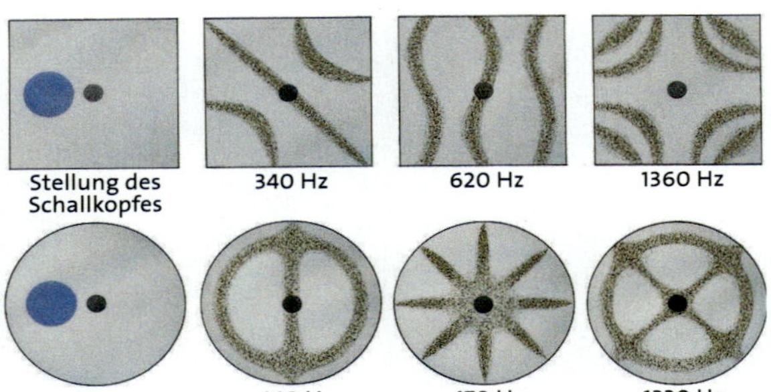

42.1 Die Chladnischen Klangfiguren sind Eigenschwingungen der Platten, die sich bei bestimmten Frequenzen ausbilden. Die Eigenschwingungen lassen sich als stehende Wellen deuten.

42.2 Stehende Elektronenwellen in einem Ring von etwa 50 Eisenatomen auf einer Kupferoberfläche

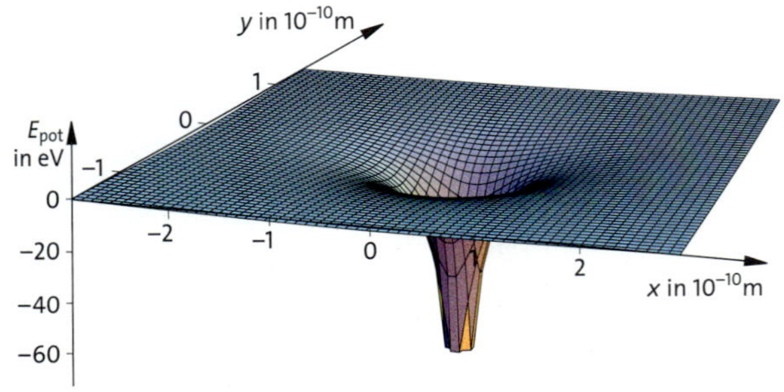

42.3 Die Darstellung zeigt das Potential eines Elektrons in der Umgebung eines Protons in einer (x, y)-Schnittebene durch die Mitte des Wasserstoffatoms.

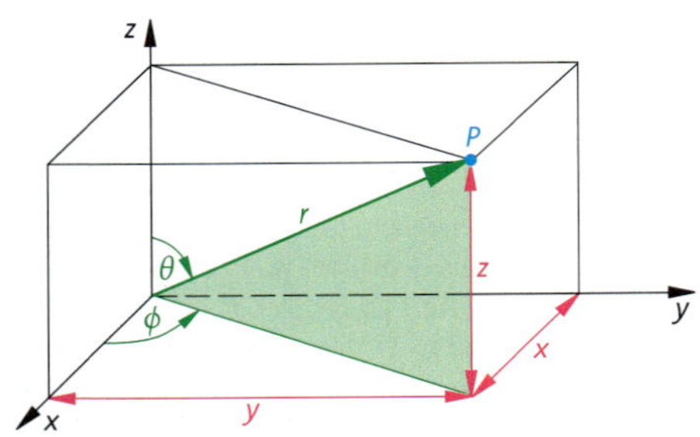

42.4 Der Zusammenhang des Polarkoordinatensystems (r, θ, ϕ) mit dem kartesischen Koordinatensystem (x, y, z)

$$\Psi''(r) = -\frac{2}{r}\Psi'(r) - \frac{8\pi^2 m}{h^2}\left(E + \frac{e^2}{4\pi\varepsilon_0 r}\right)\Psi(r).$$

Lösungen dieser Gleichung sind Wellenfunktionen $\Psi(r)$, für die die Antreffwahrscheinlichkeit $\Psi^2(r)$ im Bereich um den Atomkern maximal ist und im Außenbereich für $r \to \infty$ minimal. Diese Lösungen werden mit der Methode der kleinen Schritte bestimmt:
Das iterative Verfahren (→ Methode) beginnt bei $r_0 = 10^{-12}$ m, da bei $r = 0$ der Term für das elektrische Potential nicht definiert ist. Willkürlich gesetzt werden die Startwerte $\Psi(r_0) = 1$, $\Psi'(r_0) = -10^{10}$ und $\Delta r = 10^{-12}$ m. Ψ-Funktionen, die für $r \to \infty$ gegen null gehen, ergeben sich für folgende Energien:
$E_1 = -13{,}55$ eV, $E_2 = -13{,}55$ eV/4, $E_3 = -13{,}55$ eV/9.
Die Energiewerte sind negativ, weil der Nullpunkt für die potentielle Energie im Unendlichen liegt. Aus ihrer Regelmäßigkeit lässt sich folgern:

> Energiewerte stationärer Zustände im H-Atom sind
> $$E_n = -13{,}55\ \text{eV}\,\frac{1}{n^2} \quad \text{mit} \quad n = 1, 2, 3, \ldots$$
> n heißt **Hauptquantenzahl** oder **Energiequantenzahl.**

Die drei ersten Ψ-Funktionen (**Abb. 43.1**) haben bei kleinen r-Werten, also in der Nähe des Kerns, große Funktionswerte, also auch große Werte für die Antreffwahrscheinlichkeit $\Psi^2(r)$. An der Schnittstelle der Graphen mit der r-Achse ist die Antreffwahrscheinlichkeit für das Elektron null. Jedoch haben $\Psi_2(r)$ bzw. $\Psi_3(r)$ zwischen den Nullstellen und Unendlich kleine Werte ungleich null, sodass dort $\Psi_2^2(r)$ bzw. $\Psi_3^2(r)$ positiv sind, also die Antreffwahrscheinlichkeit für das Elektron ungleich null ist (**Abb. 45.1 b**).

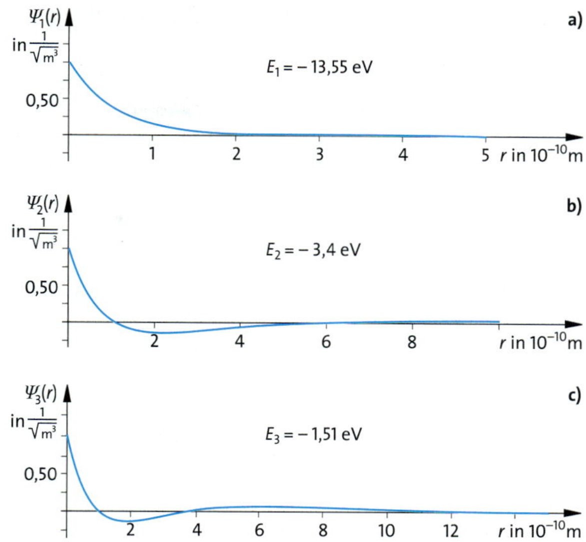

43.1 Die Methode der kleinen Schritte liefert Ψ-Funktionen für die Energiewerte $E_1 = -13{,}55$ eV, $E_2 = -13{,}55$ eV/4 und $E_3 = -13{,}55$ eV/9, die die Randbedingungen eines maximalen Wertes für $r = 0$ und eines minimalen Wertes für $r \to \infty$ erfüllen.

Aufgaben

1. Berechnen Sie mit der Methode der kleinen Schritte die ersten drei Werte der Ψ-Funktion für $E = -13{,}55$ eV.
2. Begründen Sie, warum die Funktionen, die durch die Graphen für $E = -10$ eV und für $E = -15$ eV dargestellt sind (→ Methode), keine Zustände des Wasserstoffatoms beschreiben können.
3. Erklären Sie, welche Aussage dadurch gemacht wird, dass sowohl die potentielle Energie als auch die Gesamtenergie des Wasserstoffatoms negativ sind.

Methode

Iterative Berechnung der Wellenfunktionen im Wasserstoffatom

Für die Berechnungen der Ψ-Funktionen werden die folgenden Gleichungen (ohne Einheiten) verwendet:

$$\Psi(r) = \Psi(r - \Delta r) + \Psi'(r - \Delta r)\,\Delta r \qquad (1)$$
$$\Psi'(r) = \Psi'(r - \Delta r) + \Psi''(r - \Delta r)\,\Delta r \qquad (2)$$
$$\Psi''(r) = -2\,\Psi'(r)/r - 1{,}6382\cdot 10^{38}\,(E + 2{,}30708\cdot 10^{-28}/r)\,\Psi(r) \qquad (3)$$

Mit den Startwerten für die Stelle $r_0 = 10^{-12}$ m wird unter Anwendung der Gleichungen (1), (2) und (3) der Funktionswert $\Psi(r)$ an der Stelle $r_0 + \Delta r$ berechnet. Die fortgesetzte Anwendung des Verfahrens liefert Werte von $\Psi(r)$, mit denen der Graph für die jeweilige Energie E gezeichnet wird. Das Verfahren wird mit unterschiedlichen Werten von E wiederholt.
Zwischen $E = -14$ eV und -13 eV liegt bei $E_1 = -13{,}55$ eV der Wert von E, der zur ersten Lösungsfunktion führt, die sich für große Radien der r-Achse asymptotisch nähert und damit die Bedingung $\Psi(\infty) = 0$ erfüllt. Weitere Lösungsfunktionen, die diese Bedingung erfüllen, ergeben sich für die Energien $E_1/4$, $E_1/9$, $E_1/16, \ldots$

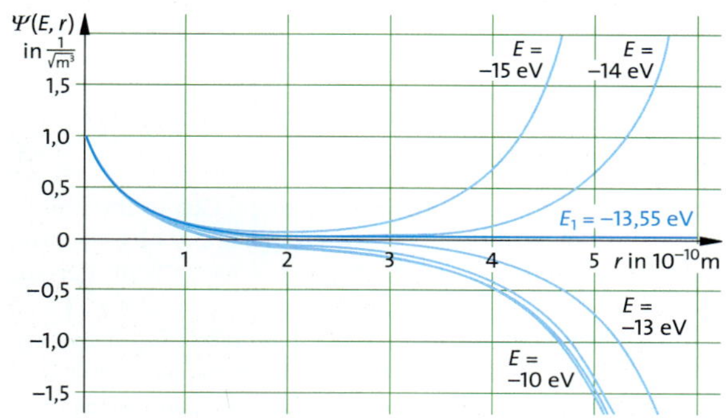

2.2.3 Die Spektrallinien des Wasserstoffatoms

Die exakte analytische Lösung der Schrödinger-Gleichung für das Wasserstoffatom liefert die Energiezustände des Atoms

$$E_n = -\frac{1}{8}\frac{m_e e^4}{\varepsilon_0^2 h^2}\frac{1}{n^2} = -13{,}6\ \text{eV}\frac{1}{n^2} \quad \text{mit} \quad n = 1, 2, 3, \ldots$$

Im Bild des Energieniveauschemas bedeutet die Emission eines Photons, dass das Atom von einem Zustand mit hoher Energie E_m in einen Zustand geringer Energie E_n $(m > n)$ wechselt und dabei die Energie $\Delta E = E_m - E_n$ als ein Photon emittiert:

$$\Delta E = -\frac{m_e e^4}{8\varepsilon_0^2 h^2}\frac{1}{m^2} - \left[-\frac{m_e e^4}{8\varepsilon_0^2 h^2}\frac{1}{n^2}\right] = \frac{m_e e^4}{8\varepsilon_0^2 h^2}\left(\frac{1}{n^2} - \frac{1}{m^2}\right).$$

Mit $hf = \Delta E$ ist die Frequenz f des Photons

$$f = \frac{m_e e^4}{8\varepsilon_0^2 h^3}\left(\frac{1}{n^2} - \frac{1}{m^2}\right).$$

Die Formel hat dieselbe Struktur wie die Balmer-Formel des Wasserstoffspektrums (→ 2.1.1)

$$f = C\left(\frac{1}{2^2} - \frac{1}{m^2}\right),$$

aus der sich durch Einsetzen von $m = 3, 4, 5, 6$ die Frequenzen f der vier bekannten Wasserstofflinien im sichtbaren Teil des Spektrums ergeben. Das gefundene Gesetz zeigt nicht nur für $n = 2$ die gleiche Form, sondern liefert für $m = 3, 4, 5, 6$ auch genau die beobachteten Frequenzen der Balmer-Serie des Wasserstoffs. Die in der Balmer-Formel experimentell gefundene Konstante C wird **Rydberg-Konstante R** genannt. Sie lässt sich nach dem oben gefundenen Gesetz allein aus den angegebenen Naturkonstanten berechnen:

$$R = \frac{m_e e^4}{8\varepsilon_0^2 h^3} = 3{,}2898 \cdot 10^{15}\ \text{Hz}$$

Eine Musterrechnung für die zweite Linie der Balmer-Serie $(n = 2)$ und $m = 4$ liefert:

$$f = R\left(\frac{1}{2^2} - \frac{1}{4^2}\right) = 3{,}2898 \cdot 10^{15} \cdot 0{,}1875\ \text{Hz}$$

$$= 6{,}17 \cdot 10^{14}\ \text{Hz}$$

Mit $c = \lambda f$ ergibt sich $\lambda = 486$ nm, die H_β-Linie aus dem Wasserstoffspektrum (→ **Abb. 34.2**).

Da auch andere Quantenzustände neben $n = 2$ als Endzustand infrage kommen, gibt es eine Vielzahl von möglichen Spektrallinien. Die Übergänge sind in **Abb. 44.1** schematisch dargestellt. Sie werden in Serien mit gemeinsamem Endzustand zusammengefasst:

$n = 1, m \geq 2$: *Lyman-Serie*, $n = 2, m \geq 3$: *Balmer-Serie*
$n = 3, m \geq 4$: *Paschen-Serie*, $n = 4, m \geq 5$: *Brackett-Serie*
$n = 5, m \geq 6$: *Pfund-Serie*.

Je größer die Quantenzahl eines Zustandes ist, aus dem ein Übergang in einen Grundzustand erfolgt, desto größer ist die Energie des emittierten Photons bzw. desto kleiner ist die Wellenlänge der zugehörigen Linie im Spektrum. Die Grenze einer Serie ist die Linie, die beim Übergang aus dem Energieniveau mit der Quantenzahl $n = \infty$ in einen Grundzustand emittiert wird. Sie wird als *Grenzwellenlänge* bezeichnet.

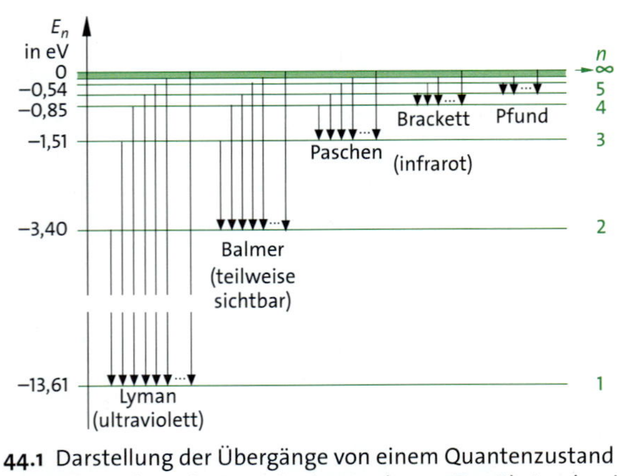

44.1 Darstellung der Übergänge von einem Quantenzustand zu einem anderen im Energieniveauschema. Der Abstand zwischen erstem und zweitem Zustand ist nicht maßstabsgetreu. Die Serien mit den Grundzuständen $n = 1$, $n = 2$ und $n = 3$ tragen die Namen Lyman-, Balmer- und Paschen-Serie. Sie waren schon vor der theoretischen Berechnung mit einem Atommodell bekannt. Die Brackett- und Pfund-Serie wurden vorausberechnet und in den Jahren 1922 und 1924 nachgewiesen.

> Ein Wasserstoffatom emittiert beim Übergang vom m-ten in den n-ten Quantenzustand ein Photon mit der Energie
>
> $$E = hf = \frac{1}{8}\frac{m_e e^4}{\varepsilon_0^2 h^2}\left(\frac{1}{n^2} - \frac{1}{m^2}\right), \quad m > n.$$
>
> Die Linien im Spektrum werden zu Serien zusammengefasst, die durch die Quantenzahl des Endzustandes gekennzeichnet sind.

Aufgaben

1. Ermitteln Sie den Grenzwert der vom Wasserstoffatom emittierte Strahlung mit der kleinsten Wellenlänge.
2. Berechnen Sie die Wellenlängen der Linien, die zu den energieärmsten bzw. zu den energiereichsten Photonen der Lyman-Serie gehören.
3. Ein Wasserstoffatom werde aus dem Grundzustand in den Zustand mit der Quantenzahl $n = 4$ angeregt.
   a) Berechnen Sie die bei der Anregung absorbierte Energie.
   b) Bestimmen Sie die verschiedenen Photonenenergien, die das Atom bei seinem Übergang in den Grundzustand emittieren kann, und zeichnen Sie diese in ein Energieniveauschema ein.
4. Berechnen Sie die Energie, die nötig ist, um das Elektron von einem Wasserstoffatom im Zustand $n = 2$ zu trennen.

2.2.4 Die Orbitale des Wasserstoffatoms

Die Lösungsfunktionen $\Psi(r)$ der Schrödinger-Gleichung machen Aussagen über die Antreffwahrscheinlichkeit des Elektrons im Raum um den Atomkern in Abhängigkeit vom Radius. Die Wahrscheinlichkeit, das Elektron in einem Raumelement ΔV anzutreffen, ist $w = \Psi^2(r)\,\Delta V$. Aus dem Graphen → **Abb. 43.1 a)** ist abzulesen, dass die Wahrscheinlichkeit in Kernnähe am größten ist, da dort $\Psi_1(r)$ und damit auch $\Psi_1^2(r)$ maximal ist. **Abb. 45.1a)** zeigt eine Darstellung der Wahrscheinlichkeitsdichte $\Psi_1^2(r)$ in einer Ebene durch den Mittelpunkt des Wasserstoffatoms. An den Stellen, an denen die Dichte der Punkte am größten ist, ist auch die Antreffwahrscheinlichkeit des Elektrons am größten. Der Graph → **Abb. 43.1 b)** schneidet die r-Achse, d. h. die Funktion $\Psi_2(r)$ hat dort eine Nullstelle, was auch für ihr Quadrat $\Psi_2^2(r)$ gilt. Dementsprechend zeigt die Darstellung der Wahrscheinlichkeitsdichte eine Lücke (**Abb. 45.1 b**).

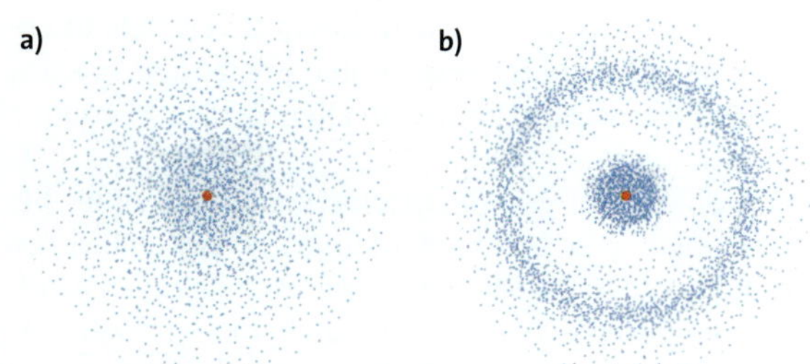

45.1 Die Wahrscheinlichkeitsdichte in einer Ebene durch den Mittelpunkt des H-Atoms. **a)** Für die Funktion $\Psi_1(r)$ ist die Antreffwahrscheinlichkeit in Kernnähe maximal. **b)** Für die Funktion $\Psi_2(r)$ hat die Antreffwahrscheinlichkeit in dieser Darstellung eine ringförmige Lücke.

Diese Lücke ist im Raum eine Kugelschale, die Raumbereiche voneinander trennt, in denen die Wahrscheinlichkeit für das Antreffen des Elektrons nicht null ist. Sie entspricht einer Knotenlinie der Chladni'schen Klangfiguren bzw. einem Knoten der stehenden Wellen im eindimensionalen Potentialtopf.

Die Nullstelle einer Wellenfunktion $\Psi(r)$ gibt im Raum die **Knotenfläche** an, für die die Antreffwahrscheinlichkeit des Elektrons null ist. Die Knotenfläche trennt Raumbereiche voneinander, in denen das Elektron anzutreffen ist.

Die vollständigen Lösungen der Schrödinger-Gleichung für das Wasserstoffatom sind Produkte aus den bereits berechneten Funktionen $\Psi_r(r)$ und den Funktionen der Winkel $\Psi_\theta(\theta)$ und $\Psi_\phi(\phi)$:

$$\Psi(r, \theta, \phi) = \Psi_r(r)\ \Psi_\theta(\theta)\ \Psi_\phi(\phi)$$

Bei der Lösung der winkelabhängigen Schrödinger-Gleichungen ergeben sich zwei weitere Quantenzahlen l und m, für die folgende Bedingungen gelten: $l \le n - 1$ und $|m| \le l$. Die Nullstellen der Funktionen $\Psi_r(r)$, $\Psi_\theta(\theta)$ und $\Psi_\phi(\phi)$ sind auch Nullstellen der Funktion $\Psi(r, \theta, \phi)$. **Abb. 45.2** zeigt die räumlichen Verteilungen der winkelabhängigen Wahrscheinlichkeitsdichte $(\Psi_\theta(\theta)\ \Psi_\phi(\phi))^2$, die die Abhängigkeit der Antreffwahrscheinlichkeit vom Radius nicht berücksichtigen.

Der Zustand eines Elektrons im Atom, der durch die drei Quantenzahlen n, l und m gekennzeichnet ist, heißt **Orbital**. Ein Orbital beschreibt für feste n die Antreffwahrscheinlichkeit in Abhängigkeit von den Raumwinkeln θ und ϕ.

45.2 Orbitale verschiedener Zustände: Das Produkt der winkelabhängigen Funktionen $\Psi_\theta(\theta)$ und $\Psi_\phi(\phi)$ wird quadriert und der Betrag über die Raumwinkel θ und ϕ aufgetragen. Für $n = 1$ und $n = 2$ sind alle Funktionen dargestellt. Die Orbitale für $m = -1$ und $m = 1$ sowie für $m = -2$ und $m = 2$ sind jeweils gleich und werden für $l = 2$ zusammengefasst. Die Zahl der Orbitale wächst mit steigendem n von einem (für $n = 1$) über vier (für $n = 2$) auf neun (für $n = 3$).

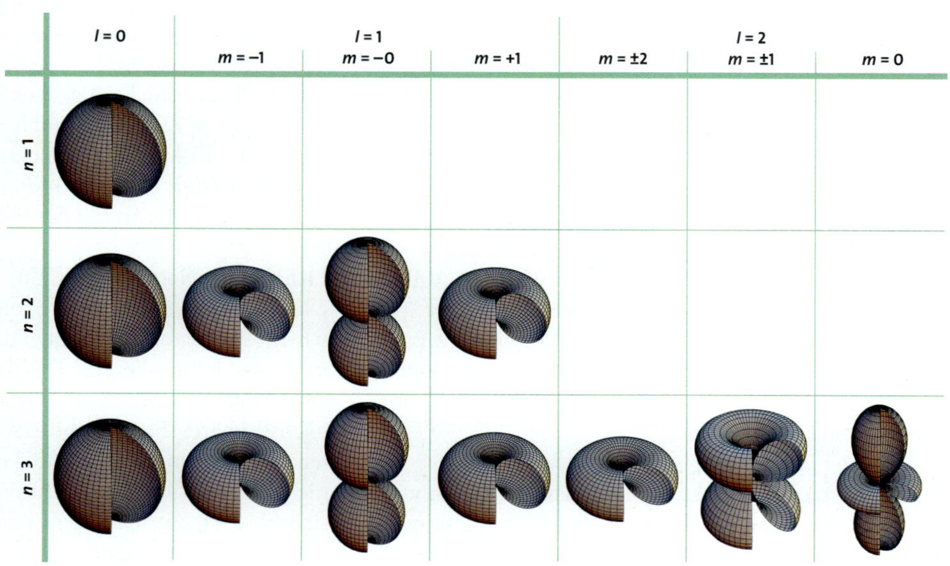

2.3 Mehrelektronensysteme

Dem Aufbau der verschiedenen Atome aus Kern und Hülle liegt eine Systematik zu Grunde, die auf den Bedingungen für die Quantenzahlen beruht und im *Periodensystem der Elemente* deutlich wird (→ S. 134).

2.3.1 Die Quantenzahlen

Der Zustand eines Systems aus Atomkern und Elektronenhülle lässt sich durch Bezeichnungen charakterisieren, die in der historischen Entwicklung der Atommodelle anfangs zur Klassifizierung der gemessenen Spektrallinien verwendet wurden. Mit der quantenphysikalischen Beschreibung des Atoms zeigte sich, dass sich gleichwertige Bezeichnungen, die *Quantenzahlen*, aus den Lösungen der Schrödinger-Gleichung ergeben (→ 2.2.2. und 2.2.4). Jeder Satz unterschiedlicher Quantenzahlen beschreibt einen Zustand des Atoms, legt also die Energie und eine Verteilung der Antreffwahrscheinlichkeit der Elektronen fest.

Die **Hauptquantenzahl *n*** kennzeichnet die Energie des Wasserstoffatoms (→ 2.2.2). Sie wird deshalb auch Energiequantenzahl genannt. Die Werte sind ganze Zahlen, $n = 1, 2, \ldots$.
Die **Nebenquantenzahl *l*** charakterisiert die Winkelabhängigkeit der räumlichen Verteilung der Antreffwahrscheinlichkeit. Sie wird auch Bahndrehimpulsquantenzahl genannt, weil sie Eigenschaften beschreibt, die denen klassischer Drehimpulse vergleichbar sind. Aus den Lösungen der Schrödinger-Gleichung bzw. ihrer Anzahl lässt sich der Zusammenhang $l = 0, 1, 2, \ldots, (n-1)$ herleiten. Zu jeder Hauptquantenzahl n gibt es genau n mögliche Werte von l.
Die **magnetische Quantenzahl *m*** unterscheidet winkelabhängige Antreffwahrscheinlichkeiten bezüglich ihrer Orientierung im Raum, z. B. zur Richtung eines Magnetfeldes, bei gleichem Wert von l. Für jeden Wert von l existieren $(2l + 1)$ ganzzahlige Werte von m, nämlich $m = -l, -(l-1), \ldots, -1, 0, 1, \ldots, (l-1), l$.
Eine vierte Quantenzahl, die **Spinquantenzahl *s***, wurde von Wolfgang PAULI (1900–1958) vorgeschlagen, um die Feinstruktur der Wasserstofflinien und den Aufbau des Periodensystems der Elemente zu erklären. Der Spin kann bezüglich einer vorgegebenen Richtung, z. B. in einem Magnetfeld, nur zwei Orientierungen einnehmen, die durch die Werte der Spinquantenzahl $s = +\frac{1}{2}$ und $s = -\frac{1}{2}$ gekennzeichnet sind.

> Der Zustand des Elektrons im Wasserstoffatom wird durch vier Quantenzahlen n, l, m und s eindeutig beschrieben.

2.3.2 Das Periodensystem der Elemente

Dem Aufbau des Periodensystems der Elemente liegen folgende Prinzipien zugrunde:
1. Die Ordnungszahl, nach der die Elemente im Periodensystem angeordnet sind, ist gleich der Kernladungszahl Z. Das Element Li z. B. steht an dritter Stelle im Periodensystem (**Abb. 47.1**) und hat mit $Z = 3$ also drei Protonen im Atomkern (→ 3.2.1).
2. Bei einem elektrisch neutralen Atom sind die Anzahl der Protonen im Kern und die Elektronen in der Hülle gleich. Die Kernladungszahl Z gibt damit auch die Anzahl der Elektronen in der Atomhülle an. Das neutrale Li hat damit drei Elektronen in der Atomhülle.
3. Entscheidend für den Aufbau von Atomen mit mehr als einem Elektron ist das von W. PAULI im Jahr 1925 formulierte **Ausschließungsprinzip**:

> **Pauli-Prinzip:** In einem Atom befindet sich höchstens *ein* Elektron in einem durch die vier Quantenzahlen n, l, m und s bestimmten Zustand, d. h. keine zwei Elektronen stimmen in allen Zahlen überein.

Der Aufbau des Periodensystems ergibt sich ohne Berücksichtigung der Wechselwirkungen zwischen Elektronen daraus, dass in Mehrelektronensystemen Zustände im Energieniveauschema von unten her besetzt werden.

Helium (Kernladungszahl $Z = 2$)
Auf Wasserstoff folgt im Periodensystem Helium. Bei der Kernladungszahl $Z = 2$ ergibt sich mit einem zweiten Elektron in der Hülle ein neutrales Atom.
Für die Hauptquantenzahl $n = 1$ sind $l = 0$ und $m = 0$ festgelegt (→ 2.3.1). Unterschiede in der Quantenzahl sind, wie vom Pauli-Prinzip verlangt, durch die Spinquantenzahlen $+\frac{1}{2}$ und $-\frac{1}{2}$ gegeben.
Das Heliumatom besitzt also im Grundzustand zwei Elektronen in Zuständen mit $n = 1$ und $l = 0$. Diese werden als 1 s-Elektronen bezeichnet, wobei sich der Zahlenwert auf den Wert von n und der Buchstabe s auf die historische Bezeichnung des Werts von l bezieht.

Lithium bis Neon ($3 \leq Z \leq 10$)
Die Besetzung der Zustände mit der Hauptquantenzahl $n = 2$ beginnt bei Lithium. Die beiden Zustände mit $n = 1$ sind bereits besetzt. Das dritte Elektron muss nach dem Pauli-Prinzip einen Zustand mit $n = 2$, also mit nächsthöherer Energie, besetzen. Für die Nebenquantenzahl l kommen die Werte 0 oder 1 infrage. Eine hier nicht durchgeführte Betrachtung der Energie zeigt, dass sich für $l = 0$ der niedrigere Energiezustand ergibt. Das dritte eingebaute Elektron ist also ein 2 s-Elektron.

Auch für Beryllium mit der Kernladungszahl $Z = 4$ hat das vierte einzubauende Elektron wegen der möglichen Werte der Spinquantenzahl $+\frac{1}{2}$ bzw. $-\frac{1}{2}$ die Nebenquantenzahl $l = 0$.
Beginnend mit dem Element Bor hat für alle folgenden Elemente bis zum Neon die Nebenquantenzahl den Wert $l = 1$, was für die magnetische Quantenzahl die drei Werte 0, +1 und −1 zulässt. Damit ergeben sich wegen der zwei unterschiedlichen Werte der Spinquantenzahl weitere 6 verschiedene Elektronenzustände, also sechs $2p$-Elektronen. Mit dem Element Neon ($Z = 10$) sind dann alle Zustände mit $n = 2$ aufgefüllt. Nach diesen Regeln ist auch die Elektronenkonfiguration der weiteren Elemente aufgebaut (**Tab. 47.2**).

Hauptgruppen

Perioden	I	II	III	IV	V	VI	VII	VIII
1	1 H 1,008							2 He 4,003
2	3 Li 6,94	4 Be 9,01	5 B 10,81	6 C 12,01	7 N 14,01	8 O 16,00	9 F 19,00	10 Ne 20,18
3	11 Na 22,99	12 Mg 24,31	13 Al 26,98	14 Si 28,09	15 P 30,97	16 S 32,06	17 Cl 35,45	18 Ar 39,95
4	19 K 39,10	20 Ca 40,08	31 Ga 69,72	32 Ge 72,59	33 As 74,92	34 Se 78,96	35 Br 79,90	36 Kr 83,80
5	37 Rb 85,47	38 Sr 87,62	49 In 114,82	50 Sn 118,69	51 Sb 121,75	52 Te 127,60	53 I 126,90	54 Xe 131,30
6	55 Cs 132,91	56 Ba 137,34	81 Tl 204,37	82 Pb 207,2	83 Bi 208,98	84 Po (209)	85 At (210)	86 Rn (222)

47.1 Ausschnitt aus dem Periodensystem. Die Zahl oben am Elementsymbol gibt die Ordnungszahl und damit die Kernladungszahl Z an. Es befinden sich also Z Protonen im Kern.

Die Schalenstruktur der Atome

Die Elektronen mit derselben Hauptquantenzahl n werden in einer sogenannten *Schale* zusammengefasst, die aufsteigend von $n = 1$ mit den großen Buchstaben K, L, M, N, … bezeichnet werden. Elektronen mit derselben Nebenquantenzahl l werden in *Unterschalen* zusammengefasst, die aufsteigend von $l = 0$ mit den kleinen Buchstaben s, p, d, f bezeichnet werden. Alle Elektronenzustände in einer Unterschale haben dieselbe Energie, deren Wert in erster Linie von der Hauptquantenzahl n bestimmt wird und nur zu einem geringen Teil von der Nebenquantenzahl l.

		Z	1s	2s	2p	3s
	Maximalzahl der Zustände		2	2	6	2
H	Wasserstoff	1	1			
He	Helium	2	2			
Li	Lithium	3	2	1		
Be	Beryllium	4	2	2		
B	Bor	5	2	2	1	
C	Kohlenstoff	6	2	2	2	
N	Stickstoff	7	2	2	3	
O	Sauerstoff	8	2	2	4	
F	Fluor	9	2	2	5	
Ne	Neon	10	2	2	6	
Na	Natrium	11	2	2	6	1

47.2 Die freien Zustände werden von der niedrigsten Energiestufe angefangen aufgefüllt

Die Systematik beim Aufbau der Atome wird in der Abhängigkeit der *Ionisierungsenergie* von der Ordnungszahl deutlich. Die Ionisierungsenergie ist die Energie, die einem neutralen Atom zugeführt werden muss, um ein Elektron aus der Hülle zu entfernen. **Abb. 47.3** zeigt einen sich wiederholenden starken Abfall der Ionisierungsenergie bei zwei aufeinanderfolgenden Elementen. Dafür ist der Einbau eines weiteren Elektrons in eine neue Schale verantwortlich, welches weniger stark an den Kern gebunden ist. Dabei ändert sich die Hauptquantenzahl von n auf $n + 1$.
Die Elemente mit den besonders hohen Ionisationsenergien (He, Ne, Ar, Kr, …) gehören zur Gruppe der **Edelgase**, die sich dadurch auszeichnen, dass sie nur träge mit anderen Elementen reagieren. Die Elemente mit den besonders niedrigen Ionisationsenergien (Li, Na, K, Rb, …) gehören zur Gruppe der **Alkalimetalle**, die besonders reaktionsfreudig sind. Die Ursache dafür ist, dass bei den Edelgasen das letzte Elektron besonders fest, bei den Alkalimetallen jedoch nur schwach gebunden ist. Bei den Edelgasen sind alle Unterschalen abgeschlossen, also alle Elektronenzustände besetzt, bei den Alkalimetallen befindet sich das letzte Elektron, das sogenannte **Valenzelektron**, außerhalb abgeschlossener Unterschalen in einer neuen Schale.

47.3 Die Ionisierungsenergie der chemischen Elemente in Abhängigkeit von der Zahl der Protonen im Kern zeigt wiederholt einen starken Abfall für zwei aufeinanderfolgende Atome

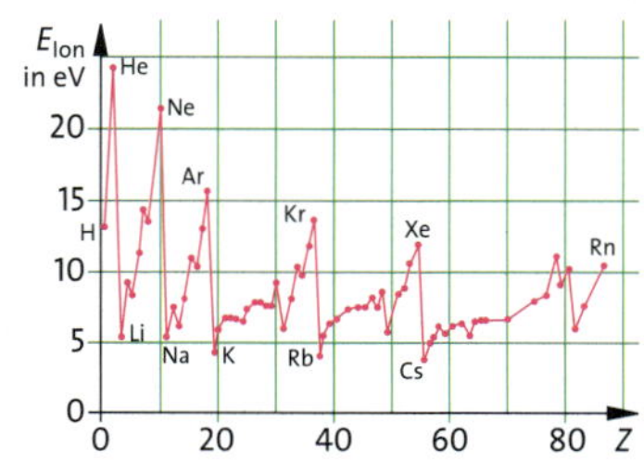

Im Periodensystem sind Gruppen von Elementen mit verwandtem chemischem Verhalten zusammengefasst, die vertikal übereinander angeordnet sind (→ S. 134). Diese chemisch gefundene Zusammengehörigkeit ist durch eine vergleichbare äußere Elektronenhülle bedingt.

Aufgaben

1. Bestimmen Sie die Anzahl der unterschiedlichen Zustände für $n = 1$ bis $n = 2$ und geben Sie die zugehörigen vier Quantenzahlen an.

2.4 Experimente und Anwendungen zum Atommodell

Die Bedeutung der Quantenphysik besteht u. a. darin, dass sie die Existenz diskreter Energiezustände in atomaren Systemen zwanglos erklärt. Die Energiezustände selbst sind nicht der direkten Beobachtung zugänglich, aber ihre Änderung bei der Aufnahme oder Abgabe von Energie kann gemessen werden. Die scharfen Linien in Atomspektren entstehen durch Emission von Energiequanten $\Delta E = hf$ (→ 2.1.1) beim Übergang von einem höheren in ein tieferes Energieniveau. Bei der Anregung von Atomen können Energiebeträge derselben Größe aufgenommen werden (→ 2.1.2). Mit der Existenz solcher diskreten Energiezustände befassen sich die folgenden Abschnitte.

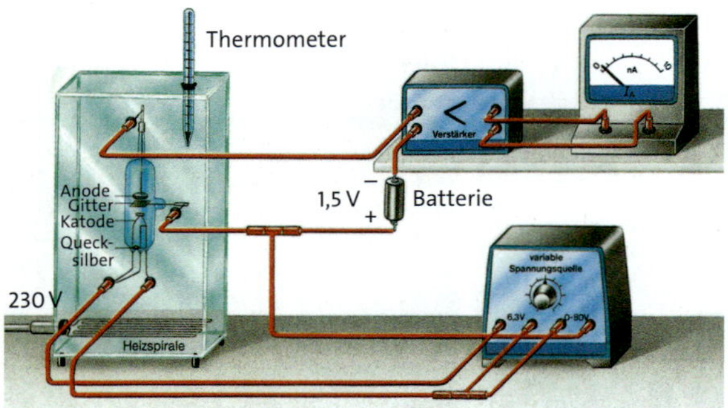

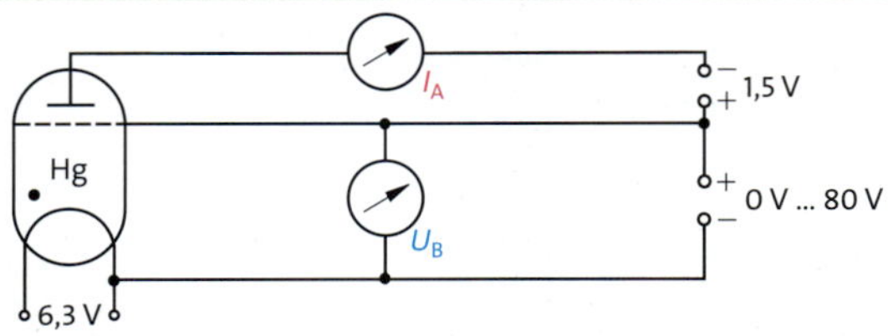

48.1 **a)** Elektronenstoßversuch nach FRANCK und HERTZ. In der mit Quecksilberdampf gefüllten Röhre werden Elektronen im elektrischen Feld zwischen Katode und Gitter beschleunigt. **b)** Schematisches Schaltbild zum Franck-Hertz-Versuch

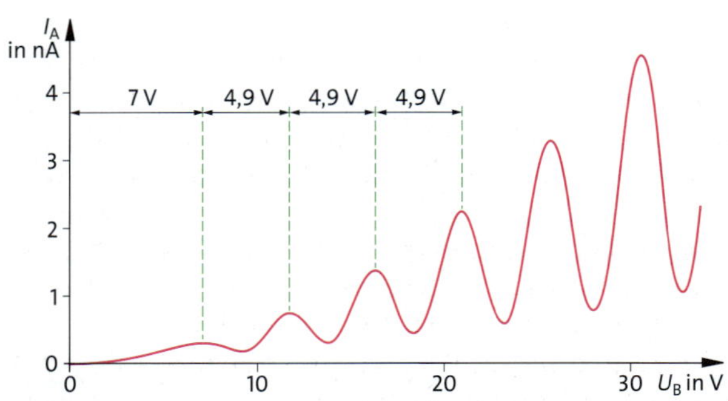

48.2 Der Anodenstrom I_A in Abhängigkeit von der Beschleunigungsspannung U_B zeigt Maxima in regelmäßigen Abständen von 4,9 V. Das erste Maximum liegt aufgrund der Wirkung von Kontaktspannungen bei ca. 7 V.

2.4.1 Der Franck-Hertz-Versuch

James FRANCK (1882–1964) und Gustav HERTZ (1887–1975) führten 1914 erstmals einen Versuch durch, bei dem beschleunigte Elektronen einen ganz bestimmten Energiebetrag an Gasatome abgaben, wie im folgenden Experiment gezeigt wird.

Versuch 1: In einem evakuierten Glaskolben mit drei Elektrodenanschlüssen befindet sich ein Tropfen Quecksilber (**Abb. 48.1**). Der Glaskolben steckt in einem Heizofen, der ihn auf eine Temperatur von ca. 200 °C erwärmt, sodass im Kolben eine Quecksilberdampfatmosphäre entsteht. Zwischen Gitter und Katode liegt eine regelbare Spannung U_B, sodass die aus der Glühkatode austretenden Elektronen durch ein elektrisches Feld zum Gitter hin bescheunigt werden. Eine zweite konstante Spannung von 1,5 V zwischen dem Gitter und der Anode ist so gepolt ist, dass durch das Gitter hindurchtretende Elektronen abgebremst werden. In der Anodenleitung befindet sich ein empfindliches Strommessgerät (**Abb. 48.1 b**).

Beobachtung: Wird die Spannung U_B zwischen Gitter und Katode langsam erhöht, so zeigt das Messgerät in der Anodenleitung einen zunehmenden Strom I_A an, der in regelmäßigen Abständen relative Maxima und Minima aufweist (**Abb. 48.2**).

Erklärung: Bei ihrer Beschleunigung in dem elektrischen Feld zwischen Katode und Gitter nehmen die Elektronen Energie auf, die der durchlaufenen Potentialdifferenz U entspricht. Der Strom I_A kommt dadurch zustande, dass Elektronen durch das Gitter hindurchtreten und ihre kinetische Energie ausreicht, um das Gegenfeld zwischen Gitter und Anode zu durchqueren.

Der erste Abfall der Stromstärke nach einem Maximum entsteht dadurch, dass zahlreiche Elektronen an Energie verloren haben und somit ihre verbliebene Energie nicht mehr ausreicht, um hinter dem Gitter das Gegenfeld zu überwinden und zur Anode zu gelangen.

Wird die Beschleunigungsspannung weiter erhöht, so tritt der Abfall der Stromstärke nach einem vorherigen Anstieg abermals auf. Zahlreiche Elektronen haben also abermals Energie verloren. Dieser wiederholt auftretende Energieverlust ist so zu erklären, dass die Elektronen auf dem Weg von der Katode zum Gitter mehrfach mit den Quecksilberatomen zusammenstoßen und an diese ihre Energie übertragen. Das wiederholte Auftreten des Anstiegs und Abfalls der Stromstärke (**Abb. 48.2**) entsteht dadurch, dass bei einer größeren Spannung zwischen Gitter und Katode die Energieabgabe schon erfolgt, wenn die Elektronen eine kurze Wegstrecke zurückgelegt und eine entsprechende Energie aufgenom-

men haben, dann abermals beschleunigt werden und die gewonnene Energie abermals abgeben usw.
Dass die Maxima der Stromstärke voneinander den regelmäßigen Abstand von 4,9 V haben, bedeutet, dass die Elektronen an die Quecksilberatome jeweils einen Energiebetrag von $E = e\,U = 4{,}9$ eV übertragen. ◂

Ist die Energie der Elektronen geringer als 4,9 eV, so nehmen die Quecksilberatome diese Energie beim Stoß mit den Elektronen nicht auf. Die Elektronen stoßen elastisch mit den Quecksilberatomen, deren Masse ca. 360 000mal so groß ist wie die der Elektronen, und behalten ihre kinetische Energie. Ist die Energie der Elektronen größer als 4,9 eV, so geben sie den Energiebetrag von 4,9 eV an die Quecksilberatome ab und behalten die Restenergie. Der Stoß ist folglich unelastisch.

Insgesamt zeigt der Versuch von FRANCK und HERTZ, dass Quecksilberatome einen genau bestimmten Energiebetrag aufnehmen können. Für Quecksilberatome muss also ein Energiezustand existieren, der 4,9 eV über einem Grundzustand liegt und in den die Anregung erfolgt. Die Richtigkeit dieser Erklärung wird dadurch bewiesen, dass sich im Quecksilberspektrum eine Linie der Wellenlänge $\lambda = 253$ nm befindet. Die Energie der zugehörigen Photonen beträgt

$$E = hf = \frac{hc}{\lambda} = \frac{6{,}63 \cdot 10^{-34}\,\text{Js} \cdot 3{,}00 \cdot 10^{8}\,\text{m/s}}{253 \cdot 10^{-9}\,\text{m}},$$

$$E = 7{,}86 \cdot 10^{-19}\,\text{J} = 4{,}9\,\text{eV}.$$

Der Versuch von FRANCK und HERTZ bestätigt das quantenphysikalische Atommodell: Atome besitzen diskrete Energiezustände und absorbieren nur Energiebeträge, die gleich der Differenz dieser Energiezustände sind.

Das Experiment von FRANCK und HERTZ lässt sich auch mit anderen Atomen durchführen. So zeigt sich in einem Gas von Neonatomen bei Anregung durch Elektronen mit einer Energie von ca. 19 eV ein gleichartiger Abfall der Stromstärke wie bei Quecksilber. Die angeregten Neonatome geben ihre Energie dann in mehreren kleinen Sprüngen ab, bei denen sichtbares Licht emittiert wird (**Abb. 49.1**). Das Spektrum des Neons zeigt eine Vielzahl von Linien im roten Bereich (→ **Abb. 34.3**). Die Leuchtschichten in **Abb. 49.1** entstehen dadurch, dass bei einer höheren Beschleunigungsspannung die Elektronen auf ihrem Weg zur Anode die Neonatome mehrfach anregen können.
Die Bedeutung dieser Experimente besteht darin, dass die Existenz diskreter Energieniveaus allein mithilfe von Strom- und Spannungsmessungen nachgewiesen werden konnte.

49.1 Franck-Hertz-Versuch mit Neon: Leuchtschichten bei einer Beschleunigungsspannung von 80 V

Aufgaben

1. Auf Wasserstoffatome im Grundzustand treffen Elektronen, die aus einer Glühkatode ausgelöst wurden.
a) Geben Sie die Spannung U_B an, mit der die Elektronen mindestens beschleunigt werden müssen, um beim unelastischen Stoß mit den Wasserstoffatomen diese in den ersten angeregten Zustand zu bringen.
b) Berechnen Sie die Wellenlänge der dabei entstehenden Strahlung.

2. Berechnen Sie die Geschwindigkeit von Elektronen, die gerade in der Lage sind, Quecksilberatome anzuregen, und bestimmen Sie die Mindestgeschwindigkeit der Elektronen, die die Gegenspannung von 1,5 V überwinden können.

3. Elektronen der Energie 13,1 eV treffen auf Wasserstoffatome, die sich im Grundzustand ($n = 1$) befinden.
a) Berechnen Sie die Wellenlängen der im sichtbaren Bereich durch die Anregungen verursachten Strahlung.
b) Bestimmen Sie die Restenergien der Elektronen nach den Anregungen.

***4.** Geben Sie eine Erklärung dafür, dass die Kurven im FRANCK-HERTZ-Versuch (**Abb. 48.2**) eine runde Form haben, der Abfall der Stromstärke also nicht abrupt erfolgt, die Maxima mit steigender Spannung immer größer werden und dass die Stromstärke nicht auf den Wert null absinkt.

***5.** Zur Untersuchung der Energieniveaus von Helium werden Elektronen mit einer Spannung von 50 V beschleunigt und durch das Gas geschickt. Nachdem die Elektronen das Gas durchlaufen haben, wird ihre Energie bestimmt. Die Elektronen haben die folgenden diskreten Energiewerte: 28,7 eV; 26,9 eV; 26,0 eV. Vom Energiewert 25,4 eV an treten Elektronen mit kontinuierlicher Energieverteilung auf.
a) Geben Sie eine Erklärung für dieses Versuchsergebnis.
b) Entwickeln Sie aus den Messwerten das Energieniveauschema des Heliums.
c) Berechnen Sie die Wellenlängen des Lichts im sichtbaren Bereich, das bei der Abregung entsteht.

***6.** Zeigen Sie, dass Elektronen aufgrund des Massenverhältnisses bei einem zentralen elastischen Stoß mit Heliumatomen keine Energie an die Atome übertragen können.

2.4.2 Röntgenstrahlung

Im Jahre 1895 entdeckte Conrad Wilhelm RÖNTGEN (1845–1923), dass ein fluoreszenzfähiger Körper in der Nähe eines elektrischen Entladungsrohres zum hellen Leuchten angeregt wurde. Das geschah selbst dann, wenn die Entladungsröhre vollständig mit schwarzem Papier umgeben war. Er schloss aus seiner Beobachtung, dass von der Entladungsröhre eine bisher unbekannte, für das Auge unsichtbare Strahlung ausging. RÖNTGEN nannte die neue Strahlung **X-Strahlen**, engl. X-rays; im deutschsprachigen Raum tragen sie ihm zu Ehren den Namen **Röntgenstrahlung**.

Röntgenstrahlung wird mithilfe einer Röntgenröhre erzeugt (**Abb. 50.1**). Diese besteht aus einer evakuierten Glasröhre, in der die von einer Glühkatode austretenden Elektronen durch eine hohe Anodenspannung U_A (einige 10 kV) beschleunigt werden. Beim Aufprall auf die metallische Anode wird ein Teil ihrer kinetischen Energie in Röntgenstrahlung verwandelt. Der größte Teil ihrer Energie führt zur Erwärmung der Anode, so dass solche Röhren gut gekühlt werden müssen. Röntgenstrahlung breitet sich geradlinig aus und durchdringt Materie je nach ihrer Dichte mehr oder weniger stark.

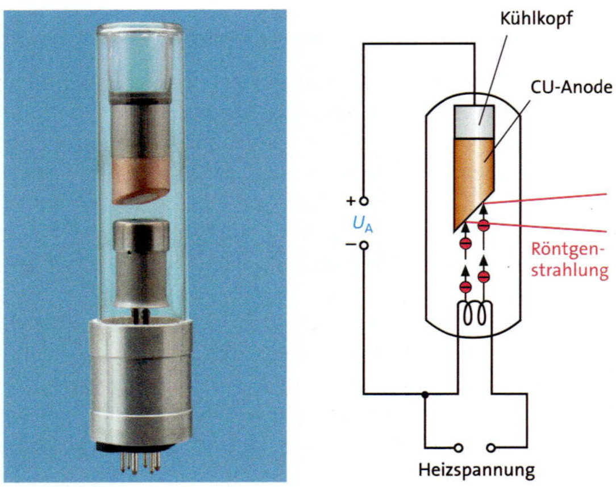

50.1 Röntgenröhre: Der untere Zylinder enthält die Glühkatode, der obere die abgeschrägte Anode. Der massive Kupferblock der Anode gibt die Wärme der Anode an den Kühlkopf ab.

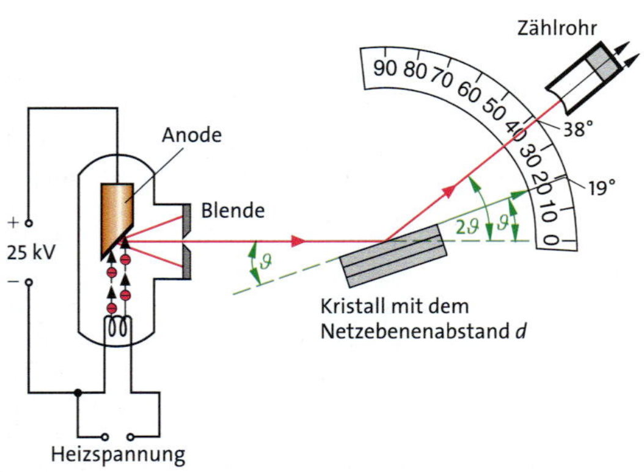

50.2 Schematische Darstellung der Versuchsanordnung zur Aufnahme eines Röntgenspektrums. Der die Strahlung reflektierende Kristall wird von kleinen Einfallswinkeln zu großen gedreht, sodass unter dem Reflexionswinkel die Intensität der Strahlung mit einem Zählrohr registriert wird.

Der Nachweis, dass es sich bei der Röntgenstrahlung um eine Wellenstrahlung handelt, gelang im Jahre 1912 Max von LAUE (1879–1960). Er bewies ihren Wellencharakter durch die Beugung der Röntgenstrahlung an Kristallen. Kristalle sind aus Atomen aufgebaut, die ein regelmäßiges Raumgitter bilden. An diesen Gitteratomen wird die Strahlung gestreut und kann interferieren. Für die Interferenz gilt ein von dem britischen Physiker W. BRAGG gefundenes Gesetz (→ 1.2.1). Die an den Atomen eines Kristalls gestreuten Wellen der Röntgenstrahlung interferieren gerade so, dass es zu jeder Wellenlänge λ genau einen Winkel ϑ gibt, für den das Reflexionsgesetz Einfallswinkel = Reflexionswinkel gilt. Der Zusammenhang zwischen der Wellenlänge λ und dem Winkel ϑ ist durch die Bragg'sche Gleichung $\lambda = 2\,d \sin \vartheta$ gegeben. In dieser Gleichung ist d der Abstand paralleler Gitterebenen.

Versuch 1: In einer Röntgenröhre treffen Elektronen, die mit hoher Spannung beschleunigt wurden, auf eine Anode aus Kupfer. Die dabei entstehende Röntgenstrahlung wird nach der Reflexion an einem Lithiumfluorid-Kristall in Abhängigkeit vom Winkel mit einem Zählrohr registriert (**Abb. 50.2**). Die Messwerte sind in einem Diagramm in Abhängigkeit vom Winkel bzw. von der Wellenlänge dargestellt (**Abb. 51.1**).
Ergebnis: Das **Röntgenspektrum** in **Abb. 51.1** zeigt Strahlung sehr unterschiedlicher Intensität. Beginnend bei einer kleinsten Wellenlänge steigt die Intensität zunächst an, um dann wieder abzunehmen. Auffallend ist, dass in dem **kontinuierlichen Röntgenspektrum** zwei scharf begrenzte intensive Spektrallinien auftreten. ◂

Röntgenstrahlung ist eine elektromagnetische Strahlung mit sehr kurzen Wellenlängen, d. h. hohen Frequenzen und nach der Beziehung $E = hf$ mit sehr hohen Photonenenergien. Versuche mit Röntgenanoden aus anderen Metallen zeigen, dass der Anfang des kontinuierlichen Spektrums bei kurzen Wellenlängen nicht vom Material der Anode, sondern nur von der Beschleunigungsspannung U_B der Elektronen abhängt. Die beiden Wellenlängen der beiden Linien hoher Intensität dagegen sind *charakteristisch* für das Material der Anode, sie bilden das **charakteristische Röntgenspektrum.**

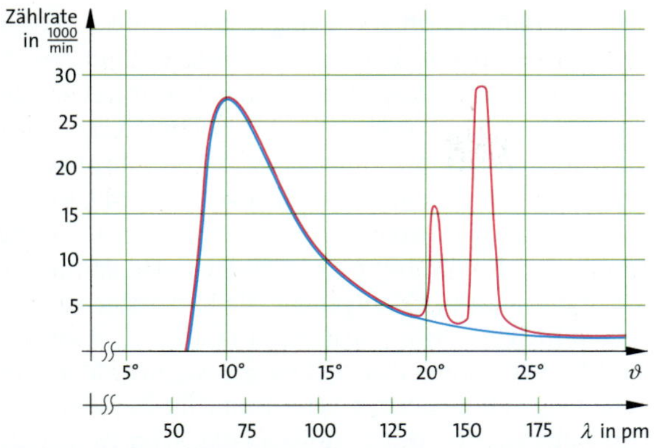

51.1 Spektrum der Röntgenstrahlung von einer Anode aus Kupfer, aufgenommen nach dem BRAGG-Verfahren. Die spektrale Zerlegung der Röntgenstrahlung findet an einem Lithiumfluorid-Kristall mit dem Gitterebenenabstand $d = 201$ pm statt. Die Intensität ist sowohl als Funktion des Reflexionswinkels ϑ als auch der Wellenlänge λ aufgetragen.

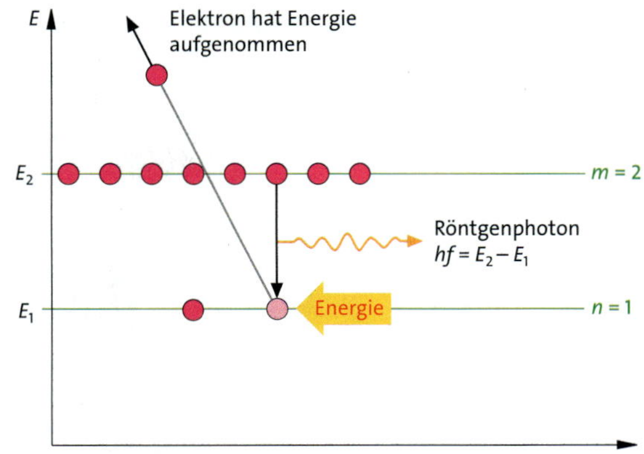

51.2 Zur Entstehung der charakteristischen Strahlung. Ein Elektron hoher Energie regt ein Elektron aus dem Zustand $n = 1$ an. Ein Elektron aus dem Zustand $m = 2$ kann in den freien Zustand mit $n = 1$ wechseln und gibt dabei ein Photon mit der Energie $\Delta E = E_2 - E_1$ ab. Sind Zustände höherer Energie besetzt, kann der Übergang auch von diesen Zuständen aus erfolgen.

Die Strahlung des kontinuierlichen Spektrums ist sogenannte *Bremsstrahlung* (→ 3.4.1), bei der die im Feld der Atomkerne der Anode abgelenkten Elektronen einen Teil ihrer Energie oder auch ihre gesamte Energie verlieren. Im letzten Fall entsteht ein Photon, für dessen Energie die Gleichung $hf = e\,U_B$ gilt. Diese Photonen bilden die Strahlung der *kurzwelligen Grenze.*

Im Jahr 1913 entdeckte der britische Physiker H. MOSELEY (1887–1915), dass die Frequenz der längerwelligen Linie des charakteristischen Spektrums, der so genannten K_α-Linie, von der Ordnungszahl, also von der Kernladungszahl Z, des jeweiligen Elements im Periodensystem abhängt. Diese Strahlung entsteht, wenn die Energie der beschleunigten Elektronen ausreicht, um die Atome der Anode zu ionisieren. Dabei werden auch Elektronen aus der K-Schale (→ 2.3.2), also aus dem Zustand mit $n = 1$, entfernt. Aus einem Zustand mit $m = 2$ (oder einem höheren) kann jetzt ein Elektron in den freien Zustand mit $n = 1$ gelangen (**Abb. 51.2**). Die dabei frei werdende Energie wird als Photon emittiert. Die Energie der emittierten Strahlung lässt sich folgendermaßen berechnen: Wenn die Kernladung des Atoms Ze ist und aus der inneren, mit zwei Elektronen besetzten K-Schale ein Elektron entfernt wird, so wirkt auf Elektronen der L-Schale nur die positive Ladung $(Z - 1)\,e$, da das verbliebene Elektron eine positive Ladung des Kerns abschirmt. Die Energiezustände des Wasserstoffatoms sind durch den Term

$$E_n = 13{,}6\text{ eV}\cdot\frac{1}{n^2},\quad n = 1, 2, \dots$$

gegeben. Bei der Berechnung des Faktors 13,6 eV treten die Quadrate der Ladung des Kerns und des Elektrons als Faktoren auf (→ 2.2.4), so dass eine $(Z - 1)$-fache Ladung e auf ein Elektron so wirkt, dass in der Formel für die Energiezustände der Faktor $(Z - 1)^2$ steht, also

$$E_n = -13{,}6\text{ eV}\cdot\frac{(Z-1)^2}{n^2},\quad n = 1, 2, \dots$$

Dann ist die emittierte Energie beim Übergang eines Elektrons vom Zustand $n = 2$ in den Zustand $n = 1$ gegeben durch:

$$\Delta E = hf = 13{,}6\text{ eV}\cdot(Z-1)^2\left(\frac{1}{1^2}-\frac{1}{2^2}\right) = 10{,}2\text{ eV}\cdot(Z-1)^2$$

Der Einfluss der anderen Elektronen der Atomhülle ist gering und wird vernachlässigt.

Moseley'sches Gesetz: Die Energie der charakteristischen Röntgenstrahlung eines Elements mit der Kernladungszahl Z beträgt

$$\Delta E = hf = 13{,}6\text{ eV}\cdot(Z-1)^2\left(\frac{1}{n^2}-\frac{1}{m^2}\right).$$

Die Anwendung dieses Gesetzes auf die Röntgenstrahlung einer Kupferanode (Cu hat $Z = 29$) ergibt die Wellenlänge $\lambda = c/f = hc/\Delta E = 155$ pm. Dieser Wert stimmt mit den Messungen in **Abb. 51.1** gut überein.

Aufgaben

1. Bestimmen Sie Energie, Frequenz und Wellenlänge der charakteristischen Röntgenstrahlung einer Silberplatte.
2. Die kurzwellige Grenze eines Röntgenspektrums entsteht dadurch, dass die gesamte kinetische Energie in ein Röntgenquant hf umgewandelt wird. Berechnen Sie die Wellenlänge für die Beschleunigungsspannung $U_B = 40$ kV.
3. Eine genaue Untersuchung zeigt, dass die charakteristische Röntgenstrahlung eines Elements mehrere diskrete Spektrallinien enthält. Erklären Sie dieses Phänomen.

2.4.3 Der Helium-Neon-Laser

Am Beispiel des Helium-Neon-Lasers wird gezeigt, wie sich die Voraussetzungen für einen Laser-Prozess praktisch realisieren lassen.

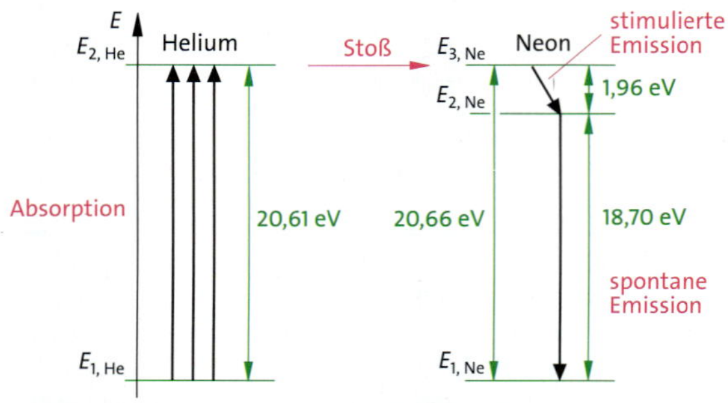

52.1 Die für die Funktion des He-Ne-Lasers entscheidenden Energieniveaus

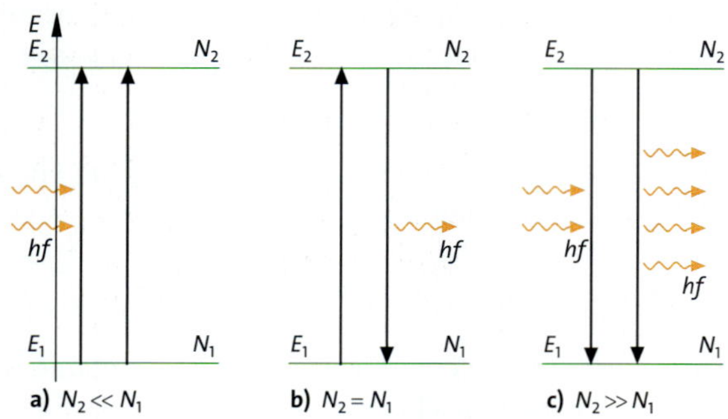

52.2 Absorption und Emission bei N Gasatomen, von denen sich N_1 im Grundzustand und N_2 im angeregten Zustand befinden. **a)** Die Absorption überwiegt, da sich nur wenige Atome im angeregten Zustand der Energie E_2 befinden. **b)** Spontane Emission, da $N_2 = N_1$. **c)** Induzierte Emission im elektrischen Feld mit $N_2 \gg N_1$.

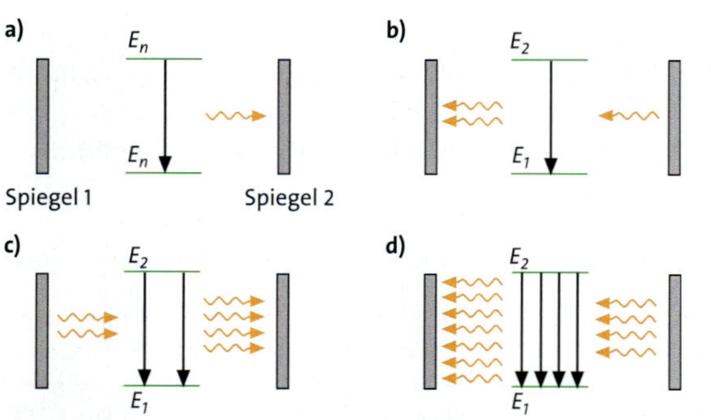

52.3 Photonenerzeugung durch spontane und stimulierte Emission. **a)** Ein erstes Photon entsteht durch spontane Emission. **b)** bis **d)** Die Überlagerung der zwischen den Spiegeln hin- und herlaufenden Wellenzüge zu einer stehenden Welle mit anwachsender Amplitude vergrößert die Wahrscheinlichkeit der stimulierten Emission.

Besetzunginversion von Energiezuständen

In einem Glasrohr befindet sich ein Helium-Neon-Gasgemisch. Für den Lasereffekt verantwortlich sind die Neon-Atome, während die Helium-Atome zur Anregung der Neon-Atome verwendet werden. **Abb. 52.1** zeigt die entscheidenden Energieniveaus beider Atome. Beschleunigte Elektronen regen in einer Gasentladung die in hoher Konzentration vorhandenen He-Atome an. Das mit $E = 20{,}61$ eV angeregte Helium wirkt wie ein Energiespeicher. Der Helium-Zustand $E_{2,\,He}$ (**Abb. 52.1 links**) besitzt fast die gleiche Energie wie der Neon-Zustand $E_{3,\,Ne}$. Die angeregten He-Atome im Zustand $E_{2,\,He}$ geben ihre Energie durch Stöße an die Neon-Atome ab, die sich dann im Zustand $E_{3,\,Ne}$ befinden. Eine geringe Energiedifferenz wird durch die kinetische Energie der Teilchen ausgeglichen.

Die Energieübertragung vom Helium auf das Neon führt dazu, dass sich mehr angeregte Ne-Atome im energiereicheren Zustand $E_{3,\,Ne}$ als im Zustand $E_{2,\,Ne}$ befinden. Es liegt eine **Besetzungsinversion** vor.

Das angeregte Neon-Gas sendet beim Übergang vom Zustand $E_{3,\,Ne}$ in den Zustand $E_{2,\,Ne}$ die bekannte rote Laserlinie mit der Wellenlänge $\lambda = 633$ nm aus (**Abb. 52.1 rechts**). Bei einer Inversion der Besetzung dieser beiden Zustände im Neon-Gas ist die Wahrscheinlichkeit einer Emission von Photonen der Wellenlänge $\lambda = 633$ nm in ein elektrisches Feld größer als die der Absorption aus dem Feld (**Abb. 52.2**). Die Wahrscheinlichkeit der **stimulierten Emission** steigt mit der Stärke des Feldes.

Laser-Resonator

Im Laser-Resonator wird ein Rückkopplungsprinzip angewendet: Durch *spontane* Emission werden im Resonator Photonen der Wellenlänge $\lambda = 633$ nm erzeugt, deren Ausbreitungsrichtung und Polarisationsebene stochastisch gleichmäßig über den ganzen Raum verteilt sind. Spiegel an beiden Enden des Rohres bewirken, dass die Photonen, die sich senkrecht auf die Spiegel zu bewegen, größtenteils in das angeregte Helium-Neon-Gasgemisch reflektiert werden (**Abb. 52.3**).

Diese Strahlung wird beim Durchgang durch das Rohr durch stimulierte Emission verstärkt und am anderen Ende reflektiert. Zwischen den Spiegeln überlagern sich die hin- und herlaufenden Wellenzüge zu einer stehenden Welle mit ansteigender Amplitude, wenn der Abstand l der Spiegel genau ein Vielfaches von $\frac{\lambda}{2}$ ist.

Über einen teildurchlässigen Spiegel wird der größte Teil der erzeugten Strahlung in den Laser zurückgekoppelt, nur ein kleiner Teil wird ausgekoppelt.

Laserlicht ist *hochgradig monochromatisch* und *hochgradig gerichtet*. Es besitzt eine geringe Divergenz von nur wenigen Bogenminuten.

Exkurs

Laser-Anwendungen

Materialbearbeitung

Laser lassen sich mit Leistungen zwischen wenigen µW bis zu mehreren kW herstellen. Der sogenannte Laserstrahl lässt sich zudem sehr gut fokussieren, da es sich um ein fast paralleles Strahlungsbündel handelt. Durch die Fokussierung des Laserstrahls können sehr hohe Leistungsdichten erreicht werden. Ein 3 kW-Laser mit einer Fokussierung auf 50 µm erreicht eine Leistungsdichte von $1{,}5 \cdot 10^9$ mW/mm^2. (Die Sonne erreicht unfokussiert „nur" 1,3 mW/mm^2.) Damit kann der Laser als vielfältiges Werkzeug in der Materialbearbeitung eingesetzt werden. Eine verbreitete Anwendung der Laser ist das Schneiden und Schweißen von Blechen. Bestimmte Materialien, die zum Beispiel in der Medizintechnik Verwendung finden, können fast ausschließlich mithilfe eines Lasers bearbeitet werden.

Im Institut für Werkzeugmaschinen (iwb) der TU München wird im Bereich Schneiden/Schweißen geforscht. Beim sogenannten „remote cutting" erreicht der Laserstrahl über ein Lichtleiterkabel eine Spiegeloptik, mit deren Hilfe beliebige Konturen am Werkstück abgefahren werden können. **Abb. a)** zeigt die Optik (blauer Kasten), die an einem Industrieroboter befestigt ist. Von oben kommt das gelbe Lichtleiterkabel. Der Laser ist ein 3 kW-Faserlaser. Das Lasermedium ist eine mit der seltenen Erde Ytterbium dottierte Glasfaser. Die Laserstrahlung im nahen Infrarot (Wellenlänge 1 µm), ist sehr gut fokussierbar, insbesondere kann die Brennweite der Fokussieroptik relativ groß gewählt werden.

In der ingenieurswissenschaftlichen Forschung wird die Optimierung der Prozessparameter untersucht. Der Laserstrahl deponiert Energie im Material, das sich dadurch aufheizt und eingeschmolzen oder sogar verdampft werden kann (**Abb. b**). Die Eindringtiefe des Laserstrahls ist sehr gering (einige mm). Zum Schneiden wird der Laserstrahl deshalb wiederholt über die Schnittlinie geführt.

Ultrakurze Laser-Pulse zur Untersuchung chemischer Bindungen

Laser können kontinuierlich oder gepulst betrieben werden. Ein besonderes Forschungsgebiet sind Anwendungen ultrakurzer Laserpulse. Die kürzesten Laserpulse werden gegenwärtig mit dem Titan-Saphir-Laser (Al_2O_3-Kristalle dotiert mit Ti_2O_3) erreicht, der bei 800 mm Wellenlänge arbeitet (**Abb. c**).

Die zeitaufgelöste Femtosekunden-Laserspektroskopie (1 Femtosekunde $= 10^{-15}$ s) trägt in der Chemie viel zum Verständnis chemischer Bindungen und Reaktionen bei. Mit ihrer Hilfe lässt sich die schnelle Bewegung von Atomen bei chemischen Reaktionen verfolgen. Für die Entwicklungen dieser Methode wurde Ahmed Zewail 1999 mit dem Chemie-Nobelpreis ausgezeichnet.

Die lokale Erwärmung von Eis durch einen ultrakurzen Laserpuls hat ein Wissenschaftler-Team am Physik-Department der TU München in Garching untersucht. Die Eigenschaften von Eis und Wasser werden von den Wasserstoffbrückenbindungen zwischen einzelnen Wassermolekülen bestimmt. Wasserstoffbrücken sind in der Natur weit verbreitet. Sie sind unter anderem auch für die Stabilität der Proteine und der DNA verantwortlich. Durch die Bestrahlung mit Laserpulsen von einer Pikosekunde Dauer gelang es, Eis weit über seinen Schmelzpunkt hinaus zu erwärmen; der Laserpuls hat das Eis sprungartig erhitzt. Es zeigte sich, dass das Eis in diesem Zustand für mindestens eine Nanosekunde (eine milliardelste Sekunde) lang stabil war – eine lange Zeit im molekularen Maßstab. Die Experimente zeigten, dass der Zusammenhalt im Eis nahe dem Gefrierpunkt überraschend hoch ist. Bisher wurde ein derartiges Überhitzen von Eis nicht für möglich gehalten.

Messtechnik

Ein Beispiel aus der Messtechnik ist die Laser-Doppler-Vibrometrie, mit der hochfrequente mechanische Schwingungen gemessen werden können. Durch die hohe Frequenzgenauigkeit des Lasers kann die Frequenzverschiebung durch den Dopplereffekt (→ Bd. 11, S. 63) bei Reflexion an einer bewegten Oberfläche bestimmt werden. Bei Überlagerung des reflektierten Strahls mit einem Referenzstrahl in einem Interferometer kann zusätzlich die Phasenverschiebung bestimmt werden. Dies ist aufgrund der großen Kohärenzlänge des Lasers möglich. Daraus ergeben sich Schwinggeschwindigkeit und Auslenkung des gemessenen Objekts. **Abb. d)** zeigt die Schwingung eines Bauteils eines Ultraschall-Schweißgerätes (einer sogenannten Sonotrode) gemessen mit einem Scanning-Laser-Doppler-Vibrometer durchgeführt an der TU München (iwb).

Exkurs

Spektroskopie und Stoffanalyse

Im engeren Sinn beschäftigten sich Messverfahren, die unter dem Begriff *Spektroskopie* zusammen gefaßt werden, mit der von Teilchen (Kernen, Atomen, Molekülen) absorbierten oder emittierten elektromagnetischen Strahlung. Es wird also die Wechselwirkung elektromagnetischer Strahlung mit Materie untersucht. Die Darstellung der Intensität der Strahlung als Funktion der Wellenlänge, Frequenz oder Energie wird als *Spektrum* bezeichnet. Im weiteren Sinn wird auch die Untersuchung subatomarer Teilchen (z. B. von β-Strahlung) oder elementarer Anregungen (z. B. Gitterschwingungen im Festkörper) als Spektroskopie bezeichnet.

Historisches

Als Erfinder des Spektroskops gilt Joseph Fraunhofer (1787–1826). Er benutzte ein Prisma, das aufgrund der Dispersion (der Brechungsindex hängt von der Frequenz des Lichts ab) ein Spektrum liefert. Aufgrund der Konstruktion des Spektroskops ergibt sich für jede Lichtfrequenz eine Linie, die auch als Spektrallinie bezeichnet wird. Diskrete Frequenzen ergeben ein Linienspektrum. Fraunhofer untersuchte mit seinem Spektroskop das Sonnenspektrum und fand die *Fraunhofer'schen Linien*. Dies sind dunkle Linien im kontinuierlichen Spektrum der Sonne. Fraunhofer kannte die Ursache dieser Linien nicht, sie eigneten sich aber hervorragend als Wellenlängen-Markierungen und werden auch heute noch als solche verwendet.

Abb. a) zeiget ein Original-Prismenspektroskop von Fraunhofer und die Originalzeichnung der Fraunhoferlinien. Beides befindet sich im Deutschen Museum München.

1833 fand David Brewster (1781–1868, unter anderem auch Erfinder des Kaleidoskops) schwarze Linien, wenn Licht ein Gas passiert.

Experimente mit Gasspektren haben Kirchhoff und Bunsen um 1850 durchgeführt. Sie fanden, dass die Gasatome nur Licht bestimmter Wellenlängen emittieren. Diese Spektrallinien sind typisch für das jeweilige chemische Element – sie sind also wie ein „Fingerabdruck", mit dem sich Elemente identifizieren lassen.

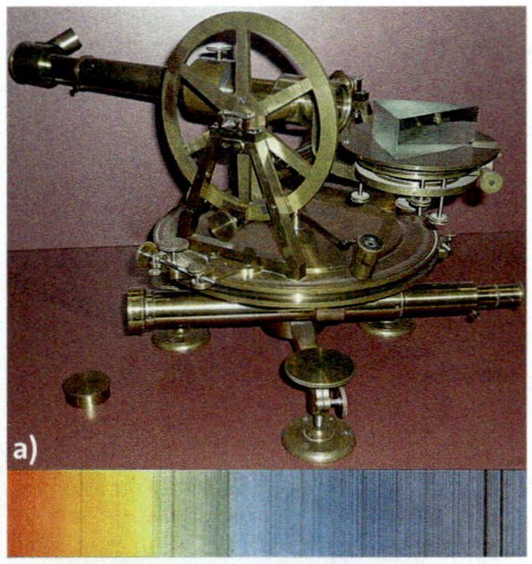

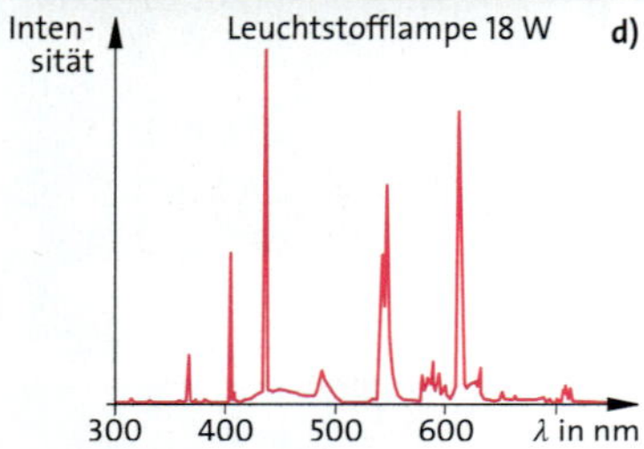

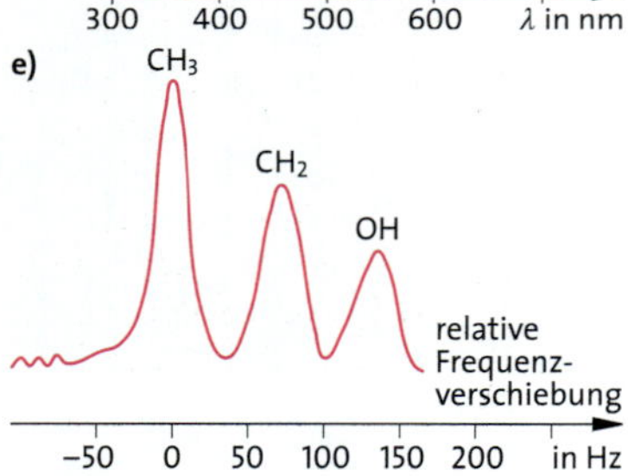

Abb. b) zeigt als Beispiel ein Spektrum von Wasserstoffgas, die sogenannte Balmer-Serie. Die Linien überlagern ein kontinuierliches Spektrum.

Durch Vergleich mit diesen Emissionsspektren erkannte Kirchhoff, dass es sich bei den Fraunhofer'schen Linien um Absorptionslinien handeln musste. Wird ein verdünntes Gas mit weißem Licht bestrahlt, so werden die Gasatome genau die Photonen absorbieren, die den Übergängen zwischen ihren Energieniveaus entsprechen. Es entstehen schwarze Linien im kontinuierlichen Spektrum des weißen Lichts. **Abb. c)** zeigt einen Vergleich von Absorptionsspektrum (oben) und Emissionsspektrum (unten).

Bei obiger Überlegung wurde der bei Emission oder Absorption eines Photons auf das Atom übertragene Rückstoß nicht berücksichtigt. Das Photon verliert bei der Emission etwas Rückstoßenergie bzw. muss bei der Absorption etwas mehr Energie mitbringen, als es der Übergangsenergie des Atoms entspricht. Dies kann aber vernachlässigt werden, da die Spektrallinien nicht bei scharfen Energien liegen, sondern ein kleines Energieintervall überdecken. Ursache hierfür ist die Lebensdauer des angergten Niveaus und die Bewegung der Atome im Gas.

Moderne Spektrometer

Heutige Spektroskope gibt es in vielen Bauformen. Sehr verbreitet sind Spektroskope, bei denen das Spektrum mithilfe eines Beugungsgitters erzeugt wird. Das Spektrum kann z. B. mit einer Zeilenkamera aufgezeichnet werden. **Abb. d)** zeigt das Spektrum einer 18 W-Leuchtstoffröhre, das mit einem solchen Spektrometer aufgenommen wurde. Die Spektrallinien stammen einmal vom dem in der Röhre enthaltenen Quecksilber und zum anderen von der Leuchtschicht des Glaskolbens. Die Addition der Spektrallinien ergibt den Farbeindruck „weiß".

Radiostrahlung

Eine spektroskopische Methode, die Radiowellen (ein typischer Wert ist 50 MHz, also der UKW-Bereich) nutzt, ist die kernmagnetische Resonanz (NMR). Durch die Radiostrahlung erfolgt eine Anregung zwischen Energieniveaus des Atomkerns. Der Abstand der Energieniveaus wird durch ein angelegtes starkes Magnetfeld, den magnetischen Kerneigenschaften und der Elektronen-Umgebung des Kerns bestimmt. Letztere wird durch die chemische Bindung bestimmt. Deshalb hat das Verfahren große Bedeutung in der chemischen Analyse. **Abb. e)** zeigt das NMR-Spektrum von Äthylalkohol (CH_3–CH_2–OH). Die Abzisse zeigt die relative Frequenzverschiebung der Anregungsfrequenz des Wasserstoffkerns in CH_3, CH_2 bzw. OH.

Röntgenstrahlung

Röntgenspektroskopie kann zur Elementanalyse herangezogen werden. Wird in einem Atom ein Elektron der inneren Schalen z. B. durch Stoß mit einem hochenergetischen Elektron entfernt, so wird beim „Füllen" dieser Lücke Röntgenstrahlung emittiert, die charakteristisch für das Element ist. An Elektronenmikroskopen sind oft Detektoren angebracht, die die Energie dieser Strahlung messen können. Die Methode wird als energiedispersive Röntgenspektroskopie (EDX) bezeichnet. **Abb. f)** zeigt ein typisches Spektrum. Die Probe war eine Seidenfaser eines Schals aus der Zeit um 1900. Ziel war es, die Behandlung der Fasern vor ihrer Weiterverarbeitung zu erforschen.

Gammastrahlung

Radionuklide emittieren γ-Strahlung mit einer für das Element charakteristischen Energie. *γ-Spektroskopie* kann deshalb ebenfalls zur Elementanalyse herangezogen werden. Es kann damit z. B. radioaktiver Fall-out von Atombombenexplosionen und speziell auch vom großen Reaktorunfall 1986 in Tschernobyl (→ S. 95) nachgewiesen werden. Von Bedeutung ist z. B. das Radionuklid Cs137 mit einer Halbwertszeit von 30,2 Jahren. Es kann auch heute noch speziell in Waldgebieten in erhöhter Konzentration nachgewiesen werden.

Eine Erweiterung der γ-Spektroskopie zur Elementanalyse ist die *Neutronen-Aktivierungsanalyse* (NAA). Dabei werden Proben mit thermischen Neutronen bestrahlt. Einige Atomkeren werden dabei in radioaktive Nuklide umgewandelt (Aktivierung). Mittels γ-Spektroskopie können die Aktivierungsprodukte bestimmt werden. Mit dieser Methode konnte gezeigt werden, dass die Vergiftungstheorie zum Tod von NAPOLEON am 5. Mai 1821 auf der britischen Insel St. Helena vermutlich falsch ist: Am Institut für Radiochemie der Technischen Universität München wurde in den Haaren Napoleons zwar ein erhöhter Arsengehalt nachgewiesen; allerdings war dies auch bei einer Haarprobe der Fall, die bereits Jahre vor Napoleons Tod genommen wurde. Die Ergebnisse wurden später von einer italienischen Gruppe mit weiteren

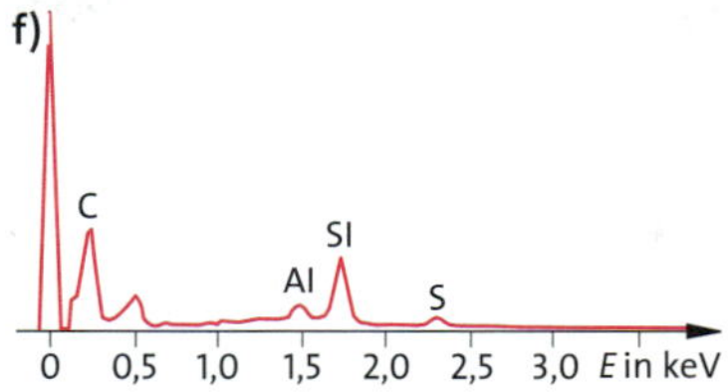

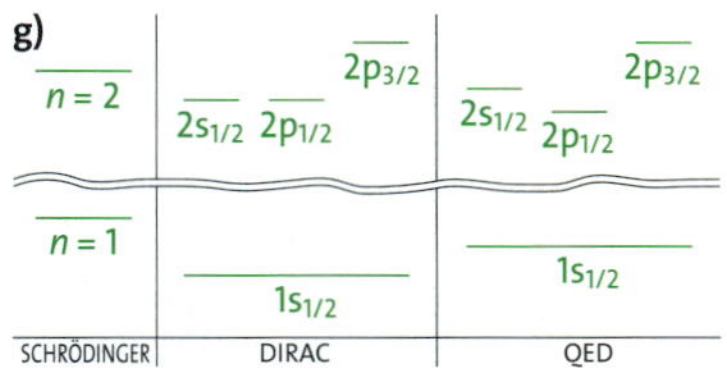

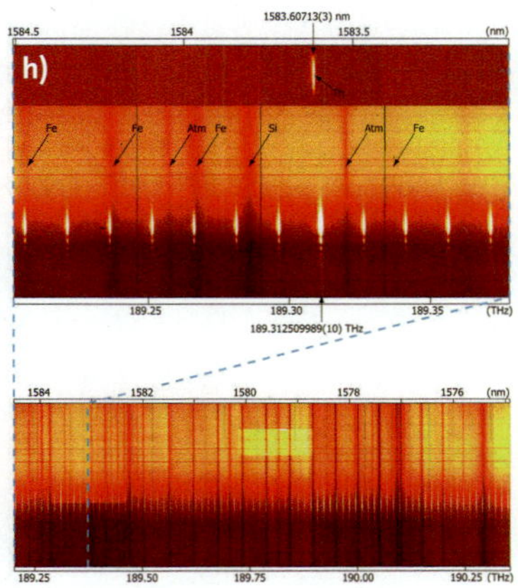

Haarproben bestätigt. Für den im Vergleich zu heutigen Proben menschlicher Haare erhöhten Arsengehalt gibt es verschiedene Erklärungen. Darunter das Freisetzen einer giftigen Arsenverbindung aus Tapeten, die mit Schweinfurter Grün (KupferII-Arsenitacetat) gefärbt waren.

Moderne Spektroskopie an Wasserstoff

Im Mittelpunkt theoretischer und experimenteller Anstregungen steht auch in der modernen Physik der Wasserstoff. Die Quantenmechanik, so wie sie in der Schrödingergleichung enthalten ist, kann bei weitem nicht alle Details eines hochaufgelösten Wasserstoffspektrums erklären. So kommt die Eigenschaft „Spin" erst durch eine relativistische Formulierung der Quantenmechanik ins Spiel, die in der sogenannten Dirac-Gleichung enthalten ist. Paul DIRAC veröffentlichte diese Arbeit 1928. Allerdings fanden LAMB und RETHERFORD mit einem Mikrowellenverfahren 1947 einen Energieunterschied zwischen den Zuständen $2s_{1/2}$ und $2p_{1/2}$, die entsprechend der Dirac'schen Theorie energetisch gleich sein sollten. Das Verständnis dieser Energieaufspaltung erfordert die Quantenelektrodynamik (QED), die von FEYNMAN, SCHWINGER und TOMONAGA 1948 formuliert wurde. Die QED beschreibt die Quantisierung des Elektrons zusammen mit dem von ihm erzeugten Strahlungsfeld.

Abb. g) zeigt exemplarisch die Situation beim Übergang $n = 2 \rightarrow n = 1$ des Wasserstoffs unter der Annahme, dass der Kern ein geladener Massenpunkt ist. Aus der Schrödingergleichung folgt eine einzige Spektrallinie. Die Dirac'sche Theorie erklärt die Aufspaltung in zwei Komponenten (im Bild ist die Aufspaltung stark gedehnt dargestellt). Die Wechselwirkung zwischen der „Bahnbewegung" des Elektrons und seinem Spin spielt hier eine Rolle. Ihre Kopplung ergibt die Quantenzahlen $\frac{1}{2}$ bzw. $\frac{3}{2}$, die zu unterschiedlichen Energiewerten führen. Die QED erklärt die Verhältnisse, die mit den genauesten Messverfahren sichtbar werden. Die $2s_{1/2}$-$2p_{1/2}$-Aufspaltung liegt in der Größenordnung von $1 \cdot 10^{-6}$ eV und ist im Bild stark gedehnt dargestellt (s und p stehen für die Nebenquantenzahlen).

Heute wird versucht, durch immer genauere Messverfahren die Vorhersagen der QED, die derzeit als richtig angenommen werden, zu überprüfen. Eine neue Technik ist die sogenannte *Frequenzkamm-Spektroskopie,* mit der Frequenzen elektromagnetischer Strahlung speziell im optischen Bereich mit einer Präzision bestimmt werden können, die den theoretischen Vorhersagen der QED entsprechen. Bei dieser Technik liefert ein Femtosekunden-Laser (→ S. 53) Laserpulse in festen zeitlichen Abständen. Der Name „Frequenzkamm" kommt daher, dass sein Frequenzspektrum aus äquidistanten Linien besteht und daher einem Kamm ähnelt. Für die Entwicklung dieser Technik erhielt Theodor HÄNSCH, der am Max-Planck-Institut für Quantenoptik in Garching forscht, 2005 den Nobelpreis. **Abb. h)** zeigt ein Sonnenspektrum mit überlagerten Frequenzkamm.

Grundwissen Ein Atommodell der Quantenphysik

Die Ψ-Funktion

In der Quantentheorie wird der Zustand eines Teilchensystems durch eine Wellenfunktion, die sogenannte Ψ-Funktion, beschrieben. Das Betragsquadrat der Ψ-Funktion gibt die Wahrscheinlichkeit an, das Elektron in einem Einheitsvolumen anzutreffen.

Der eindimensionale Potentialtopf

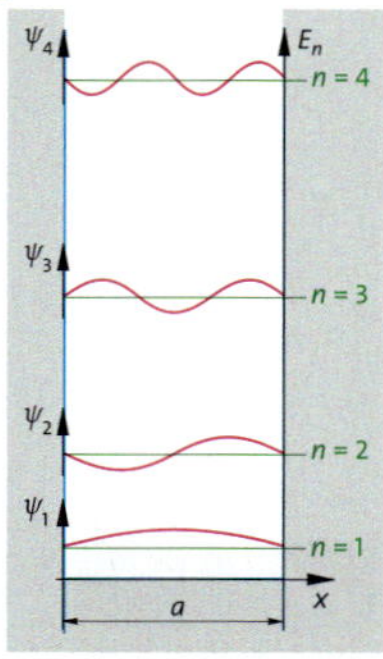

Die Ψ-Funktionen für ein Elektron in einem Potentialtopf der Länge a mit unendlich hohen Wänden werden durch stehende Wellen der Wellenlängen $n\lambda/2 = a$ und zugehörige Energiezustände mit den *Quantenzahlen* $n = 1, 2, 3, \ldots$

$$E_n = \frac{h^2}{8\,m\,a^2}\,n^2.$$

beschrieben. Die Aufnahme oder Abgabe von Energie ist quantisiert:

$$\Delta E = E_m - E_n = \frac{h^2}{8\,m\,a^2}(m^2 - n^2)$$

Schrödinger-Gleichung

$$\Psi''(x) + \frac{8\pi^2 m}{h^2}(E - E_{pot})\,\Psi(x) = 0$$

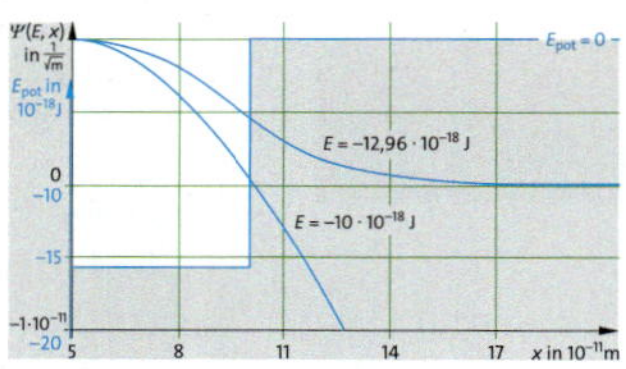

Eine Lösung für das *Elektron in einem Kastenpotential* liefert eine Ψ-Funktion, die außerhalb des Kastens nicht sofort gleich null ist. Es besteht also eine Wahrscheinlichkeit ungleich null, das Elektron außerhalb des Kastens anzutreffen.

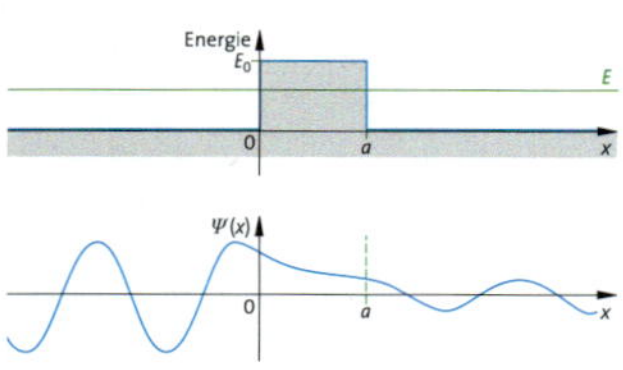

Als *Tunnel-Effekt* wird das Phänomen bezeichnet, dass Teilchen jenseits einer Potentialbarriere nachgewiesen werden, obwohl ihre Energie nicht ausreicht, die Barriere zu überwinden.

Das Wasserstoffatom

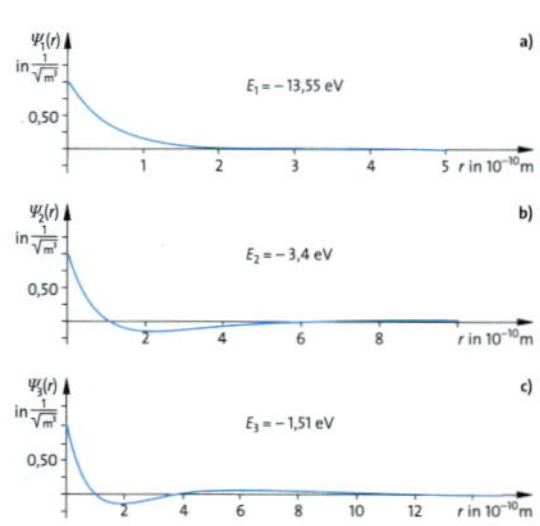

Mit dem Term $E_{pot} = -e^2/(4\pi\varepsilon_0 r)$ für die potentielle Energie des Wasserstoffatoms ergeben sich mehrere Ψ-Funktionen als Lösungen der nur vom *Radius* abhängigen Schrödinger-Gleichung.

Die Energiewerte der stationären Zustände sind

$$E_n = -13{,}55\text{ eV}\,\frac{1}{n^2}$$

mit den Hauptquantenzahlen $n = 1, 2, 3, \ldots$.

Die Lösungen der von den Raumwinkeln abhängigen Schrödinger-Gleichungen liefern die sogenannten Orbitale für angeregte Energiezustände.

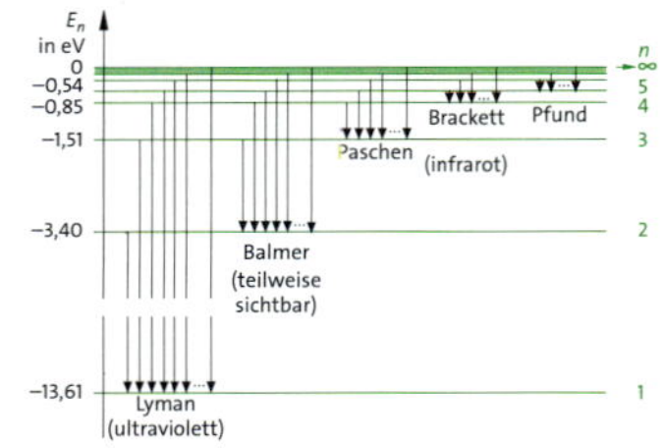

Linien im Spektrum des Wasserstoffatoms ergeben sich durch Übergänge von höheren zu tieferen Energieniveaus.

Die Energien der Photonen, die angeregte Wasserstoffatome emittieren, ergeben sich aus

$$E = hf = \frac{1}{8}\,\frac{m_e e^4}{\varepsilon_0^2 h^2}\left(\frac{1}{n^2} - \frac{1}{m^2}\right), \quad m > n.$$

Mehrelektronensysteme

Die Elektronenkonfiguration in Atomen wird mithilfe von *vier Quantenzahlen* beschrieben.

- Die *Hauptquantenzahl* n kennzeichnet das Energieniveau; $n = 1, 2, 3, \ldots$
- Die *Nebenquantenzahl* l charakterisiert die Winkelabhängigkeit der räumlichen Verteilung;
  $l = 0, 1, \ldots, (n-1)$
- Die *magnetische Quantenzahl* m unterscheidet winkelabhängige Antreffwahrscheinlichkeiten bezüglich ihrer Orientierung im Raum;
  $m = -l, -l+1, \ldots, l-1, l$
- Die *Spinquantenzahl* s; $s = +\frac{1}{2}, -\frac{1}{2}$.

Das Pauli'sche *Ausschließungsprinzip* legt fest, dass in einem Atom keine zwei Elektronen in allen vier Quantenzahlen übereinstimmen.

Das Periodensystem der Elemente

Die Ordnungszahl Z eines Elements ist gleich seiner Kernladungszahl und der Zahl der Elektronen. Der Aufbau des Periodensystems ergibt sich durch Besetzung der Energieniveaus von unten her.

		Z	1s	2s	2p	3s
	Maximalzahl der Zustände		2	2	6	2
H	Wasserstoff	1	1			
He	Helium	2	2			
Li	Lithium	3	2	1		
Be	Beryllium	4	2	2		
B	Bor	5	2	2	1	
C	Kohlenstoff	6	2	2	2	
N	Stickstoff	7	2	2	3	
O	Sauerstoff	8	2	2	4	
F	Fluor	9	2	2	5	
Ne	Neon	10	2	2	6	
Na	Natrium	11	2	2	6	1

Wissenstest Ein Atommodell der Quantenphysik

1. Ein Atom absorbiert Licht einer Wellenlänge von 434 nm und emittiert anschließend ein Photon mit einer Wellenlänge von 4050 nm. Berechnen Sie den Energiezuwachs des Atoms.

2. Ein Elektron in einem eindimensionalen Potentialtopf der Länge 250 pm mit unendlich hohen Wänden wird von seinem ersten angeregten Zustand in den dritten angeregt.
a) Bestimmen Sie die Energie, die dem Elektron zugeführt werden muss.
b) Berechnen Sie die Wellenlängen der Strahlung, die bei einer Abregung emittiert werden können.
c) Zeichnen Sie die möglichen Energieübergänge in ein Energieniveauschema ein.

3. Das einfach ionisierte Helium hat zwei Elementarladungen im Kern und nur ein Elektron in der Hülle. Die Energiezustände des He^+-Atoms ergeben sich dann zu
$E_n = -13{,}55\ \text{eV} \cdot (2^2/n^2)$.
a) Zeigen Sie, dass die Spektrallinien der Balmer-Serie von Wasserstoff mit einigen Linien im Spektrum des einfach ionisierten Heliums übereinstimmen.
b) Stellen Sie die Energieschemata für diese Linien von H und He^+ nebeneinander dar und zeichnen Sie die Energieübergänge für beide Spektren ein.

4. Ein Elektron befindet sich in einem eindimensionalen Potentialtopf der Länge a mit unendlich hohen Wänden.
a) Erläutern Sie, dass dieses System nur diskrete Energiezustände besitzt.
b) Zeigen Sie, dass die Energiedifferenz ΔE zwischen benachbarten Zuständen durch $\Delta E = h^2(2n+1)/(8\,m_e a^2)$ gegeben ist.
c) Bei einer Länge von $a = 1$ nm wird die Wellenlänge $\lambda = 366$ nm gemessen. Begründen Sie durch Angabe von n und m, welcher Energiedifferenz $\Delta E = E_n - E_m$ diese Wellenlänge zuzuordnen ist.
d) Photonen im sichtbaren Bereich des optischen Spektrums haben Energiewerte von 1,8 eV bis 3 eV. Bestimmen Sie alle weiteren Wellenlängen, die im sichtbaren Bereich von diesem System mit $a = 1$ nm emittiert oder absorbiert werden können.
e) Im Potentialtopfmodell ist eine minimale Länge a_{min} für die Absorption im sichtbaren Bereich des optischen Spektrums erforderlich. Bestimmen Sie die Länge a_{min} und begründen Sie, dass geringere Werte von a eine Absorption ausschließen.

5. Ein ruhendes Wasserstoffatom emittiert ein Photon mit der Wellenlänge $\lambda = 486$ nm.
a) Berechnen Sie Energie und Impuls des Photons.
b) Bestimmen Sie die Zustände des H-Atoms vor und nach der Emission des Photons.
c) Berechnen Sie die Geschwindigkeit des H-Atoms nach der Emission des Photons.

6. Die Lichtabsorption eines Farbstoffmoleküls mit der Länge $a = 1{,}25$ nm wird mit dem Potentialtopfmodell beschrieben.
a) Berechnen Sie die Energiedifferenz ΔE beim Übergang des Elektrons von Zustand $n = 4$ zum Zustand $n = 5$.
b) Berechnen Sie die Wellenlänge des absorbierten Lichts λ_{Ph} und die Wellenlängen des Elektrons vor und nach der Anregung.
c) Berechnen Sie die Impulse des Photons und des Elektrons vor und nach der Energieübertragung. Bewerten Sie das Ergebnis hinsichtlich der Impulserhaltung.
d) Die stehenden Elektronenwellen für $n = 4$ und $n = 5$ werden als Überlagerung zweier gegenläufig laufender Wellenpakete betrachtet. Die Frequenzen f der Teilwellen sollen sich aus der Geschwindigkeit p/m_e und der Streckenlänge $2\,a$ zu $f = p/(m_e 2\,a)$ ergeben. Berechnen Sie die Frequenzen f für die Zustände $n = 4$ und $n = 5$ und vergleichen Sie mit der des absorbierten Lichts.

7. Die Energie eines Zustands im Potentialtopf der Länge a für $E_{pot} = 0$ ist

$$E_n = \frac{h^2}{8\,m\,a^2}\,n^2.$$

In einem elektrischen Potential mit $E_{pot} \neq 0$ wird in der Schrödinger-Gleichung die Energie E durch $E - E_{pot}$ ersetzt.
a) Zeigen Sie, dass für die Wellenlänge λ_n der n-ten stehenden Welle im Potentialtopf gilt:

$$\lambda_n = \frac{h}{\sqrt{2\,m_e E_n}}$$

b) Im Fall von $E_{pot} = 0$ ist $E_{kin} = E$. Für $E_{pot} \neq 0$ ist $E_{kin} = E - E_{pot}$. Bestimmen Sie die Abhängigkeit der Wellenlänge λ, wobei Sie statt E den Term $E - E_{pot}$ einsetzen.
c) Zeigen Sie anhand der Beispiele $E = 1 \cdot 10^{-20}$ J und $E_{pot} = 0{,}2 \cdot 10^{-20}$ J, wie sich die Wellenlänge λ für $E_{pot} > 0$ und $E_{pot} < 0$ verändert.

8. Der Franck-Hertz-Versuch mit Quecksilberdampf wird dahingehend erweitert, dass der Emissionsstrom der Katode konstant gehalten wird; er ist damit unabhängig von der Beschleunigungsspannung. Weiterhin wird die Intensität des UV-Lichts, welches die Quecksilberatome (Hg) emittieren, registriert.

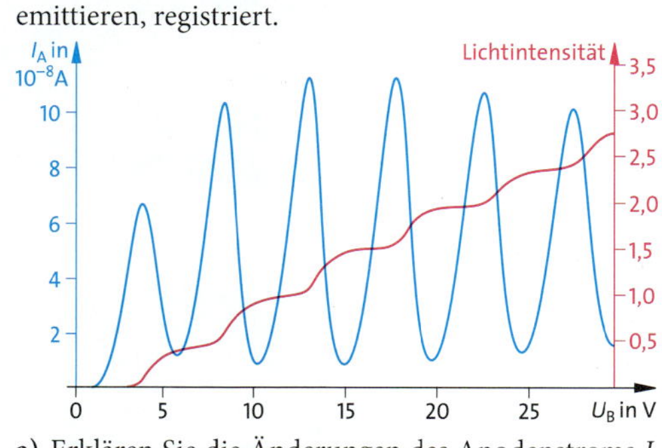

a) Erklären Sie die Änderungen des Anodenstroms I_A mit der Beschleunigungsspannung U_B.
b) Ermitteln Sie aus den Graphen die Energie, die ein Elektron an ein Hg-Atom abgibt. Berechnen Sie die Wellenlänge des emittierten Lichts.
c) Deuten Sie den unregelmäßigen Anstieg der Lichtintensität mit der Beschleunigungsspannung U_B.

3 KERNPHYSIK

Die Radioaktivität entdeckte Henri Becquerel (1852–1958) im Jahre 1896 im Anschluss an die Entdeckung der Röntgenstrahlen. Röntgenstrahlen gingen von der fluoreszierenden Glaswand aus, die von den in einer Röntgenröhre beschleunigten Elektronen getroffen wurde. Daraufhin untersuchte Becquerel phosphoreszierende Materialien auf durchdringende Strahlung und fand diese schließlich bei einem Uransalz. Er erkannte aber bald, dass diese Strahlung, bei der es sich um schnelle Elektronen handelt, in keinem Zusammenhang mit der Phosphoreszenz stand.

Die Bezeichnung *Radioaktivität* stammt von dem Ehepaar Pierre Curie (1859–1906) und Marie Curie (1867–1934) (**Abb. 58.1**). Sie untersuchten systematisch alle bekannten chemischen Elemente und fanden Radioaktivität bei Thorium und besonders intensive Strahlung bei Polonium und Radium.

58.1 Marie Curie untersuchte zusammen mit ihrem Ehemann Pierre unter denkbar primitiven Umständen die von Becquerel entdeckte Strahlung. Sie fanden besonders intensive Strahlung bei zwei bislang unbekannten Elementen, die sie Polonium und Radium nannten.

Auf Rutherford (1871–1937) (**Abb. 58.2**) geht die Unterscheidung in α-, β-, und γ-Strahlung aufgrund ihrer unterschiedlichen Fähigkeit, Materie zu durchdringen, zurück. Rutherford gelang im Jahr 1903 auch der Nachweis, dass es sich bei der α-Strahlung um Heliumionen handelt, also um Kerne eines Elements. Dies war ein Hinweis, dass der Radioaktivität eine Elementumwandlung zugrunde liegt. Untersuchungen verschiedener Physiker führten zur Erforschung der drei natürlichen Zerfallsreihen mit den Ausgangselementen Uran, Protactinium und Thorium.

58.2 Ernest Rutherford identifizierte die α-Teilchen in mühevoller Weise zunächst durch Ablenkung in einem Magnetfeld und dann durch die von neutralisierten α-Teilchen ausgesandte gelbe Spektrallinie als Heliumkerne.

Der Nachweis des Atomzerfalls führte zu Versuchen, Elemente künstlich in ein anderes zu verwandeln, was schließlich im Jahr 1919 Rutherford erstmals gelang. Er bestrahlte Stickstoff mit α-Teilchen, also Heliumionen, und erhielt dabei ein Proton und ein Sauerstoffatom. Die Bestrahlung von Beryllium mit α-Teilchen führte im Jahr 1932 zur Entdeckung eines Teilchens, das ungeladen ist und ungefähr die Masse eines Protons besitzt, des Neutrons.

Der italienische Physiker Enrico Fermi (1901–1954) war der erste, der erkannte, dass mit dem ungeladenen Neutron ein Teilchen zum Beschuss von Atomkernen zur Verfügung stand, das nicht wie α-Teilchen vom positiv geladenen Atomkern abgestoßen wurde. Er bestrahlte fast alle Elemente des Periodensystems mit Neutronen, u. a. auch Uran, und schloss, dass dabei Elemente mit einer Ordnungszahl größer als die des Urans entstanden sein müssten, sogenannte Transurane.

58.1 Otto Hahn entdeckte zusammen mit Lise Meitner und Fritz Strassmann im Jahr 1938 die Spaltung des Urankerns. Sie suchten nach einem Element mit einer höheren Ordnungszahl als 92 und fanden Barium mit der Ordnungszahl 56.

Mit Neutronen bestrahlte Elemente hoher Ordnungszahl wandeln sich im Allgemeinen nach der Aufnahme des Neutrons im Kern durch Emission eines Elektrons in ein schwereres Element mit einer um eins höheren Ordnungszahl um.

Als Zweifel an der Erklärung der Experimente von FERMI aufkamen, wiederholte im Jahr 1938 Otto HAHN (1879–1968) (**Abb. 58.1**) zusammen mit Lise MEITNER (1878–1968) und Fritz STRASSMANN (1902–1980) die Versuche. Sie entdeckten, dass beim Beschuss von Uran (Ordnungszahl 92) mit Neutronen nicht ein Element höherer Ordnungszahl entstand, sondern die leichten Elemente Barium und Krypton mit den Ordnungszahlen 56 und 36. Der Urankern musste also in zwei Bruchstücke gespalten worden sein. Unmittelbar nach der Veröffentlichung dieser Entdeckung wiesen MEITNER und FRISCH darauf hin, dass bei der Spaltung eines Urankerns zum einen ein großer Energiebetrag frei wird und zum anderen zwei bis drei Neutronen entstehen, was die Möglichkeit einer Kettenreaktion in sich barg.

Kurz nach der Entdeckung der Kernspaltung brach im September 1939 der Zweite Weltkrieg aus. Die ungeheure Energie, die bei einer Kettenreaktion frei wird, ließ sofort an eine militärische Nutzung denken. Da die Entdeckung der Kernspaltung in Deutschland geschah, fürchtete man in den USA den Bau einer deutschen Bombe. So schrieb Albert EINSTEIN am 2. August 1939 auf Veranlassung mehrerer Physiker einen Brief an Präsident ROOSEVELT, in dem er auf diese Möglichkeit aufmerksam machte. Dies führte schließlich in den USA zum Bau zweier Bomben, die 1945 am 6. August Hiroshima und am 9. August Nagasaki verwüsteten.

Eine geregelte Kernspaltung ermöglicht in Kernkraftwerken die friedliche Nutzung der Kernenergie, die allerdings durch die Entstehung stark strahlender Spaltprodukte zu bislang ungelösten Problemen führt. **Abb. 59.2** zeigt einen ersten Kernreaktor von FERMI, der im Dezember 1942 seinen kritischen Zustand erreichte.

An einer technischen Realisierung der Nutzung der *Kernverschmelzung* bzw. *Kernfusion*, bei der noch größere Energiemengen frei werden als bei einer Kernspaltung und nicht so große Mengen radioaktiver Stoffe entstehen, arbeiten heute gemeinschaftlich Physiker aller Nationen. Als größtes Problem erweist sich dabei, dass das Gas aus den zur Verschmelzung zu bringenden Nukliden, z. B. Deuterium und Tritium, eine sehr hohe Temperatur haben muss. Das als *Plasma* bezeichnete Gas aus positiven Deuterium- und Tritiumkernen und aus Elektronen versuchen die Forscher mithilfe geeigneter Magnetfelder so zu stabilisieren, dass kein Kontakt mit der Gefäßwand auftritt und somit die Kerne ihre Energie nicht verlieren. **Abb. 59.3** zeigt das leuchtende Plasma in einer Versuchsanlage in Garching.

59.1 Explosion einer Kernspaltungsbombe

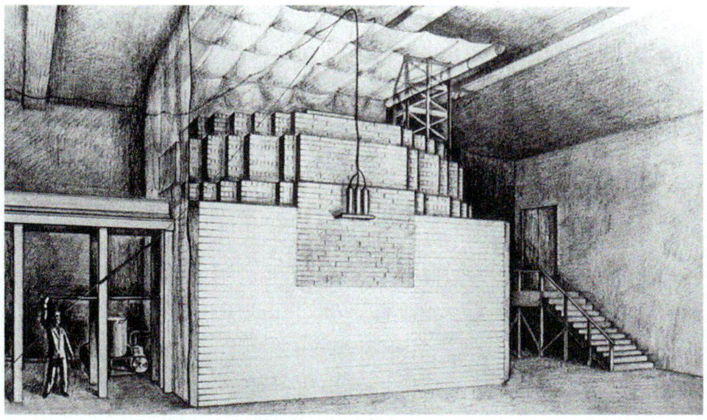

59.2 Eine Zeichnung des ersten Kernreaktors, der von FERMI 1942 in einem Squash Court an der Universität von Chicago aufgebaut wurde. Der Reaktor bestand aus Uranklumpen, die von Graphitblöcken umgeben waren.

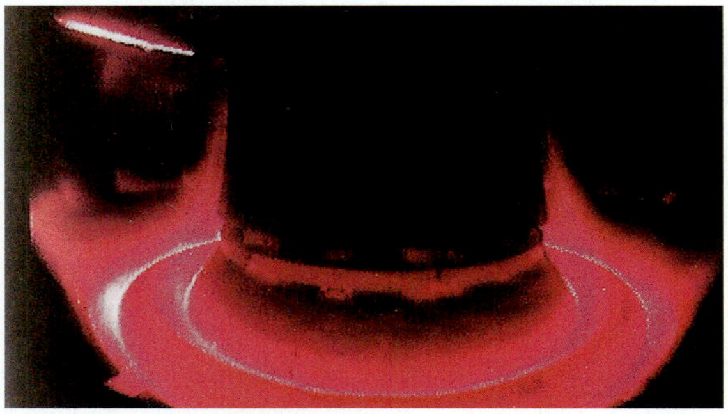

59.3 Versuchsanordnung zur Erzeugung einer Kernfusion: Zur Fusion von zwei Kernen, z. B. Deuterium und Tritium, müssen diese gegen die abstoßenden elektrischen Kräfte einander sehr nahe gebracht werden. Dies geschieht bei Temperaturen von ca 100 Mio. °C. Dabei dürfen die Kerne nicht mit der Wand des Gefäßes in Berührung kommen und werden daher durch ein starkes Magnetfeld zusammengehalten.

3.1 Radioaktivität

Die Radioaktivität wurde 1896 von BECQUEREL bei der Untersuchung von Uransalzen entdeckt. Systematisch untersuchte erstmals das Ehepaar CURIE alle Elemente auf Radioaktivität.

> Mit Radioaktivität wird die Erscheinung bezeichnet, dass instabile Atomkerne Strahlung aussenden und sich dabei in stabile Kerne umwandeln.

3.1.1 Die Strahlungsarten

Versuch 1: Ein Elektroskop mit einer aufgesetzten Metallplatte wird positiv bzw. negativ geladen. In die Nähe der Metallplatte wird ein radioaktives Präparat gehalten.
Beobachtung: In beiden Fällen verliert das Elektroskop seine Ladung, nachdem das Präparat in die Nähe der Platte gebracht wurde.
Deutung: Von dem Präparat geht eine Strahlung aus, die die Luft ionisiert. Von den Gasmolekülen werden Elektronen abgespalten, die sich an neutrale Moleküle anlagern, sodass insgesamt positive und negative Ionen entstehen. Diese Ionen neutralisieren die positive bzw. negative Ladung auf dem Elektroskop. ◂

Ein empfindliches Nachweisgerät, das auf der ionisierenden Wirkung der radioaktiven Strahlung beruht, ist das mit einem Gas bei geringem Druck gefüllte *Geiger-Müller-Zählrohr* (→ S. 80).

Versuch 2: Einem Zählrohr, das über einen Verstärker an einen Lautsprecher angeschlossen ist, wird langsam ein radioaktives Präparat genähert.
Beobachtung: Aus dem Lautsprecher ertönen in unregelmäßiger Folge knackende Geräusche. Bei kleinerem Abstand zwischen Präparat und Zählrohr gehen die getrennt wahrnehmbaren Geräusche in ein Prasseln über, das sich zu einem Rauschen steigern kann.
Deutung: Die Strahlung erzeugt in dem Zählrohr Ladungsträger, so dass es zu einem kurzzeitigen Entladestrom kommt, der das Knackgeräusch verursacht. Die Unregelmäßigkeit der Knackgeräusche deutet darauf hin, dass die vom Präparat emittierte Strahlung aus einzelnen, voneinander unabhängigen Emissionsakten besteht. Bei kleinem Abstand erhöht sich die Zahl der Entladungen aufgrund einer größeren Intensität der Strahlung. ◂

60.1 Nebelspuren der Strahlung eines Radiumpräparats

Versuch 3: In eine Nebelkammer, die mit Wasser- und Alkoholdampf gesättigte Luft enthält, wird ein Radiumpräparat gebracht. Durch plötzliche Expansion wird die Temperatur in der Nebelkammer erniedrigt, sodass sich bei Anwesenheit von Kondensationskeimen Tröpfchen bilden.
Beobachtung: Vor dem dunklen Kammerboden ist kurzzeitig ein Bündel von geraden Nebelspuren zu erkennen, die vom Präparat ausgehen (**Abb. 60.1**).
Deutung: Die vom Präparat ausgehende Strahlung erzeugt längs ihres Weges Ionen, die als Kondensationskeime wirken. Die Reichweite der Strahlung in Luft liegt zwischen 4 cm und 7 cm. Diese Strahlung heißt **α-Strahlung.** ◂

Versuch 4: Zwischen ein Radiumpräparat und ein Zählrohr werden nacheinander einige Blätter Papier und mehrere Aluminiumplatten von jeweils 0,5 mm Dicke gebracht.
Beobachtung: Die Zählrate nimmt beim ersten Blatt Papier deutlich ab; beim zweiten Blatt ändert sie sich kaum. Bei Vergrößerung der Anzahl der Aluminiumplatten nehmen die Zählraten zunächst schnell weiter ab, bleiben aber ab einer Schichtdicke von 3 mm konstant.
Ergebnis: Ein großer Teil der Strahlung durchdringt ein Blatt Papier nicht. Eine Aluminiumschicht von ca. 3 mm absorbiert einen weiteren erheblichen Anteil der Strahlung. Ein verbleibender Rest durchdringt auch größere Schichtdicken fast ungeschwächt. ◂

> Die Strahlung eines Radiumpräparats besteht aus drei verschiedenen Anteilen, die unterschiedlich stark mit Materie wechselwirken:
> **α-Strahlung** wird von einer wenige Zentimeter dicken Luftschicht oder einem dünnen Blatt Papier absorbiert.
> **β-Strahlung** hat in Luft eine wesentlich größere Reichweite als α-Strahlung, wird jedoch von einer ca. 3 mm dicken Aluminiumschicht absorbiert.
> **γ-Strahlung** durchdringt auch größere Aluminiumschichten fast ungeschwächt.

3.1.2 Eigenschaften der Strahlungsarten

Die von radioaktiven Präparaten ausgesandte Strahlung wirkt stark ionisierend. Diese Wirkung zeigen jedoch auch Röntgenstrahlung, die ebenfalls mit Zählrohren nachweisbar ist, sowie schnelle Elektronen und Ionen. Es muss also untersucht werden, welche Eigenschaften die drei Anteile der radioaktiven Strahlung besitzen. Wenn die Strahlung aus geladenen Teilchen besteht, so wird sie in einem elektrischen oder magnetischen Feld abgelenkt. Da die α-Strahlung in Luft nur eine geringe Reichweite hat, sollen zunächst die β- und die γ-Strahlung untersucht werden.

Untersuchung der β- und der γ-Strahlung

Versuch 1: Die β- und γ-Strahlung eines Radiumpräparats wird mithilfe eines Magnetfeldes untersucht (**Abb. 61.1**). Wegen ihrer geringen Reichweite erreicht die α-Strahlung das Zählrohr nicht. Zunächst werden ohne Magnetfeld die Impulsraten für verschiedene Winkel φ gemessen, die die Achsen des Zählrohrs und des Metallrohrs miteinander bilden. Anschließend werden die Messungen bei eingeschaltetem Magnetfeld wiederholt.
Beobachtung: Ohne Magnetfeld ist die Intensität der Strahlung in Richtung der Achse des Metallrohrs am größten. Bei eingeschaltetem Magnetfeld ist das Maximum der Intensität zu positiven Winkeln hin verschoben (**Abb. 61.2**). Das Maximum ist bei eingeschaltetem Magnetfeld kleiner, dafür ist die Kurve breiter auseinandergezogen. Es fällt ferner auf, dass die Intensität der Strahlung für große Winkel unabhängig vom Magnetfeld ist.
Deutung: Da die Strahlung im Magnetfeld abgelenkt wird, ist anzunehmen, dass sie wenigstens zum Teil aus geladenen Teilchen besteht. ◂

Wird die Messung wiederholt nachdem die β-Strahlung durch eine Aluminiumplatte abgeschirmt wurde, so ergeben sich unabhängig vom Winkel konstante Impulsraten. Die Intensitätsmaxima werden also durch die ladungstragende β-Strahlung verursacht.

Auf bewegte geladene Teilchen wirkt im Magnetfeld die Lorentz-Kraft $F = Q v B$, wobei die Geschwindigkeit v senkrecht zur magnetischen Flussdichte B ist. Aus der Richtung der Ablenkung und der Richtung des Magnetfeldes ergibt sich, dass die Teilchen negative Ladung tragen. Die naheliegende Vermutung, dass es sich bei der β-Strahlung um Elektronen handelt, kann durch Bestimmung der spezifischen Ladung bestätigt werden.

Die Abflachung und Verbreiterung des Maximums erklärt sich folgendermaßen: In einem Magnetfeld werden Elektronen, deren Geschwindigkeit senkrecht zur Feldrichtung steht, auf Kreisbahnen abgelenkt. Für die Radien der Kreisbahnen gilt $r = m v / Q B$; der Radius ist also umso kleiner, je kleiner die Geschwindigkeit ist. D. h. die emittierten β-Teilchen haben verschiedene Geschwindigkeiten. Langsame Elektronen werden stärker abgelenkt als schnellere, was zur Verbreiterung des Maximums führt.

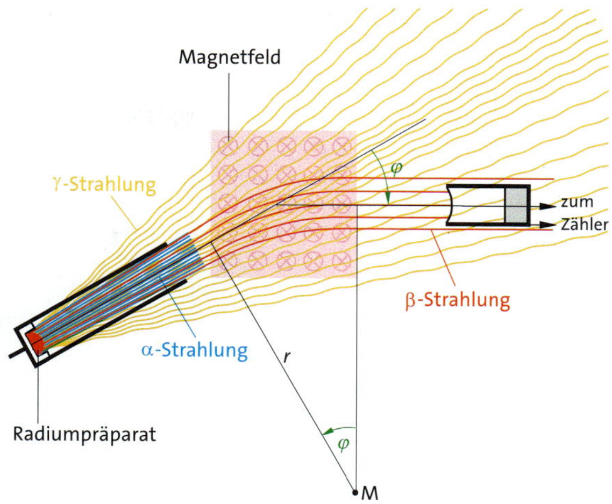

61.1 Ablenkung radioaktiver Strahlung in einem Magnetfeld. Durch das Metallrohr wird ein schwach divergentes Bündel von β-Strahlung erzeugt. Die γ-Strahlung wird nicht gebündelt, da sie die Rohrwände durchdringt. Das Rohr ist um eine Achse durch die Mitte der Polschuhe schwenkbar, sodass die Strahlung senkrecht zu den Feldlinien verläuft.

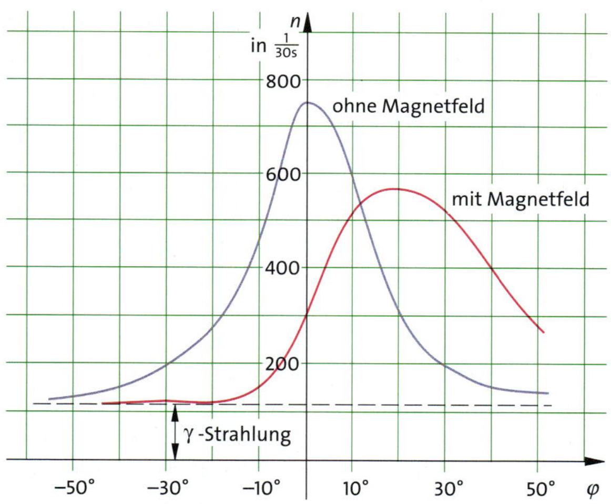

61.2 Impulsrate in Abhängigkeit vom Winkel ohne und mit Magnetfeld. Der durch das Magnetfeld abgelenkten Strahlung ist die nicht ablenkbare γ-Strahlung überlagert. Mit Magnetfeld wird das Maximum der Intensitätsverteilung kleiner und breiter, weil die vom Radiumpräparat emittierten β-Teilchen unterschiedliche Geschwindigkeiten haben.

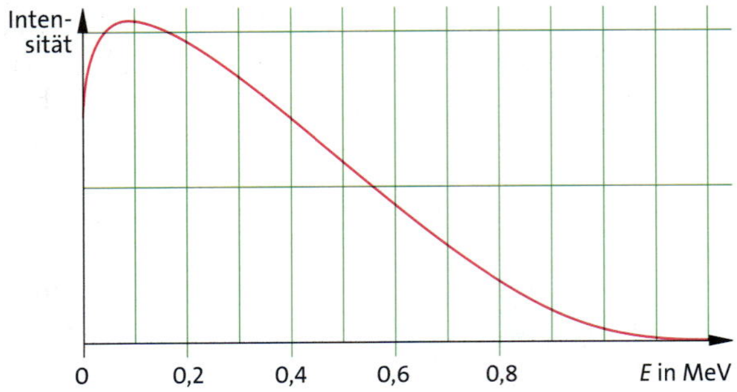

62.1 Kontinuierliches Energiespektrum der β-Strahlung. Die β-Teilchen eines Nuklids haben Energien bis zu einem für das jeweilige Nuklid charakteristischen Höchstwert.

β-Strahlung besteht aus Elektronen, die keine einheitliche Geschwindigkeit und damit auch keine einheitliche Energie, sondern ein kontinuierliches Energiespektrum besitzen, das bis zu Energien von 3MeV reicht (**Abb 62.1**).

Versuch 1 (→ S. 61) zeigt, dass die γ-Strahlung keine Ladung trägt. Untersuchungen der γ-Strahlung durch Kristallgitterspektroskope oder der durch γ-Quanten erzeugten Elektronen liefern Folgendes:

γ-Strahlung ist eine sehr kurzwellige elektromagnetische Strahlung von der Art der Röntgenstrahlung mit Wellenlängen von 10^{-10} m bis 10^{-13} m, denen Energiequanten der Größe 0,01 MeV bis 10 MeV entsprechen. Sie breitet sich mit Lichtgeschwindigkeit aus.

Untersuchung von α-Strahlung

Wegen ihrer kurzen Reichweite in Luft wird die α-Strahlung im Vakuum untersucht. Ihre in der Nebelkammer gezeigte Fähigkeit zu ionisieren deutet darauf hin, dass die α-Strahlung ebenfalls aus geladenen Teilchen besteht.

Versuch 2: Eine evakuierbare Kammer mit drei Spaltblenden, die auf einem Kreis mit dem Radius $r = 1{,}05$ m liegen, wird zwischen die Polschuhe eines Elektromagneten gebracht (**Abb. 62.2**). Die von einem Americiumpräparat ausgehende α-Strahlung wird mit einem Fensterzählrohr bei verschiedenen magnetischen Flussdichten registriert. Die Impulsraten ändern sich in Abhängigkeit von der Flussdichte B und haben bei einem bestimmten Wert ein Maximum (**Abb. 62.3**).
Deutung: Die α-Strahlung wird im Magnetfeld durch die Lorentz-Kraft abgelenkt. Aus den Richtungen von Kraft, Geschwindigkeit und Magnetfeld folgt, dass die α-Strahlung positive Ladung trägt. Die Impulsrate hat ein Maximum, wenn sich sehr viele Teilchen auf Bahnen durch die drei Spalte bewegen. Stehen Geschwindigkeit und Magnetfeld senkrecht zueinander, so bewegen sich geladene Teilchen auf Kreisbahnen mit den Radien $r = mv/QB$. Bei gleicher Geschwindigkeit und gleicher spezifischer Ladung Q/m bewegen sich alle Teilchen auf Bahnen mit demselben Radius. ◂

Die breite Kurve in **Abb. 62.3** entsteht dadurch, dass die α-Teilchen unterschiedliche Geschwindigkeiten haben, da ihre Wege aus dem Präparat heraus verschieden lang sind und sie vor dem Verlassen des Präparats verschiedene Energiebeträge verlieren. Das Maximum bei einer Flussdichte $B = 0{,}27$ T wird von den α-Teilchen gebildet, die sich auf der Kreisbahn mit $r = 1{,}05$ m bewegen.
Mithilfe der Messwerte für Bahnradius und Flussdichte kann die spezifische Ladung der α-Strahlen berechnet werden, wenn deren Geschwindigkeit bekannt ist. Dazu werden die α-Teilchen senkrecht zu den Feldlinien in zwei gekreuzte elektrische und magnetische Felder, ein sogenanntes *Wien-Filter* (→ Bd. 11, S. 50) eingeschos-

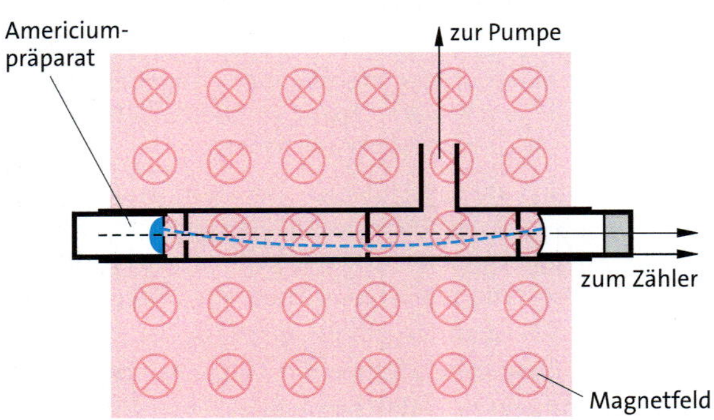

62.2 Untersuchung der α-Strahlung eines Americiumpräparats in einem Magnetfeld. Die Untersuchung findet in einer evakuierten Kammer statt.

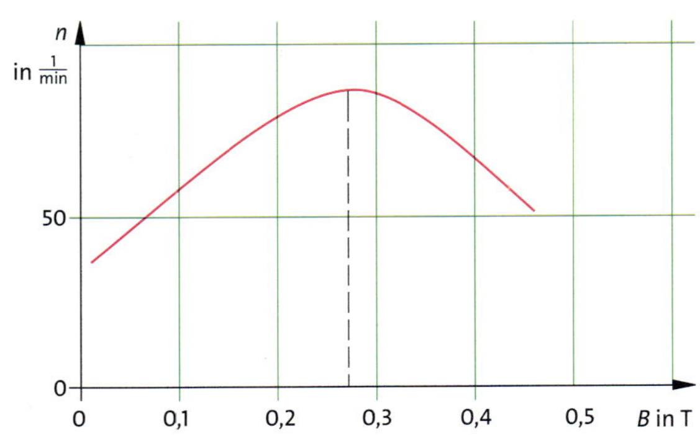

62.3 Impulsrate in Abhängigkeit von der Flussdichte B für α-Teilchen in einem Magnetfeld. Die Bahn der α-Teilchen ist durch drei gegeneinander versetzte Spalte festgelegt.

sen. Für diejenigen Teilchen, die das Filter ohne Ablenkung durchfliegen, ist die Kraft aufgrund des elektrischen Feldes $F_e = QE$ gleich der Kraft des magnetischen Feldes $F_m = QvB$. Daraus ergibt sich die Geschwindigkeit v.

Versuch 3: Ein Plattenkondensator aus unmagnetischem Material wird zwischen die Polschuhe eines Elektromagneten gebracht. Bei konstantem elektrischen Feld wird die Abhängigkeit der Impulsrate von der Feldstärke gemessen. Für einen bestimmten Wert der Feldstärke ergibt sich ein Maximum.

Auswertung: Das Maximum der Impulsrate entsteht, wenn die α-Teilchen den Kondensator unabgelenkt durchlaufen. Dann sind die entgegengesetzt wirkenden Kräfte durch das elektrische und magnetische Feld gleich groß: $QE = QvB$. Hieraus ergibt sich die Geschwindigkeit der Teilchen zu $v = E/B$. Für die α-Strahlung des Americiumpräparats ergibt sich z. B. $v = 1{,}5 \cdot 10^7$ m/s. Mit den Messwerten aus Versuch 2 $r = 1{,}05$ m und $B = 0{,}27$ T folgt

$$\left(\frac{Q}{m}\right)_\alpha = \frac{v}{rB} = 5{,}3 \cdot 10^7 \, \frac{\text{C}}{\text{kg}}. ◂$$

Der genaue Wert für die spezifische Ladung der α-Strahlung ist $(Q/m)_\alpha = 4{,}8 \cdot 10^7$ C/kg. Die absolute Messung der Ladung der α-Teilchen, zuerst von RUTHERFORD und GEIGER durchgeführt, ergibt einen Wert von $Q_\alpha = 3{,}2 \cdot 10^{19}$ C $= 2e$, also den zweifachen Wert der Elementarladung. Aus diesen beiden Werten ergibt sich die Masse der α-Teilchen zu $m_\alpha = 6{,}64 \cdot 10^{27}$ kg; sie ist damit genau so groß wie die Masse von Heliumatomen.

Der experimentelle Beweis, dass es sich bei α-Teilchen um doppelt positiv geladene Heliumkerne handelt, gelang RUTHERFORD durch die Beobachtung des Emissionsspektrums von eingefangenen α-Teilchen. Die α-Teilchen wurden von einem Präparat emittiert, das sich in einem sehr dünnwandigen Glasgefäß befand, dessen Wand die α-Teilchen durchdringen konnten. Dieses Glasgefäß befand sich in einem evakuierbaren Raum, in dem eine Gasentladung gezündet werden konnte. Durch die Linien im Emissionsspektrum konnte nachgewiesen werden, dass sich Helium gebildet hatte.

> α-Strahlung besteht aus zweifach positiv geladenen Heliumkernen mit Energien zwischen 2 MeV und 10,5 MeV. Die Masse der α-Teilchen beträgt $m_\alpha = 6{,}64 \cdot 10^{-27}$ kg und ist damit 7350-mal so groß wie die Masse eines Elektrons.

Aufgaben

1. Bei der vollständigen Abbremsung von α-Teilchen in Luft wird je 35 eV ein Ionenpaar erzeugt, obwohl die zur Ionisation erforderliche Energie nur 15eV beträgt.
a) Bestimmen Sie die Energie von α-Teilchen, die bei einem Ionisationsvermögen von 2000 Ionenpaaren pro mm eine Reichweite von 6,8 cm besitzen.
b) Geben Sie weitere Prozesse an, die außer der Ionisation für den Energieverlust der α-Teilchen beim Durchgang durch Luft verantwortlich sein können.
c) Berechnen Sie die Stromstärke, die von einem Präparat zwischen den Elektroden eines Zählrohrs (→ S. 80) erzeugt wird, wenn pro Sekunde 10^8 α-Teilchen emittiert werden.

2. Für die Reichweite von α-Teilchen in Gasen gilt die Formel $R = a v^3$ (R Reichweite, v Geschwindigkeit). Für Luft ist $a = 9{,}67 \cdot 10^{24}$ s³/m². Berechnen Sie die Energie der α-Teilchen eines Poloniumpräparats, deren Reichweite in Luft 3,7 cm beträgt.

3. Begründen Sie, dass das Ionisationsvermögen für β-Teilchen (Elektronen) mit einer Energie von 8 MeV mit nur 6,5 Ionenpaaren pro mm so viel geringer ist als das von α-Teilchen mit gleicher Energie.

4. Bei der Untersuchung der β-Strahlung eines Radiumpräparats in einem Magnetfeld der Flussdichte $B = 22{,}5$ mT ergibt sich eine Verschiebung des Maximums der Impulsrate um 20°. Die unter diesem Winkel registrierten β-Teilchen bewegen sich auf einer Kreisbahn mit dem Radius $r = 11{,}7$ cm.
Berechnen Sie unter Berücksichtigung der relativistischen Massenveränderlichkeit die Geschwindigkeit der β-Teilchen.

5. Zur Ausfilterung von β-Teilchen mit einer bestimmten Geschwindigkeit durchlaufen diese ein Wien-Filter aus zwei gekreuzten Feldern. Zur Erzeugung des elektrischen Feldes wird eine Spannung von $U = 2{,}8$ kV an zwei Platten mit einem Abstand von $d = 0{,}9$ mm gelegt. Senkrecht zum elektrischen Feld besteht ein Magnetfeld mit der Flussdichte $B = 11$ mT.
Berechnen Sie den Radius der Kreisbahn, auf der sich die ausgefilterten β-Teilchen in einem weiteren Magnetfeld mit der Flussdichte $B = 36$ mT bewegen. Bei der Rechnung ist die relativistische Massenveränderlichkeit zu berücksichtigen.

***6.** β-Teilchen eines Präparats werden radial in eine flache zylindrische Kammer geschossen, die von einem regelbaren Magnetfeld durchsetzt ist (siehe Abbildung unten).
a) Zeigen Sie, dass diese Anordnung zur Aufnahme eines Energiespektrums geeignet ist.
b) Durch ein Geschwindigkeitsfilter ausgesonderte Teilchen von $v = 0{,}6c$ durchlaufen die Anordnung bei $B = 6{,}85$ mT. Berechnen Sie die spezifische Ladung dieser Teilchen.

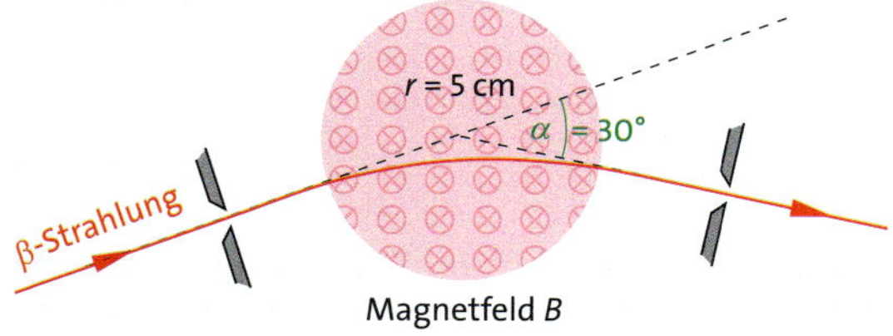

3.2 Aufbau und Zerfall von Atomkernen

So wie Atome aus Elektronen und einem Atomkern bestehen, ist der Atomkern seinerseits aus Teilchen zusammengesetzt, den Protonen und Neutronen. Während die Elektronen der Atomhülle durch *elektrische* Anziehung an den Atomkern gebunden sind, erfolgt die Bindung der Bausteine im Kern durch die sogenannte *starke Kraft* oder *Kernkraft*.
Zur Trennung der Kernbausteine voneinander ist deutlich mehr Energie notwendig als zur Ablösung der Elektronenhülle vom Atomkern. Die Energie der Bindung äußert sich nach der Formel $E = mc^2$ in einem messbaren Massenunterschied zwischen dem Atomkern und seinen Einzelbausteinen. Durch Bestimmung der Atommassen lassen sich die Werte für die Bindungsenergien ermitteln.

3.2.1 Aufbau der Atomkerne

Durch die quantitative Auswertung von Streuexperimenten lassen sich die Ladung und die Masse der Atomkerne bestimmen:

> Die Zahl der positiven Elementarladungen im Kern, die **Kernladungszahl *Z***, ist gleich der **Ordnungszahl** des Elements im Periodensystem.
> Die Massen der Atome sind näherungsweise gleich einem ganzzahligen Vielfachen der Protonenmasse. Dieses Vielfache wird **Massenzahl *A*** genannt.
> **Isotope** sind Atome gleicher Kernladungszahl *Z*, die sich aber in ihrer Massenzahl unterscheiden.

Aus der Existenz von verschiedenen Isotopen zum selben chemischen Element folgt, dass Atomkerne aus elektrisch positiven und elektrisch neutralen **Kernbausteinen** (bzw. **Nukleonen**) aufgebaut sind, aus Protonen (p) und Neutronen (n).
Als **Nuklid** wird ein **Atom** einer durch die Anzahl Z der Protonen und durch die Anzahl N der Neutronen festgelegten Kernart bezeichnet. Durch die Angabe der Massenzahl $A = Z + N$ und der Kernladungszahl Z am Elementsymbol sind Nuklide eindeutig bestimmt: ${}^{A}_{Z}\mathrm{X}$.

Für quantitative Betrachtungen ist es üblich, Massen in der **atomaren Masseneinheit u** (unit) anzugeben, die etwa der Masse eines Protons entspricht. Die Masseneinheit u ist definiert als $\frac{1}{12}$ der Masse des Kohlenstoffatoms ${}^{12}\mathrm{C}$: $1\,\mathrm{u} = 1{,}660\,538\,8 \cdot 10^{-27}\,\mathrm{kg}$.

Für **Protonen** gilt: $m_\mathrm{p} = 1{,}007\,276\,467\,\mathrm{u}$, die Masse von **Neutronen** ist $m_\mathrm{n} = 1{,}008\,664\,916\,\mathrm{u}$. **Elektronen** haben die Masse $m_\mathrm{e} = 0{,}000\,548\,580\,\mathrm{u}$.

3.2.2 Massendefekt und Bindungsenergie

Aus der Tatsache, dass sich Nukleonen zu mehr oder minder stabilen Atomkernen zusammenfügen, kann geschlossen werden, dass zwischen den Nukleonen anziehende Kräfte existieren, welche sogar so groß sein müssen, dass sie die positiv geladenen Protonen zusammenhalten, die sich aufgrund der elektrischen Kraft abstoßen. Die Kernkraft wirkt auch auf die Neutronen, welche elektrisch neutral sind. Sie übersteigt in ihrem Wirkungsbereich die Größe der elektrischen Abstoßung zwischen den positiv geladenen Protonen. Aufgrund dieser Eigenschaft wird sie auch als *starke Kraft* bezeichnet.
In der Natur werden nur Atomkerne mit weniger als 240 Nukleonen beobachtet. Künstlich erzeugte Kerne mit höherer Massenzahl sind äußerst instabil. Dies ist ein Hinweis darauf, dass die starke Kraft nur eine begrenzte Reichweite hat. Als Wechselwirkung zwischen benachbarten Nukleonen sorgt sie für den notwendigen Zusammenhalt im Kern.

> Die **starke Kraft** ist von begrenzter Reichweite und sorgt als **Wechselwirkung** zwischen den Nukleonen für den Zusammenhalt des Kerns. Ihre Wirkung übersteigt diejenige der elektrischen Abstoßung zwischen den Protonen im Kern.

Die Tatsache, dass die starke Kraft nur zwischen benachbarten Nukleonen wirkt, führt dazu, dass die Nukleonen in unterschiedlichen Kernen in etwa gleich dicht gepackt sind; das Volumen eines Kerns ist demzufolge proportional zur Anzahl A der Kernbausteine, der Radius ist proportional zur dritten Wurzel von A:

$$r = 1{,}4 \cdot 10^{-15}\,\mathrm{m} \cdot \sqrt[3]{A}$$

Anziehende Kräfte zwischen Körpern führen bei Annäherung zu einer Senkung der Gesamtenergie. Potentielle Energie wird z. B. dann abgebaut, wenn sich zwei Körper, zwischen denen die Gravitationskraft wirkt, einander nähern oder wenn ein Elektron zusammen mit einem Proton ein Wasserstoffatom bildet. *Bindungsenergie* wird aber auch dann freigesetzt, wenn sich Nukleonen zu einem Atomkern zusammenfügen. Um Informationen über die dabei auftretenden Energieänderungen zu gewinnen, werden die Massen der Atombausteine (gemessen in u) betrachtet.
Werden die Einzelmassen aller Nukleonen eines Kerns addiert, so ergibt sich ein Wert, der größer ist als die Masse des Kerns. Anders ausgedrückt: Die Kernmasse ist kleiner als die Summe der Nukleonenmassen. Die Differenz Δm heißt **Massendefekt**.

Der **Massendefekt Δm** eines Kerns ergibt sich durch Subtraktion seiner Kernmasse m_K von der Summe der Masse seiner Z Protonen und N Neutronen: $\Delta m = Z m_p + N m_n - m_K$

Einige Atommassen sind auf Seite 129 angegeben. Zur Bestimmung der Kernmasse sind die Massen der Z Hüllenelektronen sowie deren atomare Bindungsenergien zu berücksichtigen. Letztere äußern sich in einem Massenverlust. Bei leichten Atomen liegen die atomaren Bindungsenergien im Bereich von nur wenigen eV, sodass sie vernachlässigt werden können; näherungsweise ergibt sich in diesen Fällen dann folgende Formel für die Kernmasse:

$$m_K = m_A - Z m_e$$

Damit lässt sich der Massendefekt eines Heliumkerns (2 Protonen und 2 Neutronen) folgendermaßen berechnen:

Masse des Heliumatoms: $m_A = 4{,}002\,604$ u

Masse des Heliumkerns: $m_K = m_A - 2m_e = 4{,}001\,506$ u

Summe der Massen der Nukleonen:

$$2m_p + 2m_n = 2 \cdot 1{,}007\,276\text{ u} + 2 \cdot 1{,}008\,665\text{ u} = 4{,}031\,882\text{ u}$$

Daraus ergibt sich eine Massendifferenz von

$$\Delta m = 2m_p + 2m_n - m_K = 0{,}030\,376\text{ u}.$$

Gemäß der Äquivalenz von Masse und Energie $E = m c^2$ (→ Bd. 11, 3.4.1) entspricht der Massendifferenz Δm ein Energiebetrag $E_B = \Delta m c^2$, der beim Zusammenfügen der Nukleonen zu einem Kern frei wird. E_B ist die **Bindungsenergie**. Für Helium ergibt sich $E_B = \Delta m c^2 = 0{,}030376\text{ u}c^2 = 28{,}3$ MeV.

Die **Bindungsenergie $E_B = \Delta m c^2$** eines Kerns ist diejenige Energie, die dem Massendefekt äquivalent ist, der beim Zusammenfügen des Kerns aus einzelnen Nukleonen entsteht. Sie wird bei der Bildung des Kerns aus den Nukleonen frei.
Derselbe Energiebetrag muss zugeführt werden, um einen Kern wieder in seine Nukleonen zu zerlegen. Dieser Energiebetrag heißt **Separationsenergie**.

Es wird häufig die **Bindungsenergie pro Nukleon E_B/A**, angegeben. Es handelt sich um den Quotienten aus der gesamten Kernbindungsenergie und der Anzahl A der im Kern enthaltenen Bausteine.

Oft wird wie auch in der Atomphysik üblich der negative Wert in einem Diagramm dargestellt, da das gebundene System im Vergleich zu den voneinander getrennten Einzelbausteinen eine geringere **Gesamtenergie E** besitzt. Es ergibt sich **Abb. 65.1**.

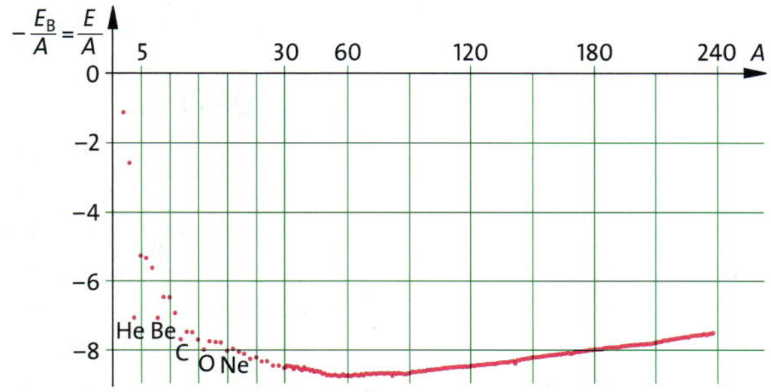

65.1 Die Bindungsenergie pro Nukleon negativ dargestellt, da das gebundene System eine kleinere Gesamtenergie E besitzt. Im linken Teil der Abbildung sind die relativen Minima für die Massenzahlen 4, 8, 12, 16 und 20 für besonders stabile sogenannte gg-Kerne zu erkennen. Das absolute Minimum liegt im Bereich von Eisen.

65.2 Beträge der Bindungsenergie der leichtesten Nuklide. Es sind relative Maxima der Bindungsenergie pro Nukleon E_B/A bei den Massenzahlen 4, 8 und 12 zu erkennen.

Nuklid	E_B in MeV	E_B/A in MeV
^{2}H	2,22	1,11
^{3}H	8,48	2,83
^{3}He	7,72	2,57
^{4}He	28,19	7,07
^{6}Li	31,99	5,33
^{7}Li	39,24	5,60
^{8}Be	56,49	7,06
^{9}Be	58,19	6,46
^{10}B	64,75	6,47
^{11}B	76,20	6,93
^{12}C	92,16	8,67

Bei den Massenzahlen 4, 8, 12, 16, 20 und 24 liegen relative Minima der **Gesamtenergie E pro Nukleon**. Bei diesen Kernen handelt es sich um Kerne, bei denen die Anzahl der Protonen und die der Neutronen gerade ist. Diese Kerne besitzen eine besonders hohe Stabilität.

Die Größenordnung der mittleren Bindungsenergie pro Nukleon ist für die meisten Nuklide mit etwa 8 MeV pro Nukleon nahezu gleich. Die mittlere Bindungsenergie pro Nukleon nimmt mit wachsender Massenzahl A zunächst zu, erreicht für Kerne mit den Massenzahlen zwischen $A = 60$ und $A = 70$ ein Maximum und nimmt dann wieder ab.

Aufgaben

1. Berechnen Sie für folgende Nuklide die Bindungsenergie pro Nukleon: ^{3}H, ^{3}He, ^{14}N, ^{16}O, ^{20}Ne, ^{24}Mg und ^{28}Si (Atommassen → S. 129). Erklären Sie den Unterschied bei den ersten beiden Nukliden.
2. Bestimmen Sie die Separationsenergie des zweiten Neutrons eines ^{4}He-Kerns.

3.1.3 Die Ordnung der Nuklide und Arten der Kernumwandlung

Einen Überblick über die Zusammensetzung der stabilen und instabilen Kerne aus Protonen und Neutronen liefert die **Nuklidkarte** (**Abb. 66.1**), in der jedes Nuklid durch einen Punkt in einem *N*-*Z*-Koordinatennetz dargestellt wird. Es sind mehr als 3000 natürliche und künstlich hergestellte Nuklide der bisher 112 bekannten Elemente nachgewiesen worden. 266 schwarz gekennzeichnete Nuklide sind stabil. Die rot markierten Nuklide sind instabil und wandeln sich teilweise über mehrere Prozesse in stabile Nuklide um. Sie sind also radioaktiv.

Die schwarz eingezeichneten stabilen Nuklide liegen auf dem sogenannten **Stabilitätsband**, das anfangs entlang der Winkelhalbierenden verläuft, d. h. die stabilen Nuklide besitzen dort etwa die gleiche Anzahl an Neutronen und Protonen. Für größere Kernladungszahlen besitzen die stabilen Nuklide einen wachsenden Neutronenüberschuss. Damit rücken die Protonen im Kern weiter auseinander und ihre elektrostatische Abstoßung wird geringer.
Instabile Kerne wandeln sich durch radioaktiven Zerfall in stabilere um. Dafür gibt es u. a. folgende Möglichkeiten (**Abb. 66.2**):

Beim **α-Zerfall** wird ein Heliumkern (^4_2He) emittiert. Die Massenzahl *A* erniedrigt sich um 4 und die Kernladungszahl *Z* um 2. Der α-Zerfall wird daher durch die folgende Reaktionsgleichung beschrieben:

$^A_ZX \rightarrow {}^{A-4}_{Z-2}Y + {}^4_2He$ (→ Musteraufgabe S. 123)

In der Nuklidkarte sind die α-strahlenden Kerne oberhalb des Stabilitätsbandes zu finden, d. h. sie besitzen im Vergleich zu den stabilen Kernen Neutronenmangel. Das entstehende Nuklid befindet sich zwei Einheiten links und zwei Einheiten unter dem Ausgangsnuklid und damit näher am Stabilitätsband.

Beim **β⁻-Zerfall** emittiert der Atomkern ein Elektron ($^{0}_{-1}e$) und ein Antineutrino ($\overline{\nu}_e$) (→ 3.3.2). Die Massenzahl *A* bleibt konstant, und die Kernladungszahl *Z* erhöht sich um 1. Der β^--Zerfall bzw. die Umwandlung eines Neutrons zu einem Proton wird durch die folgenden Reaktionsgleichungen beschrieben:

$^A_ZX \rightarrow {}^{A}_{Z+1}Y + {}^{0}_{-1}e + \overline{\nu}_e$ bzw. $^1_0n \rightarrow {}^1_1p + {}^{0}_{-1}e + \overline{\nu}_e$

(→ Musteraufgabe S. 124)

Die instabilen β^--aktiven Kerne besitzen bezogen auf die stabilen Kerne einen Neutronenüberschuss. Sie befinden sich unterhalb des Stabilitätsbandes. Das entstehende Nuklid befindet sich eine Einheit links und eine Einheit über dem Ausgangsnuklid.

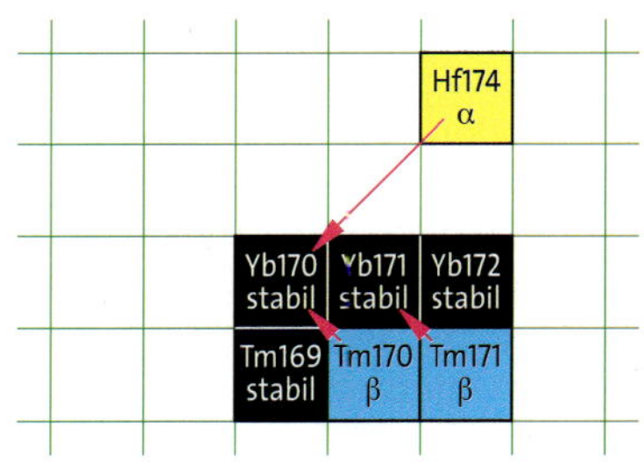

66.2 Beispiele für α- und β^--Zerfall in der Nuklidkarte

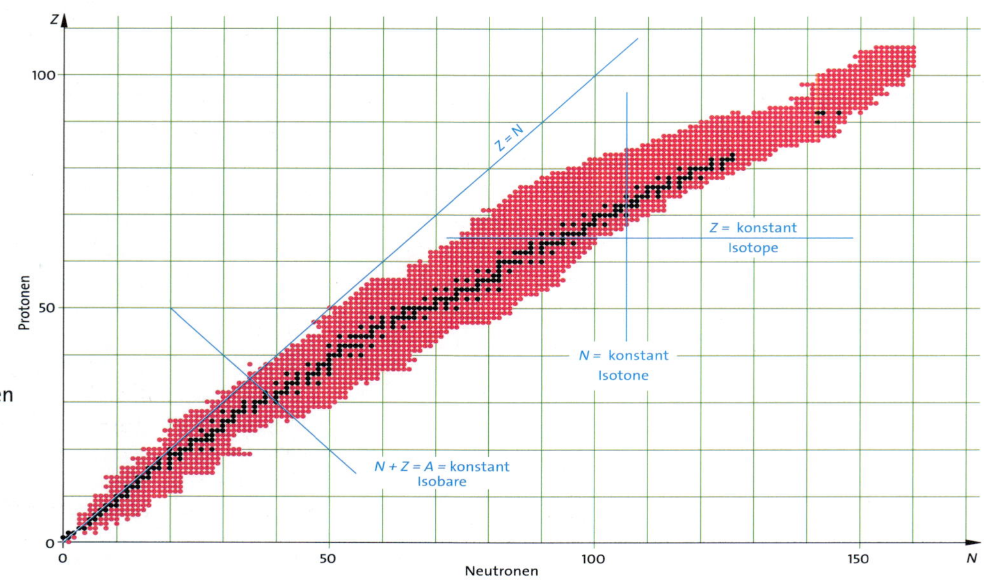

66.1 Aufbau einer Nuklidkarte. Die schwarzen Punkte kennzeichnen stabile Nuklide, die roten Punkte instabile. Das sogenannte Stabilitätsband endet bei *Z* = 83.

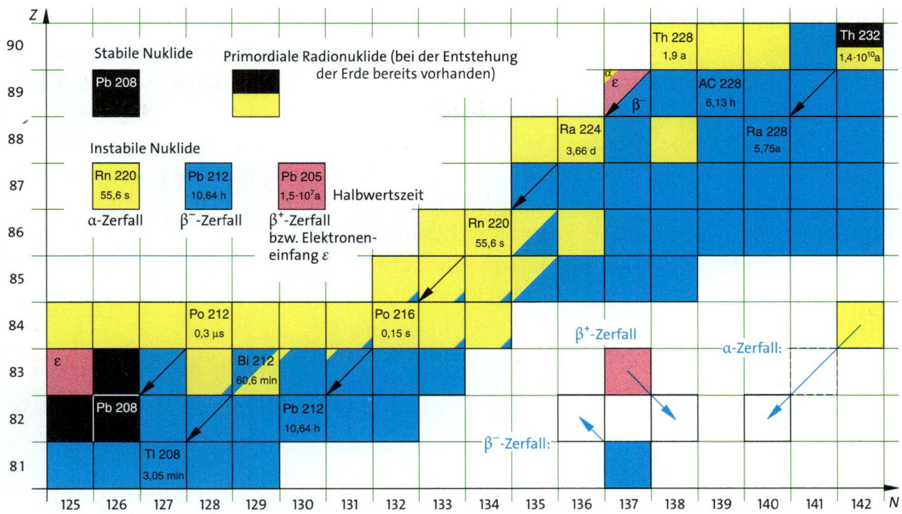

67.1 Ausschnitt aus der Nuklidkarte, der die Nuklide der Thorium-Reihe enhält. Aus den Farben ist entsprechend **Abb. 66.2** die Zerfallsart zu entnehmen. Die Massenzahlen aller Nuklide dieser Reihe sind durch 4 teilbar. Die Zerfälle können auch in unterschiedlicher Reihenfolge durchlaufen werden; z. B. kann sich ^{212}Bi entweder durch β- und anschließenden α-Zerfall (über ^{212}Po) oder durch α- und anschließenden β-Zerfall (über ^{208}Tl) in ^{208}Pb umwandeln.

67.2 Mutter- und Endnuklide der vier Zerfallsreihen. Die Neptunium-Reihe ist aufgrund der kurzen Halbwertszeit von ^{237}Np in der Natur ausgestorben.

Reihe	Mutternuklid	Halbwertszeit in a	Endnuklid	Massenformel
Thorium	^{232}Th	$1{,}39 \cdot 10^{10}$	^{208}Pb	$4n$
Uran-Radium	^{238}U	$4{,}51 \cdot 10^{9}$	^{206}Pb	$4n+2$
Uran-Actinium	^{235}U	$7{,}13 \cdot 10^{8}$	^{207}Pb	$4n+3$
Neptunium	^{237}Np	$2{,}14 \cdot 10^{6}$	^{209}Bi	$4n+1$

γ-Quanten sind hochenergetische Photonen. Eine Emission von γ-Quanten bedeutet keine Veränderung der Nukleonen- oder Kernladungszahl. Sie stellt jedoch eine Energieänderung des Kerns dar. Die Reaktion wird beschrieben durch folgende Gleichung (wobei der Stern (*) einen angeregten Zustand des Kerns symbolisiert):

$$^{A}_{Z}X^{*} \rightarrow {}^{A}_{Z}X + \gamma$$

Ein instabiles Nuklid zerfällt i. Allg. nicht gleich in ein stabiles Nuklid, sondern in ein ebenfalls instabiles Nuklid usw., sodass eine Reihe sich ineinander umwandelnder Nuklide entsteht, die **Zerfallsreihe**. Am Ende der Zerfallsreihe steht ein stabiles Nuklid. Den Anfang einer in der Natur vorkommenden Zerfallsreihe bildet stets ein langlebiges Mutternuklid, das seit Entstehung der Erde vorhanden ist und sehr langsam in Tochternuklide zerfällt. Die Kernladungszahlen bzw. Ordnungszahlen der natürlichen radioaktiven Kerne sind meist größer als 82. Ausnahmen sind z. B. Kohlenstoff ^{14}C, das in der Atmosphäre ständig neu gebildet wird, sowie Kalium ^{40}K und Rubidium ^{87}Rb.

Im Ausschnitt der Nuklidkarte (**Abb. 67.1**) ist zu erkennen, dass Thorium232 unter Emission eines α-Teilchens in Radium228 zerfällt, welches wiederum instabil ist. Es folgen weitere Zerfälle, bis ein stabiles Isotop (Blei208) erreicht ist. Dies ist die sogenannte *Thorium-Zerfallsreihe.* Da sich in allen denkbaren Zerfallsreihen die Massenzahlen nur beim α-Zerfall um vier Einheiten ändern, kann es insgesamt nur vier verschiedene Zerfallsreihen (**Abb. 67.2**) geben, deren Glieder die Massenzahlen $4n$, $4n+1$, $4n+2$ und $4n+3$ besitzen, wobei n eine natürliche Zahl ist. Die Nuklide der Neptunium-Reihe kommen in der Natur nicht mehr vor, da das Mutternuklid Neptunium (^{237}Np) mit einer Halbwertszeit (→ 3.2.4) von $2{,}14 \cdot 10^{6}$ a durch seinen Zerfall bereits im Laufe der Erdgeschichte verschwunden ist. Die Nuklide dieser Reihe können jedoch künstlich erzeugt werden. Außer der Thorium-Reihe gibt es in der Natur noch zwei weitere Zerfallsreihen: die *Uran-Radium-Reihe* mit dem Mutternuklid ^{238}U und die *Uran-Actinium-Reihe* mit dem Mutternuklid ^{235}U.

Aufgaben

1. Erklären Sie, wie instabile Nuklide oberhalb bzw. unterhalb des Stabilitätsbandes ihr Verhältnis der Protonen- zu Neutronenanzahl verändern müssen, damit sie näher an das Stabilitätsband herankommen.
2. Stellen Sie mithilfe der Nuklidkarte (→ S. 135) die Zerfallsreihe mit Reaktionsgleichungen für Americium241 und für Radium226 auf.

3.2.4 Das Zerfallsgesetz

In der Nuklidkarte ist für jedes Nuklid neben der Zerfallsart auch die für diesen Zerfall charakteristische Zeit notiert. Sie macht eine Aussage über die Dynamik des Zerfalls, die nun genauer untersucht wird.

Versuch 1: Ein als Isotopengenerator bezeichnetes kleines Fläschchen enthält radioaktives Caesium und das durch Zerfall des Caesiums entstehende Barium. Mit einer schwachen Salzsäurelösung wird das radioaktive Barium137 herausgelöst und in einem Reagenzglas aufgefangen. Mit einem Zählrohr (→ S. 80) werden die von den Ba137-Atomen ausgesandten Strahlungsteilchen, in diesem Fall γ-Quanten, registriert. An das Zählrohr ist ein Zähler angeschlossen. Die Anzahl der registrierten Strahlungspartikel pro Zeit wird als **Zählrate** oder **Impulsrate** bezeichnet. Auch ohne radioaktives Präparat ergibt sich aufgrund der in der Umgebung vorhandenen natürlichen Radioaktivität eine gewisse Zählrate, die **Nullrate.** In Zeitabständen von 20 Sekunden werden die Zählraten bestimmt, wobei die Nullrate jeweils abgezogen wird. **Abb. 68.1** zeigt den Anteil der Zählrate n an der ursprünglich vorhandenen Zählrate n_0 in Abhängigkeit von der Zeit t.
Beobachtung: Die Impulsrate der registrierten γ-Strahlung nimmt im Laufe der Zeit deutlich ab.
Deutung: Die durch den Zerfall des Caesiums entstandenen Bariumnuklide befinden sich in einem angeregten Zustand und emittieren γ-Strahlung. Die Abnahme der Impulsrate bedeutet, dass in gleichen Zeitintervallen immer weniger γ-Quanten emittiert werden. Die Anzahl angeregter Bariumkerne nimmt offensichtlich ab.
Auswertung: Die grafische Darstellung der relativen Impulsrate n/n_0 deutet auf eine exponentielle Abhängigkeit von der Zeit hin (**Abb. 68.1**).

Der Nachweis der exponentiellen Abhängigkeit gelingt mittels einer Umskalierung der Hochwertachse: Anstelle von n/n_0 wird $\ln(n/n_0)$ in Abhängigkeit von der Zeit angetragen (halblogarithmische Darstellung, **Abb. 68.2**). Im Diagramm zeigt sich nun eine fallende Gerade. Die Gleichung dieser Geraden lautet

$$\ln(n/n_0) = -\lambda t.$$

Die Steigung der Geraden ergibt sich zu

$$-\lambda = \frac{\ln(n_2/n_0) - \ln(n_1/n_0)}{t_2 - t_1}.$$

Durch Anwendung der natürlichen Exponentialfunktion wird die Geradengleichung zu

$$e^{\ln(n/n_0)} = e^{-\lambda t} \quad \text{bzw.} \quad n/n_0 = e^{-\lambda t}.$$

Für die Abhängigkeit der Impulsrate von der Zeit ergibt sich also folgende Gleichung:

$$n(t) = n_0 e^{-\lambda t}$$

Dabei beschreibt die Konstante λ, wie schnell sich die Impulsrate bzw. ihre Ursache, die Anzahl der angeregten Bariumkerne, ändert. Ein großer Wert von λ bedeutet eine schnelle Abnahme der Impulsrate, also einen schnellen Zerfall. λ heißt **Zerfallskonstante.** ◂

Ursache für die zeitliche Veränderung der Impulsrate ist die Abnahme der Zahl der sich umwandelnden Kerne. Impulsrate n und Anzahl der instabilen Kerne N sind zueinander proportional. Also gilt für die Zahl der Kerne in Abhängigkeit von der Zeit das Gesetz $N = N_0 e^{-\lambda t}$.

Gesetz des radioaktiven Zerfalls: Die Zahl $N(t)$ der zur Zeit t noch nicht zerfallenen Kerne eines radioaktiven Stoffes nimmt exponentiell mit der Zeit ab: $N(t) = N_0 e^{-\lambda t}$. Dabei ist N_0 die Anzahl der Kerne zur Zeit $t = 0$ und λ die Zerfallskonstante.

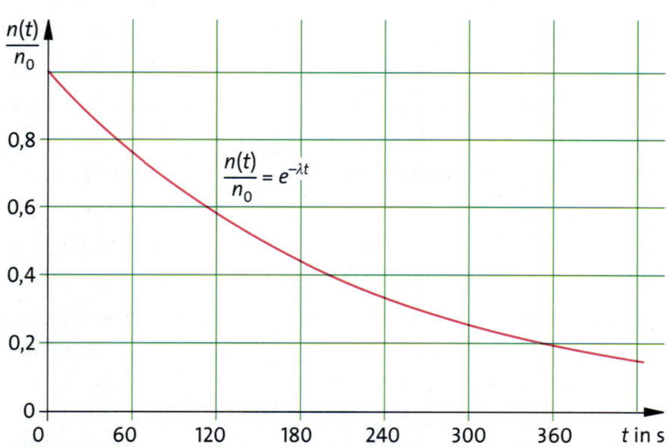

68.1 Der zeitliche Verlauf der relativen Impulsrate n/n_0 bei γ-Strahlung, die von einem Bariumnuklid emittiert wird, lässt einen exponentiellen Zusammenhang vermuten.

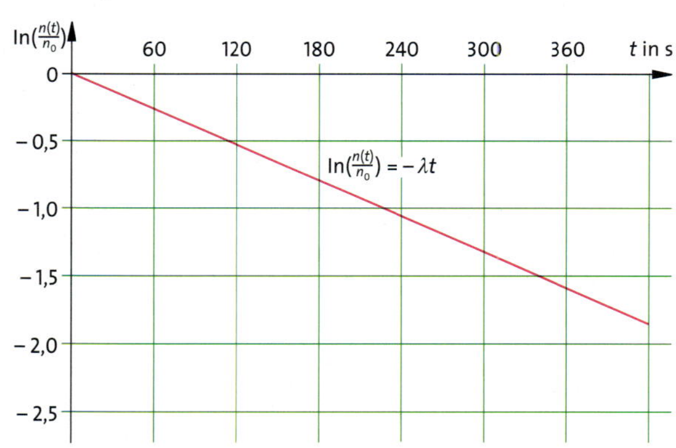

68.2 Die halblogarithmische Darstellung der relativen Impulsrate n/n_0 ergibt eine Gerade, wodurch die exponentielle Zeitabhängigkeit der Impulsrate bestätigt wird.

Theoretische Herleitung des Zerfallsgesetzes

Die Anzahl $N(t)$ der noch unzerfallenen Kerne in einer radioaktiven Probe nimmt im Laufe der Zeit ab: In der Zeitspanne $\Delta t = t_2 - t_1$ zerfallen $N(t_1) - N(t_2)$ Kerne.
Das Gesetz des radioaktiven Zerfalls lässt sich aus der Annahme herleiten, dass die Anzahl der in der Zeit Δt zerfallenden Kerne proportional zur Zahl der insgesamt vorhandenen Kerne (N) ist:

$$-\Delta N/\Delta t \sim N \quad \text{oder} \quad -\Delta N/\Delta t = \lambda N$$

mit einer (positiven) Proportionalitätskonstanten λ.
Das Minuszeichen ist einzufügen, damit auf beiden Seiten der Gleichung etwas Positives steht. Da die Zahl der Kerne mit der Zeit abnimmt, ist nämlich $\Delta N = N(t_2) - N(t_1)$ negativ.

Da sich $N(t)$ mit der Zeit t ändert, gibt der Differenzenquotient

$$\frac{\Delta N}{\Delta t} = \frac{N(t_2) - N(t_1)}{t_2 - t_1}$$

nur die durchschnittliche Änderung der Anzahl der Kerne im Zeitintervall Δt an. Die momentane Änderungsrate der Anzahl der Kerne $N(t)$ ist der Differentialquotient

$$\frac{dN}{dt} = \lim_{t_2 \to t_1} \frac{N(t_2) - N(t_1)}{t_2 - t_1} = \dot{N}(t).$$

Damit ergibt sich folgende Differentialgleichung:

$$\dot{N}(t) = -\lambda N(t)$$

Wie leicht nachgeprüft werden kann, ist $N(t) = N_0 e^{-\lambda t}$ eine Lösung dieser Differentialgleichung.

Statt die vermutete Lösung durch Einsetzen in die Differentialgleichung zu verifizieren, kann die Gleichung auch integriert werden. Aus $dN/dt = -\lambda N$ ergibt sich $dN/N = -\lambda dt$.
Integration beider Seiten führt zu

$$\int_{N_0}^{N} \frac{dN}{N} = -\lambda \int_0^t dt \quad \text{bzw.} \quad [\ln N]_{N_0}^{N} = -\lambda [t]_0^t.$$

Die Stammfunktion der linken Seite ist $\ln N$, so dass $\ln N - \ln N_0 = -\lambda (t - 0)$ bzw. $\ln (N/N_0) = -\lambda t$ folgt.
Durch Anwendung der natürlichen Exponentialfunktion ergibt sich $N(t) = N_0 e^{-\lambda t}$.

Als **Zerfallsrate** oder **Aktivität A** wird die Anzahl der zerfallenden Kerne pro Zeit bezeichnet:

$$A = -\Delta N/\Delta t$$

Das Minuszeichen erklärt sich wie oben durch das Absinken der Anzahl noch unzerfallener Kerne ($\Delta N < 0$). Ändert sich die Aktivität sehr schnell, so müssen sehr kleine Zeitspannen Δt betrachtet werden. Die momentane Aktivität ergibt sich als Grenzwert für $\Delta t \to 0$.

Die **Aktivität A** eines radioaktiven Stoffes gibt die Anzahl der Kernprozesse pro Sekunde an. Sie ist gleich dem Quotienten aus der Anzahl $-\Delta N = -(N_2 - N_1)$ der in der Zeit $\Delta t = t_2 - t_1$ zerfallenden Kerne und der Zeit Δt:

$$A = \lim_{\Delta t \to 0} \left(-\frac{\Delta N(t)}{\Delta t} \right) = -\frac{dN(t)}{dt} = -\dot{N}(t)$$

Ihre SI-Einheit ist: $[A] = 1\ s^{-1} = 1\ Bq$ (Becquerel).

Dass die Aktivität A eines Präparates proportional zur Anzahl N der radioaktiven Kerne ist, leuchtet unmittelbar ein. Aus $A = -dN/dt$ und $N = N_0 e^{-\lambda t}$ folgt durch Differenzieren $A = \lambda N_0 e^{-\lambda t}$ oder $\boldsymbol{A = \lambda N}$. Damit ergibt sich für die zeitliche Abhängigkeit der Aktivität ebenfalls ein Exponentialgesetz (→ Musteraufgabe S. 124):

$$A(t) = A_0 e^{-\lambda t} \quad \text{mit} \quad A_0 = \lambda N_0$$

Die Abnahme der Aktivität eines Strahlers wird durch seine **Halbwertszeit t_H** charakterisiert und in der Nuklidkarte (→ S. 135) notiert. Sie gibt an, nach welcher Zeit die Aktivität bzw. die Anzahl radioaktiver Kerne auf die Hälfte ihres Anfangswertes gesunken ist. Aus $A_0/2 = A_0 e^{-\lambda t_H}$ folgt $\frac{1}{2} = e^{-\lambda t_H}$ bzw. $\ln(\frac{1}{2}) = -\lambda t_H$. Auflösen nach t_H ergibt $t_H = -\ln(\frac{1}{2})\lambda = \ln 2/\lambda$.

Für die Halbwertszeit t_H, innerhalb derer sich die Anzahl radioaktiver Kerne halbiert, gilt $t_H = \ln 2/\lambda$.

Radioaktiver Zerfall und Wahrscheinlichkeit

Mit den bisherigen Formeln wird das Verhalten einer großen Anzahl radioaktiver Kerne beschrieben. Für einen einzelnen Kern ergibt sich eine Zerfallswahrscheinlichkeit: Wenn im Zeitintervall Δt von N Kernen $-\Delta N = -(N_2 - N_1)$ Kerne zerfallen, so ist die Wahrscheinlichkeit, dass ein Kern in der Zeit Δt zerfällt, $p = -\Delta N/N$. Dieser Quotient lässt sich mit der mittleren Aktivität in der Zeit Δt verknüpfen:

$$A = -\frac{\Delta N}{\Delta t} = \lambda N \quad \text{und} \quad p = -\frac{\Delta N}{N} = \lambda \Delta t.$$

Die Zerfallskonstante $\lambda = p/\Delta t$ gibt also an, mit welcher Wahrscheinlichkeit ein Kern im Einheitszeitintervall zerfällt.
Über den Zeitpunkt des Zerfalls eines bestimmten Kerns kann nichts gesagt werden, er ist unbestimmt. Der radioaktive Zerfall ist ein spontaner stochastischer Prozess, der sich durch keine Einwirkungen von außen wie z. B. Druck oder Temperatur beeinflussen lässt. Lediglich die Wahrscheinlichkeit des Zerfalls in einem Zeitintervall Δt lässt sich mit $p = \lambda \Delta t$ angeben.
In der obigen Wahrscheinlichkeit kommt das „Alter" des Kerns nicht vor: „Atomkerne altern nicht", d. h. die Zerfallswahrscheinlichkeit wächst nicht mit dem „Alter" des Kerns oder der Beobachtungszeit.

3.2.5 Altersbestimmung

Die Altersbestimmung von Mineralien, Fossilien oder anderen archäologischen Funden kann auf der Grundlage des Zerfallsgesetzes, das die Abnahme der Anzahl radioaktiver Nuklide mit der Zeit beschreibt, durchgeführt werden. Aus der Messung der momentanen Konzentration eines bestimmten Nuklids in einer Probe kann mit Kenntnis der Anfangskonzentration sowie der Halbwertszeit die verstrichene Zeit berechnet werden. Je nach Art und Alter der Probe werden unterschiedliche Radionuklide benutzt.

70.1 Kopf der im Jahr 2000 gefundenen Mumie, die laut Inschrift die Tochter des persischen Königs Xerxes sein sollte. Dieser lebte vor etwa 2500 Jahren. Mit der ^{14}C-Methode konnte die Mumie eindeutig als Fälschung identifiziert werden.

Radiokohlenstoff-Methode (^{14}C-Methode)

Die ^{14}C-Methode wird bei Fundstücken eingesetzt, die organische Materialien enthalten. Altersbestimmungen im Bereich von mehreren hundert oder tausend Jahren sind damit möglich. Damit lässt sich das Alter von Fundgegenständen bestimmen, die im Rahmen der Menschheitsgeschichte eine Rolle spielen.

Durch die Höhenstrahlung entsteht in der Atmosphäre mittels der Reaktion schneller Neutronen mit dem Stickstoff der Luft das Kohlenstoffisotop ^{14}C gemäß der folgenden Gleichung: ${}^{1}_{0}n + {}^{14}_{7}N \rightarrow {}^{14}_{6}C + {}^{1}_{1}p$.
Chemisch verhalten sich ^{14}C-Atome genauso wie ^{12}C-Atome und reagieren beispielsweise zu CO_2, das ständig von lebenden Organismen mit der Atmosphäre ausgetauscht wird. Ist die ^{14}C-Konzentration in der Luft konstant, so wird sich in den lebenden Organismen ein Gleichgewichtswert der Konzentration der Kohlenstoffisotope ^{12}C und ^{14}C einstellen.
Auf ein ^{14}C-Atom kommen etwa 10^{12} ^{12}C-Atome. Dies führt bei 1 g Kohlenstoff aus lebender Materie im Mittel zu 12,5 β-Zerfällen des ^{14}C in der Minute.
Stirbt das Lebewesen, so wird der Stoffwechsel gestoppt und kein radioaktiver Kohlenstoff mehr aufgenommen. Dieser zerfällt aber mit seiner charakteristischen Halbwertszeit von (5730 ± 40) Jahren. Damit ändert sich das Verhältnis von ^{14}C zu ^{12}C zugunsten von ^{12}C und die Aktivität sinkt. Anhand der Messung dieses Verhältnisses können somit der Todeszeitpunkt des Lebewesens und damit das Alter einer Probe aus organischem Material bestimmt werden (**Abb. 70.1**).

Die zur Aktivitätsbestimmung notwendige Kohlenstoffprobe wird durch Verbrennen des organischen Materials gewonnen. Wird die noch vorhandene Aktivität A, umgerechnet auf eine Probenmasse von 1 g, mit der Anfangsaktivität $A_0 = 0{,}208$ Bq verglichen, so ergibt sich das Alter aufgrund der Beziehung $A = A_0\,e^{-\lambda t}$ zu

$$t = -\frac{1}{\lambda}\ln\left(\frac{A}{A_0}\right) = -\frac{\ln(A/A_0)}{\ln 2}\,t_H.$$

Die Gleichgewichtskonzentration der beiden Kohlenstoffisotope in der Atmosphäre ist zeitlich nicht konstant, muss aber für die Altersbestimmung genauestens bekannt sein. Verschiedene Faktoren wie Schwankungen des Erdmagnetfeldes, die vermehrte Verbrennung fossiler Energieträger oder oberirdische Atomwaffentests haben Einfluss auf den Gleichgewichtswert. Die zeitliche Entwicklung der Gleichgewichtskonzentration wird z. B. mithilfe von Proben aus den Ringen extrem langlebiger Bäume wie etwa der deutschen und irischen Eiche bestimmt, deren Alter durch Abzählen der Ringe erhalten werden kann. Damit lässt sich eine Eichkurve bekommen, die über mehr als 9600 Jahre zurückreicht (**Abb. 70.2**).
Wird das Konzentrationsverhältnis der Kohlenstoffisotope anhand der Aktivitätsmessung einer bekannten Menge Kohlenstoffs bestimmt, werden wegen der Statistik des Zerfalls große Proben und relativ große Messzeiten benötigt. Neuere Verfahren nutzen die unterschiedlichen Massen der Isotope aus. Die einzelnen Nuklide werden mithilfe der sogenannten Beschleunigermassenspektrometrie getrennt und nachgewiesen, so dass nur Minimalmengen benötigt werden.

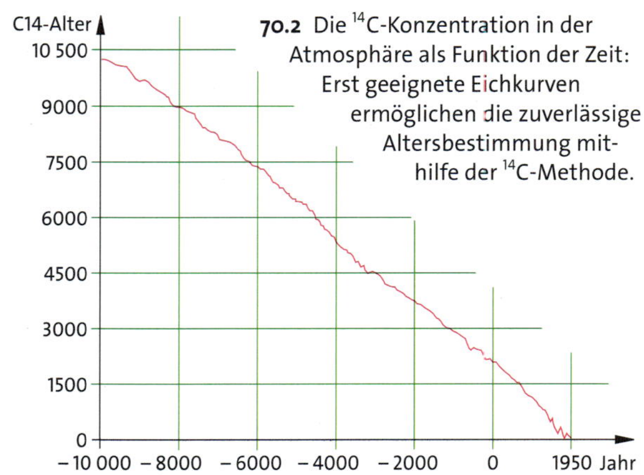

70.2 Die ^{14}C-Konzentration in der Atmosphäre als Funktion der Zeit: Erst geeignete Eichkurven ermöglichen die zuverlässige Altersbestimmung mithilfe der ^{14}C-Methode.

Uran-Blei-Methode

Die Uran-Blei-Methode wird zur Datierung von Mineralien eingesetzt. Altersbestimmungen im Bereich von mehreren Milliarden Jahren sind möglich. Damit können u. a. Erkenntnisse über die Erdgeschichte gewonnen werden. Verwendet wird die Tatsache, dass sich bei einigen Elementen die Zusammensetzung aus Isotopen aufgrund radioaktiver Prozesse verändert. So entsteht z. B. beim Zerfall von ^{238}U das Nuklid ^{206}Pb. Das Alter uranhaltiger Mineralien wird aus der Zahl N der Uranatome und der Zahl N' der Bleiatome, die durch Zerfall entstanden sind, bestimmt. Die Zahl der ursprünglich vorhandenen Uranatome ist $N_0 = N + N'$. Aus dem Zerfallsgesetz $N = N_0 e^{-\lambda t}$ ergibt sich das Alter

$$t = \frac{1}{\lambda} \ln\left(\frac{N + N'}{N}\right)$$

unter der Voraussetzung, dass zum Entstehungszeitpunkt des Minerals kein ^{206}Pb vorhanden war.

Aufgaben

1. Bei der Umwandlung von Protactinium234 in Uran234 unter β-Emission wurden folgende bereits um die Nullrate bereinigte Zählraten gemessen:

t in s	30	60	90	120	150	180	210	240	270
n in $\frac{1}{10}$ s	236	173	128	98	71	56	38	30	19

a) Bestimmen Sie mit einer grafischen Darstellung die Zerfallskonstante λ und die Halbwertszeit.

b) Berechnen Sie die Zählrate nach 6,0 min. Bestimmen Sie rechnerisch die Zeit, nach der die Zählrate nur noch $\frac{1}{10}$ bzw. $\frac{1}{100}$ ihres Anfangswertes beträgt.

2. Bestimmen Sie den Bruchteil einer Menge ^{226}Ra mit $t_H = 1600$ a, der nach 10 Jahren noch nicht zerfallen ist.

3. Berechnen Sie die Menge Blei, die seit Bestehen der Erde (also seit $4{,}55 \cdot 10^9$ a) aus 1,0 kg ^{238}U mit $t_H = 4{,}5 \cdot 10^9$ a entstanden ist.

4. Aus der Messung der Masse und der Aktivität lässt sich die Halbwertszeit der sehr langlebigen Substanz ^{232}Th zu $t_H = 1{,}39 \cdot 10^{10}$ a bestimmen. Bestimmen Sie die Zahl der in einer Sekunde zerfallenden Kerne bei einer Thoriummasse von 1,0 g.

5. **a)** Berechnen Sie die Masse eines Americium241-Präparats mit einer Aktivität von 333 kBq.

b) Bestimmen Sie die Aktivität von 2,0 µg ^{210}Po ($t_H = 138$ d).

6. Erläutern Sie den Einfluss der im Text genannten Phänomene auf das Verhältnis der beiden Kohlenstoffisotope in der Atmosphäre.

7. Die Aktivität lebenden Holzes beträgt aufgrund seines ^{14}C-Gehaltes A = 0,208 Bq je Gramm Kohlenstoff. Die Halbwertszeit von ^{14}C ist $t_H = 5730$ a.

a) Bestimmen Sie die auf ein Gramm bezogene Aktivität von Holz, das vor 500 Jahren geschlagen wurde.

b) Berechnen Sie das Alter von Holz, das eine Aktivität von 6,5 min^{-1} je Gramm Kohlenstoff aufweist.

c) Am Toten Meer wurden in einer Höhle Bibeltexte des Buches Jesaja entdeckt. Bei einer daraus gewonnenen Kohlenstoffprobe der Masse 0,25 g werden 162 Zerfälle pro Stunde gemessen. Bestimmen Sie das Alter des Bibeltextes.

8. 1991 wurde im Gletschereis der Ötztaler Alpen eine mumifizierte Leiche gefunden, für die die Presse den Namen „Ötzi" prägte. Zur Altersbestimmung wurden Gewebeproben nach der ^{14}C-Methode untersucht.

a) ^{14}C ist ein β^--Strahler. Geben Sie dafür eine Begründung an und schreiben Sie die Zerfallsgleichung auf.

b) Erklären Sie kurz die ^{14}C-Methode zur Altersbestimmung.

c) Die Aktivität einer Probe des „Ötzi" betrug 58 % der Aktivität einer Probe, die heute einem lebenden Organismus entnommen wurde und die gleiche Menge ^{12}C enthält. Die Halbwertszeit von ^{14}C beträgt 5730 Jahre. Berechnen Sie, vor wie vielen Jahren „Ötzi" gestorben ist.

d) Zusätzliche wissenschaftliche Untersuchungen ergeben ein wahrscheinlicheres Alter von 5300 Jahren. Berechnen Sie, um wie viel Prozent das mit der ^{14}C-Methode ermittelte Alter von diesem Wert abweicht.

e) Schildern Sie, mit welcher Annahme es sich erklären lässt, dass die Berechnung in Teilaufgabe d) ein geringeres Alter liefert.

9. Beim Reaktorunfall in Tschernobyl 1986 wurde u. a. das Isotop ^{137}Cs ($m_{Cs137} = 136{,}907\,08$ u) freigesetzt. Es ist ein β^--Strahler mit einer Halbwertszeit von 30 Jahren.

a) Kurz nach dem Unfall wurde festgestellt, dass die vom ^{137}Cs ausgehende Strahlung in Bayern eine Bodenaktivität von im Mittel ca. 10 kBq pro m^2 hervorrief. Berechnen Sie die Masse des ^{137}Cs, das auf die Fläche von Bayern ($70{,}5 \cdot 10^3$ km^2) niederging.

b) Berechnen Sie, wie viel Prozent der ursprünglichen Aktivität heute ohne den vermindernden Einfluss von Auswaschungen feststellbar wäre.

c) Das sich auf dem Boden absetzende ^{137}Cs gelangte auch in die Frischmilch, pro Liter etwa $4{,}5 \cdot 10^{-14}$ kg des radioaktiven Stoffes. Berechnen Sie, wie viele ^{137}Cs-Atome nach dem Reaktorunfall in Tschernobyl in einem Liter Frischmilch enthalten waren und welche Aktivität demzufolge ein Liter Milch hatte.

10. ^{40}K ($m_{K40} = 39{,}963\,990$ u) liefert einen bedeutenden Anteil zur natürlichen inneren Strahlenbelastung eines Menschen. Das radioaktive ^{40}K ist zu 0,0117 % in natürlichem Kalium vorhanden.

a) Eine Probe KCl der Masse 3,0 g besitzt eine konstante Aktivität von 48,8 Bq. Berechnen Sie die zugehörige Halbwertszeit und deuten Sie das Ergebnis. ($m_{Cl} = 35{,}453$ u; zur Kontrolle: $t_H = 1{,}3 \cdot 10^9$ a)

b) Der Körper eines Erwachsenen enthält durchschnittlich 0,14 kg natürliches Kalium. Berechnen Sie die daraus resultierende Aktivität.

11. Die Halbwertszeit von Uran beträgt $4{,}5 \cdot 10^9$ a. Berechnen Sie das Alter eines Minerals, das ein Bleiatom auf zwei Uranatome enthält.

3.3 Ein einfaches quantenphysikalisches Kernmodell

Um zu verstehen, warum manche Atomkerne stabil sind, andere dagegen nicht, und wie es zum Zerfall von Atomkernen kommt, muss ein Modell entwickelt werden, das insbesondere die energetischen Verhältnisse im Inneren von Atomkernen berücksichtigt. Wie in der Atomphysik gelingt dies durch die Anwendung quantenmechanischer Vorstellungen im Rahmen eines Potentialtopfmodells. Damit lässt sich auch verstehen, warum die emittierte γ-Strahlung diskrete Energiewerte besitzt.

3.3.1 Das Potentialtopfmodell des Atomkerns

Die Bindung der Nukleonen im Kern erfolgt durch die starke Kraft (→ 3.2.2). Der Wirkungsbereich dieser Kraft reicht aber nicht über eine Entfernung von 1,5 fm (1 fm = 10^{-15} m) hinaus, wie Streuversuche mit Teilchen an Kernen zeigen. Wird der Abstand größer, so sinkt ihr Wert sehr schnell auf null. Wird der Abstand kleiner als 0,5 fm, so ergibt sich sogar eine abstoßende Wirkung (**Abb. 72.1**). Somit ist die Dichte der Atomkerne nahezu konstant und der Aufenthaltsbereich der Nukleonen auf den Kernbereich beschränkt, sodass sich zur Systembeschreibung als einfachster Zugang das quantenphysikalische Potentialtopfmodell (→ 2.1) eignet.

Das Verhalten der Nukleonen im Potentialtopf wird durch Wellenfunktionen beschrieben. Die Energieniveaus sind diskret (→ 2.1.3).

Die Niveaus werden vom energieärmsten Zustand beginnend besetzt. Da für die Nukleonen das Pauli-Prinzip gilt, kann jedes Niveau von zwei Nukleonen mit unterschiedlicher Spinquantenzahl besetzt werden. Die Energie des höchsten besetzten Zustandes heißt **Fermi-Energie E_F**. Sie lässt sich aus der Dichte der Nukleonen berechnen. Es ergibt sich ein Wert von ca. 26 MeV. Aus der Separationsenergie von ca. 8 MeV, die aufgewendet werden muss, um ein Nukleon aus dem Kern zu entfernen, kann die Tiefe des Potentialtopfes zu etwa 34 MeV abgeschätzt werden.

In **Abb. 72.1** ist das Nullniveau der Energie so gewählt, dass der Potentialtopf für die Neutronen bei 0 MeV endet und die Bindungsenergien für die Nukleonen wie üblich negativ sind. Für die Protonen muss noch zusätzlich berücksichtigt werden, dass sie sich aufgrund ihrer Ladung gegenseitig abstoßen, sodass ihr Potentialtopf höher liegt als der der Neutronen. Da Protonen außerhalb des Kerns von diesem abgestoßen werden, muss der Potentialtopf für Protonen noch durch einen Potentialwall ergänzt werden (Coulomb-Potential, **Abb. 72.1**).

Wird ein Nukleon zu einem Kern hinzugefügt, so hat dies kaum Einfluss auf die Dichte der Kernmaterie und damit auf die sich daraus durch Rechnung ergebende Fermi-Energie des höchsten besetzten Zustands. Da sich auch die Separationsenergie kaum verändert (→ **Abb. 65.1**), ist die Topftiefe näherungsweise unabhängig von der Massenzahl *A*. Bei größeren Atomkernen ist der Abstand zwischen den Energieniveaus im Potentialtopf deshalb entsprechend geringer.

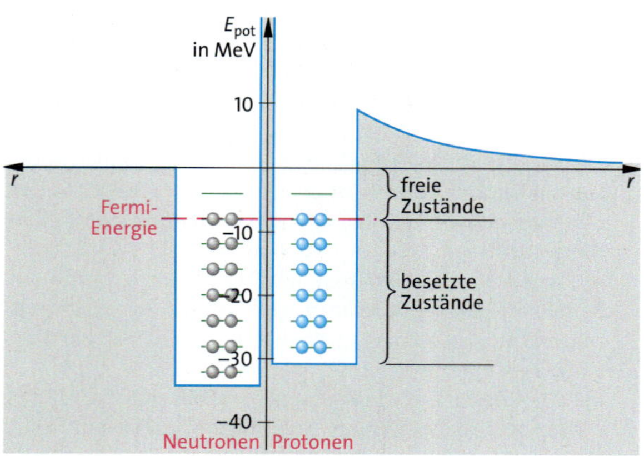

72.1 Schematische Darstellung der Energieniveaus eines Kerns im Potentialtopfmodell. Für Neutronen und Protonen existieren getrennte Potentialtöpfe. Die Energieniveaus sind in beiden Töpfen bis auf die Höhe des Fermi-Niveaus besetzt.

Theorie des α-Zerfalls

Wenn sich ein Atomkern durch Emission eines α-Teilchens in einen anderen Kern umwandelt, so haben beide Kerne diskrete Energiezustände und das α-Teilchen eine bestimmte kinetische Energie. Erstaunlich ist bei diesen Energiezustandsänderungen jedoch, dass nicht einzelne Nukleonen, sondern α-Teilchen emittiert werden. Ferner hat sich experimentell gezeigt, dass z. B. α-Teilchen mit einer kinetischen Energie von 8,8 MeV nicht in den ^{238}U-Kern eindringen können, obwohl dieser selbst nur α-Teilchen von 4,2 MeV emittiert.

Wird ein α-Teilchen vom ^{238}U-Kern emittiert, so entsteht ein ^{234}Th-Kern (Z = 90). Außerhalb dieses Kerns ist das α-Teilchen allein den abstoßenden elektrischen Kräften der Protonen des Kerns ausgesetzt, da es sich außerhalb der Reichweite der Kernkräfte befindet. Es wird im elektrischen Feld beschleunigt, wobei sich potentielle in kinetische Energie umwandelt:

$$E_{pot} = \frac{Q_1 Q_2}{4\pi\varepsilon_0 r} \quad \text{mit} \quad Q_1 = 90\,e \quad \text{und} \quad Q_2 = 2\,e$$

Der Abstand r_K, bei dem die Kernkräfte zu wirken aufhören, ergibt sich aus dem Radius des Thoriumkerns

($8{,}6 \cdot 10^{-15}$ m), dem Radius des α-Teilchens ($2{,}2 \cdot 10^{-15}$ m) und der Reichweite der Kernkräfte ($0{,}8 \cdot 10^{-15}$ m) zu $r_K = 11{,}6 \cdot 10^{-15}$ m, so dass die potentielle Energie aufgrund der elektrischen Kräfte in diesem Abstand $E_{pot} = 22$ MeV beträgt.
Damit ergibt sich die weitere Frage, wieso ein α-Teilchen, das schon bei r_K den Einflussbereich der Kernkräfte verlassen hat, nur eine Energie von 4,2 MeV besitzt, obwohl es durch die elektrischen Kräfte doch auf eine Energie von 22 MeV beschleunigt worden sein müsste. Erst im Abstand $r_E = 61{,}5 \cdot 10^{-15}$ m beträgt die potentielle Energie eines α-Teilchens 4,2 MeV (**Abb. 73.1**).
Einzelne Nukleonen können den Kern aus dem Grundzustand heraus nicht verlassen, weil sie wenigstens eine Separationsenergie von ca. 8 MeV benötigen, um auf das Nullniveau des Kernpotentials gehoben zu werden. Wird jedoch im Kern aus vier Nukleonen ein α-Teilchen gebildet, so steht die Bindungsenergie des α-Teilchens von ca. 7 MeV pro Nukleon zur Verfügung. Ferner besitzt ein α-Teilchen, dessen Aufenthaltsbereich beschränkt ist, nach der Heisenberg'schen Unschärferelation (→ 1.3.2) auch eine kinetische Energie, sodass ein Anheben auf ein Energieniveau oberhalb des Nullniveaus möglich ist (**Abb. 73.1**).
Das α-Teilchen könnte jedoch nicht den hohen Potentialwall von 22 MeV überwinden, denn seine Energie ist kleiner als die potentielle Energie in diesem Bereich. Nach der klassischen Physik könnte das α-Teilchen nur dann aus dem Kern gelangen, wenn seine Gesamtenergie wenigstens so groß wie der größte Wert der potentiellen Energie wäre. Diese Energie müsste das α-Teilchen anschließend als kinetische Energie besitzen, was jedoch nicht der Fall ist.
Dennoch gelangen α-Teilchen aus dem Abstand $r < r_K$ von der einen Seite in den Abstand $r \geq r_E$ auf der anderen Seite des Potentialwalls, ohne dass ihre Energie die dazwischenliegenden Werte der potentiellen Energie annimmt. Diese als **Tunneleffekt** bezeichnete Erscheinung wurde 1928 von GAMOW durch Anwendung der Quantenmechanik erklärt: Die α-Teilchen besitzen im Kern eine Energie (bei ^{238}U von 4,2 MeV) und können den Potentialwall *durchdringen*, denn ihr Verhalten wird wie im atomaren Bereich durch die Wellenfunktion Ψ beschrieben (→ S. 41). **Abb. 73.2** zeigt das Quadrat der Wellenfunktion $|\Psi|^2$, zu dem die Aufenthaltswahrscheinlichkeit eines α-Teilchens proportional ist, in Abhängigkeit vom Abstand vom Kernmittelpunkt.
Danach ist auch in dem Bereich zwischen r_K und r_E die Aufenthaltswahrscheinlichkeit nicht gleich null, d. h. es existiert eine gewisse Wahrscheinlichkeit, das α-Teilchen im Potentialwall und auch außerhalb des Walls zu finden. Das α-Teilchen kann also die Potentialbarriere durchtunneln.

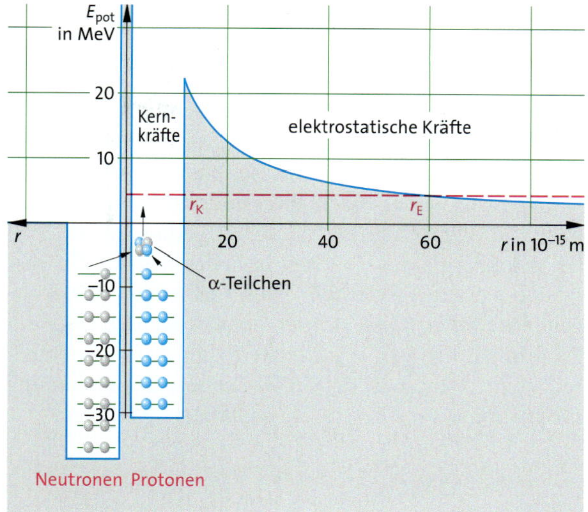

73.1 Die Energieverhältnisse des α-Zerfalls bei Uran238

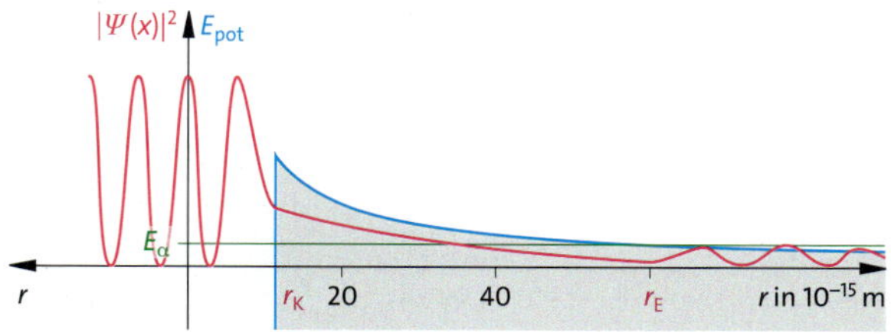

73.2 Wahrscheinlichkeitsdichte $|\Psi(r)|^2$ für ein Teilchen, dessen Gesamtenergie im Bereich $r_K < r < r_E$ kleiner als die maximale potentielle Energie ist

Aufgaben

1. Das Nuklid ^{238}Pu ist ein α-Strahler.
a) Geben Sie die Gleichung des Zerfalls von ^{238}Pu an und berechnen Sie die gesamte bei einem Zerfall frei werdende Energie *E*. [Zur Kontrolle: *E* = 5,59 MeV]
b) Das α-Teilchen gewinnt seine kinetische Energie nach klassischer Vorstellung dadurch, dass es durch die elektrische Abstoßung im Potential des Restkerns beschleunigt wird. Schätzen Sie die beim Zerfall insgesamt auf diese Weise entstehende kinetische Energie ab, indem Sie davon ausgehen, dass sich das α-Teilchen gerade vom Restkern ablöst (siehe **Abb. rechts**). Verwenden Sie als Formel für den Radius von Atomkernen $r = r_0 \cdot \sqrt[3]{A}$ mit der Massenzahl *A* und $r_0 = 1{,}4 \cdot 10^{-15}$ m. [Zur Kontrolle: $E_{kin} = 24$ MeV]

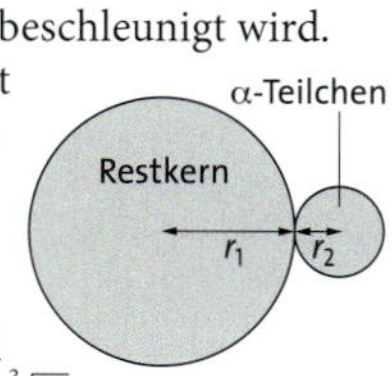

c) Das Ergebnis von Teilaufgabe b) widerspricht dem in Teilaufgabe a) berechneten *E*-Wert. Der Widerspruch kann mit einer quantenmechanischen Vorstellung erklärt werden. Erläutern Sie diese Modellvorstellung. Skizzieren Sie dazu den Potentialtopf des Restkerns für α-Teilchen und machen Sie in der Skizze deutlich, wo die beiden berechneten Energiewerte erscheinen.

3.3.2 α-, β- und γ-Spektroskopie

α- und γ-Spektroskopie

Energien von α-Teilchen liefern wesentliche Hinweise auf diskrete Energiezustände des Kerns. Die Energiemessung nutzt das große Ionisationsvermögen der α-Teilchen aus, sodass nach einer vollständigen Abbremsung die Anzahl der entstandenen Ladungen ein Maß für die Energie der Teilchen ist. Hierzu kann ein gasgefüllter Raum zwischen zwei Elektroden, eine sogenannte Ionisationskammer, genutzt werden oder ein Zählrohr (→ S. 80). Wird letzteres im Proportionalbereich betrieben, so ist die Größe der ausgelösten Ladung proportional zur Energie der registrierten Teilchen.

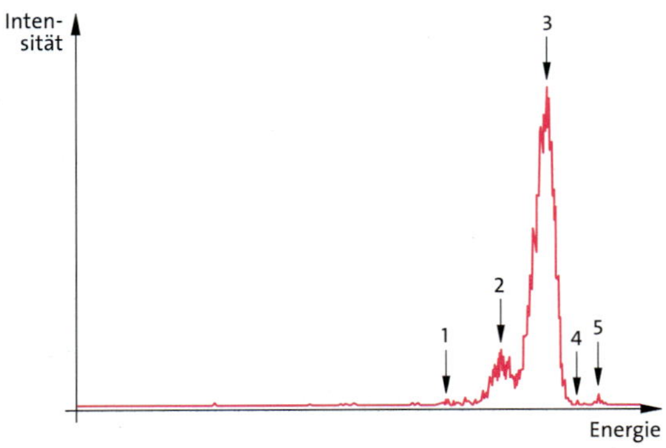

74.1 Die Feinstruktur des α-Spektrums eines Americium-Präparats, aufgenommen mit einem hochauflösenden Detektor

74.2 Energie und relative Häufigkeit der α-Teilchen beim Zerfall von Am241. Die relative Häufigkeit entspricht der Intensität der Linie.

Nr.	Energie in MeV	relative Häufigkeit
1	5,389	1,33 %
2	5,443	12,8 %
3	5,486	85,2 %
4	5,513	0,21 %
5	5,545	0,35 %

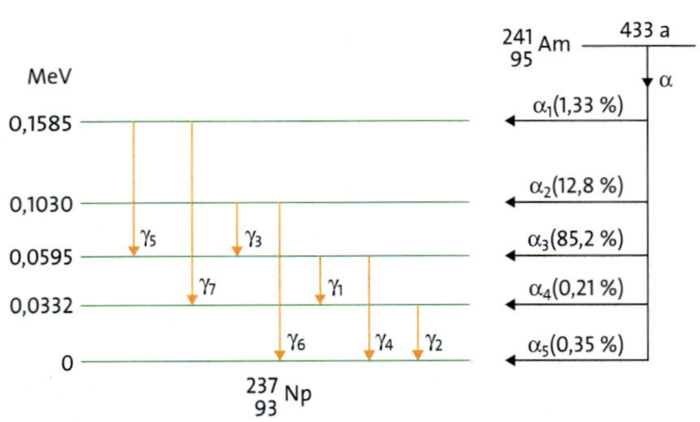

74.3 Aus dem Spektrum der α-Teilchen von ^{241}Am kann auf die Anregungszustände des Neptuniums geschlossen werden.

Versuch 1: Das Energiespektrum eines offenen Americium-Präparats wird im Vakuum mit einem hochauflösenden Detektor aufgenommen. Es ergeben sich das Spektrum in **Abb. 74.1** und die **Tab. 74.2**.

Deutung: Die Energie der α-Teilchen beträgt ohne Berücksichtigung der Feinstruktur etwa 5,5 MeV. Die Feinstruktur (Unterteilung in mehrere Linien) lässt sich damit erklären, dass bei dem Zerfall des Mutternuklids Tochterkerne, hier Neptuniumkerne, entstehen, die unterschiedlich angeregt sind. Befindet sich der Tochterkern im Grundzustand, so besitzt der emittierte Heliumkern die maximale Energie, also hier 5,545 MeV. In allen anderen Fällen befindet sich der Neptuniumkern in einem angeregten Zustand. Es lässt sich ein Energieniveauschema (**Abb. 74.3**) entwickeln. ◂

Beim α-Zerfall erhält das α-Teilchen die diskrete Energie, die der Energiedifferenz zwischen Mutter- und Tochternuklid entspricht. Unter Berücksichtigung der Atommasse des Heliums kann die insgesamt frei werdende Energie berechnet werden:
$E_\alpha = (m_M - m_T - m_{He})\,c^2$ (→ Musteraufgabe S. 123)
Gibt es verschiedene Anregungszustände des Tochternuklids, so ist eine Feinstruktur im α-Spektrum zu erkennen.

Wie im Termschema von **Abb. 74.3** zu sehen ist, geht der Tochterkern von einem angeregten Zustand in einen Zustand niedrigerer Energie über, indem ein γ-Quant der entsprechenden Energie emittiert wird. Es tritt also ein diskretes γ-Spektrum auf, das charakteristisch für den jeweiligen Kern ist. Die diskreten Energieniveaus eines Kerns können über die Energie der α-Teilchen oder direkt – durch Vermessung der emittierten γ-Strahlung – nachgewiesen werden.

γ-Strahlung entsteht, wenn angeregte Atomkerne in niedrigere Energiezustände überwechseln. Wie in der Atomphysik führt dies zu diskreten Energiewerten für die ausgesandten Photonen. Die von einem Atomkern emittierte γ-Strahlung besitzt deshalb ein diskretes Spektrum.

Aufgaben

1. Bestimmen Sie die maximale Energie der α-Teilchen aus dem Zerfall von Pu239. Begründen Sie die Entstehung eines Linienspektrums und erläutern Sie, warum beim α-Zerfall auch γ-Strahlung entsteht.
2. Bestimmen Sie die maximale kinetische Energie eines α-Teilchens, das aus einem ^{226}Ra-Nuklid emittiert wird.
3. Das von einem ^{235}U-Nuklid emittierte α-Teilchen hat eine kinetische Energie von 4,58 MeV. Berechnen Sie die Masse des entstehenden ^{231}Th-Nuklids.

Der β-Zerfall

Im stabilen Kernzustand sind die Energieniveaus der Potentialtöpfe für Neutronen und Protonen bis zur Höhe des Fermi-Niveaus besetzt. Ist bei einem Kern im Teil des Potentialtopfes für Neutronen ein Energieniveau besetzt, unterhalb dessen sich noch ein freies Niveau für Protonen befindet, so kann das Neutron das tiefer gelegene Niveau besetzen. Dabei wird aus dem Neutron ein Proton; ein Elektron wird emittiert. Dies ist die β^--Strahlung (→ 3.2.3). Wird nicht sofort der Grundzustand erreicht, so werden γ-Quanten emittiert, z. B. bei der Umwandlung von ^{137}Cs in ^{137}Ba (→ 3.2.4).

Bei der **β-Spektroskopie** wird die Energie der von einem radioaktiven Nuklid ausgehenden β-Teilchen gemessen. Die beste Auflösung wird dabei mit Spektrometern erreicht, welche den Impuls über die Ablenkung der emittierten Elektronen in einem Magnetfeld bestimmen. Treten die Elektronen mit einer Geschwindigkeit v senkrecht zu den Feldlinien in das Magnetfeld ein, so werden sie durch die Lorentzkraft auf eine Kreisbahn mit dem Radius r gezwungen und es gilt: $e v B = m v^2/r$. Damit lässt sich der Impuls der Elektronen bestimmen: $p = e B r$. Da es sich in der Regel um hochenergetische Elektronen handelt, muss ihre Energie mit der relativistischen Energie-Impuls-Beziehung bestimmt werden (→ Bd. 11, 3.4.2).
Werden die Energien der Elektronen eines β^--Zerfalls gemessen, so zeigt sich, dass die Elektronen unterschiedliche Energien besitzen. Die emittierten Elektronen besitzen ein kontinuierliches Energiespektrum (**Abb. 75.1**), das bis zu einer Maximalenergie reicht.

Die Existenz eines kontinuierlichen Spektrums ist erstaunlich, da Mutter- und Tochterkern einen diskreten Energiewert besitzen. Es sollten also alle Elektronen diesen Differenzbetrag als Energie besitzen. Da dies nicht der Fall ist, muss zur Erhaltung des Energiesatzes die Emission eines weiteren Teilchens gefordert werden. Dies ist das sogenannte *Antineutrino* $\overline{\nu}_e$ (→ 3.2.3 und 4.1.2). Die diskrete Energie des Zerfalls wird unterschiedlich auf das Elektron und das Antineutrino verteilt. So entsteht ein kontinuierliches Energiespektrum der Elektronen.
Das Antineutrino, welches eine vernachlässigbare Ruhemasse besitzt, wurde zunächst von PAULI 1930 postuliert, um sowohl die Gültigkeit des Energie- als auch des Impulserhaltungssatzes sicherzustellen.

Beim **β^--Zerfall** wandelt sich das Ausgangsatom X unter Aussendung eines Elektrons und eines Antineutrinos in das Tochternuklid Y um:

$$^{A}_{Z}X \rightarrow {}^{A}_{Z+1}Y + {}^{0}_{-1}e + {}^{0}_{0}\overline{\nu}_e$$

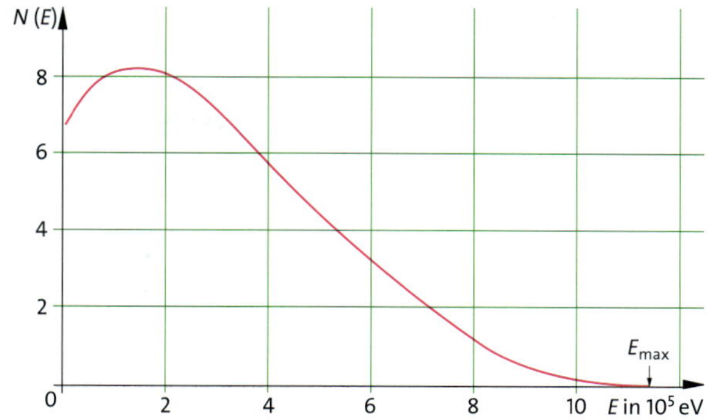

75.1 Kontinuierliches Energiespektrum der Elektronen, die beim β-Zerfall von ^{210}Bi emittiert werden. Die Energie wird mithilfe eines β-Spektrometers bestimmt, das die Ablenkung der Elektronen in einem Magnetfeld ausnutzt. Das kontinuierliche Spektrum zeigt, dass zusätzlich zum Elektron noch ein Elektron-Antineutrino emittiert wird.

Die frei werdende Energie lässt sich über die Differenz der Atommassen von Mutter- und Tochternuklid berechnen: $E_\beta = (m_M - m_T)\, c^2$. Sie verteilt sich auf das β-Teilchen und das Antineutrino (→ Musteraufgabe S. 124).

Die Elektronen der β-Strahlung besitzen ein **kontinuierliches Energiespektrum**, das nuklidabhängig bis zu einer Maximalenergie von 3 MeV reichen kann. Zusätzlich werden Antineutrinos emittiert, die den Rest der Zerfallsenergie besitzen.

Beim β^--Zerfall wandelt sich ein Neutron in ein Proton um; ein Überschuss an Neutronen wird abgebaut. Mit dem **β^+-Zerfall** kann ein relativer Neutronenmangel verringert werden. Dabei wird ein **Positron** $\left({}^{0}_{+1}e\right)$ abgestrahlt. Aus einem Proton wird ein Neutron. Das Positron ist das **Antiteilchen** des Elektrons. Es besitzt die gleiche Masse wie ein Elektron, jedoch keine negative, sondern eine positive Elementarladung (→ 4.1.2).

Bei einem β^+-Zerfall werden ein Positron $\left({}^{0}_{+1}e\right)$ und ein Neutrino (ν_e) vom Kern emittiert. Die Massenzahl A bleibt konstant, die Kernladungszahl Z verringert sich um eins:

$$^{A}_{Z}X \rightarrow {}^{A}_{Z-1}Y + {}^{0}_{+1}e + \nu_e \quad \text{bzw.} \quad {}^{1}_{1}p \rightarrow {}^{1}_{0}n + {}^{0}_{+1}e + \nu_e$$

Aufgaben

1. C14 ist ein β-Strahler. Stellen Sie die Zerfallsgleichung auf und berechnen Sie die maximale Energie der Elektronen aus den Atommassen. Erklären Sie, warum hier ein kontinuierliches Spektrum auftritt.
2. Vergleichen Sie die Energiespektren eines α-Strahlers sowie eines β-Strahlers miteinander. Erklären Sie, warum das damit jeweils verbundene γ-Spektrum stets diskret ist.

3.4 Wechselwirkung von Strahlung mit Materie

Geräte zum Nachweis und zur Untersuchung radioaktiver Strahlung beruhen auf der Wechselwirkung von Strahlung mit Materie, wobei makroskopisch messbare Signale entstehen. Dies sind z. B. elektrische Ladungen im Zählrohr (→ S. 80) oder sichtbare Spuren in einer Nebelkammer (→ S. 60). Um aus diesen Signalen Informationen über die Eigenschaften der Strahlung zu erhalten, müssen die Wechselwirkungsprozesse bekannt sein. Die Kenntnisse über die Wechselwirkung von Strahlung mit Materie sind für den Strahlenschutz und für weitere Anwendungsmöglichkeiten wie etwa die Krebstherapie von großer Bedeutung.
Bei der Wechselwirkung spielt es eine große Rolle, ob es sich um schwere bzw. leichte geladene Teilchen, wie α-Teilchen, schwere Ionen bzw. Elektronen oder um elektromagnetische Strahlung (Röntgenstrahlung, γ-Quanten) handelt, da die Wechselwirkungsprozesse unterschiedlich sind.

3.4.1 Wechselwirkungsprozesse geladener Teilchen

Beim Durchgang geladener Teilchen durch Materie können sich verschiedenartige Prozesse abspielen:

- Es können Stöße mit den Elektronen der Atomhülle stattfinden. Bei solchen unelastischen Stößen kommt es zur Anregung bzw. zur Ionisation der Atome und Moleküle. Dabei erfährt das Teilchen einen Energieverlust, der als **Ionisationsbremsung** bezeichnet wird. Die abgelösten Elektronen können dadurch so viel Energie bekommen, dass sie sich als schnelle geladene Teilchen durch den Absorber bewegen und ihrerseits mit der Materie wechselwirken.
- Die geladenen Teilchen können im elektrischen Feld von Elektronen und Atomkernen abgelenkt werden. Dabei wird ihre Energie in Form von elektromagnetischer **Bremsstrahlung** abgegeben (→ 2.4.2).
- Es können **elastische und unelastische** Stöße mit den Atomkernen stattfinden, bei denen ein Teil der Energie auf den Kern übertragen wird.
- Wenn die Geschwindigkeit geladener Teilchen die Lichtgeschwindigkeit (c/n) in einem durchsichtigen Stoff mit einem Brechungsindex $n > 1$ übertrifft, wird die Energie der Teilchen in Form von **Lichtquanten** abgegeben (**Čerenkov-Effekt**).

Welchen Anteil diese verschiedenen Prozesse jeweils am Energieverlust eines geladenen Teilchens haben, hängt stark von dessen Masse und Energie ab.

Energieabgabe schwerer geladener Teilchen

Aufgrund der Coulomb-Wechselwirkung übertragen schwere geladene Teilchen (Protonen, α-Teilchen, Ionen) im Vorbeiflug einen Impuls senkrecht zu ihrer Bewegungsrichtung auf die Elektronen des Absorbermaterials. Sie selbst werden dabei kaum aus ihrer Bahn abgelenkt.
Rechnungen zeigen, dass der *spezifische Energieverlust* $\Delta E / \Delta x$, also die auf einer Strecke Δx abgegebene Energie ΔE, proportional zum Quadrat der Teilchenladung und der Elektronendichte des Absorbermaterials ist. Der spezifische Energieverlust ist aber umgekehrt proportional zum Quadrat der Geschwindigkeit, d. h. die Teilchen geben auf der gleichen Strecke mehr Energie ab, wenn sie langsamer sind.
Die einzelnen Energieverluste und Ablenkungen addieren sich stochastisch, sodass ein anfangs monoenergetischer Strahl nach Durchlaufen einer nicht zu großen Absorberstrecke Teilchen mit verschiedenen Energien besitzt (**Abb. 77.1 a**). Zudem werden einige Teilchen aus der ursprünglichen Richtung abgelenkt (**Abb. 77.1 b**).

Bei gegebener Anfangsgeschwindigkeit haben die Teilchen eine typische Reichweite R_0 in dem Material. Haben alle Teilchen vor ihrem Eintritt ins Absorbermaterial eine einheitliche kinetische Energie, so werden bis zu Absorberdicken kleiner als R_0 alle Teilchen durchgelassen. Ist das Absorbermaterial dicker, so verlieren die Teilchen beim Durchdringen des Materials vollständig ihre kinetische Energie; es kommt zur Absorption und die Anzahl der durchgehenden Teilchen sinkt rapide ab (**Abb. 77.2**).

α-Teilchen haben typischerweise eine Energie von einigen MeV. Für α-Teilchen, die von einem radioaktiven Präparat ausgesendet werden, ergibt sich ein diskretes Energiespektrum (→ 3.3.2). Die Mehrzahl der α-Teilchen besitzt deshalb die gleiche kinetische Energie, wenn sie in das Absorbermaterial eindringen. Diese Energie verringert sich bei jeder Ionisation um die Ionisierungsenergie. Ein α-Teilchen wechselwirkt mit nahezu jedem Atom, das auf seinem Weg liegt. In Luft ergibt sich daraus eine Reichweite von nur wenigen Zentimetern.

> Schwere geladene Teilchen wirken aufgrund ihrer Ladung beim Durchgang durch Materie stark ionisierend und werden wegen ihrer großen Masse kaum aus ihrer Bahn abgelenkt. Die mittlere Reichweite ist von der Ladung und Energie der Teilchen und vom Absorbermaterial abhängig.

Energieabgabe von Elektronen

Für die Absorption von Elektronen (β^--Teilchen) ist ebenfalls die Coulomb-Wechselwirkung verantwortlich. Elektronen können ihre Energie durch Ionisationsbremsung an das Absorbermaterial abgeben; dabei bestehen die gleichen Abhängigkeiten wie bei schweren Teilchen. In der Nebelkammer wird eine wesentlich schwächere Teilchenspur als bei α-Strahlung beobachtet. Dies liegt an der geringeren Ionisationsfähigkeit der β^--Strahlung. Im Mittel wird nur jedes tausendste Gasteilchen ionisiert. Damit ergibt sich in Luft eine Reichweite im Bereich von Metern. Aufgrund ihrer geringen Masse werden Elektronen allerdings zum Teil beträchtlich abgelenkt. Deshalb ergibt sich für die β^--Strahlung eines bestimmten Präparats keine einheitliche Reichweite und es gibt – anders als bei der α-Strahlung – keine Grenzdicke, bis zu der die Strahlung ein Material vollständig durchdringen kann. Die Zählrate der hinter dem Absorber registrierten Strahlung nimmt stattdessen bei steigender Schichtdicke kontinuierlich ab.

Für energiereiche Elektronen gibt es den zusätzlichen Mechanismus des Energieverlustes durch Strahlung: Die Elektronen werden im Kernfeld durch die Coulomb-Kraft beschleunigt und geben Energie in Form von γ-Quanten ab (**Abb. 77.3**). Werden Teilchen im Feld eines Atomkerns abgelenkt, so heißt diese Strahlung **Bremsstrahlung** (→ 2.4.2, kontinuierliches Röntgenspektrum). Die Strahlungsintensität ist proportional zum Quadrat der Kernladung. Da sie aber antiproportional zum Quadrat der Masse des beschleunigten Teilchens ist, spielt der Strahlungsverlust bei schweren Teilchen keine Rolle. Die entstehende Strahlung kann Energien weit über 1 MeV haben und tritt ihrerseits wieder in Wechselwirkung mit der Materie (→ 3.4.2).

Die Ablenkung geladener Teilchen in Teilchenbeschleunigern führt ebenfalls zur Emission von Strahlung, **Synchrotronstrahlung** genannt wird. Sie wird sowohl für medizinische Zwecke als auch zur Untersuchung von Kristallstrukturen verwendet.

> Elektronen verlieren ihre Energie beim Durchgang durch Materie durch Ionisationsbremsung und durch Emission von Bremsstrahlung. Sie werden stark abgelenkt.

Elektronen und andere geladene Teilchen, deren Geschwindigkeit v in einem Medium größer ist als die Lichtgeschwindigkeit $c_M = c/n$, strahlen Licht im sichtbaren Bereich aus (ČERENKOV-Effekt). Die Wellenfront des Lichtes bildet einen Kegel um die Ausbreitungsrichtung des Teilchens mit dem Öffnungswinkel φ, für den gilt: $\sin\varphi = c/(nv)$.

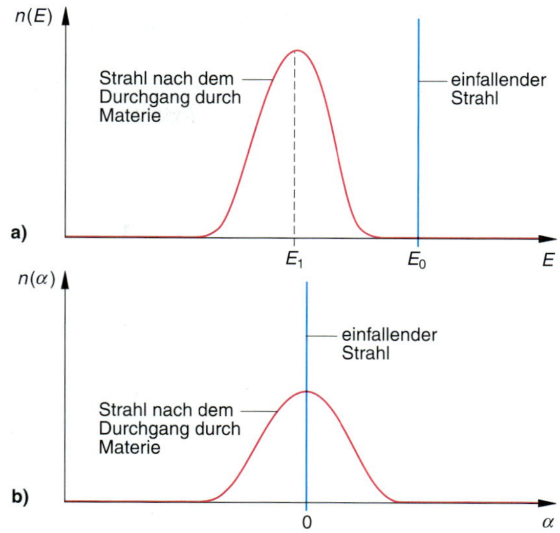

77.1 a) Energieverteilung und **b)** Winkelverteilung eines Strahls schwerer Teilchen nach dem Durchlaufen eines Absorbers

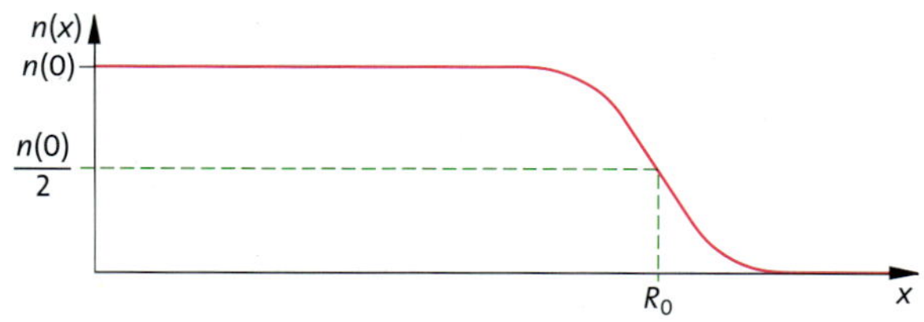

77.2 Die Zahl schwerer Teilchen in einem Absorber in Abhängigkeit vom zurückgelegten Weg. R_0 heißt mittlere Reichweite.

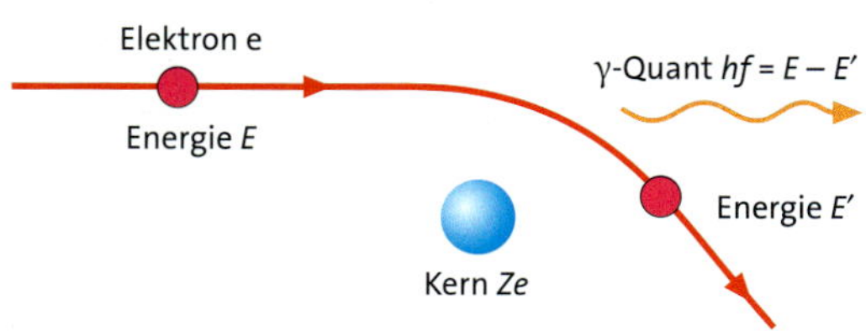

77.3 Elektronen hoher Energie werden im Kernfeld abgelenkt: Es entsteht Bremsstrahlung.

Aufgaben

1. Berechnen Sie die Reichweite von α-Teilchen der kinetischen Energie 5,0 MeV in Luft. Gehen Sie davon aus, dass die Ionisierungsenergie eines Luftmoleküls im Mittel 10 eV beträgt und die Luftmoleküle einen mittleren Abstand von etwa $3{,}0 \cdot 10^{-8}$ m haben.
2. Berechnen Sie die Reichweite von β-Teilchen der kinetischen Energie 1,0 MeV in Luft. Gehen Sie davon aus, dass bei β-Strahlung im Mittel nur jedes tausendste Gasteilchen ionisiert wird. (Ionisierungsenergie eines Luftmoleküls 10 eV; mittlerer Abstand der Luftmoleküle $3{,}0 \cdot 10^{-8}$ m)

3.4.2 Energieabgabe von γ-Quanten

Für die Wechselwirkung von γ-Quanten mit Materie gibt es im Wesentlichen drei Prozesse, nämlich den **Fotoeffekt**, den **Compton-Effekt** und die **Paarerzeugung**. Dabei spielt es keine Rolle, ob die γ-Quanten als Röntgenstrahlung, als Bremsstrahlung oder bei einem radioaktiven Zerfall entstanden sind.

- Beim **Fotoeffekt** überträgt das Photon seine gesamte Energie auf ein Elektron und löst dieses aus der Hülle (**Abb. 78.1 a**). Das Photon verschwindet dabei vollständig. Für die Energie E_e des Fotoelektrons gilt die Beziehung $E_e = E_\gamma - E_B$. Hierbei ist E_γ die Energie des Photons und E_B die Bindungsenergie des Elektrons. Besonderes Merkmal des Fotoeffekts ist das Auftreten charakteristischer Absorptionsmaxima, wenn die Energie des Quants mit der Bindungsenergie des Elektrons in den jeweiligen Quantenzuständen übereinstimmt (→ 1.1).
- Beim **Compton-Effekt**, der Streuung des Photons an einem Elektron des Atoms (**Abb. 78.1 b**), gibt das Photon einen Teil seiner Energie an das Elektron ab und ändert seine Richtung. Die Größe der Energieabgabe ist vom Streuwinkel abhängig und bei einer Rückstreuung maximal (→ 1.1.5).
- Wenn die Energie des Photons größer ist als die zweifache Ruheenergie des Elektrons ($E = 2\,m_e c^2 = 1{,}02$ MeV), so kann **Paarerzeugung** stattfinden: $\gamma \rightarrow e^+ + e^-$ (**Abb. 78.1 c**). Das Photon verschwindet, seine Energie materialisiert sich in Form eines Elektrons und eines Positrons. (Das Positron e^+ ist das Antiteilchen des Elektrons. Es besitzt identische physikalische Eigenschaften wie dieses, aber die entgegengesetzte, also positive Ladung.) Die Paarerzeugung ist nur im Coulomb-Feld eines Atomkerns möglich. Der Atomkern übernimmt dabei einen Teil des Impulses, ohne die zur Paarerzeugung notwendige Energie wesentlich zu schmälern. Dadurch ist die Erfüllung von Energie- und Impulserhaltung gewährleistet. In Materie kann das Positron allerdings nicht lange existieren; trifft es auf ein Elektron, so kommt es sofort zur Umkehrreaktion, der *Annihilation*: Die Ruhemasse der Teilchen wird zu Energie; es entsteht elektromagnetische Strahlung.

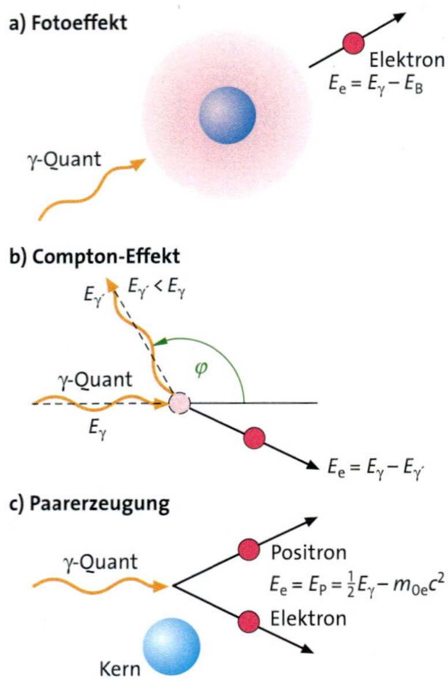

78.1 Die Wechselwirkung der γ-Strahlung mit Materie in einer modellhaften Darstellung: **a)** Beim Fotoeffekt überträgt das γ-Quant seine gesamte Energie auf das Elektron. **b)** Beim Compton-Effekt hängt der abgegebene Energiebetrag vom Streuwinkel ab. **c)** Paarerzeugung tritt erst ein, wenn das Quant mindestens die zweifache Ruheenergie des Elektrons besitzt.

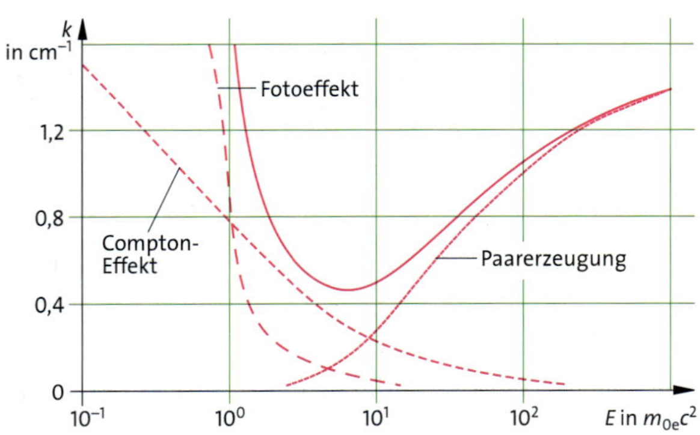

78.2 Der Absorptionskoeffizient *k* für γ-Strahlung in Blei (durchgezogene Kurve) besteht aus den drei Anteilen Fotoeffekt, Compton-Effekt und Paarerzeugung.

Alle drei Arten der Wechselwirkung von γ-Quanten mit Materie können gemeinsam auftreten, sind jedoch energieabhängig, wie **Abb. 78.2** zeigt. Bei niedrigen Energien überwiegen der Compton- und der Fotoeffekt, bei hohen die Paarerzeugung.

> Die Wechselwirkung von γ-Quanten mit Materie ist insgesamt geringer als die geladener Teilchen. Wenn aber ein Photon wechselwirkt, so verlässt es den Strahl („Alles- oder Nichts"-Wechselwirkung). Beim Fotoeffekt und bei der Paarerzeugung verschwindet das Photon komplett, beim Compton-Effekt wird es aus seiner ursprünglichen Richtung abgelenkt. Dadurch ändert sich die Anzahl der Photonen im Strahl und damit die Strahlintensität.

Aufgaben

1. Erläutern Sie die wesentlichen physikalischen Prozesse bei der Wechselwirkung von Strahlung mit Materie. Gehen Sie insbesondere auf die unterschiedlichen Absorptionsmechanismen für geladene Teilchenstrahlung bzw. für elektro magnetische Strahlung ein.
2. Erklären Sie mithilfe des Diagramms von **Abb. 78.2**, warum der Absorptionskoeffizient für γ-Strahlung in Blei bei einer γ-Quanten-Energie von etwas weniger als zehnmal der Ruheenergie eines Elektrons ein Minimum aufweist.

3.4.3 Energiemessung und Dosimetrie

Bei der Wechselwirkung von Strahlung mit Materie wird Energie auf die Materie übertragen. Die Stärke dieser Wechselwirkung lässt sich durch die **Energiedosis *D*** charakterisieren.

Der Quotient aus absorbierter Energie und der Masse der absorbierenden Materie heißt **Energiedosis *D***:

$$\text{Energiedosis} = \frac{\text{absorbierte Energie}}{\text{Masse}}, \quad D = \frac{E}{m}$$

Die Einheit der Energiedosis ergibt sich aus der Definitionsgleichung zu $[D] = 1\ \text{J/kg} = 1\ \text{Gy}$ (Gray). Die Einheit 1 Gy ist sehr klein. Dies wird durch den Vergleich bei der Erwärmung von Wasser deutlich. Zur Erwärmung von 1 kg Wasser um 1 K ist die Energie 4,19 kJ nötig, sodass die Absorption einer Energiedosis von 1 Gy einer Temperaturerhöhung von $2{,}4 \cdot 10^{-4}$ K entspricht. Früher wurde die noch kleinere Einheit Rad (**r**adiation **a**bsorbed **d**ose) verwendet: 1 Gy = 100 Rad.

Unterschiedliche Strahlungsarten haben aufgrund ihres unterschiedlichen Ionisationsvermögens bei gleicher Energiedosis unterschiedliche Schädigungen des Gewebes zur Folge. So schädigt 1 Gy α-Strahlung das Gewebe viel mehr als 1 Gy Röntgenstrahlung.

Die **Äquivalentdosis *H*** berücksichtigt die unterschiedliche biologische Wirkung der Strahlungsarten. Dazu wird die Energiedosis mit einem für die Strahlungsart charakteristischen dimensionslosen Qualitätsfaktor („Bewertungsfaktor") q multipliziert:
$\text{Äquivalentdosis} = q \cdot \text{Energiedosis}, \quad H = q\,D$

Die Einheit 1 J/kg wird im Zusammenhang mit der Äquivalentdosis als 1 Sv (Sievert) bezeichnet. Früher wurde die Einheit rem (**r**oentgen **e**quivalent **m**an) verwendet: 1 Sv = 100 rem. Die q-Faktoren ergeben sich experimentell und liegen zwischen 1 und 20. Sie hängen im Wesentlichen vom spezifischen Energieverlust der Strahlungsart ab. α-Strahlung hat einen wesentlich größeren spezifischen Energieverlust als β-Strahlung (→ 3.4.1); sie wird deshalb mit einem zehnfach höheren q-Faktor bewertet (**Tab. 79.2**).

Radioaktive Strahlung schädigt biologisches Gewebe (→ 3.4.4) und kann verschiedene Auswirkungen auf einen lebenden Organismus haben. Die Größe der Schädigung hängt dabei auch von der Zeit ab, d.h. es macht einen großen Unterschied, ob die gleiche Dosis in einem kurzen oder einem langen Zeitraum vom Gewebe aufgenommen wurde. Daher wird häufig auch die Energiedosisrate angegeben, worunter die Energiedosis pro Zeit, gemessen in der Einheit W/kg, zu verstehen ist.

79.1 Dosimeter dienen zur Registrierung der Strahlungsenergie, der insbesondere beruflich strahlenexponierte Personen ausgesetzt sind. Die Abbildung zeigt ein Filmdosimeter, bei dem absorbierte Strahlung auf einem Film eine Schwärzung hinterlässt. Eine regelmäßige Kontrolle des Schwärzungsgrades ermöglicht die Einhaltung gesetzlicher Grenzwerte.

Strahlungsart	q-Faktor
Röntgen- und γ-Strahlung	1
β-Strahlung	1
thermische Neutronen	3
α-Strahlung	10
Protonen	10
schwere Rückstoßkerne	20

79.2 Qualitätsfaktoren q für verschiedene Strahlungsarten

Um die Gefährlichkeit bestimmter Strahlungsexpositionen bewerten zu können, müssen diese mit der natürlichen Strahlenbelastung verglichen werden. Diese jährliche Strahlungsdosis beträgt etwa 2 mSv. An ihr müssen alle zusätzlichen Belastungen durch Medizin oder Technik gemessen werden. So liegt für starke Raucher die zusätzliche jährliche Äquivalentdosis bei etwa 1 mSv und eine Brustkorb-Röntgenaufnahme schlägt mit 0,1 mSv zu Buche (→ 3.4.5).

Aufgaben

1. Ein Körper habe die konstante Gammaaktivität von 5,0 kBq, wobei pro Zerfall 1,5 MeV frei werden. Bestimmen Sie die tägliche Energiedosis, wenn die Strahlung in einer Masse von 7,5 kg nahezu vollständig absorbiert wird. Berechnen Sie die Energiedosisleistung.
2. In der Humanmedizin wird ^{60}Co (β^--Strahler; $t_H = 5{,}3$ a) zur äußerlichen Bestrahlung von Tumoren eingesetzt.
   a) Berechnen Sie die Zerfallsenergie. (Zur Kontrolle: 2,824 MeV)
   b) Ein Organ der Masse 0,90 kg soll durch eine Bestrahlung die Energiedosis 2,0 Gy erhalten. Weil die Bestrahlung von außen erfolgt, werden im Mittel nur 0,50 % der frei werdenden Energie eines ^{60}Co-Strahlers in dem Organ absorbiert. Berechnen Sie, wie viele β^--Zerfälle während der Bestrahlungszeit in der Strahlungsquelle auftreten müssen.

Exkurs

Strahlungsdetektoren

Nachweisgeräte zur Untersuchung radioaktiver Strahlung beruhen auf der ionisierenden Wirkung der radioaktiven Strahlung.

Geiger-Müller-Zählrohr

Das Geiger-Müller-Zählrohr besteht aus einem zylindrischen Rohr, in dem axial ein dünner Draht isoliert aufgespannt ist. Das Rohr ist mit einem Edelgas bei vermindertem Druck (z. B. Argon bei 100 hPa) gefüllt (**Abb. a**). Zwischen dem Zylindermantel als Katode und dem Draht als Anode liegt eine Spannung U von einigen 100 V. Strahlungspartikel, die durch das Glimmerfenster ins Innere des Zählrohrs gelangen, ionisieren Atome des Zählrohrgases und lösen auf diese Weise eine Entladung aus.

Von der am Zählrohr anliegenden Spannung hängt es ab, wie heftig diese Entladung ausfällt, wie groß also die Stromstärke I ist, die von einem ionisierenden Teilchen erzeugt wird (**Zählrohrcharakteristik, Abb. b**). Ab einer bestimmten Spannung werden alle primär erzeugten Ionen abgesaugt. Dies führt zu einer Sättigungsstromstärke (Bereich ②). Bei höheren Zählrohrspannungen können die primär erzeugten Elektronen wegen der hohen Feldstärke weitere Ionen erzeugen (Sekundärionisation). Die freigesetzte Ladung ist dabei proportional zur Energie der einfallenden Strahlung (Proportionalbereich ③). Im Auslösebereich ④ erzeugt jedes einfallende Strahlungspartikel eine identische Ladungslawine. Wird das Zählrohr mit einem Verstärker samt Lautsprecher bzw. mit einem elektronischen Zählgerät verbunden, so lässt sich die Anzahl der einfallenden Strahlungsteilchen bzw. -quanten bestimmen (Zählrohrbetrieb). Im Bereich ⑤ kommt es zu einer Dauerentladung und zur Zerstörung des Zählrohres.

Während der Gasentladung gibt es eine Zeitspanne, in der weitere einfallende Teilchen nicht mehr registriert werden. Diese wird als **Totzeit** bezeichnet und liegt bei normalen Zählrohren in der Größenordnung von 10^{-4} s. Sie muss speziell bei großen Zählraten berücksichtigt werden. Die **Ansprechwahrscheinlichkeit** eines Zählrohrs beträgt für die stark ionisierenden α- und β-Teilchen nahezu 100 %, für γ-Strahlung liegt sie lediglich im Bereich von 1 %.

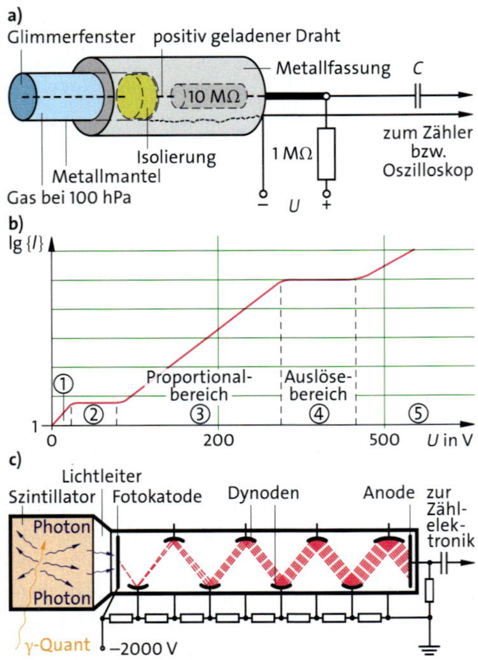

Um mehr Information über die Struktur der Atomkerne zu erhalten, werden Geräte benötigt, die auch die Energie der Strahlung bestimmen können. So können dann analog zur Atomphysik spektroskopische Messungen durchgeführt werden.

Szintillationszähler

Bei der Wechselwirkung radioaktiver Strahlung mit einigen Stoffen treten Lichtblitze (Szintillationen) auf. In der Anfangszeit der Kernphysik bestand ein Szintillationszähler nur aus einem Zinksulfidschirm, auf dem mit einem Mikroskop die auftreffenden α-Teilchen als Lichtblitze beobachtet wurden. Ein solches *Spinthariskop* wurde von RUTHERFORD bei seinem Streuversuch benutzt. Da das menschliche Auge langsam und unzuverlässig ist, wurden Szintillationsdetektoren erst wieder verwendet, als es möglich wurde, die Lichtblitze mit einem Fotomultiplier (Sekundärelektronenvervielfacher) elektronisch zu verarbeiten. Den grundlegenden Aufbau eines Szintillationszählers zeigt **Abb. c)**. Als Szintillatoren sind zahlreiche feste, flüssige, anorganische oder organische Stoffe geeignet, z. B. Natriumiodidkristalle, die mit Thallium dotiert sind (NaI (Tl)). Die Thalliumatome dienen dabei als Leuchtzentren.

Der Vorteil von Szintillationsdetektoren besteht in der von ihnen erreichbaren Größe: Kristallszintillatoren können Rauminhalte in der Größenordnung einiger Liter haben; die Rauminhalte von Plastik- oder Flüssigkeitsdetektoren sind unbegrenzt. Daher besitzen sie eine hohe Nachweiseffektivität auch für langreichweitige Teilchen, z. B. für γ-Strahlung.

Ein γ-Quant kann im Szintillatormaterial seine gesamte Energie oder einen Teil davon auf ein Elektron übertragen. Dieses Elektron verliert seine Energie, indem es im Szintillator entlang seiner Bahn andere Elektronen in energetisch höhere Energiezustände hebt. Diese Anregungen werden durch Emission von Photonen wieder abgebaut. Auf diese Weise erzeugt ein γ-Quant mehrere Photonen mit geringerer Energie. Ein Teil der Photonen gelangt durch einen Lichtleiter auf die Fotokatode des Fotomultipliers und löst dort Elektronen aus. Diese Elektronen werden in einer Kette von Elektroden, den sogenannten Dynoden, beschleunigt, sodass ein Elektron auf jeder Dynode zwei bis fünf weitere Elektronen auslöst. Die Elektronen werden von der Anode aufgefangen und erzeugen an einem Widerstand einen Spannungsimpuls. So werden Gesamtverstärkungen bis zu 10^9 erreicht.

Eine geringe Anzahl Photonen, die im Szintillator entstehen, erzeugt also am Ausgang des Multipliers einen messbaren elektrischen Impuls. Die Höhe dieses Impulses ist proportional zur Energie, die das einfallende γ-Quant im Szintillator an das Elektron abgegeben hat. Die Spannungsimpulse werden durch eine Zählerelektronik verarbeitet, die die Anzahl der Impulse einer bestimmten Höhe zählt. So ist es möglich, ein Energiespektrum der γ-Strahlung eines radioaktiven Präparates aufzunehmen.

Abb. d) zeigt ein Spektrum des γ-Strahlers Na22. Es ist ein relativ scharfes Maximum, der sogenannte *Fotopeak* zu erkennen, der dadurch zustande kommt, dass ein γ-Quant im Szintillationskristall in einem einzigen Prozess, dem Fotoeffekt (→ 3.4.2), seine gesamte Energie an ein Elektron abgibt. Außer dem Fotopeak wird offenbar noch Strahlung geringerer Energie registriert. Hierfür ist der mit den Elektronen im Kristall stattfindende Compton-Effekt (→ 1.1.5) verantwortlich. Das γ-Quant gibt dabei nur einen Teil seiner Energie an ein Elektron ab.
Durch Betrachtung der auftretenden Fotopeaks wird die Energieverteilung für die auftreffende γ-Strahlung bestimmt. Die γ-Strahlung des Na22-Präparats ist monoenergetisch, deshalb gibt es nur einen Fotopeak. Dieser hat in halber Höhe eine Breite ΔE. Diese Breite erklärt sich durch stochastische Schwankungen: Nur ein Teil der im Szintillationskristall ausgelösten Fotoelektronen trifft auf die Fotokatode; ein anderer Teil wird im Szintillator und im Lichtleiter zwischen Szintillator und Fotokatode absorbiert. Die auf die Fotokatode des Multipliers auftreffenden Lichtquanten lösen aus dieser Elektronen mit einer Wahrscheinlichkeit von 0,05 bis 0,1 aus.
Die aufgrund dieser stochastischen Prozesse auftretenden Schwankungen sind verantwortlich für die Breite ΔE des Fotopeaks und damit für die Energieauflösung $\Delta E/E$, welche bei ca. 10 % liegt. Da es γ-Spektren gibt, deren Energiewerte dicht zusammenliegen, können diese von einem Szintillationszähler nicht mehr getrennt werden.

d)
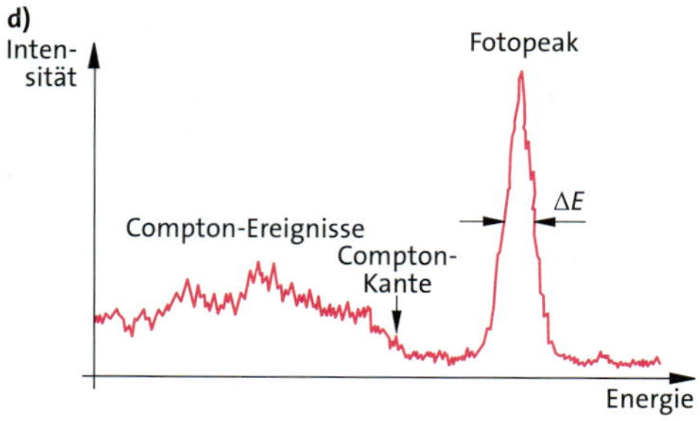

e)
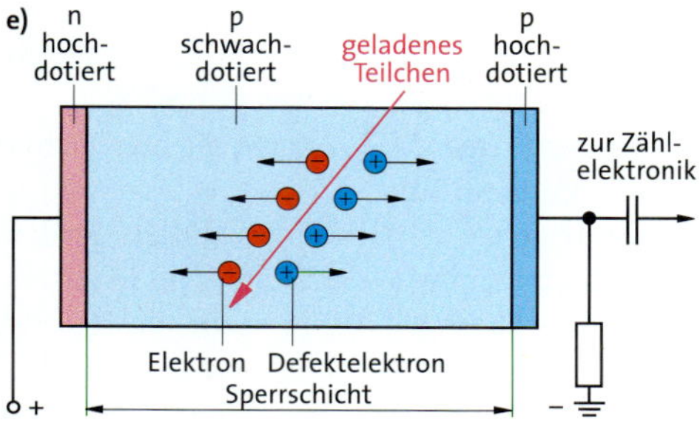

f)
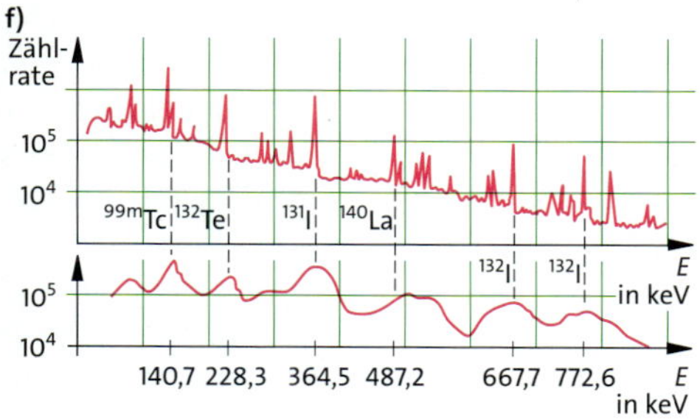

Halbleiterdetektoren

Die Funktionsweise von Halbleiterdetektoren beruht auf der Ausnutzung der Eigenschaften des Grenzbereiches zwischen zwei unterschiedlich dotierten Bereichen eines Halbleiters. Wird zwischen die beiden Schichten in passender Weise eine Spannung gelegt (wie bei der Schaltung einer Halbleiter-Diode in Sperrrichtung), so entsteht eine breite ladungsträgerfreie Schicht. Es fließt kein Strom. Werden nun durch ionisierende Strahlung in dieser Sperrschicht Elektronen aus ihren Bindungen im Kristallgitter gelöst, so fließen sie im elektrischen Feld zu den Elektroden ab und es kommt zu einem kurzzeitigen Strom, der mit einer nachgeschalteten Elektronik registriert wird (**Abb. e**). Zur Ablösung eines Elektrons werden bei Germanium ca. 2,9 eV und bei Silicium ca. 3,75 eV benötigt.

Der entscheidende Vorteil der Halbleiterdetektoren gegenüber anderen ist ihre hohe Energieauflösung, die es erlaubt, Linien, die nur einen geringen Energieunterschied ΔE besitzen, getrennt zu registrieren. In **Abb. f)** ist ein kompliziertes γ-Spektrum mit einem Germaniumdetektor (obere Kurve) und zum Vergleich mit einem Szintillationszähler (untere Kurve) zu sehen. Das erheblich bessere Energieauflösungsvermögen des Halbleiterdetektors, welches durch die Sichtbarkeit der vielen Linien deutlich wird, kommt dadurch zustande, dass wegen des geringen Energieverlustes pro erzeugtem Ladungsträgerpaar sehr viele Ladungsträger entstehen und diese auch *alle* zu dem registrierten Spannungsimpuls beitragen. $\Delta E/E$ beträgt bei Halbleiterdetektoren weniger als 1 %.

Orts- und Bahndetektoren

Die **Wilson'sche Expansions-Nebelkammer** (→ S. 60) beruht auf der ionisierenden Wirkung der Strahlung und macht diese in Form von Nebelspuren sichtbar. Sie enthält mit Wasser- und Alkoholdampf gesättigte Luft. Durch plötzliche Expansion wird die Temperatur erniedrigt, sodass sich bei Anwesenheit von Kondensationskeimen Tröpfchen bilden. Die von der Strahlung erzeugten Ionen sind derartige Kondensationskeime. Die Spur der radioaktiven Strahlung wird sichtbar.
Ein weiteres ähnlich funktionierendes Gerät ist die **Blasenkammer**, bei der sich entlang der Bahn an den Ionen Dampfblasen innerhalb einer überhitzten Flüssigkeit bilden. Geschieht die Detektion innerhalb eines Magnetfeldes, so kann der Impuls aus der durch die Lorentzkraft verursachten Krümmung der Bahn bestimmt werden.
Um nicht auf Fotografien angewiesen zu sein, wurden auch elektronische Geräte wie die *Funkenkammer* und die *Streamerkammer* zur Spurensicherung entwickelt. In diesen werden die Gasentladungen entlang der Teilchenbahn ausgenutzt.

3.4.4 Biologische Strahlenwirkung

Bei der Wechselwirkung radioaktiver Strahlung mit biologischem Gewebe treten Ionisationen und Anregungen von Atomen und Molekülen in den Zellen auf, wodurch diese in ihrer biologischen Funktion zum Teil stark beeinträchtigt werden **(Abb. 82.1)**. So kommt es zur Bildung sogenannter freier Radikale (sehr reaktive Atome oder Moleküle mit einem ungepaarten Elektron), die für eine Fülle chemischer und biologischer Folgereaktionen verantwortlich sind. Diese führen zur Schädigung des lebenden Gewebes. Hierbei können durch den Zusammenschluss von Radikalen zu neuen Verbindungen toxische Substanzen entstehen. Brüche der Stränge der Desoxyribonukleinsäure (DNS, DNA), dem Träger der genetischen Information der Zelle, können direkt oder durch sekundäre Reaktionen auftreten. Die Schäden haben unterschiedliche Auswirkungen. So kommt es zu Erbgutveränderungen, bösartigen Entartungen von Zellen (Krebs), Stoffwechselveränderungen in der Zelle und zum Zelltod. Allerdings besitzt das Gewebe die Fähigkeit, Schäden wie z. B. die Brüche der DNS zu reparieren. Weiterhin kann das Immunsystem geschädigte Zellen erkennen und eliminieren, sodass die Schädigungen insbesondere bei geringen Strahlendosen möglicherweise ohne Wirkung bleiben. Es zeigt sich, dass die Zellschädigungen meist indirekt über chemische Reaktionen entstehen, sodass nicht nur radioaktive Strahlung, sondern auch die Aufnahme krebserregender Stoffe wie z. B. Benzol, eine ähnliche Wirkung besitzt.

Es werden **somatische** und **genetische Schäden** unterschieden. Das Soma umfasst den ganzen Körper bis auf die Keimzellen und Keimdrüsen. Somatische Schäden äußern sich am bestrahlten Lebewesen, genetische Schäden in seiner Nachkommenschaft.
Kenntnisse über die biologische Wirkung radioaktiver Strahlung beim Menschen stammen aus Untersuchungen von Personen, die aufgrund unterschiedlichster Ursachen erhöhter Strahlung ausgesetzt waren: Dies sind Wissenschaftler, Arbeiter aus dem Uranbergbau und die Opfer des Kernreaktorunfalls von Tschernobyl. Weiterhin zu nennen sind die Opfer der Kernwaffenabwürfe über Hiroshima und Nagasaki sowie die Menschen, die erhöhter Strahlung bei Kernwaffentests ausgesetzt waren.

Bei all diesen Personen lag die Äquivalentdosis weit über 2,4 mSv, der natürlichen Ganzjahresdosis. Ist die Ganzkörperdosis in einem kurzen Zeitraum größer als 0,25 Sv, so sind Veränderungen des Blutbildes nachweisbar. Mit deutlichen Symptomen einer vorübergehenden **Strahlenkrankheit** (Kopfschmerzen, Übelkeit, Erbrechen sowie später Durchfall und Haarausfall) ist ab einer Dosis von 1 Sv zu rechnen. Ab einer Dosis von 4 Sv führt die schwere Form der Strahlenkrankheit bereits in 50 % der Fälle zum Tode (**letale Dosis**). Bei 7 Sv ist die Sterblichkeit nahezu 100 %.

Neben diesen Frühschäden können aber auch Spätschäden wie Krebserkrankungen nach einer Latenzzeit von mehr als 10 Jahren oder Missbildungen bei Neugeborenen auftreten. Im Gegensatz zu den Frühschäden, deren Größe proportional zur Dosis ist, handelt es sich bei den Spätschäden um ein *stochastisches Risiko,* d. h. die Wahrscheinlichkeit für das Auftreten der Krankheit hängt von der Dosis ab, nicht aber die Intensität des Krankheitsverlaufs. Da nur für große Dosen Erfahrungen vorliegen, kann der Zusammenhang zwischen Krebswahrscheinlichkeit und absorbierter Strahlung in erster Näherung als linear angenommen werden. Unter dieser Annahme ergibt sich pro absorbierter Dosis von 10 mSv ein zusätzliches Krebsrisiko von etwa $5 \cdot 10^{-4}$, das in der Größenordnung der Wahrscheinlichkeit liegt, einen tödlichen Verkehrsunfall zu erleiden. Bei kleinen Dosen im Bereich einiger mSv ist im Einzelfall kein direkter Zusammenhang zwischen Bestrahlung und Erkrankung feststellbar.

Einige Zellen sind empfindlicher gegenüber Strahlenschäden als andere, sodass bestimmte Krebsarten wie Leukämie, Schilddrüsenkrebs und Lungenkrebs häufiger ausgebildet werden als andere.

82.1 Die Wirkungen radioaktiver Strahlung auf den Organismus

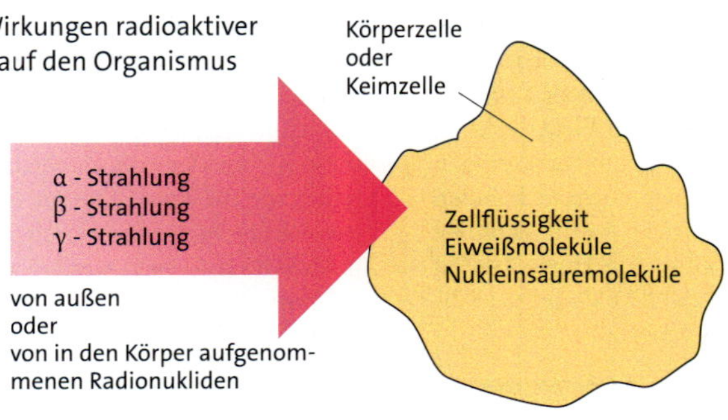

primäre physikalische Wirkung
Anregung oder Ionisation von Atomen und Molekülen
Temperaturerhöhung

sekundäre chemische und biochemische Wirkung
Bildung von Wasserstoffperoxid H_2O_2
Veränderung von Aminosäuren und Enzymen
Zerbrechen und Veränderung von Chromosomen

biologische Wirkungen
somatische Schäden, z. B. Leukämie, Krebs, Entzündungen
genetische Schäden, z. B. Missbildungen

3.4.5 Strahlenbelastung und Strahlenschutz

In der **Strahlenschutzverordnung** sind Grundsätze zusammengefasst, die Menschen und Umwelt vor der schädlichen Wirkung ionisierender Strahlung schützen sollen. Beispielsweise wird dort der Grenzwert für beruflich strahlenexponierte Personen auf 20 mSv pro Jahr festgelegt. Da der Zusammenhang zwischen niedriger absorbierter Strahlendosis und Spätfolgen nicht genau bekannt ist, hilft nur eine Orientierung an der **natürlichen Strahlenbelastung** von jährlich 2,4 mSv. Diese resultiert aus der **kosmischen Strahlung** (auch Höhenstrahlung, die durch Wechselwirkung der kosmischen Strahlung mit der Atmosphäre entsteht), der **terrestrischen Strahlung** (Folgeprodukte von ^{238}U und ^{232}Th) sowie aus den vom menschlichen Körper aufgenommenen Radionukliden (**Inkorporation**, vor allem von ^{40}K, aber auch ^{14}C (→ 3.2.4). Bei den Folgeprodukten von ^{238}U und ^{232}Th handelt es sich u. a. um Radon, das beim Zerfall von Radium entsteht. Radon ist gasförmig und tritt z. B. aus dem Erdboden aus. Aufgrund der immer besseren Dämmung von Häusern ist die Strahlenbelastung durch Radon in den letzten Jahren angestiegen. Ein wirksamer Schutz gegen die Ansammlung von Radon in Räumen ist regelmäßiges Lüften.

Jeder Mensch ist neben der natürlichen auch einer **künstlichen Strahlenbelastung** ausgesetzt. Die Strahlenbelastung für den Einzelnen kann sich durch medizinische Maßnahmen wie z. B. einer Untersuchung der Lungenfunktion durch Einatmen von Krypton81 oder diverser röntgenologischer Untersuchungen erhöhen. Bei Krebserkrankungen wird häufig versucht, den Tumor durch Bestrahlung zu zerstören. Hierbei ergeben sich mitunter relativ große Dosiswerte.

Versuch 1: Ein radioaktives Präparat wird in unterschiedlichen Entfernungen von einem Zählrohr positioniert. Die Zählrate wird in Abhängigkeit vom Abstand r von der Strahlenquelle gemessen.
Beobachtung: Die Zählrate nimmt umgekehrt proportional zum Quadrat des Abstandes r ab.
Erklärung: Bei einer Strahlungsquelle, die gleichmäßig in den gesamten Raum strahlt, verteilt sich die Strahlungsleistung P im Abstand r von der Quelle auf eine Kugeloberfläche vom Inhalt $4\pi r^2$. Die Intensität, d. h. die von einem Messgerät registrierte Strahlungsleistung pro Fläche, ist deshalb $P/(4\pi r^2)$; damit ist auch die Zählrate umgekehrt proportional zu r^2. ◄

Quadratisches Abstandsgesetz: Die Leistung P der auf eine Fläche A auftreffenden Strahlung sinkt mit wachsendem Abstand r umgekehrt proportional zum Quadrat des Abstandes: $P/A \sim 1/r^2$.

mittlere Strahlenbelastung durch	Äquivalentdosis pro Jahr in mSV		
	von außen	von innen	gesamt
kosmische Strahlung	0,3	–	0,3
K40	0,2	0,2	0,4
Folgeprodukte von U238 und Th232	0,3	1,4	1,7
insgesamt	0,8	1,6	2,4

83.1 Äquivalentdosen bei natürlicher Strahlenbelastung

Flug Frankfurt–New York	0,03 mSv
Belastung durch Kernkraftwerke	< 0,02 mSv/a
Zahnröntgenaufnahme	0,01 mSv
Thorax-Röntgenaufnahme	0,1 mSv
Mammografie	0,5 mSv
Schilddrüsenszintigrafie	0,8 mSv
starker Raucher	1 mSv/a
CT Brustkorb	10 mSv

83.2 Äquivalentdosen bei künstlicher Strahlenbelastung

Die sicherste Schutzmaßnahme gegen radioaktive Strahlung ist deshalb ein möglichst großer Abstand zur Strahlungsquelle.
Grundsätzlich sollte jegliche nicht notwendige zusätzliche Strahlenbelastung vermieden werden. Dies ist besonders beim Einsatz von Strahlung im medizinischen Bereich zu berücksichtigen. Weil die radiologische Belastung mit der Durchführungszeit eines Experimentes wächst, ist diese Zeit möglichst gering zu halten.
Ein weiterer Schutz ist die Abschirmung der Strahlung durch Blei oder Beton. Dabei geht die größte Gefahr von der γ-Strahlung aus, die im Gegensatz zu der stark ionisierend wirkenden und damit leicht zu absorbierenden α- und β-Strahlung auch große Schichtdicken noch durchdringt.
Beim Umgang mit radioaktiven Stoffen muss unbedingt darauf geachtet werden, dass andere Gegenstände nicht mit radioaktivem Material verunreinigt bzw. kontaminiert werden, um eine Inkorporation radioaktiver Stoffe zu verhindern.

Zum Schutz vor radioaktiver Strahlung gilt es, sich der Strahlung nur **kurzzeitig** auszusetzen, dabei einen möglichst großen **Abstand** zur Strahlenquelle einzuhalten und die Strahlung durch geeignete absorbierende Materialien **abschirmen.**

Aufgaben

1. Nennen Sie die wichtigsten Schutzmaßnahmen beim Umgang mit radioaktiven Präparaten (mit Begründung).

3.3.7 Anwendungen in der Medizin

Die Kernphysik und ihre Methoden werden in sehr vielen unterschiedlichen Bereichen erfolgreich eingesetzt, in der Medizin z. B. zur gezielten Untersuchung von Organen, sowie zur Diagnose und Therapie von Krankheiten. Ein besonderer Schwerpunkt liegt hierbei auf der Bekämpfung von Tumoren.

Strahlentherapie

In der Strahlentherapie wird die schädigende Wirkung ionisierender Strahlung auf die Zellen lebender Organismen ausgenutzt (→ 3.4.4). Tumorgewebe kann durch eine gezielte Bestrahlung zerstört werden. Je nach Tumortyp ist eine Energiedosis zwischen 20 Gy und 200 Gy erforderlich, die meist durch mehrere zeitlich getrennte Bestrahlungen erreicht wird. Als Strahlungsquellen werden meist γ- und β-aktive Nuklide verwendet. Um die Dosis auf das gesunde, um den Tumor liegende Gewebe möglichst gering zu halten, erfolgt die äußere Bestrahlung aus unterschiedlichen Richtungen. Im Tumorgewebe addiert sich die Dosis, während andere Gewebeteile nur einmalig betroffen sind (**Abb. 84.1**). Es werden auch Beschleuniger verwendet, um Tumorgewebe mit Protonen oder schweren Ionen mit einer definierten Energie zu bestrahlen. Ein solcher Beschleuniger befindet sich z. B. in Garching bei München (→ Bd. 11, 3.3.2). Die Energie wird so bestimmt, dass die schweren Ionen bei der Abbremsung im Gewebe den größten Teil kurz vor dem Stillstand im Tumor abgeben.
Es ist auch möglich, umschlossene oder offene radioaktive Präparate unmittelbar im Tumor oder in dessen Nähe zu platzieren. Durch diese innere Bestrahlung werden im Tumor sehr große Dosen erreicht, während das gesunde Gewebe geschont wird. In Form von Nadeln können radioaktive Präparate direkt in die zu bestrahlenden Bereiche eingeführt werden. Da sich in einigen Organen bestimmte Stoffe anreichern, können auch offene Präparate oral oder intravenös verabreicht werden. Die radioaktiven Nuklide sammeln sich dann im Krankheitsherd und führen dort zu einer Bestrahlung des Tumors.

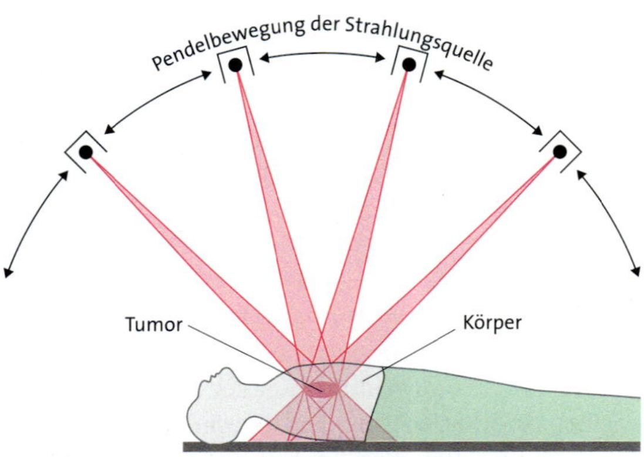

84.1 Schematische Darstellung der Bestrahlung eines Tumors. Damit das umliegende Gewebe möglichst wenig geschädigt wird, findet die Bestrahlung aus unterschiedlichen Richtungen statt.

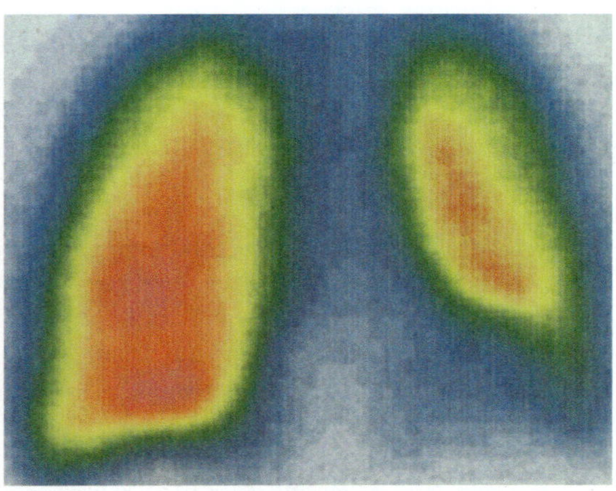

84.2 ^{123}I-Szintigramm einer Schilddrüse: Die Verabreichung des radioaktiven Iod-Isotops und anschließende Registrierung der von der Schilddrüse ausgehenden γ-Strahlung ermöglicht die Identifizierung kranken Gewebes links.

Sterilisation von Operationsgeräten

Die Sterilisation hitzeempfindlicher medizinischer Geräte kann mithilfe einer γ-aktiven Cobaltquelle durchgeführt werden. Die hohe Dosis tötet dann Mikroorganismen wie Bakterien und Viren ab.

Tracermethoden

Da sich Isotope eines Elements chemisch gleich verhalten, ist es möglich, in chemischen Verbindungen nichtradioaktive Nuklide durch radioaktive Isotope zu ersetzen. Mithilfe dieser Markierung lassen sich biologische und chemische Reaktionsmechanismen verfolgen. So stellte sich z. B. heraus, dass der bei der Fotosynthese in Pflanzen frei werdende Sauerstoff aus dem Wasser des Bodens stammt und nicht aus dem Kohlenstoffdioxid der Luft. Die Radionuklide, die zur Markierung eines Stoffes verwendet werden, werden **Tracer** (trace, engl.: Spur) genannt.

Auch in der **Medizin** werden bestimmte Organe mithilfe radioaktiv markierter Biomoleküle untersucht. Diese werden in geringen Mengen durch Injektion oder bei der Nahrungsaufnahme dem Körper zugeführt und lagern sich bevorzugt an bestimmten Stellen ab. Iod sammelt sich z. B. in der Schilddrüse an (**Abb. 84.2**). Nach Verabreichung des Radionuklids wird die Strahlung zu unterschiedlichen Zeiten registriert. Damit lassen sich sowohl die Funktion als auch die Lage und Ausdehnung der Organe feststellen. Erkrankte Bereiche, wie z. B. Tumore, werden erkannt und lokalisiert.

Ein besonderes Verfahren ist die **Aktivierungsanalyse.** Bei ihr erfolgt die Markierung nicht durch Zugabe von Radionukliden, sondern durch äußere Bestrahlung, z. B. mit Neutronen, wird erreicht, dass sich bestimmte, in der Probe enthaltene Nuklide durch eine Kernreaktion in radioaktive Isotope umwandeln. Diese fungieren dann als Tracer.

Die **Positronen-Emissions-Tomografie (PET)** wird zur verbesserten Diagnostik von Krebs und der Alzheimerkrankheit eingesetzt. Viele Tumore nehmen verstärkt Zucker auf, sodass durch eine radioaktive Markierung des durch den Patienten aufgenommenen Zuckers mit anschließender Detektion der vom Körper ausgehenden Strahlung sogar kleine Krebsgeschwülste entdeckt werden können. Bei der PET wird dem Patienten Glucose verabreicht, in die ein Positronenstrahler (→ 3.3.2) eingebaut ist. Diese verteilt sich im Körper und sammelt sich in den Tumoren an. Dort werden die Positronen emittiert und innerhalb weniger Millimeter gestoppt. Bei der anschließenden Annihilation (→ 3.4.2) mit einem Elektron werden zwei 0,511 MeV-Photonen in genau entgegengesetzte Richtungen emittiert. Ein ringförmig um den Patienten angeordnetes ortsauflösendes Detektorsystem, das aus vielen einzelnen Zählern besteht (**Abb. 85.1 a**), weist diese zwei Photonen gleichzeitig nach. Da die Emission wegen der Impulserhaltung in die genau entgegengesetzten Richtungen erfolgte, müssen die Photonen von einem Punkt kommen, der auf einer Geraden zwischen den gleichzeitig angesprochenen Zählern liegt. So können die Emissionsorte der Positronenstrahlung in der jeweiligen Beobachtungsebene unter Benutzung geeigneter Rechenverfahren bestimmt werden. Durch eine Verschiebung des Detektors lassen sich Schichtaufnahmen erzeugen, die mittels eines Computers zu einem dreidimensionalen Bild zusammengesetzt werden (**Abb. 85.1 b**). Auf diesem Bild sind dann die Stellen größter Aktivität als mögliche Tumore erkennbar.

Kernspintomografie

Viele Atomkerne besitzen, ähnlich wie das Elektron, einen **Spin** (→ 2.3.1), der mit einem **magnetischen Dipolmoment** verknüpft ist. Anschaulich stellen diese Kerne kleine Magnete dar, die mit einem Magnetfeld wie Kompassnadeln wechselwirken. Dabei kommt es aufgrund quantenphysikalischer Prinzipien dazu, dass es nur eine begrenzte Anzahl von Einstellungsmöglichkeiten bezüglich der Feldrichtung gibt: Die Kernspins der Protonen (Wasserstoffkerne) z. B. können sich nur parallel oder antiparallel zur Feldrichtung orientieren.
Da eine günstigere Ausrichtung im Magnetfeld mit einer geringeren potentiellen Energie verbunden ist, entstehen auf diese Weise diskrete Energieniveaus. Diejenige Ausrichtung im Magnetfeld mit der geringeren Energie tritt häufiger auf. Daher entsteht eine messbare Magnetisierung.
Wird nun eine Radiowelle mit passender Frequenz f_0 eingestrahlt, so können Übergänge zwischen den Energiezuständen der jeweiligen Kerne induziert werden, die sich in einer veränderten Magnetisierung äußern. Verschiedene Stoffe reagieren dabei auf unterschiedliche Frequenzen der eingestrahlten Radiowellen. Die für Protonen typische Resonanz z. B. liefert Hinweise auf den Wassergehalt des Gewebes. Bei der Visualisierung entsteht ein Kontrast, sodass Knochen und Muskelgewebe gut unterschieden werden können. Weitere Aussagen über das zu untersuchende Gewebe ergeben sich aus der Relaxationszeit, nach der das gestörte System aus Kernspins in seinen ursprünglichen Gleichgewichtszustand zurückkehrt.
Verändert sich das Magnetfeld längs des Körpers, so sind Schichtaufnahmen möglich, die von einem Computer zu einem dreidimensionalen Bild zusammengesetzt werden.

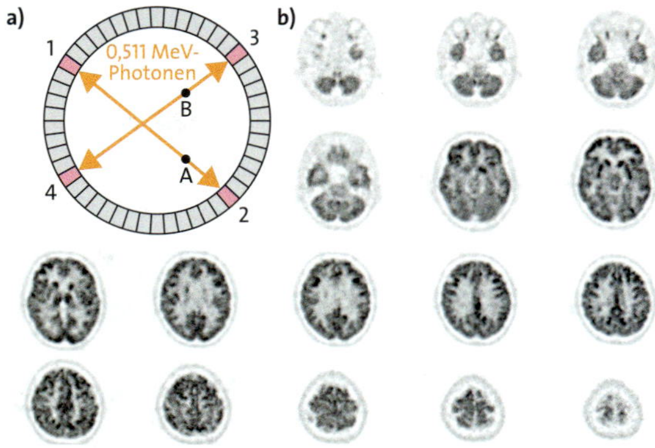

85.1 a) Detektorsystem für PET: Wenn die Zähler 1 und 2 gleichzeitig ansprechen, müssen die Photonen von einem Punkt auf der Geraden zwischen diesen beiden kommen. **b)** Schnittbilder des Glucoseverbrauchs im Gehirn

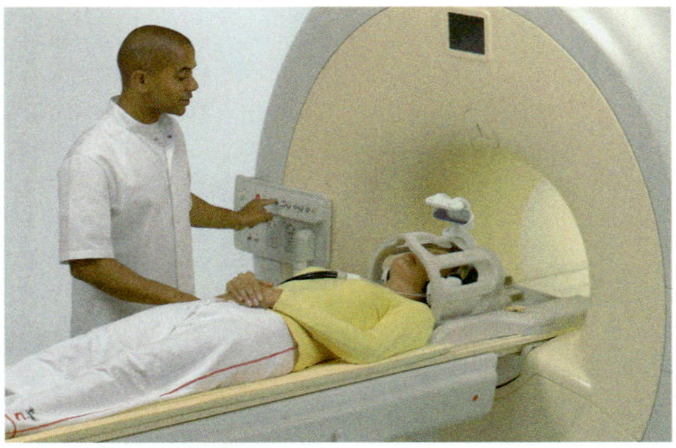

85.2 Bei der Kernspintomografie wird der Patient in ein starkes Magnetfeld gebracht. Die Atomkerne im Körper des Patienten bilden kleine Elementarmagnete. Es wird festgestellt, wie sich die Ausrichtung dieser Elementarmagnete im Magnetfeld verändert, wenn eine Radiowelle eingestrahlt wird. Damit sind Aussagen über das Gewebe möglich.

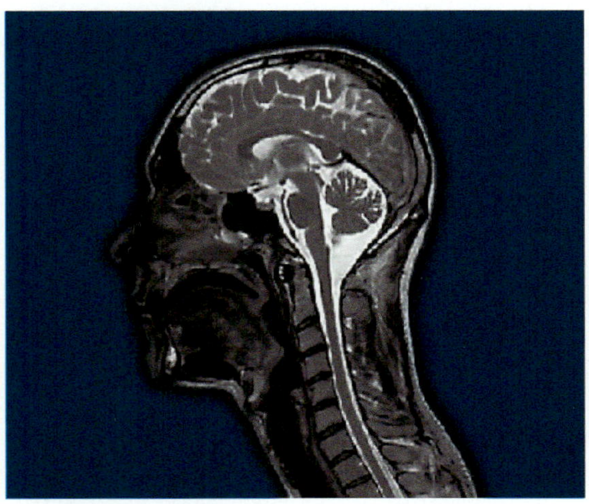

85.3 Kernspintomografie-Aufnahme eines Kopfes

3.5 Kernreaktionen und Aspekte der Nutzung der Kernenergie

Die bisherigen Kenntnisse über Atomkerne stammen zum größten Teil aus der Untersuchung der natürlichen Radioaktivität. Weitere Aufschlüsse über die Eigenschaften und das Verhalten der Atomkerne können durch einen Beschuss stabiler Kerne, der Ziel- bzw. Targetkerne, mit anderen atomaren Teilchen gewonnen werden. Dies führt zum Teil zu Kernreaktionen, die auch technisch von großem Interesse sind, wie z. B. die Kernspaltung. So können auch neue radioaktive Nuklide gewonnen werden, welche die Anforderungen in medizinischen Bereichen besser erfüllen als die natürlich vorkommenden radioaktiven Substanzen.

3.5.1 Kernreaktionen

1919 entdeckte RUTHERFORD auf Nebelkammeraufnahmen eine Kernreaktion, die er als **Kernumwandlung** identifizierte. Bei diesem Experiment war in einer Nebelkammer Stickstoff dem Beschuss mit α-Teilchen ausgesetzt. In **Abb. 86.1** ist die Gabelung der Bahnspur eines α-Teilchens in eine kurze dicke und eine lange dünnere Spur zu erkennen. RUTHERFORD erkannte, dass die lange Spur zu einem Proton gehörte. Da die Kammer keinen Wasserstoff enthielt, musste das Proton an der Stelle der Gabelung erzeugt worden sein. Die Entstehung des Protons deutete RUTHERFORD durch folgende Kernreaktion: Das α-Teilchen dringt in den Stickstoffkern ein, aus dem entstehenden Gebilde wird ein Proton emittiert und die restlichen Nukleonen bilden einen neuen Kern. Durch Vergleich der Massen- und Kernladungszahlen ergibt sich, dass ein Sauerstoffkern entstanden ist:

$$^{4}_{2}\alpha + {}^{14}_{7}\mathrm{N} \rightarrow {}^{17}_{8}\mathrm{O} + {}^{1}_{1}\mathrm{p}$$

Der Sauerstoffkern erzeugt die kurze Spur nach links oben.

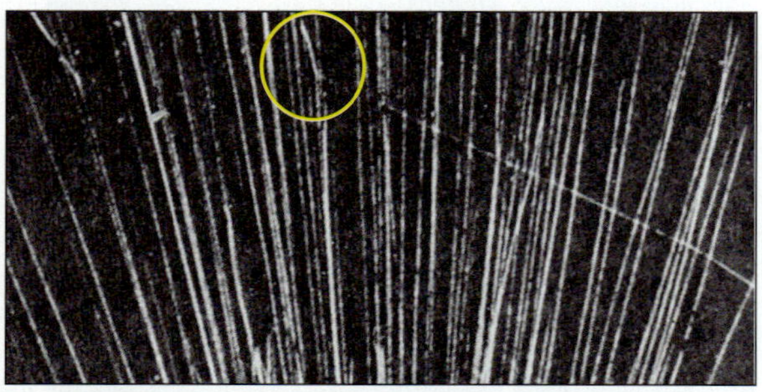

86.1 Nebelkammeraufnahme der ersten von RUTHERFORD entdeckten künstlichen Kernumwandlung beim Beschuss von Stickstoffkernen mit α-Teilchen

Energie- und Impulsbilanz von Kernreaktionen

Bei Kernreaktionen werden ebenso wie in der Chemie **exotherme** und **endotherme** Reaktionen unterschieden. Bei einer **exothermen** Reaktion entstehen durch Umwandlung von Ruhemasse kinetische Energien und Anregungsenergien der Teilchen; Energie wird frei. Daher ist bei diesen die Summe der Ruhemassen der Teilchen nach der Reaktion kleiner als vorher. Wird z. B. Lithium mit Protonen beschossen, so ergibt sich:

$$^{7}_{3}\mathrm{Li} + {}^{1}_{1}\mathrm{p} \rightarrow {}^{4}_{2}\mathrm{He} + {}^{4}_{2}\mathrm{He}$$

$$m_{\mathrm{Li}} + m_{\mathrm{H}} = 7{,}016\,004\ \mathrm{u} + 1{,}007\,825\ \mathrm{u} = 8{,}023\,829\ \mathrm{u}$$

$$2\,m_{\mathrm{He}} = 8{,}005\,206\ \mathrm{u}$$

$$\Delta m = 0{,}018\,623\ \mathrm{u}, \quad E = \Delta m\,c^2 = 17{,}348\ \mathrm{MeV}$$

Obwohl die Kernreaktion exotherm ist, benötigt das Proton eine kinetische Energie von wenigstens 0,4 MeV, um sie auszulösen, da es sich gegen die abstoßenden elektrischen Kräfte bis in den Wirkungsbereich der Kernkräfte nähern muss. Es muss den Potentialwall (→ **Abb. 72.1**) überwinden. So beträgt die gesamte Energie der entstehenden Produkte, wie genaue Messungen bestätigen

$$E = 17{,}348\ \mathrm{MeV} + 0{,}4\ \mathrm{MeV} = 17{,}748\ \mathrm{MeV}.$$

Bei einer **endothermen Kernreaktion** erfolgt umgekehrt eine Umwandlung von Energie in Ruhemasse. Das Kerngeschoss muss also für eine solche Reaktion eine gewisse Mindestenergie besitzen (Aufgabe 2).

Nicht nur die Energie-Masse-Erhaltung beeinflusst den Ablauf einer Kernreaktion, auch die Impulserhaltung spielt eine Rolle; mit ihrer Hilfe lässt sich die Verteilung der Energie auf die an der Reaktion beteiligten Teilchen bestimmen.

Würden die miteinander reagierenden Teilchen, das Lithiumatom und das Proton, ruhen, so wäre ihr Gesamtimpuls gleich null. Aus Gründen der Impulserhaltung müssten die beiden entstehenden Heliumatome betragsgleiche und entgegengesetzt gerichtete Impulse, also auch die gleiche Energie haben. Bringt das Proton dagegen eine kinetische Energie von 0,4 MeV mit, so ist der Gesamtimpuls vor der Wechselwirkung gleich dem Impuls des Protons $p = 1{,}5 \cdot 10^{-20}\ \mathrm{kg\,m/s}$. Nach der Reaktion verteilt sich die Energie von 17,75 MeV so auf die beiden entstehenden Heliumatome 1 und 2, dass der Gesamtimpuls erhalten bleibt: $\vec{p}_1 + \vec{p}_2 = \vec{p}$. Unter der Annahme, dass sich alle beteiligten Teilchen auf einer Geraden bewegen, gilt: $p_1 + p_2 = p$. Bei nichtrelativistischer Rechnung folgt für die Energien der beiden Heliumatome:

$$E_{\text{kin},1} + E_{\text{kin},2} = \frac{p_1^2}{2\,m_{\text{He}}} + \frac{p_2^2}{2\,m_{\text{He}}} = 17{,}75\ \text{MeV}$$

Wird in dieser Gleichung p_2 durch $p - p_1$ ersetzt, so ergibt sich eine quadratische Gleichung für p_1:

$$p_1^2 + (1{,}5 \cdot 10^{-20}\ \text{kg m/s} - p_1)^2 = 17{,}75\ \text{MeV} \cdot 2\,m_{\text{He}}$$

Als Lösung ergibt sich für die Impulse der entstehenden Heliumatome
$p_1 = 1{,}45 \cdot 10^{-19}$ kg m/s bzw. $p_2 = -1{,}30 \cdot 10^{-19}$ kg m/s
und für die Energien
$E_{\text{kin},1} = 9{,}9$ MeV bzw. $E_{\text{kin},2} = 7{,}9$ MeV.

> Bei Kernreaktionen bleiben sowohl die Gesamtenergie als auch der Gesamtimpuls erhalten:
> $E_{\text{kin vor}} + \Delta m\, c^2 = E_{\text{kin nach}}$ und $p_{\text{vor}} = p_{\text{nach}}$

Aufgaben

1. Berechnen Sie die Energiebeträge, die beim Beschuss von Li-Kernen mit Deuteronen unter Vernachlässigung der kinetischen Energie der Geschosse frei werden. Erklären Sie die Unterschiede.
   ${}^{6}_{3}\text{Li} + {}^{2}_{1}\text{H} \rightarrow {}^{7}_{4}\text{Be} + {}^{1}_{0}\text{n}$, ${}^{6}_{3}\text{Li} + {}^{2}_{1}\text{H} \rightarrow {}^{4}_{2}\text{He} + {}^{3}_{2}\text{He} + {}^{1}_{0}\text{n}$
2. Bei der endothermen Reaktion ${}^{7}_{3}\text{Li} + {}^{1}_{1}\text{p} \rightarrow {}^{7}_{4}\text{Be}^* + {}^{1}_{0}\text{n}$ hat das Proton eine Energie von $E = 1{,}88$ MeV. Die Gesamtenergie der entstehenden Teilchen beträgt 0,23 MeV. Berechnen Sie die Atommasse des angeregten Be-Nuklids.
3. Führen Sie die für die Reaktion ${}^{7}_{3}\text{Li} + {}^{1}_{1}\text{p} \rightarrow {}^{4}_{2}\text{He} + {}^{4}_{2}\text{He}$ im Text skizzierten Rechnungen explizit aus.
4. Ein beim Zerfall eines ruhenden ^{225}Ra-Kerns ausgesandtes β-Teilchen besitzt die kinetische Energie 0,4 MeV.
   a) Berechnen Sie den Impuls des β-Teilchens (relativistisch).
   b) Berechnen Sie unter Zuhilfenahme der Impulserhaltung die Rückstoßenergie des ^{225}Ra-Kerns.

Entdeckung und Nachweis des Neutrons

Im Jahr 1930 schossen BOTHE und BECKER α-Teilchen auf Beryllium und stießen dabei auf eine Strahlung, die Bleiplatten größerer Dicke durchdringen konnte und in der Nebelkammer keine Spur hinterließ. CHADWICK gelang im Jahr 1932 die Deutung dieser Kernreaktion, nachdem er in einiger Entfernung vom Beryllium-Präparat Spuren ionisierender Teilchen gefunden hatte, die beim Zusammenstoß der elektrisch neutralen „Beryllium"-Strahlung mit Atomkernen entstanden waren. Die Auswertung der Energie- und Impulsbilanz für die sichtbaren Bahnen der Rückstoßkerne lieferte eine Masse, die kaum von der Protonenmasse abwich. CHADWICK nannte diese Teilchen Neutronen (${}^{1}_{0}\text{n}$). Die von BOTHE und BECKER durchgeführte Kernreaktion wird demzufolge durch folgende Gleichung beschrieben:

$${}^{4}_{2}\alpha + {}^{9}_{4}\text{Be} \rightarrow {}^{12}_{6}\text{C} + {}^{1}_{0}\text{n}$$

Als **Neutronenquelle** eignet sich ein Gemisch aus Radiumsulfat, welches die für die Kernreaktion notwendigen α-Teilchen liefert, und Beryllium-Pulver. Der Einschluss in ein Nickel-Röhrchen sorgt dafür, dass α- und β-Strahlung absorbiert werden und nur Neutronen die Strahlungsquelle verlassen können. Eine derartige Neutronenquelle wurde von HAHN und STRASSMANN bei ihren Experimenten zur Kernspaltung verwendet (→ 3.5.2).
In größerer Anzahl lassen sich Neutronen in Kernspaltungsreaktoren erzeugen (→ 3.5.2 bis 3.5.4; vgl. Versuchsreaktor in Garching bei München).

Die späte Entdeckung des Neutrons als eigenständiges Elementarteilchen hatte mehrere Gründe. Neben der fehlenden Ionisationsfähigkeit aufgrund der elektrischen Neutralität war dies u. a. die begrenzte **Lebensdauer** des Neutrons als freies Teilchen. Ungebundene Neutronen zerfallen mit einer Halbwertszeit von 10,6 Minuten in ein Proton und ein Elektron:

$${}^{1}_{0}\text{n} \rightarrow {}^{1}_{1}\text{p} + {}^{0}_{-1}\text{e} + {}^{0}_{0}\bar{\nu}$$

Deshalb kommen freie Neutronen in der Natur nicht vor und müssen stets aufs Neue durch Kernreaktionen erzeugt werden.

Die eingeschränkte Ionisationsfähigkeit macht einen direkten Nachweis der Neutronen im Zählrohr unmöglich. Der **Nachweis** erfolgt durch geladene Teilchen, die beim Beschuss mit Neutronen entstehen. Dafür gibt es vor allem zwei Möglichkeiten:

- In wasserstoffhaltigen Substanzen, z. B. in Paraffin, löst die Neutronenstrahlung Protonen aus. Da es sich bei Neutronen und Protonen um Stoßpartner mit fast identischer Masse handelt, überträgt das Neutron beim Stoß fast seine gesamte Energie an das Proton.
- Bei folgender Kernreaktion mit Bor entstehen α-Teilchen, die sich im Zählrohr nachweisen lassen:

$${}^{1}_{0}\text{n} + {}^{10}_{5}\text{B} \rightarrow {}^{7}_{3}\text{Li} + {}^{4}_{2}\text{He}$$

Zum Nachweis von Neutronen wird die Innenwand eines Zählrohrs mit Paraffin oder mit Bor ausgekleidet. Die entstehenden Protonen oder α-Teilchen führen zur Ionisation im Zählrohr.

Beim Beschuss von Atomkernen haben Neutronen gegenüber ladungstragenden Geschossen den Vorteil, dass sie ungehemmt durch die elektrostatische Abstoßung in einen Kern eindringen können.
Bei schnellen Neutronen, die sich nur kurz in der Nähe des Kerns aufhalten, ist die Wahrscheinlichkeit für eine Kernreaktion gering. Bei **thermischen Neutronen** (mit Energien zwischen 0,01 eV und 0,1 eV), deren Bewegung mit der Wärmebewegung leichter Atome vergleichbar ist, ist die Wahrscheinlichkeit für eine Wechselwirkung mit dem Kern sehr viel größer.
Schwere Atome, wie z. B. Blei oder andere Metalle, sind zur **Abschirmung** von Neutronen ungeeignet, da die vergleichsweise leichten Neutronen an ihnen nahezu elastisch abprallen. Gleichschwere Stoßpartner dagegen absorbieren einen großen Teil der Neutronenenergie. Deshalb sind protonenhaltige Substanzen wie Wasser oder Paraffin geeignet, um Neutronen zu bremsen oder zu absorbieren. In Kernreaktoren wird häufig leichtes oder schweres Wasser verwendet, um die Neutronen zu verlangsamen und thermisch zu machen.

3.5.2 Kernspaltung

Die Kernspaltung wurde 1938 von den Chemikern Otto HAHN und Fritz STRASSMANN bei Experimenten zur Erzeugung neuer Elemente durch Kernumwandlung entdeckt. An diesen Versuchen war bis zu ihrer Emigration im selben Jahr auch die österreichische Physikerin Lise MEITNER beteiligt, die im schwedischen Exil wesentlich zur Deutung der Versuchsergebnisse beitrug.

HAHN und STRASSMANN beschossen Uran mit der hohen Ordnungszahl $Z = 92$ mit thermischen, d. h. langsamen Neutronen. Ziel war die Herstellung von sogenannten **Transuranen**. Der Gedanke dahinter war, dass sich ein durch Neutroneneinfang entstehendes schwereres Uran-Isotop durch anschließenden β^--Zerfall in ein Element mit größerer Ordnungszahl umwandeln würde. HAHN und STRASSMANN identifizierten die bei ihrem Experiment entstehenden Elemente mit chemischen Methoden oder durch Messung ihrer Halbwertszeit. Dabei fanden sie ein radioaktives Nuklid, das ähnliche chemische Eigenschaften wie Barium besaß, sich also in der gleichen Hauptgruppe des Periodensystems befinden sollte wie Barium. Daher hielten sie es für ein damals unbekanntes Radiumisotop mit der Ordnungszahl $Z = 88$, da für beide Forscher eine Kernspaltung unvorstellbar war. Überraschenderweise war es jedoch unmöglich, dieses Nuklid auf chemischem Wege von hinzugefügten Bariumsalzen zu trennen, wofür es nur die eine Erklärung gab, dass es sich bei dem radioaktiven Nuklid tatsächlich um ein Isotop des Bariums handeln musste. Die Entstehung dieses Isotops war nur durch eine Spaltung des mit Neutronen beschossenen Urankerns zu erklären. Diese Deutung wurde durch den Nachweis von Krypton mit der Ordnungszahl 36 als zweitem Kernbruchstück bestätigt.

Die ungeheure Tragweite dieser Entdeckung liegt in der Tatsache, dass bei der Spaltung eines schweren Kerns in zwei Kerne mittlerer Größe zugleich mehrere Neutronen frei werden (**Abb. 88.1**); denn bei schweren Kernen ist der relative Anteil der Neutronen an der Zahl der Nukleonen größer als bei mittleren Kernen. Damit besteht die Möglichkeit einer Wiederholung des Spaltvorgangs durch eine **Kettenreaktion**.

> Bei der durch ein Neutron ausgelösten **Kernspaltung** zerfällt ein Kern i. Allg. in zwei größere Kernbruchstücke, anstatt wie bei sonstigen Kernreaktionen nur einzelne Nukleonen oder α-Teilchen auszusenden. Die bei einer Kernspaltung auftretenden Neutronen können weitere Kernspaltungen verursachen (Kettenreaktion).

Bei der Kernspaltung von ^{235}U bildet sich durch Einfang eines Neutrons ein hochangeregter Zwischenkern ^{236}U, denn es wird Bindungsenergie frei (**Abb. 88.1**). Obwohl die mittlere Bindungsenergie pro Nukleon für einen Kern der Massenzahl 236 ca. 7,5 MeV beträgt, wird bei der Anlagerung eines weiteren Nukleons an den ^{235}U-Kern nur eine Energie von etwa 6,5 MeV frei, da die letzten Nukleonen aufgrund der Wirkung der Coulomb-Kraft weniger fest gebunden sind. Für eine Spaltung des ^{235}U-Kerns ist eine Aktivierungsenergie (→ 3.5.3) von 6,1 MeV nötig, sodass jedes eingefangene Neutron durch die frei werdende Bindungsenergie von 6,5 MeV eine Spaltung hervorrufen kann. Spaltneutronen müssen also keine kinetische Energie haben.

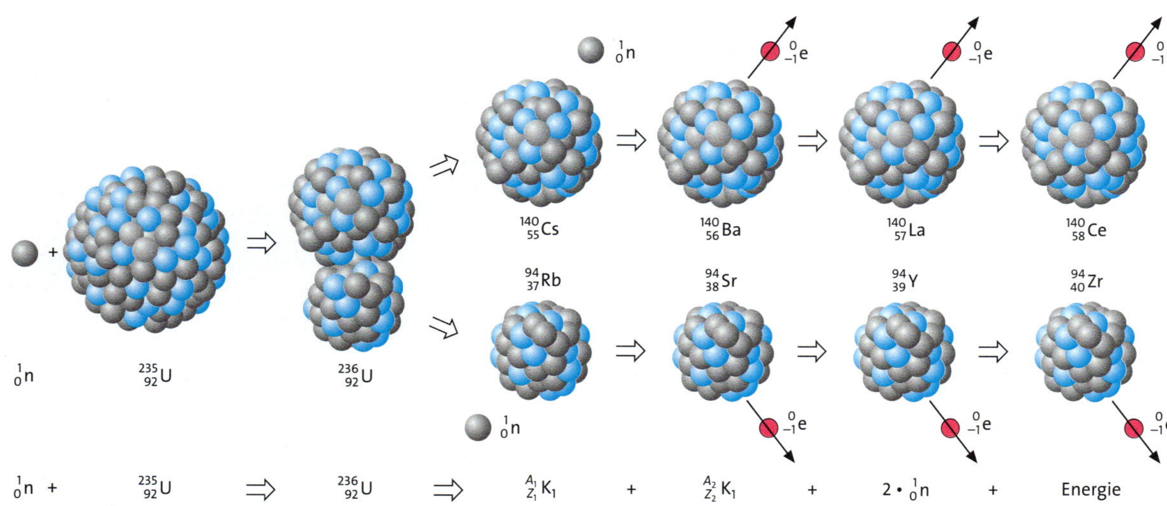

88.1 Eine dem Tröpfchenmodell des Atomkerns (→ Exkurs S. 102/103) entsprechende Darstellung der Spaltung von Uran235 und des Zerfalls der Kerntrümmer unter Emission von β^--Strahlung

Die in **Abb. 88.1** angegebenen Kernbruchstücke Rubidium und Caesium zerfallen unter β^--Emission in die stabilen Nuklide Zirkon94 und Cer140. Zuweilen wird der relative Überschuss an Neutronen, den die primären Spaltprodukte aufweisen, auch durch Emission von Neutronen abgebaut. Dadurch entstehen neben den bei der Spaltung auftretenden „momentanen Neutronen" 0,1 s bis 100 s nach der Spaltung weitere Neutronen. Das verspätete Auftreten der Neutronen beruht auf der relativ großen Lebensdauer der Zwischenprodukte gegenüber einem β^--Zerfall. Von den insgesamt bei der Spaltung eines ^{235}U-Kerns im Mittel auftretenden 2,5 Neutronen sind 0,75 % „verspätete Neutronen". Hierauf beruht die Möglichkeit einer Reaktorsteuerung (→ 3.5.4).

Bei jeder Spaltung entstehen neben den Kernbruchstücken mittlerer Massenzahl im Mittel 2,5 freie, ungebundene Neutronen. **Abb. 89.1** zeigt die relative Häufigkeit der Spaltprodukte verschiedener Massenzahl in Abhängigkeit von der Massenzahl. Es sind offenbar viele verschiedene Spaltprodukte möglich, jedoch ist die Wahrscheinlichkeit für die Spaltung in zwei Bruchstücke, deren Massenzahlen sich ungefähr wie 2:3 verhalten, am größten.

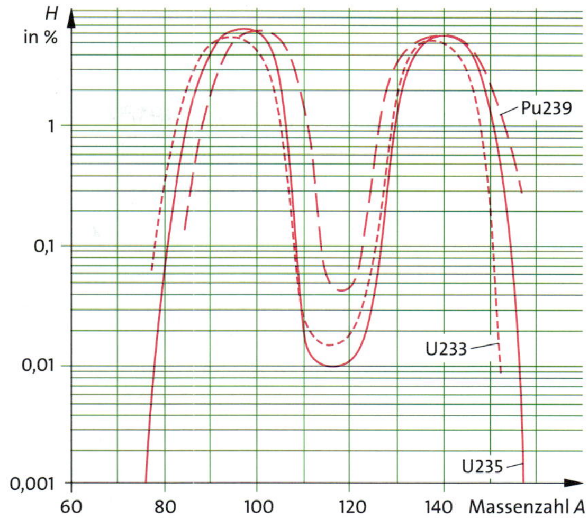

89.1 Relative Häufigkeit H der Spaltprodukte in Abhängigkeit von der Massenzahl bei der Spaltung von Uran235, Uran233 und Plutonium239 durch langsame Neutronen

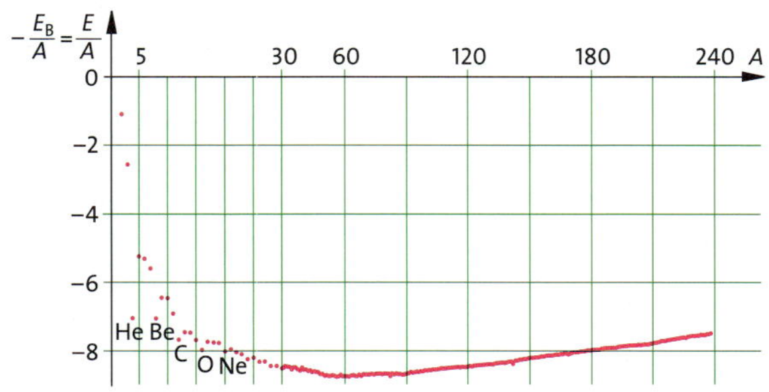

89.2. Die Bindungsenergie pro Nukleon in Abhängigkeit von der Massenzahl A: Bei der Spaltung schwerer Kerne vergrößert sich der Betrag der Bindungsenergie pro Kernbaustein. Die Energiedifferenz wird freigesetzt und ist technisch nutzbar.

Die freiwerdende Energie

Bei der Kernspaltung wird nach Zuführung einer geringen Aktivierungsenergie ein erheblicher Energiebetrag frei. **Abb. 89.2** zeigt, dass die mittlere Bindungsenergie pro Nukleon für Uran etwa 7,5 MeV und für zwei Kernbruchstücke mittlerer Größe etwa 8,4 MeV beträgt. Bei einer Differenz der Bindungsenergie pro Nukleon von 0,9 MeV und 236 Nukleonen wird also bei einer Kernspaltung insgesamt eine Energie von $236 \cdot 0{,}9\ \text{MeV} \approx 212\ \text{MeV}$ frei. Eine Zersplitterung des Kerns in kleinere Bruchstücke würde dagegen keinen Energiegewinn liefern; solche Spaltungen finden demzufolge nicht statt.

Mit zunehmender Kernladungszahl vergrößert sich die elektrostatische Abstoßung zwischen den Protonen, weshalb die mittlere Bindungsenergie pro Nukleon sinkt. Der Energiegewinn bei der Spaltung ist also auf eine Abnahme der elektrostatischen potentiellen Energie beim Auseinanderbrechen des Kerns in zwei mittelgroße Bruchstücke zurückzuführen.

Dies bestätigt auch eine Abschätzung der potentiellen Energie zweier gleicher Bruchstücke mit den Radien r im Abstand $2r + a$, wobei a die Reichweite der Kernkräfte ist:

$$E_{pot} = \frac{1}{4\pi\varepsilon_0} \frac{\left(\frac{1}{2}Ze\right)^2}{2r + a}$$

Für $Z = 92$ und bei einer Massenzahl der Bruchstücke von $A = 118$ ergibt sich $E_{pot} = 214$ MeV, was etwa dem vorher berechneten Wert entspricht. Der Betrag der frei werdenden Energie ändert sich nicht wesentlich, wenn andere Bruchstücke entstehen.

Die frei werdende Energie verteilt sich über den gesamten Ablauf der Spaltung als kinetische Energie der Bruchstücke (170 MeV) und der Neutronen (5 MeV), als Energie der γ-Quanten (10 MeV) und β-Teilchen (15 MeV).

Aufgaben

1. Eine typische Kernspaltung ist durch die folgende Reaktionsgleichung gegeben: $^{235}\text{U} + \text{n} \rightarrow {}^{92}\text{Kr} + {}^{142}\text{Ba} + 2\,\text{n}$. Berechnen Sie aus den Atommassen der beteiligten Nuklide die bei dieser Reaktion freigesetzte Energie in MeV. (m_{Kr92} = 91,926 11 u; m_{Ba142} = 141,916 45 u)

3.5.3 Aktivierungsenergie und Multiplikationsfaktor

Nach dem Verlauf der Kurve der mittleren Bindungsenergie pro Nukleon (**Abb. 89.2**) müsste auch bei anderen schweren Kernen bei einer Spaltung Energie frei werden. Dies wird durch Versuche mit Teilchenbeschleunigern bestätigt, wenn die Energie der stoßenden Teilchen groß genug ist. Zur Spaltung des Thoriumisotops ^{232}Th und des Uranisotops ^{238}U wird z. B. eine **Aktivierungsenergie** von 7,5 MeV bzw. 7 MeV benötigt. Bei beiden Nukliden reicht die bei der Anlagerung eines Neutrons frei werdende Bindungsenergie (5,4 MeV bzw. 5,5 MeV) zur **Aktivierung der Spaltung** nicht aus. Den Differenzbetrag der Energie müssten die Neutronen in Form kinetischer Energie besitzen, um eine Spaltung auszulösen.
Lediglich das zu 0,71 % in natürlichem Uran enthaltene Isotop ^{235}U besitzt mit der Bindungsenergie von 6,5 MeV beim Einfangen eines Neutrons eine größere Energie als die zur Spaltung eines gleichen Isotops erforderliche Aktivierungsenergie von 6,1 MeV. Auch bei dem in der Natur nicht vorkommenden Plutoniumisotop ^{239}Pu ist die Bindungsenergie des eingefangenen Neutrons mit 6,6 MeV größer als die zur Spaltung erforderliche Energie von 5,0 MeV. Ähnliches gilt für das Uranisotop ^{233}U: Bei ihm beträgt die Bindungsenergie des Neutrons 7,0 MeV und die Aktivierungsenergie 6,0 MeV. Beide Isotope können durch Neutroneneinfang in einem Kernreaktor erbrütet werden.

Uran235 ist das einzige natürlich vorkommende Nuklid, bei dem eine Anlagerung eines Neutrons zur Spaltung führt. Bei der Spaltung entstehen weitere Neutronen, die die Möglichkeit einer Kettenreaktion schaffen. Bei der Spaltung eines Urankerns wird im Mittel eine Energie von 200 MeV frei.

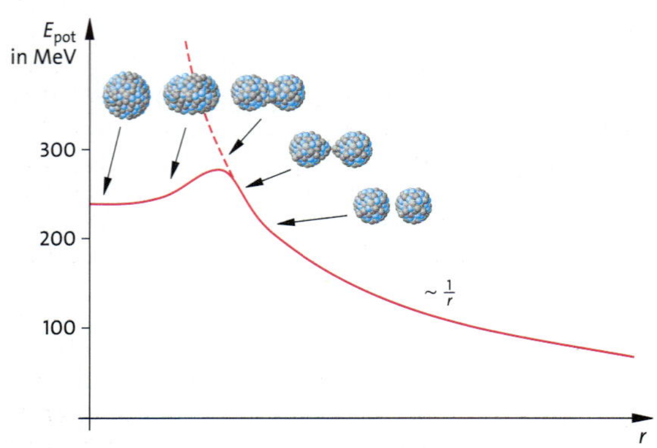

90.1 Potentielle Energie zweier gleicher Kernbruchstücke von ^{235}U in Abhängigkeit vom Schwerpunktabstand r, gemessen in Radien der Bruchstücke

Die Kurve in **Abb. 90.1** gibt die potentielle Energie eines Spaltprodukts in Abhängigkeit vom Abstand der Schwerpunkte der Bruchstücke wieder. Im Grundzustand befindet sich der Kern energetisch in einer Potentialmulde. Bei kleinen Anregungsenergien schwingt die Kernform um eine Ruheform, und erst wenn die Anregungsenergie einen bestimmten Betrag überschreitet, kann die Potentialbarriere überwunden werden und der Atomkern zerbricht. Aufgrund des Tunneleffekts kommt es gegebenenfalls auch zur (allerdings sehr unwahrscheinlichen) spontanen Spaltung eines Kerns.

Folgt auf eine Kernspaltungsreaktion mindestens eine gleiche, so wird von einer **Kettenreaktion** gesprochen. **Abb. 91.1** zeigt eine schematische Darstellung der Kettenreaktion, aufgrund derer die Nutzung der Kernspaltung zur Energiegewinnung möglich ist. Bei einer Energiefreisetzung von etwa 200 MeV pro Spaltung sind $3{,}1 \cdot 10^{13}$ Spaltungen pro Sekunde für eine Leistung von 1 kW notwendig. Ferner muss für eine technische Nutzung mit einer konstanten Leistung die Zahl der aufeinanderfolgenden Reaktionen konstant gehalten werden, d. h. im Mittel muss jede Spaltung genau eine folgende auslösen.
Zur Charakterisierung einer Kettenreaktion wird der **Multiplikationsfaktor *k*** verwendet. Er gibt das Verhältnis der Anzahlen aufeinanderfolgender Reaktionen an und hängt von verschiedenen Einflüssen ab: Im Mittel werden bei einer Spaltung von ^{235}U 2,5 Neutronen frei, von denen wenigstens ein Neutron wieder zu einer Spaltung führen muss, um die Reaktion aufrechtzuerhalten. Wegen der geringen Wechselwirkung der Neutronen mit der Materie können diese bei zu kleinem Volumen oder ungünstiger Form des spaltbaren Materials in den Außenraum entweichen oder von nicht spaltbaren Kernen wie z. B. ^{238}U eingefangen werden. Sie lösen dann keine Spaltung aus.
Wenn zu einem bestimmten Zeitpunkt n_0 Neutronen vorhanden sind, so ist diese Anzahl nach r Generationen auf $n(r) = n_0 k^r$ angewachsen. Die Anzahl der Neutronen lässt sich auch in Abhängigkeit von der Zeit t angeben, wenn die mittlere Lebensdauer einer Neutronengeneration τ beträgt. Mit $t = r\tau$ folgt $n(t) = n_0 k^{t/\tau}$. Für Kernspaltungsanlagen liegt τ zwischen 10^{-4} s und 10^{-8} s, sodass bei einem Wert von $k = 1{,}01$ die Zahl der Kernspaltungen in 1 s von n_0 auf das 10^{43}-Fache ansteigt. Der Multiplikationsfaktor k von Kernreaktoren, die mit konstanter Leistung laufen, darf nur in der Phase des Anfahrens geringfügig größer sein als 1.
Größer als 1 ist der Multiplikationsfaktor bei einer Kernspaltungsbombe, bei der ein extremes Anwachsen der Zahl der Kernspaltungen erforderlich ist. Die kleinste Masse, in der eine Kettenreaktion aufrechterhalten werden kann, wird als **kritische Masse** bezeichnet. Bei

reinem Uran235 in Kugelform beträgt die kritische Masse ca. 50 kg. In einer solchen Urankugel von 17 cm Durchmesser wäre eine Kettenreaktion möglich. Durch geeignete Maßnahmen, z. B. durch die Verwendung von Reflektoren für die spaltenden Neutronen, kann die kritische Masse von ^{235}U sogar auf 300 g verringert werden. Uran233 und Plutonium239 sind ebenfalls geeignet, eine Kettenreaktion aufrechtzuerhalten.

Die erste Atombombe wurde von den Amerikanern im Zweiten Weltkrieg in **Los Alamos** gebaut. An ihrer Entwicklung waren unter der Leitung von Robert OPPENHEIMER (1904–1967) zahlreiche Wissenschaftler wie Enrico FERMI (1901–1954), Hans BETHE (1906–2005) und Richard FEYNMAN (1918–1988) beteiligt. Auch BOHR hielt sich eine Zeit lang in Los Alamos auf. Die Forschungsarbeiten an der Bombe wurden von Physikern wie Eugène WIGNER (1902–1995) und Leo SZILARD (1898–1964) initiiert, die fürchteten, dass das nationalsozialistische Deutschland in dem von ihm begonnenen Krieg auch noch über Atombomben verfügen könnte. Sie veranlassten EINSTEIN, einen entsprechenden Brief an Theodore ROOSEVELT, den damaligen Präsidenten der Vereinigten Staaten von Amerika, zu unterzeichnen. Das Ergebnis dieser Warnungen war die Entwicklung der ersten Atombomben, von denen eine am 6. August 1945 über dem japanischen Hiroshima und eine zweite drei Tage später über Nagasaki abgeworfen wurde, wobei ca. 300 000 Menschen ihr Leben verloren.

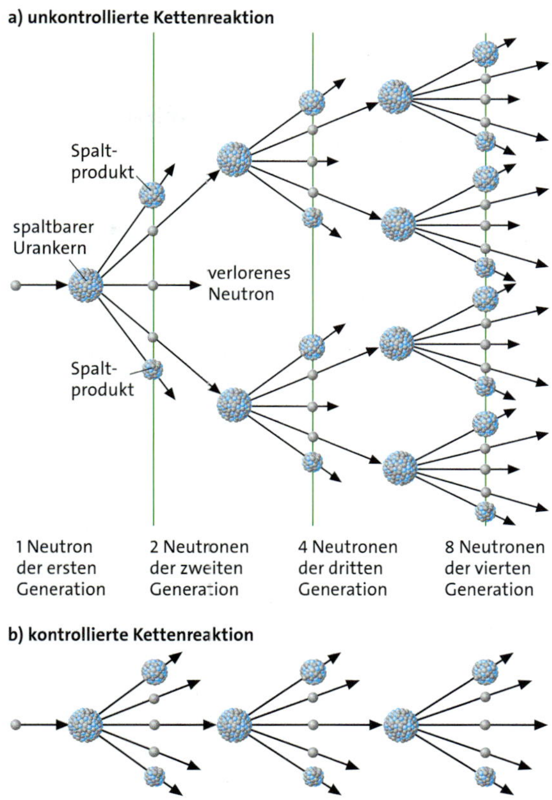

91.1 Schematische Darstellung von Kettenreaktionen
a) unkontrollierte Kettenreaktion – das Prinzip der Atombombe
b) kontrollierte Kettenreaktion – das Prinzip des Kernreaktors

Aufgaben

1. In einem Reaktor beträgt der Multiplikationsfaktor 1,001. Zwischen zwei Spaltungsgenerationen beträgt die Zeit 0,10 ms. Bestimmen Sie die Zeit, die es dauert, bis sich die Anzahl der spaltenden Kerne verdoppelt bzw. verhundertfacht hat.

2. Ein ^{235}U-Kern kann sich spontan spalten, d. h. von sich aus auseinanderbrechen; das ist eine Form des natürlichen radioaktiven Zerfalls. In einem Kernreaktor dagegen wird die Spaltung von ^{235}U „induziert", d. h. künstlich eingeleitet.

a) Beschreiben Sie, wodurch im Kernreaktor ^{235}U-Spaltreaktionen induziert werden und wie es zu einer Kettenreaktion kommt.

b) Eine induzierte Spaltung eines ^{235}U-Kerns kann z. B. als Spaltbruchstücke einen ^{89}Kr- und einen ^{144}Ba-Kern liefern. Berechnen Sie die bei dieser Spaltreaktion frei werdende Energie näherungsweise aus den Werten der mittleren Bindungsenergie pro Nukleon (für ^{235}U: 7,4 MeV, für ^{144}Ba: 8,1 MeV und für ^{89}Kr: 8,4 MeV).

c) Berechnen Sie, wie viele ^{235}U-Kerne in 1,0 kg ^{235}U enthalten sind.

d) Berechnen Sie unter Verwendung der bisherigen Ergebnisse, wie viel Energie bei der Explosion einer Atombombe freigesetzt wird, bei der 1,0 kg ^{235}U gespalten wird.

e) In einem Kernkraftwerk wird die Spaltung von ^{235}U zur Energiegewinnung herangezogen. Pro Spaltung werden im Mittel etwa 200 MeV frei, die zu 30 % in elektrische Nutzenergie umgewandelt werden können. Berechnen Sie aus diesen Daten, welche Masse an ^{235}U gespalten wird, wenn der Kernreaktor im Dauerbetrieb 11 Monate lang durchgehend arbeitet und die elektrische Leistung des Kraftwerks 1,4 GW betragen soll.

3. Neutronen können sowohl bei ^{238}U als auch bei ^{235}U Kernspaltungen auslösen. Dabei entstehen nach dem Neutroneneinfang zunächst die angeregten Zwischenkerne $^{239}U^*$ bzw. $^{236}U^*$ (m_{U239} = 239,054 30 u; m_{U236} = 236,045 64 u). Eine anschließende Spaltung findet statt, wenn die Anregungsenergie des Zwischenkerns groß genug ist. Bei $^{239}U^*$ sind dazu mindestens 6,3 MeV notwendig, bei $^{236}U^*$ mindestens 5,8 MeV.
Berechnen Sie aus dem Massenunterschied zwischen ursprünglichem Kern und Zwischenkern jeweils die Anregungsenergie des Zwischenkerns. Geben Sie an, welche kinetische Energie das Neutron mitbringen muss, damit die Spaltung ablaufen kann. Interpretieren Sie Ihre Ergebnisse in Bezug auf die Spaltbarkeit der betrachteten U-Isotope durch thermische Neutronen.

3.5.4 Technische Nutzung der Kernenergie

Die friedliche Nutzung der Kernenergie findet im Wesentlichen in den **Kernkraftwerken** statt, in denen sie z. B. über die Erzeugung von sehr heißem Wasser bei hohem Druck oder Dampf hoher Temperatur in elektrische Energie umgewandelt wird. Hauptsächlich werden Druckwasser- und Siedewasserreaktoren verwendet.

Prinzip aller Kernreaktoren ist die Herstellung einer kontrollierten Kettenreaktion. Dazu muss die Zahl der Kernspaltungen in einem Zeitintervall, d. h. der Wert des Multiplikationsfaktors k (→ 3.5.3), regelbar sein. Folgende Maßnahmen dienen der Verwirklichung einer gesteuerten Kettenreaktion:

1. Als **Spaltmaterialien** stehen das natürliche ^{235}U und die künstlich erzeugten Nuklide ^{233}U und ^{239}Pu zur Verfügung. Das für den Betrieb von Kernreaktoren geeignete ^{235}U ist im natürlich vorkommenden Uran, das aus den Isotopen ^{235}U und ^{238}U besteht, nur zu 0,71 % enthalten. Siedewasser- und Druckwasserreaktoren benötigen einen Brennstoff mit einer Anreicherung des ^{235}U bis auf 3,5 %. Bei der Anreicherung werden die verschieden schweren Uran-Isotope nach ihrer Masse getrennt, z. B. durch Diffusionsverfahren oder in sogenannten Ultra-Zentrifugen, und auf diese Weise der Anteil an ^{235}U erhöht. Als Brennstoff im Kernreaktor wird keramisches UO_2 mit einer Schmelztemperatur von 2800 °C verwendet.

2. Die Entstehung einer Kettenreaktion in einem Gemisch aus ^{235}U und ^{238}U hängt von der Art der Wechselwirkung der Neutronen mit den Kernen ab. Bei den Wechselwirkungen von ^{238}U mit Neutronen handelt es sich im Wesentlichen um Absorptionen, die nicht zur Spaltung führen. Nur bei ^{235}U führt die Anlagerung eines Neutrons zur Spaltung; die Wahrscheinlichkeit für eine solche Anlagerung hängt von der Energie der verwendeten Neutronen ab. Bei langsamen Neutronen ist die Wechselwirkung wahrscheinlicher. Deshalb müssen die bei der Spaltung entstehenden Neutronen möglichst schnell auf sogenannte thermische Energien von ca. 1/40 eV abgebremst werden, damit sie für die Kettenreaktion zur Verfügung stehen. Da der Energieübertrag bei einem elastischen Stoß zwischen Körpern gleicher Masse am größten ist, wird häufig Wasser als sogenannter **Moderator** (moderare, lat.: mäßigen) verwendet. Hier stoßen die Neutronen mit den Protonen der Wasserstoffatome zusammen. Weitere gebräuchliche Moderatoren sind schweres Wasser (Wasser mit erhöhtem Anteil an schweren Wasserstoffkernen ^{2}H) und Graphit.

3. Zur Erhöhung des Multiplikationsfaktors k wird der Reaktorkern mit einem **Reflektor** umgeben. Er reflektiert die Neutronen, die das Spaltmaterial verlassen haben, und führt sie z. T. dem Reaktorkern wieder zu.

4. Die Steuerung der Kettenreaktion erfolgt in den Kernreaktoren mithilfe von Materialien, die Neutronen absorbieren. Dabei handelt es sich um die Beimischung von Bor in Form von Borsäure zum Kühlwasser, das die Brennstäbe umspült, und um **Steuerstäbe** aus einer Silber-Indium-Cadmium-Legierung. Die Steuerstäbe sind mit den Brennstäben zu **Brennelementen** zusammengefügt. Ein Brennelement eines Kernreaktors besteht z. B. aus 300 Brennstäben und 24 Steuerstäben, die mehr oder weniger tief in das Brennelement eingefahren werden können. Werden die Steuerstäbe zwischen die Brennstäbe geschoben, so werden überschüssige Neutronen absorbiert. Auf diese Weise kann der Multiplikationsfaktor k geregelt werden, der bei normalem Reaktorbetrieb nahe bei 1 liegen muss (→ 3.5.3).
Eine steuernde Wirkung übt auch die Temperatur im Reaktorkern aus. Steigt infolge einer erhöhten Zahl von Spaltungen die Temperatur, so dehnen sich Brennstoff und Moderator aus, wodurch ihre Dichte sinkt. Dies führt zu einer Abnahme des Multiplikationsfaktors. Dadurch werden kleine Leistungssteigerungen von selbst ausgeglichen, denn die Anzahl der Spaltungen sinkt.
Eine Steuerung von Reaktoren durch Regelstäbe ist nur durch die Existenz der „verspäteten Neutronen“ möglich (→ 3.5.2). Der Reaktor wird so eingestellt, dass ohne die verspäteten Neutronen keine Kettenreaktion in Gang kommt. Beim Betrieb eines Reaktors wird die Zeit, in der seine Leistung um den Faktor e ihres Anfangswertes wächst, stets größer als 100 s gehalten. Daher dauert eine Leistungssteigerung von 1 W auf 1 MW etwa 23 Minuten. Ein Reaktor ist in Bezug auf seine Leistungssteuerung also sehr träge. Im Rahmen der Energieversorgung können Kernreaktoren deshalb nur zum Abdecken der Grundlast verwendet werden (→ 3.5.5), also für den tageszeitunabhängigen Grundbedarf an elektrischer Energie.

5. Ungefähr 80 % der bei der Kernspaltung entstehenden Energie liegt als kinetische Energie der Kernbruchstücke vor. Diese im Reaktorkern und im Moderator anfallende Energie kann durch Wasser, Wasserdampf, flüssiges Natrium oder Helium abgeführt werden.

6. Dem **Strahlenschutz** kommt beim Betrieb von Reaktoren besondere Bedeutung zu. Dabei geht es im Wesentlichen um die Abschirmung der Neutronen- und γ-Strahlung. Ist diese abgeschirmt, so ist es auch die α- und β-Strahlung, deren Wechselwirkung mit Materie

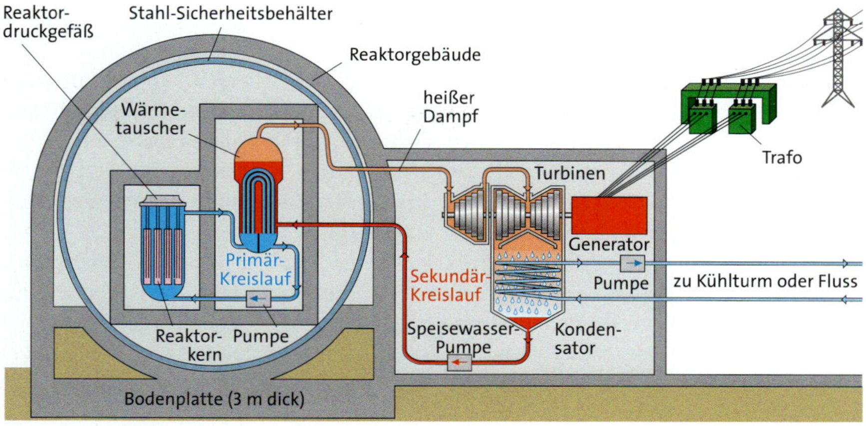

93.1 Prinzipdarstellung eines Druckwasserreaktors. Der Reaktorkern wird von dem unter hohem Druck (16 MPa) stehenden borhaltigen Wasser als Kühlmittel und Moderator durchflossen, das den Druckbehälter mit 320 °C verlässt und in vier Dampferzeugern Dampf von 7 MPa und 270 °C erzeugt. Für die Leistung von 1300 MW werden jährlich etwa 200 t Natururan benötigt.

wesentlich größer ist. Ein Teil der γ-Strahlung stammt aus dem Reaktorkern, ein weiterer Teil entsteht in der Abschirmung selbst nach dem Einfang von Neutronen. Durch eine Betonwand von 1 m Dicke sinkt die Intensität der γ-Strahlung auf ein Hunderttausendstel. Enthält der Beton etwa 7 % Wasser, so wirkt er im gleichen Maße abschirmend auf Neutronen.

Der Druckwasserreaktor

Aufgrund unterschiedlicher Zielsetzungen sind verschiedene Typen von Reaktoren entwickelt worden: **Forschungsreaktoren**, wie z. B. der Reaktor in Garching bei München, liefern Neutronenstrahlung großer Intensität für unterschiedliche Zwecke, wobei die Reaktorleistung möglichst klein gehalten wird. **Leistungsreaktoren** in Kernkraftwerken dienen der Erzeugung elektrischer Energie. Es werden die beiden **Leichtwasserreaktoren**, der **Druckwasserreaktor** (DWR) und der **Siedewasserreaktor** (SWR) unterschieden. In beiden Typen wird die im Reaktorkern entstehende Energie durch leichtes Wasser als Kühlmittel abgeführt – daher der Name Leichtwasserreaktor – und Dampf erzeugt, der eine Turbine mit einem Generator antreibt. In den Leichtwasserreaktoren wird als Spaltmaterial ein Urangemisch, das auf ca. 3,5 % ^{235}U angereichert ist, verwendet. Die meisten Kernreaktoren am Netz sind Druckwasserreaktoren.

Ein typischer Druckwasserreaktor (**Abb. 93.1**) hat eine Wärmeleistung von 3700 MW, was einer elektrischen Leistung von 1300 MW entspricht. Er besitzt zwei voneinander getrennte Kühlkreisläufe. Der Primärkreislauf enthält nur flüssiges Wasser bei einem Druck von ca. 16 MPa – daher der Name Druckwasserreaktor –, wodurch eine Dampfbildung verhindert wird. Das Wasser durchfließt den Reaktorkern und hat bei seinem Austritt eine Temperatur von etwa 320 °C. In einem Wärmetauscher gibt es seine Energie an einen zweiten Kreislauf ab, in dem Dampf von 270 °C bei einem Druck von 7 MPa erzeugt wird. Dieser nicht radioaktive Dampf wird der Turbine zugeführt, die den Generator antreibt. Der Reaktorkern enthält etwa 100 t Uran in ca. 190 Brennelementen von 4 m Länge, die jeweils aus 236 bis 300 Brennstäben von ungefähr 1 cm Durchmesser bestehen. In den Brennstäben aus einer metallischen Zirkoniumlegierung befinden sich die keramischen Brennstofftabletten aus Urandioxid (UO_2). Ungefähr 60 Brennelemente besitzen jeweils 24 miteinander verbundene Regelstäbe aus einer Legierung von Silber, Indium und Cadmium, die Neutronen stark absorbieren. Mit diesen Regelstäben wird die Kettenreaktion gesteuert.

Von besonderer Bedeutung für die Sicherheit eines Kernreaktors ist der **Reaktordruckbehälter**, der die Brennelemente, in denen die Kernreaktionen ablaufen und welche die Wärmeenergie an das Wasser abgeben, umschließt. Der etwa 12 m hohe Reaktordruckbehälter mit einem Innendurchmesser von 5 m besteht aus besonderem Stahl mit einer Masse von ca. 500 t. Die Wandstärke beträgt etwa 25 cm.

Der Reaktorunfall von Tschernobyl 1986 war unter anderem darauf zurückzuführen, dass als Moderator Grafit verwendet wurde. Bei einem Siede- oder Druckwasserreaktor würde das Wasser beim Auftreten eines Lecks entweichen und die Kernspaltungen würden zum Erliegen kommen. Mit Grafit in Form von festen Kügelchen konnte es nach schwerwiegenden Bedienungsfehlern zur Kernschmelze kommen (→ S. 95).

Aufgaben

1. Stellen Sie die Funktionsweise eines Kernspaltungsreaktors dar und gehen Sie dabei speziell auf die Bedingungen für eine stabile Kettenreaktion ein.

3.5.5 Risiken und Chancen bei der Nutzung der Kernenergie

Die wesentliche Gefahrenquelle eines Reaktors ist die hohe Radioaktivität der entstehenden Spaltprodukte, die auch als **radioaktiver Abfall** bezeichnet werden. Daher zielen zahlreiche Maßnahmen bei der Konstruktion des Reaktors darauf ab, die radioaktiven Substanzen auf keinen Fall aus dem Reaktorkern nach draußen gelangen zu lassen. Diese Maßnahmen beginnen beim Umgang mit den Brennstäben und enden bei der Konstruktion des Reaktorgebäudes und der Filteranlagen für die Luft aus dem Reaktor. Dazu gehören auch sämtliche Einrichtungen, die einer Kühlung des Reaktorkerns dienen – für den Fall, dass die normale Wärmeabfuhr unterbrochen sein sollte.

Ganz sicher kann ein Kernreaktor nicht wie eine Atombombe explodieren. Dies ist aufgrund des geringen Anteils spaltbaren Materials im Kernbrennstoff unmöglich. Fallen jedoch das Hauptkühlsystem und die üblicherweise angeschlossenen 3 bis 4 Notkühlsysteme gleichzeitig aus, so kann der Fall des sogenannten **Kernschmelzens** auftreten. Hierbei erwärmen sich die Brennelemente so stark, dass sie schmelzen. Am Boden des Reaktordruckgefäßes kann sich das Material wieder sammeln, wo dann eventuell durch die Energie weiterer Spaltungsprozesse der Reaktorbehälter zerstört wird. Radioaktives Material könnte dann in die Umwelt gelangen. Ingenieure, die sich mit Risikoanalysen befassen, rechnen für einen Leichtwasserreaktor durchschnittlich alle 20 000 Jahre mit einer Kernschmelze und alle 100 000 Jahre mit einer Kernschmelze, bei der Radioaktivität freigesetzt wird. Bei ca. 450 Kernreaktoren auf der Erde würde dies im Mittel alle 220 Jahre einen Unfall mit der Freisetzung von Radioaktivität bedeuten, was begreiflicherweise nicht akzeptabel ist. Hieraus lässt sich nur der Schluss ziehen, dass Reaktoren so konstruiert sein müssen, dass ein Störfall, wie groß er auch immer sein mag, keine Folgen für die Außenwelt haben darf.

Während der Kernreaktionen im Reaktor verändert sich die Zusammensetzung der Brennelemente: Der Anteil an ^{235}U nimmt ab und es entstehen neben radioaktiven Spaltprodukten die auch äußerst giftigen Plutoniumisotope. In einem Jahr wird etwa ein Drittel aller Brennelemente gegen neue ausgewechselt. Das sind bei einem Reaktor von 1300 MW elektrischer Leistung ca. 35 Tonnen.
Für einen Brennstoff, der am Anfang zu 3,3 % aus ^{235}U und zu 96,7 % aus ^{238}U bestand, ergibt sich nach der Entnahme aus dem Reaktor und einer einjährigen Zwischenlagerung folgende Zusammensetzung: 0,8 % ^{235}U; 94,6 % ^{238}U; 0,9 % ^{239}Pu bis ^{242}Pu; 0,4 % langlebige Radionuklide wie z. B. ^{85}Kr , ^{129}I, ^{90}Sr, ^{134}Cs und ^{137}Cs; 3,3 % andere inzwischen stabile Nuklide. Die entstandenen Radionuklide besitzen teilweise sehr große Halbwertszeiten. Die im Augenblick auf der Welt betriebenen Kernkraftwerke erzeugen jährlich etwa 8300 Tonnen abgebrannter Brennelemente.

Für eine **Wiederaufarbeitung** der Brennelemente sprechen folgende Gründe: Der Anteil des für die Kernspaltung geeigneten ^{235}U ist in den abgebrannten Brennelementen ungefähr genauso hoch wie in Natururan. Es kann also nach einer abermaligen Anreicherung weiter genutzt werden. Dies Argument wiegt umso schwerer, als die Weltvorräte an Uran in ca. 100 Jahren von den existierenden Leichtwasserreaktoren verbraucht sind. Die Brennelemente enthalten ferner das spaltbare Isotop ^{239}Pu , das ebenfalls für Kernreaktoren geeignet ist. Allerdings ist es notwendig, die strahlenden und neutronenschluckenden Spaltprodukte abzutrennen.
Gegen eine Wiederaufarbeitung wird häufig die dabei zwangsläufig durchgeführte Abtrennung des Plutoniums angeführt. ^{239}Pu kann zur Herstellung von Kernwaffen verwendet werden, ist außerordentlich giftig und ein intensiver α-Strahler.

Wiederaufarbeitungsanlagen sind z. B. in La Hague (Frankreich), in Sellafield (England), in Indien und in Japan in Betrieb. Allerdings reicht deren Kapazität keinesfalls zur Bearbeitung aller anfallenden abgebrannten Brennstäbe aus. Berichte über die unkontrollierte Freisetzung radioaktiver Stoffe erschrecken immer wieder. Als problematisch werden auch die **Transporte der radioaktiven Abfälle** angesehen.
Bei der Wiederaufarbeitung fallen verschiedene radioaktive Abfälle an: die Brennelementhülsen, gasförmiges Iod und Krypton, tritiumhaltiges Wasser, die hochradioaktiven Spaltprodukte und weitere mittelaktive Stoffe aus dem Reinigungsverfahren. Die gasförmigen Stoffe werden in Filtern zurückgehalten, die flüssigen Spaltprodukte werden verfestigt und in Glas eingeschmolzen. Diese radioaktiven Abfälle müssen über sehr lange Zeit sicher gelagert werden.

In Deutschland wird das Konzept verfolgt, radioaktive Abfälle in Bergwerken in großer Tiefe zu lagern. Dadurch sollen sie von der Biosphäre lange und sicher ferngehalten werden. Allerdings werden geeignete Lagerplätze noch gesucht, wobei eine **Endlagerung** hochradioaktiver Abfälle im Jahre 2030 geplant ist. Die Lagerung in Salzstöcken (Gorleben, Bergwerk Asse II) wurde bisher favorisiert, da Salz eine relativ gute Wärmeleitfähigkeit besitzt und es leicht ist, große Hohlräume zur Lagerung der Abfälle anzulegen. Allerdings

gibt es Zweifel an der für einen sehr langen Zeitraum benötigten Sicherheit. Weitere Standorte mit unterschiedlichen Wirtsgesteinen müssen deshalb untersucht werden.
Um Transporte des radioaktiven Abfalls zu vermeiden, werden neben den zentralen Zwischenlagern in Ahaus und Gorleben weitere in der Nähe der kerntechnischen Anlagen errichtet.

Vor dem Hintergrund der globalen Klimaerwärmung, welche durch den Ausstoß des Treibhausgases CO_2 verursacht wird, hat die Diskussion über den Einsatz der Kernenergie erneut an Brisanz gewonnen.
Kernkraftwerke werden mit 44 % neben Braunkohlekraftwerken mit 49 % und Laufwasserkraftwerken mit 7 % zur Abdeckung der sogenannten **Grundlast** (100 %) verwendet und decken damit den Grundbedarf an elektrischer Energie ab, während andere Kraftwerkstypen wie Erdgaskraftwerke oder Pumpspeicherkraftwerke eingesetzt werden, um den im Laufe eines Tages schwankenden Bedarf bzw. Bedarfsspitzen abzudecken. Soll der Anteil der Kernenergie am „Energiemix" reduziert werden, so ist entweder der Anteil der Braunkohlekraftwerke zu erhöhen, was zu einem nicht unerheblichen Anstieg beim **CO_2-Ausstoß** führt, oder es muss nach grundlastfähigen Alternativen bei der Stromerzeugung gesucht werden.
Windkraft oder Solarenergie eignen sich nicht zur Abdeckung der Grundlast, da die Stromerzeugung von der Witterung abhängt. Geothermie- und Biomasse-Kraftwerke liefern mittelfristig noch nicht die zur Abdeckung der Grundlast notwendigen Leistungen. Der Einsatz fossiler Energieträger wiederum führt zu einem Anstieg des CO_2-Ausstoßes

Exkurs

Der Reaktorunfall von Tschernobyl 1986

Die Kraftwerksanlage von Tschernobyl bestand aus vier Blöcken mit einer elektrischen Leistung von je 1000 MW. Bei den Reaktoren handelte es sich um grafitmoderierte Siedewasserreaktoren mit einem großvolumigen Reaktorkern. Diese Konstellation hat zur Folge, dass der Reaktor bei bestimmten Betriebszuständen instabil werden kann, d. h. dass eine Leistungssteigerung und die daraus folgende Temperatursteigerung zu einer Erhöhung der Zahl der Kernspaltungen pro Zeit führen.

Der eigentliche Anlass des Unfalls war die Durchführung eines Experiments, bei dem aufgrund von auftretenden Schwierigkeiten Sicherheitseinrichtungen ausgeschaltet wurden. Dadurch verringerte sich der Kühlmitteldurchsatz im Reaktor, die Temperatur stieg und aufgrund der Instabilität auch die Leistung, und zwar auf das 100fache der Nennleistung. Dies führte zum Bersten der Brennstäbe und nach der Reaktion des Brennstoffes mit dem Wasser zu einer Explosion und einem Brand des Graphitmoderators.
Durch die Zerstörung wurden 8 Tonnen radioaktiven Materials in die Umgebung geschleudert. Die freigesetzten Spaltprodukte ^{131}I, ^{90}Sr, ^{134}Cs, ^{137}Cs und Edelgase stiegen in Höhen bis zu 1500 m auf und wurden durch die Windströmungen über Europa verteilt. Außer der damaligen Sowjetunion waren zahlreiche Länder in Mitteleuropa betroffen.

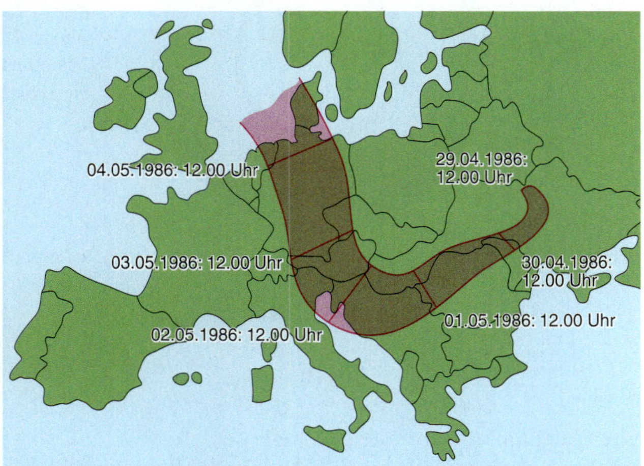

Die Auswirkungen dieses Reaktorunfalls waren in der unmittelbaren Umgebung des Kraftwerks katastrophal: 31 Menschen starben an den Folgen der Bestrahlung und Verbrennungen, die sie bei der Bekämpfung des Brandes und der Zuschüttung des Reaktors erlitten hatten. Viele 10 000 Personen in der Umgebung waren vor ihrer Evakuierung Bestrahlungen ausgesetzt, die 20 000- bis 60 000-mal so groß waren wie die natürliche Strahlenbelastung. Dies hatte für sie erhebliche gesundheitliche Folgen. Die in Deutschland lebenden Menschen waren im Wesentlichen der Strahlung des ^{131}I mit einer Halbwertszeit t_H von 8 Tagen, des ^{134}Cs ($t_H = 2$ a) und des ^{137}Cs ($t_H = 30$ a) ausgesetzt. Dabei setzte sich die Strahlendosis zusammen aus der Strahlung inhalierter Stoffe, aus der Strahlung von Stoffen, die mit Lebensmitteln aufgenommen werden, und aus der Strahlung der am Boden abgelagerten Stoffe. Insgesamt blieb für Menschen in Deutschland jedoch die von dem Reaktorunfall erzeugte effektive Strahlendosis in der Größenordnung der natürlichen Strahlenbelastung.

Exkurs

Kernspaltungsreaktoren in der Forschung

Neutronen sind aus der modernen Forschung nicht mehr wegzudenken. Sie kommen bei der Aufklärung magnetischer Strukturen genauso zum Einsatz wie in der Materialforschung und der medizinischen Strahlentherapie.

Im Gegensatz zu Leistungsreaktoren sind Forschungsreaktoren nicht auf maximale thermische Leistung, sondern auf einen möglichst hohen Neutronenfluss (Neutronen /(Fläche × Zeit)) hin optimiert. An der Neutronenquelle FRM II in Garching bei München (**Abb. a**) wird dies durch den sogenannten Kompaktkern erreicht. Damit ist ein Neutronenfluss von $8 \cdot 10^{14}$ Neutronen /($cm^2 \cdot s$) bei einer relativ geringen Wärmeleistung von 20 MW möglich. Kernkraftwerke haben eine etwa 200fach höhere thermische Leistung, um elektrische Energie zu erzeugen.

Der Kompaktkern besteht aus einem einzigen zylindrischen Brennlement, das durch leichtes Wasser (H_2O) gekühlt wird. Es steht im Moderatortank, der mit schwerem Wasser (D_2O) gefüllt ist. Das Brennelement (**Abb. b**) zeigt den Querschnitt) hat eine Höhe von 133 cm, einen Außendurchmesser von etwa 24 cm und einen Innendurchmesser von etwa 12 cm. Im Innenkanal wird der Regelstab zur Kontrolle des Neutronenflusses bewegt. Zwischen Innenkanal und der äußeren Ummantelung sind 113 Brennstoffplatten angeordnet. Die eigentliche Brennstoffschicht enthält Körnchen aus Uransilicid (U_3Si_2).

Im Moderatortank werden die Neutronen zum Teil bereits verwendet. Ein Beispiel hierfür ist die Isotopenproduktion für medizinische Anwendungen in der Diagnostik oder Therapie.
Der größere Teil der Neutronen wird aber durch 10 horizontale Strahlrohre zu verschiedenen Experimenten geführt.

Abb. c) zeigt eine Schemazeichung mit dem Brennelemt im Zentrum des Moderatortanks (Durchmesser 2,5 m), der sich in einem wassergefüllten Becken mit 5 m Durchmesser befindet. Seitlich ist das Ganze umgeben von 1,5 m Schwerbeton.

a)

b)

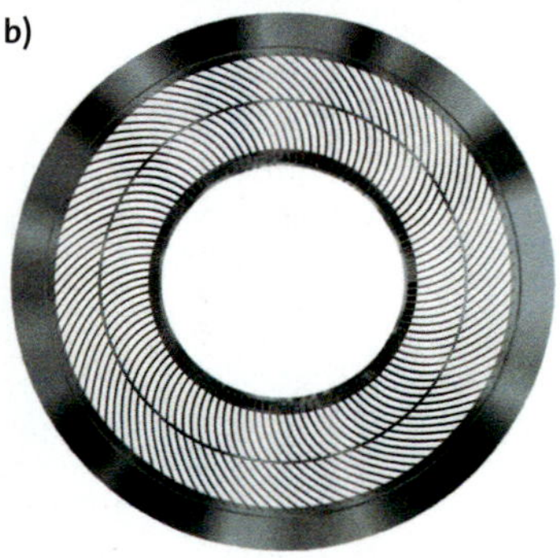

c)

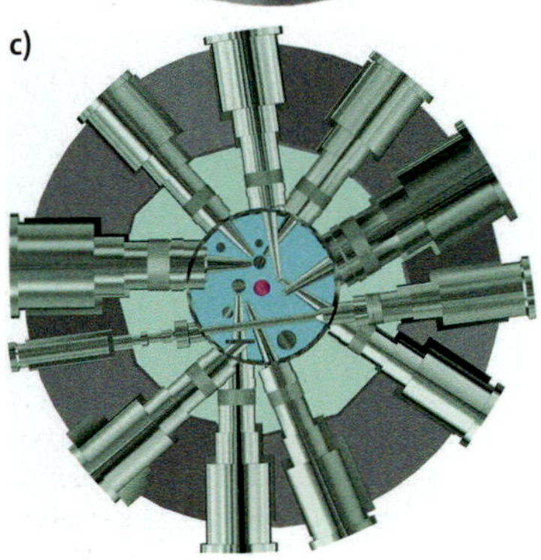

Von besonderer Bedeutung in der Materialforschung sind die sogenannten thermischen Neutronen. Sie haben eine kinetische Energie von 0,025 eV. Dies ist die mittlere kinetische Energie von Teilchen bei Zimmertemperatur. Nach der DE-BROGLIE-Formel ergibt sich für die mit dem Neutron verbundene Materiewelle eine Wellenlänge von $181 \cdot 10^{-12}$ m.

Die Wellenlänge der mit den Neutronen verbundenen Materiewellen liegt also in der Grössenordnung der Atomabstände in Kristallen. Genauso wie Röntgenstrahlen können sie deshalb zu Strukturuntersuchungen genutzt werden. Während Röntgenstrahlung aber an den Elektronen eines Atoms gestreut wird, werden Neutronen an den Kernen gestreut. Das wichtigste Beispiel ist Wasserstoff, der für Röntgenstrahlen praktisch unsichtbar ist. Dagegen ist die Wechselwirkung mit Neutronen sehr stark (Stöße von Teilchen fast gleicher Masse), weshalb Wasser ja auch zur Abschirmung im Reaktorbecken benutzt wird.
Die Möglichkeit, die Position von Wasserstoff vor allem in organischen Materialien zu bestimmen – eine Fragestellung also, die sich nur mit Neutronen beantworten lässt – erkannte Clifford SHULL (1915–2001), der 1994 zusammen mit Bertram BROCKHAUS (1918–2003) den Nobelpreis für ihre Entwicklung der Neutronenstreuung erhielt.

Eine weitere Besonderheit der Neutronen ist ihr magnetisches Moment. Neutronen können also, obwohl elektrisch neutral, als winzigste Magnete aufgefasst werden, die mit den magnetischen Feldern im Festkörper wechselwirken. SHULL, STRAUSER und WOLLAN entdeckten 1951 damit den von NÉEL 1932 postulierten Antiferromagnetismus an Manganoxid (MnO).

d)

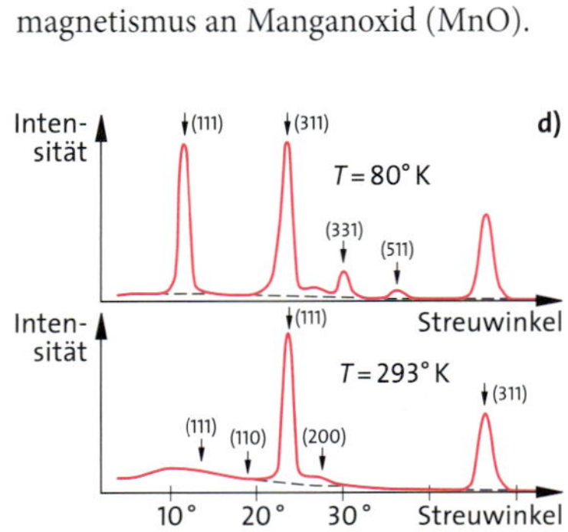

Bei Antiferromagneten sind die magnetischen Momente an benachbarten Gitterplätzen unterhalb der Ordnungstemperatur in entgegengesetzter Richtung angeordnet, sodass sich trotz magnetischer Ordnung kein makroskopisches Magnetfeld ergibt. Deshalb konnte der Antiferromagnetismus mit herkömmlichen Methoden nicht bewiesen werden.

Da es sich aber um eine periodische Struktur handelt, verursacht die magnetische Streuung der Neutronen zusätzliche Streumaxima. Das **Abb. d)** zeigt einen Vergleich der Spektren oberhalb und unterhalb der Ordnungstemperatur; die magnetischen Maxima sind klar zu erkennen.

e)

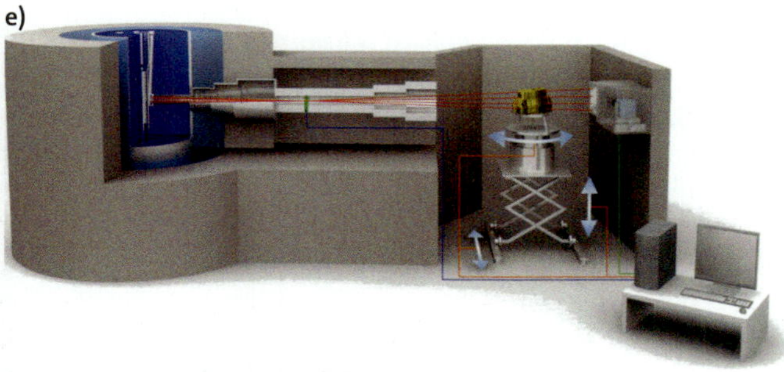

f)

g)

Im Bereich der Kunst und der musealen Forschung spielen **Radiografie** und **Autoradiografie** eine wichtige Rolle. Beide sind zerstörungsfreie Untersuchungsmethoden, d. h. es müssen keine Proben von den Objekten entnommen werden.

Das Prinzip der Radiografie ist ähnlich einer Durchleuchtung mit Röntgenstrahlung. Die materialabhängige Absorption der Neutronen unterscheidet sich aber deutlich von der der Röntgenstrahlung. Die Schwächung von Röntgenstrahlung nimmt mit der Ordnungszahl des Elements zu. Elemente, die im Periodensystem benachbart sind, lassen sich deshalb kaum unterscheiden; leichte Elemente schwächen den Röntgenstrahl kaum. Neutronen werden dagegen auch durch leichte Elemente wie z. B. Wasserstoff merklich geschwächt und die benachbarten Elemente können sehr unterschiedlich sein. Metalle sind für Neutronen fast durchsichtig. **Abb. e)** zeigt eine Schema-Zeichnung des Instruments ANTARES (**A**dvanced **N**eutron **T**omography **a**nd **R**adiography **E**xperimantal **S**ystem). Wie der Name sagt können wie bei Röntgenuntersuchungen auch dreidimensionale Schnitte angefertigt werden (Tomografie).

Die **Abb. f)** und **g)** zeigen Aufnahmen eines historischen Objektivs, bei dem die Linsen in einen Messingtubus eingebaut sind. Das von Josef Maximilian Petzval und Peter Wilhelm Friedrich von Voigtländer um 1840 konstruierte Petzvalobjektiv ist im Deutschen Museum München ausgestellt. Sein Innenleben wurde mithilfe der Neutronen-Radiografie von ANTARES am FRM II in Garching, freigelegt. **Abb. f)** zeigt das Objektiv am Messplatz. Im Hintergrund ist die sogenannte *image plate* zu sehen. Sie ersetzt herkömmliches Filmmaterial und wird nach der Aufnahme digital ausgewertet. Das Innenleben des Objektivs ist in **Abb. g)** deutlich zu erkennen. Bei den untersuchten Objektiven dieser Messreihe konnten sogar die verwendeten Glassorten unterschieden werden.

Bei der *Autoradiografie* werden Elementkerne im untersuchten Objekt durch Kernreaktionen in radioaktive Isotope verwandelt. Durch wiederholtes Belichten von Röntgenfilmen kann aufgrund der Schwärzung auf die unterschiedlichen Halbwertszeiten und damit auf die Elemente geschlossen werden. **Abb. i)** zeigt die Autoradiografie eines Gemäldes. Die Aufnahme **i)** wurde zwischen 1,5 und 17 Stunden nach der Bestrahlung belichtet, Aufnahme **j)** zwischen 1 und 92,5 Stunden. Die sehr geringe Aktivität erfordert diese langen Belichtungszeiten. Als Isotope kommen in Frage: Mn (2,6 h), Cu (17 h) in Azurit und Malachit. Der gekennzeichnete Bereich enthält Kupfer und damit ist sichergestellt, dass der Maler das Pigment Azurit oder Malachit verwendet hat. Genauso lassen sich Vorzeichnungen und Übermalungen sichbar machen.

h)

i)

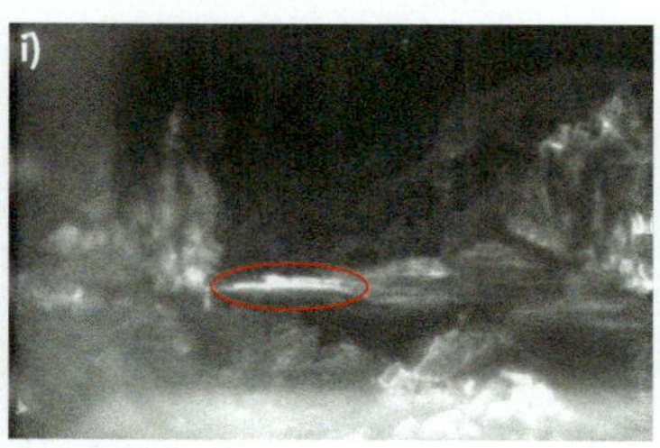

j)

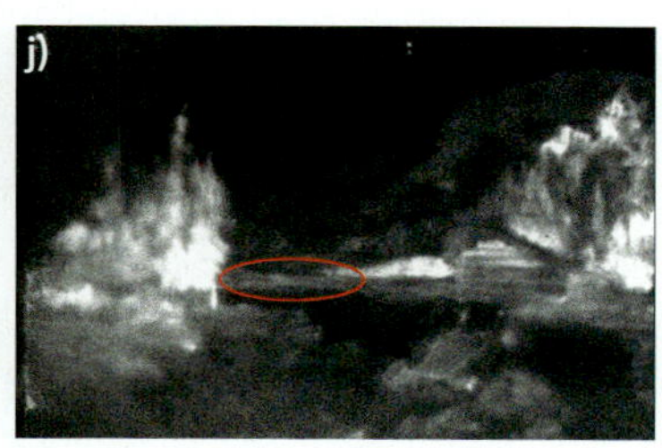

3.5.6 Kernfusion

Das Verschmelzen zweier Kerne zu einem neuen Kern wird als **Kernfusion** bezeichnet. In **Abb. 98.1** ist die mittlere Bindungsenergie pro Nukleon in Abhängigkeit von der Massenzahl negativ dargestellt. Aus dem Diagramm geht hervor, dass beim Verschmelzen von Kernen so lange Energie frei wird, wie die Kurve fallend ist. Daher besteht die Möglichkeit, über Kernfusion leichter Kerne Energie bereitzustellen. Bei der Kernfusion ist das Verhältnis von in Energie umgewandelter Ruhemasse ($\Delta E = \Delta m c^2$) und Gesamtmasse der beteiligten Kerne mit 7 ‰ erheblich günstiger als bei der Kernspaltung mit 1 ‰. Mit am größten ist der Energiegewinn bei der Fusion von Wasserstoffkernen.

Zunächst sollen einige Fusionsreaktionen angegeben werden, bei denen Energie frei wird. Die Energie verteilt sich hauptsächlich als kinetische Energie auf die entstehenden Teilchen:

$${}^{2}_{1}\mathrm{H} + {}^{2}_{1}\mathrm{H} \rightarrow {}^{3}_{1}\mathrm{H} + {}^{1}_{1}\mathrm{p} + 4{,}04\ \mathrm{MeV}$$
$${}^{2}_{1}\mathrm{H} + {}^{2}_{1}\mathrm{H} \rightarrow {}^{3}_{2}\mathrm{He} + {}^{1}_{0}\mathrm{n} + 3{,}27\ \mathrm{MeV}$$
$${}^{2}_{1}\mathrm{H} + {}^{3}_{1}\mathrm{H} \rightarrow {}^{4}_{2}\mathrm{He} + {}^{1}_{0}\mathrm{n} + 17{,}58\ \mathrm{MeV}$$
$${}^{2}_{1}\mathrm{H} + {}^{3}_{2}\mathrm{He} \rightarrow {}^{4}_{2}\mathrm{He} + {}^{1}_{1}\mathrm{p} + 18{,}34\ \mathrm{MeV}$$
$${}^{3}_{1}\mathrm{H} + {}^{3}_{1}\mathrm{H} \rightarrow {}^{4}_{2}\mathrm{He} + 2\,{}^{1}_{0}\mathrm{n} + 11{,}32\ \mathrm{MeV}$$
$${}^{1}_{0}\mathrm{n} + {}^{6}_{3}\mathrm{Li} \rightarrow {}^{4}_{2}\mathrm{He} + {}^{3}_{1}\mathrm{H} + 4{,}79\ \mathrm{MeV}$$

Zur Realisierung einer Fusion müssen die Kerne einander gegen die abstoßenden elektrischen Kräfte genähert werden, bis der Wirkungsbereich der Kernkräfte erreicht ist. Die potentielle elektrische Energie für zwei Kerne, die den Abstand $(r_1 + r_2)$ haben, beträgt

$$E_{\mathrm{pot}} = \frac{1}{4\pi\varepsilon_0}\frac{Z_1 Z_2 e^2}{(r_1 + r_2)}.$$

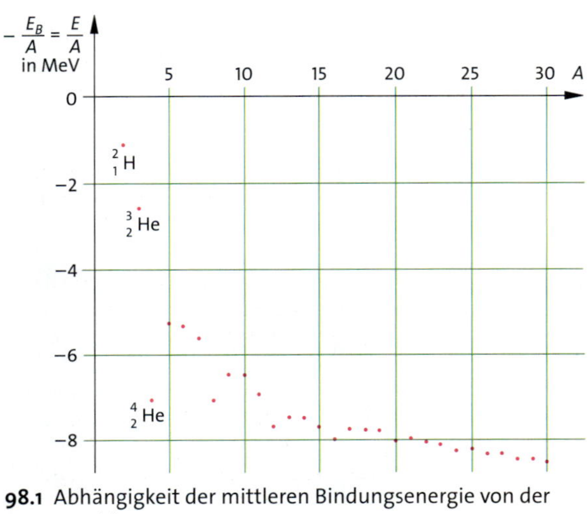

98.1 Abhängigkeit der mittleren Bindungsenergie von der Massenzahl

Dabei sind Z_1 und Z_2 die Kernladungszahlen und r_1 und r_2 die Kernradien. Für einen Deuterium- und einen Tritiumkern ergibt sich $E_{\mathrm{pot}} = 0{,}26$ MeV, die die Kerne in Form kinetischer Energie als Voraussetzung für eine Fusion besitzen müssen.

Die Wahrscheinlichkeit für das Eintreten einer Fusion hängt von der jeweiligen Reaktion ab. Fusionen zwischen Protonen und Wasserstoffisotopen treten nur mit geringer Wahrscheinlichkeit auf und sind deshalb für die technische Umsetzung in einem Fusionsreaktor ungeeignet. Am größten sind die Verschmelzungswahrscheinlichkeiten für die Deuterium-Tritium-Reaktion und für die beiden Deuterium-Deuterium-Reaktionen. Für eine technische Nutzung der Fusion muss die Anzahl der Fusionen in einer Sekunde so groß sein, dass eine brauchbare Wärmeleistung entsteht.

Die Teilchen, die miteinander reagieren sollen, müssen über längere Zeit gemeinsam eingeschlossen werden und eine ausreichende mittlere kinetische Energie zur Überwindung der elektrischen Abstoßungskräfte besitzen. Unter der Annahme, dass die Teilchen näherungsweise ein Gas bilden, gilt für die mittlere kinetische Energie $E_{\mathrm{kin}} = \frac{3}{2}kT$ (k ist die Boltzmann-Konstante; → S. 132). Einer Energie von $E = 0{,}26$ MeV entspricht danach eine Temperatur von $2 \cdot 10^9$ K. Zum Vergleich: Die Temperatur im Sonneninneren beträgt 15 Mio. K.

Bei solchen Temperaturen sind alle Atome eines Gases vollständig ionisiert. Elektronen und Ionen sind gleichmäßig über den Raum verteilt, sodass sich die Materie nach außen elektrisch neutral verhält. Dieser Zustand der Materie wird als **Plasma** bezeichnet.

Die besondere Berücksichtigung der speziellen Eigenschaften eines Plasmas ergibt, dass ein Überschuss an Energie von einem Deuterium-Deuterium-Reaktor erst bei einer Temperatur $T \approx 10^9$ K und von einem Deuterium-Tritium-Reaktor schon bei $T \approx 3 \cdot 10^8$ K geliefert wird. Daher wird zunächst der Bau eines Deuterium-Tritium-Reaktors angestrebt.

Bei der Fusion von Kernen mit geringer Massenzahl wird Energie frei. Für eine technische Nutzung muss das Plasma eine Temperatur von ca. 10^9 K besitzen.

Aufgaben

1. Berechnen Sie die frei werdende Energie für die im Text genannten Fusionsreaktionen mithilfe der Atommassen.
2. Bestimmen Sie die Größe des Potentialwalls, den ein Proton überwinden muss, um in den Einflussbereich der Kernkräfte eines anderen Protons zu kommen. Schätzen Sie damit die Fusionstemperatur des Plasmas mithilfe der im Text genannten Formel $E_{\mathrm{kin}} = \frac{3}{2}kT$ ab.

Aufgaben

3. In der Sonne wird durch Fusion von Wasserstoff Helium erzeugt. Ein He-Kern entsteht aus vier Protonen und zwei Elektronen über mehrere Zwischenstufen, die hier außer acht gelassen werden.
a) Berechnen Sie die Energieausbeute bei der Fusion von Protonen zu 1 kg Helium. [zur Kontrolle: $6 \cdot 10^{14}$ J]
b) Die Masse der Sonne beträgt $2 \cdot 10^{30}$ kg, ihr Alter rund 5 Milliarden Jahre. Sie strahlt jährlich eine Energie von $1{,}2 \cdot 10^{34}$ J ab. Schätzen Sie ab, wie viel Prozent der Sonnenmasse seit der Entstehung der Sonne in Helium verwandelt wurde.

4. Auf dem Lebensweg von Sternen können durch die Gravitation und die Kernfusion Bedingungen entstehen, bei denen aus Wasserstoff nicht nur das Element Helium, sondern im Anschluss daran als Folgeprodukte auch schwerere Nuklide wie ^{12}C erzeugt werden. Mit ^{12}C wiederum ist bei geeigneten Druck- und Temperaturbedingungen die Fusion von ^{20}Ne durch folgende Reaktion möglich: $^{12}C + ^{12}C \rightarrow ^{20}Ne + ^{4}He$.
a) Zeigen Sie, dass die angegebene Fusionsreaktion exotherm erfolgt. [zur Kontrolle: $E = 4{,}62$ MeV]
b) Zwei ^{12}C-Kerne bewegen sich mit einer kinetischen Energie von jeweils 4,1 MeV zentral aufeinander zu. Zeigen Sie, dass sich die Kerne – aus klassischer Sicht – berühren können und somit die oben angegebene Reaktion stattfinden kann. Verwenden Sie als Radius der ^{12}C-Kerne den Wert $3{,}2 \cdot 10^{-15}$ m.

5. Eine mögliche Energiequelle der Zukunft ist die Kernfusion.
a) Für ^{4}He beträgt die mittlere Bindungsenergie pro Nukleon 7,1 MeV, für Deuterium ^{2}H 1,1 MeV. Weisen Sie unter Verwendung dieser Angabe nach, dass bei der Verschmelzung zweier Deuterium-Kerne zu einem ^{4}He-Kern eine Energie von 24 MeV freigesetzt wird.
b) In einem geplanten Fusionsexperiment soll diese Reaktion gezündet werden, indem die Strahlung eines Lasers der Leistung $2{,}0 \cdot 10^{14}$ W für die Dauer von $8{,}0 \cdot 10^{-9}$ s auf ein Deuterium-Kügelchen konzentriert wird. Es wird erwartet, dass die frei werdende Fusionsenergie hundertmal so groß ist wie die zur Zündung eingesetzte Laserenergie. Berechnen Sie, wie viele Fusionsprozesse demzufolge ausgelöst werden.

6. Im Fusionsprojekt ITER soll Energie durch Fusion von Deuterium- (^{2}H) und Tritiumkernen (^{3}H) gewonnen werden. Der Fusionsprozess sei vom Typ $^{2}H + ^{3}H \rightarrow ^{4}He + ^{1}n$.
a) Berechnen Sie die Energie in eV, die bei einem Fusionsprozess frei wird.
b) Das für den Fusionsprozess benötigte Tritium wird laufend mithilfe der bei diesem Prozess frei werdenden Neutronen aus Lithium durch folgende Reaktion erbrütet: $^{6}Li + \ldots \rightarrow ^{3}H + \ldots + 4{,}8$ MeV. Vervollständigen Sie diese Reaktionsgleichung.
c) Der fertige Reaktor soll aus beiden Prozessen im Dauerbetrieb eine thermische Leistung von 2500 MW erbringen. Berechnen Sie, welche Masse an Helium pro Tag als Abfallprodukt abfällt.

Exkurs

Entstehung der Elemente

Fusionsreaktionen im Inneren der Sonne liefern die Energie, die auf der Erde die Entstehung von Leben überhaupt erst möglich macht. Doch nicht nur als Energiequelle ist die Kernfusion von großer Bedeutung, in ihr liegt auch der Ursprung für die Entstehung schwererer Elemente.

Wenn sich bei der Entstehung eines Sterns eine Wolke aus interstellarer Materie aufgrund der Eigengravitation zusammenballt, so heizt sich dieser sogenannte *Protostern* stark auf. Wird im Inneren eine Temperatur von etwa 1 Mio K erreicht, so setzen die ersten Kernfusionen ein. Es handelt sich um Verschmelzungen von Deuteriumkernen zu Tritium bzw. Helium3. Die zunehmende thermische Energie bläht den Stern auf, der Sternwind, ein Materiestrom, der vom Stern weggerichtet ist, verhindert nach einer gewissen Zeit den Zustrom von weiterem Deuterium aus der umgebenden Gashülle und treibt das Verdichtungsgebiet auseinander. Obwohl dadurch das *Deuterium-Brennen* zum Erliegen kommt, strahlt der Stern weiterhin Energie ab und beginnt deshalb langsam zu schrumpfen. Damit erhöht sich der Gravitationsdruck, sodass Dichte und Temperatur weiter ansteigen. Die Temperatur erreicht schließlich in einem zentralen Kern mit etwa 10 Mio K jenen Wert, bei dem Protonen in einem Zyklus zu Helium verschmelzen:

$$4\,^{1}H \rightarrow ^{4}He + 2\,e^{+} + 2\,\nu_e + 2\,\gamma + 26{,}2\text{ MeV}$$

Abhängig von der Sternmasse finden bei zunehmend höheren Temperaturen im Zentralbereich weitere Fusionsprozesse statt. Das angereicherte Helium wird bei $T \approx 100$ Mio K selbst zum Kernbrennstoff:

$$^{4}He + ^{4}He \rightarrow ^{8}Be + 92\text{ keV}$$

$$^{8}Be + ^{4}He \rightarrow ^{12}C + \gamma + 7{,}4\text{ MeV}$$

Es entsteht zunächst das instabile Beryllium ^{8}Be, dessen sehr geringe Dichte dennoch ausreicht, um bei der Fusion mit ^{4}He Kohlenstoff ^{12}C zu bilden. Bei $T > 10^{8}$ K finden ^{4}He-*Einfangprozesse* statt:

$$^{12}C + ^{4}He \rightarrow ^{16}O + \gamma$$

$$^{16}O + ^{4}He \rightarrow ^{20}Ne + \gamma \quad \text{usw.}$$

Wegen der zunehmend größeren Coulomb-Barriere enden diese Prozesse bei ^{40}Ca. Bei $T \approx 1$ Mrd K kann Kohlenstoff zu Magnesium fusionieren, Sauerstoff verschmilzt zu Silicium oder Schwefel, Silicium zu Eisen. Das Erreichen der *Eisengruppe* bedeutet das Ende des nuklearen Brennens: Die Nukleonen sind dort am stärksten gebunden, sodass eine weitere Fusion keine Energie liefern würde.
Elemente, die schwerer sind als Eisen, wie z. B. Gold, Blei oder Uran, entstehen bei den noch extremeren Druck- und Temperaturverhältnissen einer Sternexplosion (*Supernova*).

3.5.7 Technik der Fusion

Da Tritium in der Natur nur in sehr geringen Mengen vorkommt, muss es künstlich durch eine exotherme Kernreaktion von Neutronen mit ^{6}Li (→ letzte Reaktionsgleichung S. 98) erzeugt werden. Die Neutronen werden bei der Deuterium-Tritium-Fusionsreaktion frei, sodass der Fusionsreaktor das notwendige Tritium erbrütet. Damit liegen die Vorteile der Kernfusion gegenüber der Kernspaltung auf der Hand:

- Der Ausgangsstoff Deuterium ist im Wasser enthalten und steht nahezu unbegrenzt zur Verfügung. Das zur Fusion benötigte radioaktive Tritium wird im Fusionsreaktor selbst erzeugt.
- Bei der Fusion von Tritium und Deuterium entsteht nur das nicht radioaktive Helium.

Allerdings ist die Fusionstechnologie auch kein völlig „sauberes", also radioaktivitätsfreies Verfahren, denn die bei der Fusion entstehenden Neutronen aktivieren das Material des Reaktors und erzeugen radioaktiven Abfall, der am Ende der Lebensdauer eines Fusionsreaktors ebenfalls entsorgt werden muss.

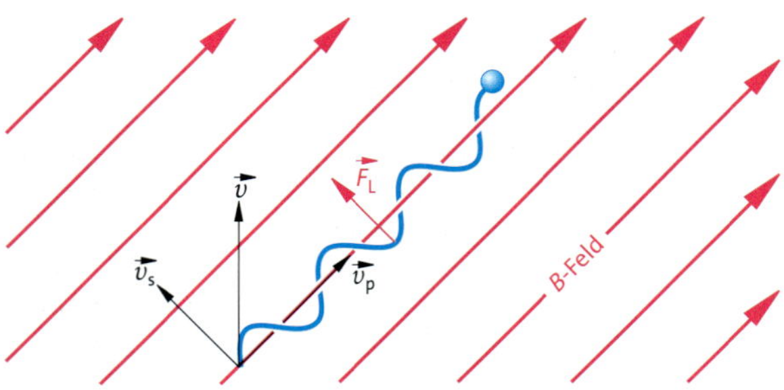

100.1 Schraubenbahn eines negativ geladenen Teilchens in einem Magnetfeld, verursacht durch die Lorentz-Kraft F_L

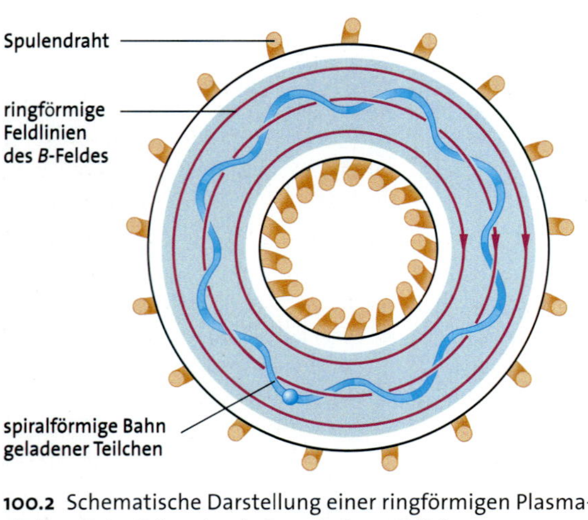

100.2 Schematische Darstellung einer ringförmigen Plasmasäule mit der Schraubenbahn geladener Teilchen

Die Grundbedingungen für einen Fusionsreaktor mit Deuterium und Tritium lassen sich wie folgt charakterisieren. Das Plasma der Reaktionspartner muss

1. auf eine hinreichend hohe Temperatur $T \geq 10^8$ K aufgeheizt sein,
2. eine ausreichend hohe Teilchendichte $n \geq 10^{14}$ Teilchen pro cm^3 besitzen und
3. für eine genügend lange Zeit $\tau \approx 2$ Sekunden zusammengehalten werden.

Die hohe Temperatur sorgt dafür, dass die kinetische Energie der Teilchen für eine Fusion ausreicht. Da die Wahrscheinlichkeit für eine Fusion im Vergleich zu einer elastischen Streuung sehr viel geringer ist, muss die Anzahl der Stöße groß genug sein, damit genügend Kerne verschmelzen. Dies wird durch die letzten beiden Bedingungen gewährleistet.

J. D. LAWSON hat 1957 gezeigt, dass bei einem Deuterium-Tritium-Plasma Werte von $n \cdot \tau > 10^{14}$ s/cm^3 (*Lawson-Kriterium*) für die notwendigen Teilchendichten und Einschlusszeiten bei einer Minimaltemperatur von $T_0 = 10^8$ K erreicht werden müssen. Die notwendigen Temperaturen bzw. kinetischen Energien der Plasmateilchen können durch Stromdurchgang (Gasentladung), durch den Einschuss von Teilchen hoher kinetischer Energie oder durch Hochfrequenzwellen erreicht werden und die nötige Dichte durch Nachfüllen von Gas oder durch den Einschuss tiefgekühlter Deuterium- oder Tritiumkügelchen.

Das Hauptproblem der gesteuerten Kernfusion besteht darin, das Plasma über eine längere Zeit im aufgeheizten Zustand zusammenzuhalten. Die Plasmateilchen besitzen große kinetische Energien, die sie bei Berührung mit den Gefäßwänden abgeben. Dies führt zum Absinken der Plasmatemperatur und zum Abdampfen von Wandmaterial, sodass sehr schnell ein abgekühltes und verunreinigtes Plasma vorliegt.

Da das Plasma aus geladenen Teilchen besteht, kann es mit Magnetfeldern von den Wänden ferngehalten werden. Ein Teilchen mit einer Geschwindigkeitskomponente senkrecht zur Richtung des Magnetfeldes bewegt sich wegen der Lorentz-Kraft auf einer schraubenförmigen Bahn um die Feldrichtung (**Abb. 100.1**). Wenn nun ein ringförmiges Magnetfeld aus geschlossenen Feldlinien hergestellt wird, so sind die Teilchen an diesen Ring gebunden. **Abb. 100.2** zeigt ein solches ringförmiges (toroidales) Magnetfeld, das von zahlreichen Spulen erzeugt wird, die den Ring (Torus) umschließen. Da in einem solchen ringförmigen Magnetfeld die Feldstärke nach außen geringer wird, driften die Teilchen je nach Ladung entweder nach oben oder nach unten und gelangen an die Gefäßwand. Dies lässt sich durch ein Magnetfeld verhindern, das sich schraubenförmig um die Mittellinie des Torus windet. Ein solches Feld entsteht durch die Überlagerung des toroidalen Feldes und des Magnetfeldes, das durch den ringförmigen Plasmastrom selbst erzeugt wird. Letzteres hat die Form konzentrischer Kreise, welche den Plasmastrom umgeben, ersteres fügt eine Magnetfeldkomponente in Richtung der Achse des Plasmas hinzu, so dass sich die gewünschte Schraubenform ergibt. **Abb. 101.1** zeigt, wie das um den Plasmastrom liegende Feld die Teilchen zusammenhält.

Zur Erzeugung und Heizung des Plasmas dient ein elektrischer Strom durch das Plasma, der über einen Transformator erzeugt wird. Dabei ist das elektrisch leitende Plasma die Sekundärspule. Das Prinzip einer solchen Anordnung, die als **Tokamak** (**Abb. 101.2**) bezeichnet wird, wurde Anfang der 1950er-Jahre in der Sowjetunion entwickelt. Allerdings müssen noch zahlreiche Probleme bis zur Realisierung eines Fusionsreaktors gelöst werden.
In Garching bei München arbeitet das Max-Planck-Institut für Plasmaphysik mit dem Tokamak-Experiment ASDEX Upgrade (Axialsymmetrisches Divertorexperiment) an dem Problem der Wechselwirkung des heißen Plasmas mit den Gefäßwänden.

Mit dem von der Europäischen Gemeinschaft in Culham in England durchgeführten Experiment **JET (Joint European Torus)** gelang es, eine Fusionsleistung von 16 MW zu erzeugen, die allerdings nur ca. 65 % der aufgewendeten Heizleistung betrug. **JET** dient weiter zur Vorbereitung des internationalen Tokamak-Experiments **ITER** (**I**nternational **T**hermonuclear **E**xperimental **R**eactor), ein gemeinsam geplantes Unternehmen der USA, Russlands, Japans, Chinas, Südkoreas und Europas, mit dem Fusionsleistungen von 500 MW erreicht werden sollen. 2005 einigten sich die beteiligten Länder, den ITER in Cadarache (Südfrankreich) zu bauen, wo er etwa 2015 den Testbetrieb aufnehmen soll. Geplant ist ein Energiegewinnungsfaktor von ca. 10, d.h. das Zehnfache der zum Betrieb nötigen Energie wird frei. Da zur Erzeugung der Zündbedingungen elektrische Energie benötigt wird, muss dieser Faktor in dieser Größenordnung liegen, denn die frei werdende innere Energie kann nur zu etwa 30 % wieder in elektrische Energie umgewandelt werden.

Verglichen mit einem Kernspaltungsreaktor hat ein Fusionsreaktor erheblich günstigere Eigenschaften:
• In einem Fusionsreaktor kann es keinen unkontrollierten starken Leistungsanstieg geben, da jede Änderung der Betriebsbedingungen aufgrund von Instabilitäten des Plasmas den Brennvorgang zum Erlöschen bringt. Es kann also nie die äußere Sicherheitshülle eines Fusionskraftwerkes von innen zerstört werden.
• An radioaktiven Materialien enthält ein Fusionskraftwerk lediglich das radioaktive Tritium und die durch die Neutronen aktivierten Baumaterialien des Reaktors. Von Tritium sind in einem Kraftwerk nur einige Kilogramm vorhanden. Da es in dem Kraftwerk erzeugt wird, sind auch keine die Umwelt gefährdenden Transporte nötig. Bei den radioaktiven Baumaterialien handelt es sich um feste Metalle, sodass auch hier keine Gefahr der radioaktiven Verseuchung der Umwelt besteht. Die Halbwertszeiten der Fusionsabfälle sind im Vergleich zu denen der Spaltabfälle ebenfalls um den Faktor 100 kleiner. Die von ihnen produzierte Nachwärme aufgrund des Zerfalls ist um den Faktor 10 bis 100 kleiner. Das biologische Gefährdungspotential der Fusionsabfälle ist im Vergleich zu den Spaltabfällen nach 100 Jahren 4500-mal geringer.

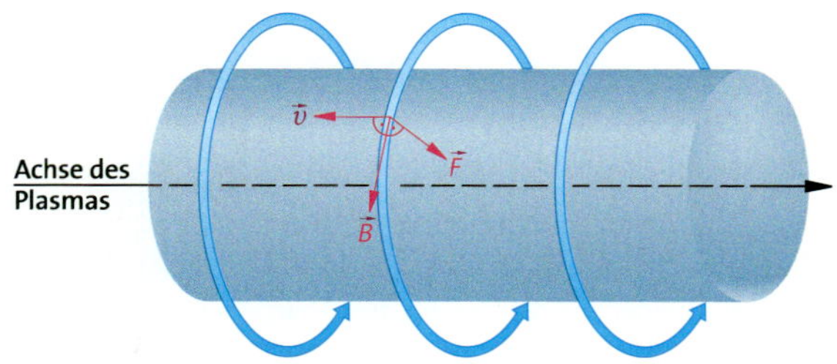

101.1 Auf geladene Teilchen (hier negativ geladene Elektronen) wirken Kräfte in Richtung auf die Achse des Teilchenstroms.

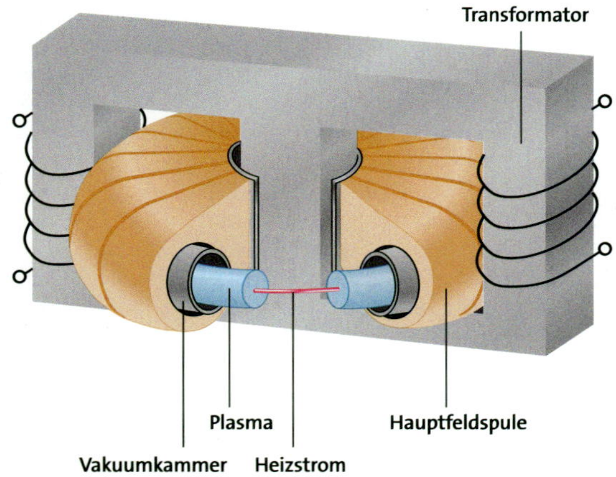

101.2 Tokamak: Mithilfe der stationär betriebenen Hauptfeldspulen wird in dem Torus ein achsenparalleles starkes Magnetfeld erzeugt. Das Plasma würde in diesem Magnetfeld sehr rasch gegen die äußere Wand des Torus driften. Diese Drift wird durch ein zweites Magnetfeld ausgeglichen, das durch den im Plasma selbst fließenden Strom erzeugt wird. Die angestrebten Temperaturen von 10^8 K werden durch Einstrahlung von Hochfrequenzenergie und durch Einschuss energiereicher Wasserstoffteilchen in das Plasma erreicht.

Exkurs

Modelle der Kernpyhsik

Das Bestreben, die experimentell gefundenen Eigenschaften der Atomkerne mithilfe allgemeingültiger Gesetze im Rahmen einer Theorie zu erklären, hat zur Entwicklung verschiedener Modelle geführt.

Das Tröpfchenmodell

Atomkerne bestehen aus Nukleonen, Protonen und Neutronen, zwischen denen die anziehende **Kernkraft** wirkt. Aus Streuversuchen mit Teilchen an Atomkernen hat sich ergeben, dass die Kernkraft nur eine Reichweite von ca. $1{,}5 \cdot 10^{-15}$ m hat, was ungefähr dem Radius eines Nukleons entspricht, und nur zwischen den unmittelbar benachbarten Nukleonen wirkt.
Zwischen den positiv geladenen Protonen wirkt zusätzlich die abstoßende **Coulomb-Kraft**, die unendliche Reichweite besitzt. Ist der Abstand zweier Protonen kleiner als die Reichweite der Kernkraft, so wird die abstoßende Coulomb-Kraft durch die anziehende Kernkraft überwunden.

Streuversuche mit Elektronen haben ferner gezeigt, dass das Volumen von Atomkernen proportional zu ihrer Massenzahl A bzw. zu ihrer Masse ist, d. h., die Dichte der Atomkerne ist nahezu konstant.

Die beiden Eigenschaften – konstante Dichte der Atomkerne und kurze Reichweite der Kernkraft zwischen den Nukleonen – führte zum *Tröpfchenmodell* des Atomkerns. Denn die Tröpfchen einer Flüssigkeit haben bei verschiedener Größe stets gleiche Dichte und werden durch *Kohäsionskräfte* zusammengehalten, die ebenfalls nur zwischen benachbarten Molekülen wirksam sind.

Auf der Basis dieses Tröpfchenmodells entwickelte C. F. von WEIZSÄCKER 1935 eine Näherungsformel für die **Bindungsenergie** der Atomkerne. Nach diesem Modell setzt sich die Bindungsenergie hauptsächlich aus drei Anteilen zusammen: der **Volumenenergie**, der **Oberflächenenergie** und der **Coulomb-Energie**.

Die Bindungsenergie pro Nukleon ist mit ca. 8 MeV näherungsweise unabhängig von der Massenzahl und die nur geringen Unterschiede der Bindungsenergien isobarer Kerne (Kerne mit gleicher Massenzahl, aber mit unterschiedlicher Zahl von Protonen und Neutronen) zeigen, dass für die Bindungsenergie die Kernkraft verantwortlich ist, die auf Protonen und Neutronen gleich wirkt. Also ist der als **Volumenenergie** E_V bezeichnete Anteil proportional zum Kernvolumen, bzw. zur Massenzahl A:

$$E_V \sim V \text{ bzw. } E_V \sim A \text{ oder } E_V = aA$$

Die Proportionalität der Bindungsenergie zur Massenzahl ist aber nur eine grobe Näherung. In einem zweiten, als **Oberflächenenergie** E_O bezeichneten Anteil wird berücksichtigt, dass einige Nukleonen an der Oberfläche des Kerns liegen, also nicht allseitig von anderen Nukleonen umgeben sind. So wie bei einem Tröpfchen die Teilchen an der Oberfläche weniger fest gebunden sind, sollten dies auch die Nukleonen sein. Dieser zur Oberfläche proportionale Energieanteil wirkt sich also energetisch mindernd aus: $E_O \sim 4\pi r^2$ woraus mit der Formel für den Radius eines Atomkerns $r = r_0 A^{\frac{1}{3}}$ folgt:

$$E_O \sim 4\pi r_0^2 A^{\frac{2}{3}} \quad \text{oder} \quad E_O = bA^{\frac{2}{3}}$$

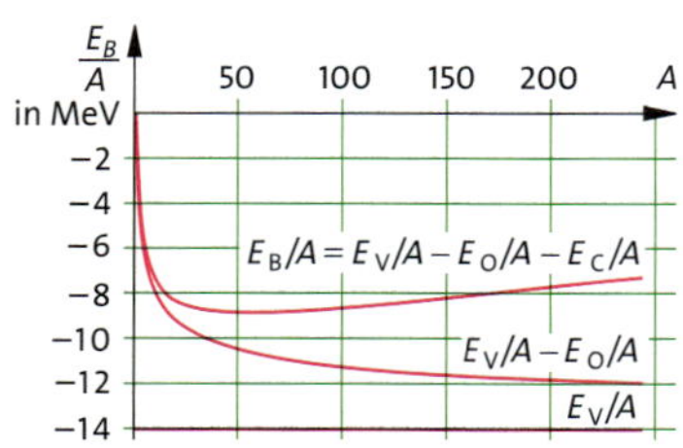

Ein dritter Anteil berücksichtigt die elektrostatischen Abstoßungskräfte zwischen den Protonen als **Coulomb-Energie** E_C. Auch dieser Anteil verringert die Bindungsenergie.
Für die Energie einer Kugel, in der die Ladung gleichmäßig verteilt ist, gilt ähnlich wie für zwei punktförmige Ladungen der Größe Q im Abstand r

$E_C \sim \frac{Q^2}{r}$; mit $r = r_0 A^{\frac{1}{3}}$ und $Q = Ze$ folgt:

$$E_C \sim \frac{Z^2 e^2}{A^{\frac{1}{3}}}, \text{ also } E_C = c\frac{Z^2}{A^{\frac{1}{3}}}$$

Damit ergibt sich die gesamte Bindungsenergie zu

$$E_B = aA - bA^{\frac{2}{3}} - c\frac{Z^2}{A^{\frac{1}{3}}},$$

die Bindungsenergie pro Nukleon zu

$$\frac{E_B}{A} = a - bA^{-\frac{1}{3}} - cZ^2 A^{-\frac{4}{3}}.$$

Um die Abhängigkeit der Bindungsenergie pro Nukleon allein von der Massenzahl A zu bekommen, kann die für Atomkerne im Mittel geltende Näherung $Z = 0{,}45\,A$ verwendet werden. Damit folgt:

$$\frac{E_B}{A} = a - bA^{-\frac{1}{3}} - c' A^{\frac{2}{3}}$$

Die Koeffizienten a, b und c' werden durch Anpassung dieser Formel an die bekannten Werte der Bindungsenergie pro Nukleon einiger Kerne bestimmt. So ergibt sich $a = 14$ MeV, $b = 13$ MeV und $c' = 0{,}12$ MeV.

Die Abbildung zeigt die grafische Darstellung einzelner Anteile, nämlich der Volumenenergie pro Nukleon E_V/A, der Differenz Volumenenergie und Oberflächenenergie pro Nukleon $(E_V/A - E_O/A)$ und der gesamten Bindungsenergie pro Nukleon $E_B/A = E_V/A - E_O/A - E_C/A$. Sie zeigt, dass ohne Berücksichtigung der Coulomb-Energie der Abfall der mittleren Bindungsenergie pro Nukleon für Massenzahlen kleiner als 60 schon näherungsweise richtig wiedergegeben wird. Jedoch fehlt die Abnahme für Kerne mit größeren Massenzahlen. Die Verminderung der Bindungsenergie wird erst durch Berücksichtigung der Coulomb-Energie pro Nukleon E_C/A erreicht, welche die abstoßende Kraft zwischen den Protonen berücksichtigt. Die im Gegensatz zur Kernkraft unendliche Reichweite der Coulomb-Kraft führt dazu, dass die Coulomb-Energie pro Nukleon mit wachsender Protonenzahl betragsmäßig wächst, während die Volumenenergie pro Nukleon konstant bleibt. So wird auch verständlich, warum bei den größeren Kernen die Zahl der Neutronen größer ist als die Zahl der Protonen:
Die elektrostatischen Abstoßungskräfte müssen durch Kernkräfte kompensiert werden.

Die mit dem Tröpfchenmodell berechneten Bindungsenergien stimmen mit den aus dem Massendefekt berechneten Werten recht gut überein. Der bei größeren Kernen bestehende Neutronenüberschuss zur Kompensation der abstoßenden Coulomb-Kraft kann bei der Berechnung in der Formel für die Bindungsenergie pro Nukleon durch die sogenannte **Asymmetrie-Energie** berücksichtigt werden. Die Tatsache, dass Kerne mit einer geraden Anzahl der Protonen und/oder der Neutronen besonders stabil sind, berücksichtigt die **Paarbildungsenergie**. Diese Energieanteile lassen sich nicht mehr aus dem Tröpfchenmodell erklären.

Tröpfchenmodell und Kernspaltung

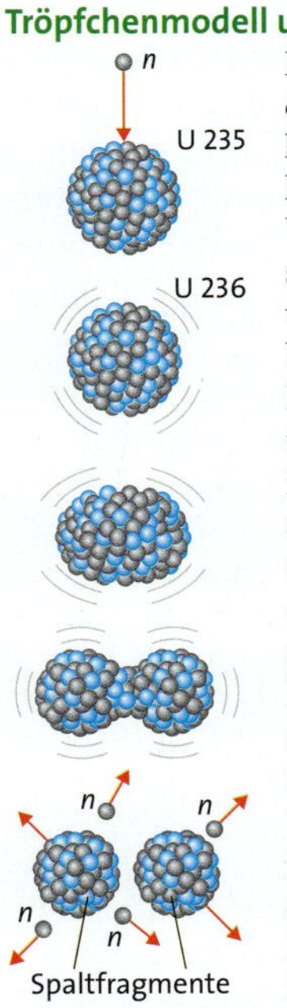

Das Tröpfchenmodell des Atomkerns liefert eine anschauliche Erklärung des Vorgangs der Kernspaltung durch ein vom Kern absorbiertes Neutron. Durch die Absorption gerät der Kern in einen energetisch angeregten Zustand und wie ein Tröpfchen in Schwingungen, die schließlich zur Spaltung in zwei Bruchstücke führen. Mit der Weizsäcker-Formel lässt sich die bei der Spaltung eines Kerns freigesetzte Energie berechnen: Die Volumenenergie pro Nukleon bleibt konstant. Die auf der abstoßenden Wirkung der positiv geladenen Protonen beruhende Coulomb-Energie der Bruchstücke ist um ca. 340 MeV kleiner als die des Ausgangskerns, die Oberflächenenergie der Bruchstücke dagegen um ca. 160 MeV größer. Beide Energieanteile gehen mit negativem Vorzeichen in die Weizsäcker-Formel ein, was bedeutet, dass bei der Spaltung eines Kerns eine Energie von ca. 180 MeV frei wird.

Das Potentialtopfmodell

Im Gegensatz zum Tröpfchenmodell werden im Potentialtopfmodell die Erkenntnisse der Quantenphysik berücksichtigt. Die Nukleonen eines Atomkerns wechselwirken jeweils nur mit wenigen anderen Nukleonen, was sich in der nahezu von der Massenzahl A unabhängigen Bindungsenergie pro Nukleon und in der konstanten Dichte der Atomkerne zeigt. Den Nukleonen ist also im Atomkern eine freie Bewegung möglich. Aus Streuversuchen mit Nukleonen folgt, dass der Radius eines Nukleons ungefähr $0{,}4 \cdot 10^{-15}$ m beträgt, sodass sich berechnen lässt, dass nur 3 % eines Kernvolumens von den Nukleonen eingenommen werden.
Das Verhalten von Nukleonen im Kern ist also mit Wellenfunktionen der Quantenphysik zu beschreiben. Daraus folgt, dass Atomkerne diskrete Energiezustände besitzen. Da für Nukleonen das Pauli-Prinzip gilt, ist jeder Energiezustand von höchstens zwei Teilchen besetzt. Das bedeutet, dass im Grundzustand alle Energieniveaus bis zu einer Maximalenergie, der sogenannten Fermi-Energie, besetzt sind, was einem Energieminimum des Kerns entspricht.

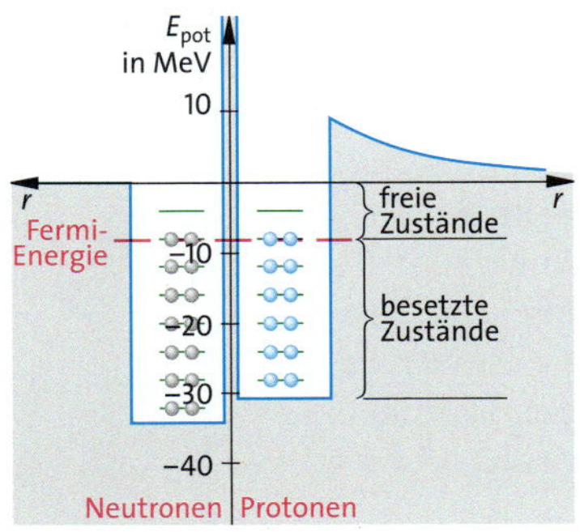

Da die Separationsenergie E_S, die Energie zur Abspaltung eines Nukleons, ca. 8 MeV beträgt und die Fermi-Energie E_F für Neutronen eines schweren Kerns ca. 26 MeV, für Protonen ca. 23 MeV beträgt, ergibt sich die Tiefe des Potentialtopfes als Summe von Separationsenergie und Fermi-Energie für Neutronen zu 34 MeV, für Protonen zu 31 MeV.
Dem Außenraum wird der Potentialwert Null zugeordnet, sodass, die Energiezustände im Negativen liegen.

Aufgrund der positiven elektrischen Ladung muss für Protonen für eine Entfernung vom Zentrum, die größer als der Kernradius ist, das von der Kernkraft erzeugte Potential durch ein elektrostatisches Potential ergänzt werden.
Das Potentialtopfmodell erklärt u. a. den γ-Zerfall und führte zur Erklärung des α-Zerfalls mithilfe des Tunneleffekts.

Die Arbeitsweise der Physik

Am Beispiel des Tröpfchenmodells kann die grundsätzliche Vorgehensweise der Physik beim Arbeiten mit Modellen erläutert werden. Aufgrund der Erkenntnisse über die Dichte der Kerne, die Art der wirkenden Kräfte und die Reichweite der Kräfte wird das Modell entwickelt und unter Anwendung allgemein gültiger Gesetze, wie z. B. beim Tröpfchenmodell der Term für die elektrostatische Energie, eine Mathematisierung vorgenommen. Die aus der mathematischen Beschreibung abgeleiteten quantitativen Aussagen werden mit den Messwerten der Realität verglichen, womit die Gültigkeit des Modells zu beurteilen ist.

Besonders ist bei jedem Modell zu bedenken, dass es nur einen Ausschnitt der Wirklichkeit beschreibt und keinesfalls die Wirklichkeit selbst ist. Das Tröpfchenmodell erklärt z. B. nicht die diskreten Energiezustände von Atomkernen, es erklärt nicht die besondere Stabilität von Kernen, deren Protonen- und/oder Neutronenzahlen gleich den so genannten magischen Zahlen sind, und es erklärt nicht den α-, den β- und den γ-Zerfall.

Neben dem Tröpfchenmodell und dem Potentialtopfmodell gibt es zahlreiche weitere Modelle für den Atomkern, was darauf beruht, das der Kern aus vielen Teilchen besteht, die miteinander wechselwirken und dass an dieser Wechselwirkung neben der *starken Kernkraft* und der *elektromagnetischen Wechselwirkung* auch noch die *schwache Wechselwirkung* beteiligt ist. Daher gibt es keine einheitliche und umfassende Kerntheorie.

Grundwissen Kernphysik

Aufbau der Atomkerne

Atomkerne sind aufgebaut aus

- **Protonen** der Ruhemasse $m_p = 1{,}007\,276\,467$ u,
- **Neutronen** der Ruhemasse $m_n = 1{,}008\,664\,916$ u;
- **Elektronen** der *Atomhülle* haben die Ruhemasse $m_e = 0{,}000\,548\,580$ u.

Atomare Masseneinheit: $1\ \text{u} = 1{,}660\,538\,8 \cdot 10^{-27}$ kg

Als **Nuklid** wird ein **Atom** einer durch die Anzahl Z der Protonen und die Anzahl N der Neutronen festgelegten Kernart bezeichnet. Durch die Angabe der Massenzahl $A = Z + N$ und der Kernladungszahl Z am Elementsymbol sind Nuklide eindeutig bestimmt: ${}^{A}_{Z}\text{X}$. Nuklide mit gleicher Kernladungszahl Z, aber unterschiedlicher Massenzahl A sind **Isotope** desselben Elements.

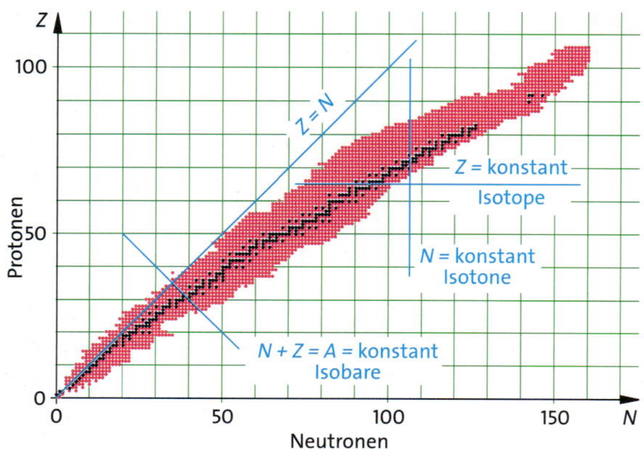

Radioaktivität

Radioaktivität bezeichnet die Eigenschaft bestimmter Nuklide, Strahlung auszusenden. **α-Strahlung** besteht aus zweifach positiv geladenen Heliumkernen, **β^--Strahlung** aus Elektronen, **β^+-Strahlung** aus Positronen (Antiteilchen des Elektrons mit positiver Ladung) und **γ-Strahlung** aus energiereichen Photonen. Seltener kommt die Emission eines **Neutrons** oder die **spontane Spaltung** vor.

Den Einzelprozess beschreiben die folgenden Reaktionsgleichungen. Das entstehende Tochternuklid besitzt eine geringere Energie als das Mutternuklid.

- α-Zerfall: ${}^{A}_{Z}\text{X} \rightarrow {}^{A-4}_{Z-2}\text{Y} + {}^{4}_{2}\alpha$
- β^--Zerfall:
  ${}^{A}_{Z}\text{X} \rightarrow {}^{A}_{Z+1}\text{Y} + {}^{0}_{-1}\text{e} + \bar{\nu}_e$, ${}^{1}_{0}\text{n} \rightarrow {}^{1}_{1}\text{p} + {}^{0}_{-1}\text{e} + \bar{\nu}_e$.
- β^+-Zerfall:
  ${}^{A}_{Z}\text{X} \rightarrow {}^{A}_{Z-1}\text{Y} + {}^{0}_{+1}\text{e} + \nu_e$, ${}^{1}_{1}\text{p} \rightarrow {}^{1}_{0}\text{n} + {}^{0}_{+1}\text{e} + \nu_e$.
- γ-Zerfall: ${}^{A}_{Z}\text{X}^* \rightarrow {}^{A}_{Z}\text{X} + \gamma$
  (Ein Stern am Elementsymbol kennzeichnet einen angeregten Kern.)

Das Zerfallsgesetz

Die Anzahl der Kerne einer radioaktiven Substanz nimmt im Laufe der Zeit ab:

$$N(t) = N_0\, \mathrm{e}^{-\lambda t}$$

Für die **Aktivität** $\boldsymbol{A} = -(\mathrm{d}N/\mathrm{d}t)$ folgt aus dem Zerfallsgesetz $A(t) = \lambda N_0 \mathrm{e}^{-\lambda t} = \lambda N(t)$. Für die **Halbwertszeit** t_H, nach der die Aktivität einer Substanz auf die Hälfte ihres Anfangswertes gesunken ist, gilt: $t_H = \ln 2/\lambda$.
Der Wert der **Zerfallskonstanten** λ gibt die Wahrscheinlichkeit für den Zerfall eines Atomkerns in einer Sekunde an. Für die Zerfallswahrscheinlichkeit p in der Zeit $\Delta t\,(\Delta t \ll t_H)$ gilt: $p = \lambda \Delta t$.

Wechselwirkung von Strahlung mit Materie

Strahlungsbestandteile, die Ladungen tragen, wechselwirken über die Coulomb-Kraft mit den Elektronen und Atomkernen. Dabei verliert die Strahlung Energie.

- *α-Strahlung* wirkt aufgrund der zweifach positiven Ladung sehr stark ionisierend. Wegen ihrer großen Masse ändern die Heliumkerne kaum ihre Richtung.
- *β^--Strahlung* wirkt ebenfalls ionisierend. Doch werden die Elektronen stark abgelenkt. Ferner verlieren *β-Teilchen* bei einer Ablenkung ihre Energie durch Emission von Bremsstrahlung.
- *γ-Strahlung* verliert ihre Energie durch **Fotoeffekt**, **Compton-Effekt** und **Paarerzeugung**. Positronen annihilieren mit Elektronen zu zwei γ-Quanten.

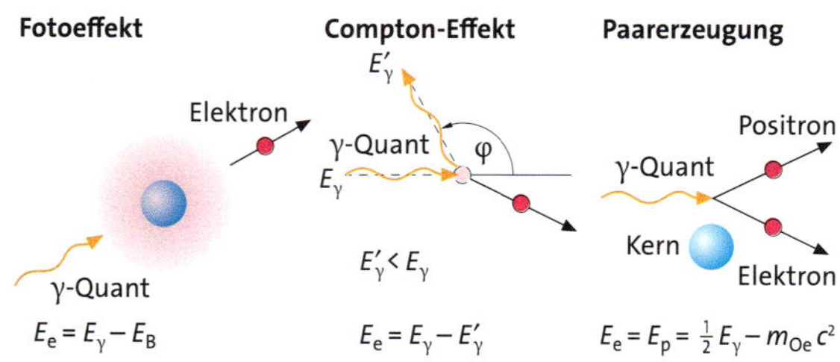

Energiedosis und Äquivalentdosis

Die Wechselwirkung von Strahlung mit Materie wird durch die *Energiedosis D* gemessen:

$$\text{Energiedosis} = \frac{\text{absorbierte Energie}}{\text{Masse}}, \quad D = \frac{E}{m}$$

Die *biologische Wirksamkeit* radioaktiver Strahlung beruht auf der ionisierenden Wirkung der Strahlung. Im biologischen Gewebe ergeben sich dadurch chemische und biologische Folgereaktionen, die **somatische** und **genetische** Schädigungen hervorrufen.
Der ***q*-Faktor** charakterisiert die unterschiedliche Wirksamkeit der Strahlungsarten auf Gewebe.

Die *biologische Wirksamkeit* wird durch die *Äquivalentdosis H* gemessen:

$$\text{Äquivalentdosis} = q \cdot \text{Energiedosis}, \quad H = q\,D$$

Die Gefährlichkeit einer Bestrahlung kann durch den Vergleich mit der jährlichen natürlichen Äquivalentdosis von 2,4 mSv abgeschätzt werden.
Wirksamster Schutz vor der schädigenden Wirkung radioaktiver Strahlung sind *großer Abstand* von der Strahlungsquelle, *kurze Bestrahlungsdauer* und *Abschirmung*.

Energie der Atomkerne – Kernmodelle

Massendefekt

Bei Atomkernen, die aus mehreren Nukleonen aufgebaut sind, ist die Masse des Kerns kleiner als die Summe der Massen seiner Nukleonen:

$$\Delta m = Z\,m_{\mathrm{p}} + N\,m_{\mathrm{n}} - m_{\mathrm{K}}$$

Nach $E = m\,c^2$ entspricht dem *Massendefekt* eine Energie, die als **Bindungsenergie** bei der Fusion der Nukleonen zu einem Kern abgegeben wird. Dieselbe Energie, **Separationsenergie** genannt, muss zur Trennung der Nukleonen aufgewendet werden.

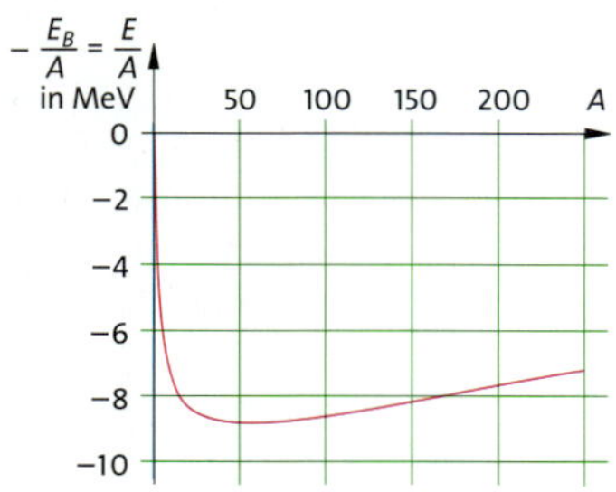

Die *Bindungsenergie pro Nukleon* wächst für Kerne mit Massenzahlen bis 60 zunächst an und sinkt dann wieder. Ursache sind die verschiedenen Reichweiten der Kernkraft und der Coulomb-Kraft.

Eigenschaften der Kernkraft

Die *anziehenden kurzreichweitigen Kernkräfte* sind nur zwischen unmittelbar benachbarten Nukleonen wirksam. Die *abstoßenden langreichweitigen Coulomb-Kräfte* zwischen den positiv geladenen Protonen sind für die geringere Bindungsenergie bei Nukliden mit hoher Massenzahl (Massenzahlen größer als 60) verantwortlich.

Potentialtopfmodell des Atomkerns

α-Strahlung und *γ-Strahlung* zeigen für die jeweilige Substanz typische diskrete Energiebeträge. *β-Strahlung* weist jedoch stets eine kontinuierliche Energieverteilung auf, denn mit jedem *β-Teilchen* wird ein *Antineutrino* emittiert, sodass die abgegebene Energie sich beliebig auf beide Teilchen aufteilen kann.

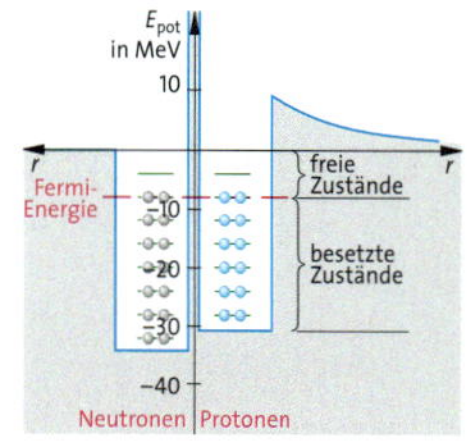

Die Existenz *diskreter Energiezustände* der Atomkerne erklärt das *Potentialtopfmodell*. Die diskreten Energiezustände ergeben sich aus Bedingungen für die *Ψ*-Funktion. Bei Kernreaktionen ändern sich die Energiezustände um diskrete Werte. Der sogenannte *Tunneleffekt* erklärt die Emission von *α-Teilchen* aus einem Kern, denn die Wellenfunktion eines α-Teilchens nimmt auch außerhalb des Potentialwalls Werte größer als null an.

Kernreaktionen

Kernspaltung

Durch Beschuss von Kernen mit Nukleonen oder Kernen werden *künstliche Radioisotope* oder *Transurane* erzeugt oder es werden *Kerne gespalten*. Für eine sich fortsetzende **Kettenreaktion** eignen sich die Isotope ^{235}U, ^{233}U und ^{239}Pu, die sowohl in *Kernreaktoren* als auch in *Kernspaltungsbomben* Verwendung finden. In Kernreaktoren bleibt die Zahl der Kernspaltungen in der Zeiteinheit konstant.

Das Freiwerden von Energie bei der Spaltung eines großen Kerns in zwei kleinere Bruchstücke ergibt sich aus dem Ansteigen der Bindungsenergie pro Nukleon von großen zu mittleren Kernen hin. Die frei werdende Energie liegt als kinetische Energie der Bruchstücke und als Strahlungsenergie vor.

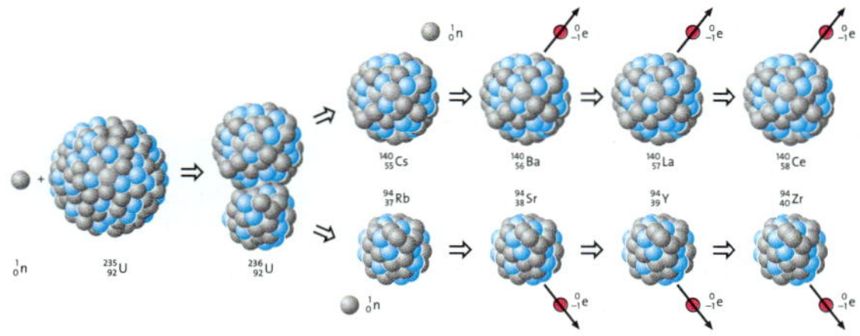

$$^{1}_{0}\mathrm{n} + {}^{235}_{92}\mathrm{U} \Longrightarrow {}^{236}_{92}\mathrm{U} \Longrightarrow {}^{A_1}_{Z_1}\mathrm{K}_1 + {}^{A_2}_{Z_2}\mathrm{K}_1 + 2 \cdot {}^{1}_{0}\mathrm{n} + \text{Energie}$$

Kernfusion

Dass bei der *Fusion* von Kernen mit geringer Massenzahl, z. B. von *Deuterium* und *Tritium*, Energie abgegeben wird, ist aus dem Graphen der Bindungsenergie pro Nukleon ablesbar. Ein Beispiel ist die Fusion von Deuterium und Tritium:

$$^{2}_{1}\mathrm{H} + {}^{3}_{1}\mathrm{H} \rightarrow {}^{4}_{2}\mathrm{He} + {}^{1}_{0}\mathrm{n} + 17{,}58\ \mathrm{MeV}$$

Kernfusion ist die Ursache für die Energieabgabe der Sonne und der Sterne.

Wissenstest Kernphysik

1. a) Beschreiben Sie den Aufbau und die physikalischen Eigenschaften von Atomkernen.

b) Erläutern Sie anhand des kleinen Ausschnitts der Nuklidkarte die verschiedenen Zerfallsarten und den Begriff der Zerfallsreihe.

c) Bestimmen Sie die Aktivität von 10 µg ^{210}Po. Berechnen Sie die Aktivität der Probe nach Ablauf eines Jahres.

d) Das Nuklid ^{211}Po besitzt eine Halbwertszeit von 0,516 s, das ^{212}Po (211,98885 u) eine von 0,3 µs. Bestimmen Sie die zugehörigen Energien der α-Teilchen und begründen Sie damit die großen Unterschiede in den Halbwertszeiten.

2. Mithilfe der Kernphysik kann elektrische Energie bereitgestellt werden.

a) Erläutern Sie, dass dies sowohl über die Kernspaltung als auch über die Kernfusion geschehen kann.

b) Erklären Sie den Aufbau und die Funktionsweise eines Kernspaltungs- und eines Kernfusionsreaktors. Erörtern Sie jeweils die Vor- und Nachteile.

c) Schätzen Sie die Energie ab, die bei einem Kernkraftwerk der elektrischen Leistung von 1400 MW innerhalb eines Jahres durch Kernspaltung freigesetzt wird, wenn der Wirkungsgrad etwa 30 % beträgt. Bestimmen Sie näherungsweise die Anzahl der Spaltungen sowie die Masse des benötigten ^{235}U unter der Annahme, dass bei jeder Spaltung ca. 200 MeV Bindungsenergie frei werden.

3. In der Tumorbehandlung ist es wichtig, Krebszellen zu zerstören und gesundes Gewebe zu schonen. Analysieren Sie unter diesem Gesichtspunkt die folgende Grafik und erläutern Sie ihre physikalischen Grundlagen in Bezug auf die Wechselwirkung von Strahlung mit Materie.

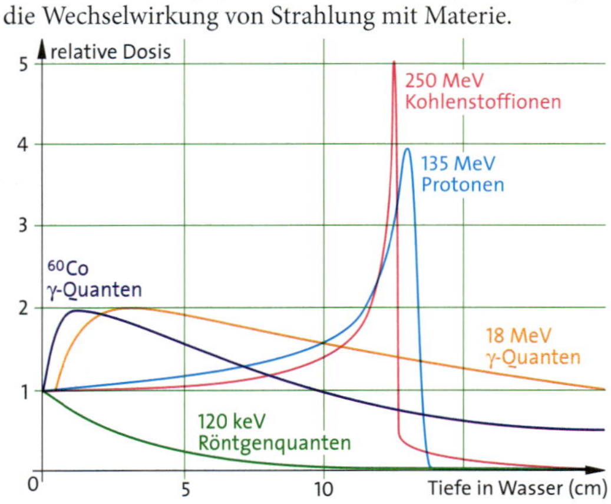

4. Im Bestreben, neue Substanzen zu erzeugen, bestrahlten Wissenschaftler gegen Ende der 1930er-Jahre Uran mit Neutronen. Otto HAHN und Fritz STRASSMANN verwendeten als Neutronenquelle ein sieben Zentimeter langes und knapp einen Zentimeter dickes Röhrchen, welches mit 1,0 g Radium und zusätzlich mit Beryllium gefüllt war. Die Abbildung zeigt den Arbeitstisch, an dem die beiden Wissenschaftler ihre Experimente durchführten.

Die Radiumprobe enthielt hauptsächlich das Isotop ^{226}Ra, deshalb soll im Folgenden davon ausgegangen werden, dass sie ausschließlich aus ^{226}Ra bestand. Außerdem ist davon auszugehen, dass beim Zerfall von ^{226}Ra immer ein angeregter Kern entsteht; die beim Zerfall auf den Tochterkern übertragene Rückstoßenergie soll vernachlässigt werden.

a) Stellen Sie die Zerfallsgleichung für ^{226}Ra auf.

b) Berechnen Sie die Aktivität von 1,0 g ^{226}Ra. [Zur Kontrolle: $3{,}7 \cdot 10^{10}$ Bq]

c) Die vom ^{226}Ra abgegebene α-Strahlung reagiert mit den Beryllium-Atomen (^{9}Be) unter Aussendung von jeweils einem Neutron. Ermitteln Sie, welches Isotop bei dieser Kernreaktion entsteht. Berechnen Sie die bei einer solchen Kernreaktion frei werdende Reaktionsenergie sowie die kinetische Energie des dabei ausgesandten Neutrons. Nehmen Sie an, dass dieses die gesamte zur Verfügung stehende Energie aufnimmt und das Beryllium-Atom zuvor ruht.

d) Erläutern Sie, warum die Energie der Neutronen vermindert werden muss, bevor sie wirkungsvoll zur Spaltung von Atomkernen verwendet werden können.

e) HAHN und STRASSMANN ummantelten ihre Neutronenquelle mit einem zylinderförmigen Paraffinblock. Beschreiben Sie, wie das wasserstoffhaltige Paraffin auf die Neutronen wirkt. Nennen Sie eine Substanz, die sie anstelle des Paraffins hätten verwenden können.

f) An die Außenseite des Paraffinblocks wurde ein Papiertütchen mit 15 g Uran gestellt, welches eine halbe Stunde lang dem Bombardement durch die Neutronen ausgesetzt war. Um die dabei entstandenen radioaktiven Substanzen zu identifizieren, wurde die Probe nach der Bestrahlung mithilfe eines Geiger-Zählers auf ihre Aktivität und ihre Zerfallskurve hin untersucht.
Erläutern Sie, warum es sinnvoll war, dass HAHN und STRASSMANN zur kerntechnischen Analyse der bereits bestrahlten Uranprobe in einen fünfzehn Meter vom Bestrahlungszimmer entfernten Raum gingen.

5. Beim Beschuss von ^{235}U-Atomen mit thermischen Neutronen kommt es zu Kernspaltungen, wie Lise MEITNER nach den Experimenten ihrer Kollegen HAHN und STRASSMANN (Aufgabe 4) vermutete. Dabei zerbricht ein U235-Kern in das von HAHN und STRASSMANN identifizierte Element Barium ^{144}Ba (Atommasse: 143,922 88 u), sowie in das ebenfalls mittelschwere Element Krypton ^{89}Kr (Atommasse: 88,917 64 u).

a) Stellen Sie die Reaktionsgleichung für diese Kernspaltung auf und berechnen Sie, wie viel Energie in Joule bei der halbstündigen Bestrahlung der Uranprobe aus Aufgabe 4 freigesetzt wurde. Nehmen Sie dafür an, dass jedes α-Teilchen der Ra-Probe ($A = 3{,}7 \cdot 10^{10}$ Bq) ein Neutron erzeugt und 6,0 % dieser Neutronen in der Uranprobe eine Kernspaltung auslösen.

b) Lise MEITNER entwickelte folgende Vorstellung in Bezug auf das Auseinanderbrechen des Uran-Kerns: Die Atomkerne von ^{144}Ba und ^{89}Kr werden nach ihrer Trennung im Uran aufgrund ihrer elektrischen Abstoßung auseinandergetrieben. Gehen Sie davon aus, dass sich die beiden Kerne gerade noch berühren und berechnen Sie, welche Energie dann aufgrund der elektrischen Abstoßung freigesetzt wird, wenn sich die Kerne unendlich weit voneinander entfernen. Verwenden Sie als Formel zur Berechnung der Kernradien: $r = r_0 \sqrt[3]{A}$ mit der Massenzahl A und $r_0 = 1{,}4 \cdot 10^{-15}$ m.

c) Erklären Sie die näherungsweise Übereinstimmung dieses Ergebnisses mit der Reaktionsenergie aus Teilaufgabe a). Gehen Sie dazu näher auf die Prozesse und Energieumwandlungen beim Auseinanderbrechen des ^{235}U-Kerns ein.

6. Die Uran-Actinium-Zerfallsreihe beginnt bei ^{235}U und endet bei ^{207}Pb.

a) Bestimmen Sie die Anzahl der α-Zerfälle und die Anzahl der β-Zerfälle.

b) ^{235}U wird auch in Kernspaltungsreaktoren verwendet. Bestimmen Sie die Energie, die bei einer Spaltung gemäß der folgenden Reaktion frei wird:
$^{235}\mathrm{U} + \mathrm{n} \rightarrow {}^{140}\mathrm{Xe} + {}^{94}\mathrm{Sr} + 2\,\mathrm{n}$. Die Spaltprodukte zerfallen über mehrere Schritte relativ schnell in ^{140}Ce (139,905 439 u) bzw. ^{94}Zr (93,906 315 u). Berechnen Sie die freigesetzte Gesamtenergie.

c) Die Sprengkraft einer Bombe wird in Kilotonnen TNT angegeben. Bei der Explosion von 1 kg TNT werden ca. 4 MJ frei. Die Hiroshima-Bombe hatte eine Sprengkraft von 14 Kilotonnen TNT. Bestimmen Sie die Ruhemasse, die in Energie umgesetzt wurde, und die Anzahl der Spaltungen, wenn bei jeder Spaltung ca. 200 MeV frei werden.

d) Bei 6,2 % der Spaltungen entsteht ^{137}Cs. Bestimmen Sie die Bodenaktivität von ^{137}Cs in Bq/m^2 unter der Annahme, dass sich der Fallout auf eine Kreisfläche mit 15 km Radius verteilt und die Halbwertszeit 30 a beträgt.

e) ^{137}Cs ist ein β-Strahler mit der Halbwertszeit 30 a. Berechnen Sie, welcher Prozentsatz der Anfangsaktivität aus Teilaufgabe d) heute noch vorhanden wäre unter der Voraussetzung, dass die kontaminierten Bodenschichten nicht abgetragen wurden bzw. ^{137}Cs-Atome nicht in tiefere Bodenschichten abgewandert sind.

7. In der Sonne und in anderen Sternen wird durch Fusionsprozesse Bindungsenergie frei. Der sogenannte Proton-Proton-Zyklus kann in folgender Reaktionsgleichung zusammengefasst werden: $4\,{}^{1}\mathrm{H} \rightarrow {}^{4}\mathrm{He} + 2\,e^{+} + 2\,\nu_e + \gamma$.

a) Berechnen Sie die Energie, die bei einem solchen Zyklus frei wird.

b) Die Strahlungsleistung der Sonne gibt an, wie viel Energie pro Sekunde insgesamt abgestrahlt wird; an der Erde kommen etwa 1,4 kW/m^2 an. Berechnen Sie die Anzahl der in einer Sekunde stattfindenden Reaktionen sowie die Masse, die die Sonne seit ihrer Entstehung umgesetzt hat.

8. Die letale Ganzkörperdosis beträgt für einen Menschen 4 Sv. Das bedeutet, dass bei einer solchen Bestrahlung 50 % der Menschen innerhalb von 30 Tagen sterben.

a) Schätzen Sie die Temperaturerhöhung des menschlichen Körpers durch eine solche Bestrahlung ab.

b) Erläutern Sie die Wirkung, die ionisierende Strahlung auf Zellen hat.

c) Ein Körper hat eine konstante Gammaaktivität von 2 GBq. Bei jedem Zerfall wird eine Energie von 1,5 MeV frei. Berechnen Sie die tägliche Energiedosis, wenn die Strahlung vollständig in 10 kg Materie absorbiert wird.

d) Als Spätfolge radioaktiver Bestrahlung kann es Jahre später zu einer Krebserkrankung kommen. Das Risiko für eine solche Erkrankung ist durch die Untersuchung der Überlebenden von Hiroshima und Nagasaki für große Dosiswerte bekannt. Für kleine Dosen, wie sie z. B. bei diagnostischen Untersuchungsverfahren eingesetzt werden, können nur Modelle entwickelt werden, die eine Beziehung zwischen der Dosis und der Wahrscheinlichkeit, an Krebs zu erkranken, herstellen. Interpretieren Sie die unten dargestellten Dosis-Wirkungs-Modelle.

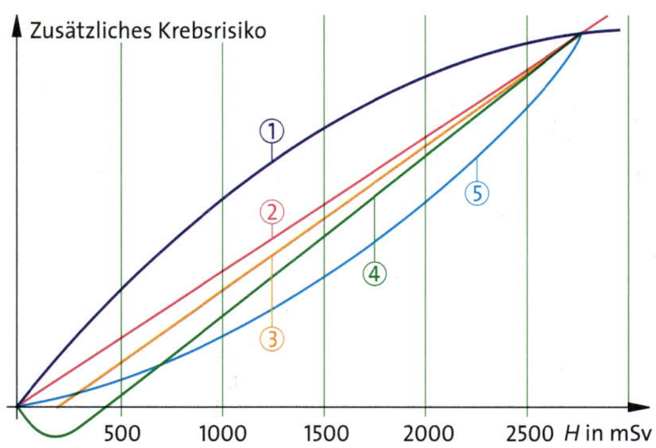

9. a) Erläutern Sie anhand eines von Ihnen selbst gewählten Beispiels den Aufbau und die Wirkungsweise eines Nachweisgerätes für radioaktive Strahlung.

b) Erläutern Sie anhand eines von Ihnen selbst gewählten Beispiels, wie radioaktive Strahlung in der Medizin nutzbringend eingesetzt werden kann.

c) Ein radioaktiver Strahler sendet gleichzeitig α-, β- und γ-Strahlung aus. Beschreiben Sie anhand einer Skizze eine Möglichkeit zur Trennung dieser Strahlenarten.

d) Vergleichen Sie die drei Strahlenarten hinsichtlich ihres Ionisierungsvermögens und ihrer Reichweite in Luft.

4 AUFBAU DER MATERIE

Alle uns umgebende Materie ist aus Atomen aufgebaut, die wiederum aus Protonen, Neutronen und Elektronen bestehen. Atome und ebenso Atomkerne haben diskrete Energiezustände, bei deren Änderung sie Photonen unterschiedlichster Energie emittieren oder absorbieren. Die Prozesse in der Atomhülle werden mithilfe elektromagnetischer Kräfte, mit dem elektromagnetischen Feld, beschrieben und erklärt und als *elektromagnetische Wechselwirkung* bezeichnet.

Die elektromagnetische Kraft kann jedoch nicht den Zusammenhalt der positiv geladenen Protonen und der elektrisch neutralen Neutronen im Atomkern erklären. Zwischen den Nukleonen existiert die anziehende *Kernkraft*, die die abstoßende elektrische Kraft zwischen den Protonen im Kern kompensiert und die als *starke Wechselwirkung* bezeichnet wird.

Einige radioaktive Substanzen emittieren sogenannte β-Strahlung, bei der es sich um Elektronen handelt. Dabei wandelt sich ein Nuklid der Kernladungszahl Z in ein anderes Nuklid mit der Kernladungszahl $Z + 1$ um, d. h., ein Neutron wandelt sich unter Emission eines Elektrons in ein Proton um.
Bei der Erklärung dieses Prozesses ergaben sich zwei Schwierigkeiten. Da der radioaktive Kern und der entstehende Kern jeweils einen genau bestimmten Energiezustand besitzen, müsste auch das emittierte Elektron stets eine genau bestimmte Energie haben. Die Energie der emittierten Elektronen schwankt jedoch zwischen null und einem Höchstbetrag. Diese scheinbare Verletzung des Energieerhaltungssatzes behob PAULI im Jahr 1930 dadurch, dass er die Existenz eines ungeladenen Teilchens postulierte, des *Neutrinos*, das die Energiedifferenz zum Höchstbetrag aufnimmt. Die Emission von β-Strahlung wird also durch den Prozess $n \rightarrow p + e^- + \bar{\nu}$ beschrieben. 1956 wurde das Neutrino erstmalig experimentell nachgewiesen.
Die theoretische Behandlung dieses Prozesses durch FERMI im Jahr 1933 gelang durch Einführung der sogenannten *schwachen Kraft*, sodass zu der elektromagnetischen und der starken Wechselwirkung zwischen Teilchen die *schwache Wechselwirkung* hinzukommt.

Nach 1930 wurden in der kosmischen Strahlung aus dem Weltraum zahlreiche, bisher unbekannte Teilchen entdeckt:
1932 fand ANDERSON das *Positron* (e^+), ein Teilchen mit der gleichen Masse wie das Elektron, aber der entgegengesetzten Ladung. Es entsteht gemeinsam mit einem Elektron (*Paarerzeugung*). Das Positron ist alleine zwar stabil, aber aufgrund des Vorhandenseins zahlreicher Elektronen in der Materie erfolgt sofort seine Vernichtung (*Annihilation*) nach der Gleichung $e^+ + e^- \rightarrow \gamma + \gamma$ in γ -Strahlung.
1936 fanden ANDERSON und NEDDERMEYER die *Myonen* (μ), deren Masse zwischen der Elektronenmasse und der Protonenmasse liegt und die eine positive oder negative Elementarladung tragen.
1947 entdeckte POWELL das *Pion* (π), das eine Masse von etwa 200 Elektronenmassen hat, eine positive oder negative Elementarladung trägt oder neutral ist. Myonen und Pionen sind instabil und zerfallen nach kürzester Zeit in andere Teilchen.

Eine systematische Untersuchung der Wechselwirkung zwischen den subatomaren Teilchen ist jedoch nur mit Beschleunigern möglich. So wurden in den folgenden Jahren in Teilchenbeschleunigern, wie dem DESY bei Hamburg oder dem SLAC bei Stanford, zahlreiche neue Teilchen bei Zusammenstößen von Protonen mit Elektronen entdeckt, die auf hohe Energien beschleunigt worden waren. **Abb. 109.1** zeigt eine Blasenkammeraufnahme, bei der von einem Pion zwei elektrisch neutrale Teilchen erzeugt werden, die in der Kammer keine Spur hinterlassen, und die dann in Pionen und ein Proton zerfallen.

Heute sind mehrere hundert verschiedene Teilchen bekannt, die aufgrund ihrer Eigenschaften und Verhaltensweisen in Gruppen eingeteilt werden:
- Alle Teilchen, die der *starken Wechselwirkung* ausgesetzt sind, wie z. B. Protonen, Neutronen und Pionen, heißen **Hadronen** (hadros, griech.: stark). Die Reichweite der *starken Kraft* beträgt nur 10^{-15} m, ihre Stärke ist ungefähr das 100-Fache der elektromagnetischen Kraft.

- Teilchen, auf die die starke Kraft nicht wirkt, die aber der *schwachen Kraft* unterliegen, wie z. B. Elektronen, Myonen und Neutrinos, heißen **Leptonen** (leptos, griech.: leicht). Die Reichweite der schwachen Kraft beträgt ungefähr 10^{-18} m und ihre Stärke ist 1000-mal schwächer als die elektromagnetische Kraft.
- Die *elektromagnetische Kraft* wirkt auf elektrisch geladene Teilchen und hat wie auch die *Gravitationskraft* eine unbegrenzte Reichweite.

Im Jahre 1964 zeigten GELL-MANN und, unabhängig von ihm, sein Kollege ZWEIG, dass sich unter der Annahme, dass die Hadronen aus wenigen einfachen Subteilchen aufgebaut sind, ein Ordnungsschema entwickeln lässt. Für diese Subteilchen hat sich die Bezeichnung *Quarks* durchgesetzt. Die damals bekannten Hadronen waren jeweils eine Kombination der drei Typen von Quarks, dem *up-Quark*, dem *down-Quark* und dem *strange-Quark*.
1974 wurde ein Teilchen gefunden, das das *charm-Quark* enthält, 1977 wurde ein weiteres Teilchen entdeckt, das das *bottom-Quark* enthält und 1995 wurde die Existenz des *top-Quark* nachgewiesen. Alle sechs Quarktypen sind Bestandteile des **Standardmodells**. Das Standardmodell ist eine Theorie der Elementarteilchenphysik, in der die Theorie der *elektroschwachen Wechselwirkung* als Vereinigung der elektromagnetischen und der schwachen Wechselwirkung und die Theorie der *starken Wechselwirkung*, die *Quantenchromodynamik*, zusammengeführt wird.

Zu jedem Teilchen gibt es ein **Antiteilchen**. Grundsätzlich sind die Massen von Teilchen und Antiteilchen gleich. Sie unterscheiden sich im Vorzeichen der elektrischen Ladung, wie das Elektron und das Positron, oder in einer anderen Eigenschaft, die sich bei einem Teilchenprozess zeigt. Im Jahr 1996 gelang es am CERN in Genf, Antimaterie in Form einer geringen Anzahl von Antiwasserstoffatomen zu erzeugen, die aus einem Antiproton und einem Positron bestehen.

Gegenwärtig werden am größten Teilchenbeschleuniger am CERN, dem Large Hadron Collider (LHC), Experimente vorbereitet, die die Frage beantworten sollen, wie die Teilchen ihre Masseneigenschaft gewinnen, für die das sogenannte *Higgs-Boson* verantwortlich sein soll (**Abb. 109.2**). Bislang wurde das Higgs-Boson noch nicht beobachtet. Berechnungen lassen erwarten, dass es bei einem Frontalzusammenstoß von Protonen der Energie um $20 \cdot 10^{12}$ eV entstehen sollte. **Abb. 109.3** zeigt die Simulation des Zerfalls eines Schwarzen Lochs.
Des Weiteren wird eine Antwort auf die Frage nach der sogenannten *Dunklen Materie* gesucht, die sich nur durch eine Gravitationswirkung bemerkbar macht.

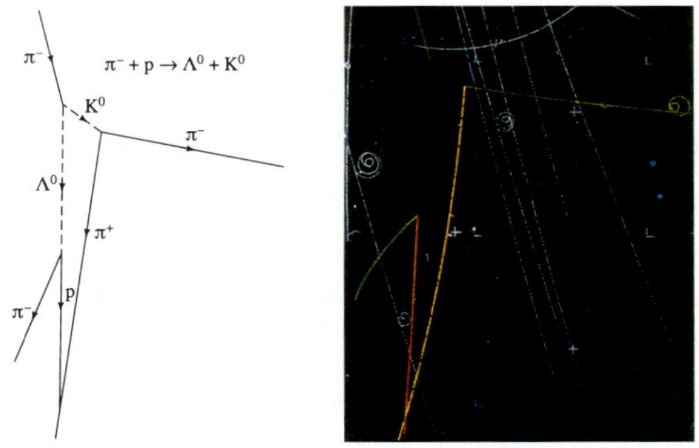

109.1 Zeichnung und Aufnahme eines frühen Blasenkammer experiments am Lawrence-Berkeley-Laboratorium, bei dem ein einfallendes π^- zwei seltsame (strange) Teilchen erzeugt, ein K^0 und ein Λ^0. Die beiden ungeladenen Teilchen erzeugen keine Spur und zerfallen nach kurzer Zeit in Pionen und in ein Proton.

109.2 Der Blick in das Innere des ATLAS-Detektors zeigt acht torroidale Magnete, die den Teilchenstrahl auf ihrer Bahn halten. In den Detektor wird das Kalorimeter eingesetzt, das die Energie der Teilchen misst, die bei der Kollision der Protonen entstehen. Der Detektor ist 46 m lang, hat einen Querschnitt von 25 m × 25 m und eine Masse von 7000 t.

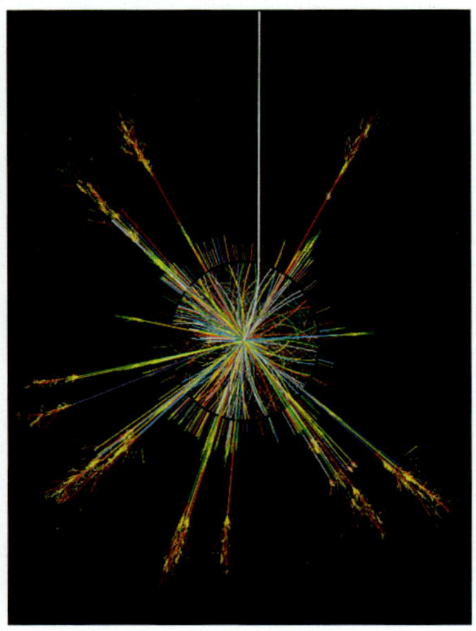

109.3 Simulation der Erzeugung eines Schwarzen Lochs: Diese Teilchenspuren könnten entstehen, wenn durch die Kollision der Protonenstrahlen ein Schwarzes Loch erzeugt wird und dieses sofort in einem Prozess, der als Hawking-Strahlung bekannt ist, zerfällt.

4.1 Das Standardmodell

Das Standardmodell der Elementarteilchenphysik ist ein experimentell exzellent bestätigtes Modell zur Beschreibung der Elementarteilchen in der elektromagnetischen, starken und schwachen Wechselwirkung. Es liefert eine gesicherte Grundlage, um die vielen unterschiedlichen und neuartigen experimentellen Ergebnisse über Elementarteilchen einzuordnen.

Teilchen und Wechselwirkungen

In der Elementarteilchenphysik wird häufig der Begriff *Wechselwirkung* verwendet, um das Wirken einer Kraft zu beschreiben. Alle chemischen Verbindungen und damit auch alle Lebensfunktionen beruhen beispielsweise darauf, dass elektrische Ladungen miteinander wechselwirken. Das ganze Spektrum der in der Natur beobachteten Kräfte lässt sich mit vier fundamentalen Arten der Wechselwirkung zwischen Elementarteilchen erklären. In abnehmender Stärke angeordnet sind dies

- die **starke Wechselwirkung,** die Atomkerne zusammenhält;
- die **elektromagnetische Wechselwirkung,** die in unserer Alltagswelt allgegenwärtig ist;
- die **schwache Wechselwirkung,** die im Atomkern bestimmte Prozesse ermöglicht;
- die **Gravitation,** die aufgrund ihrer Schwäche erst bei sehr großen Massen einen messbaren Effekt zeigt, aber die großen Strukturen im Universum beherrscht.

Das Wirken einer elektromagnetischen Kraft kann beispielsweise bei Atomen durch den Austausch von Photonen verstanden werden. Photonen können absorbiert und damit vernichtet bzw. emittiert und damit erzeugt werden (→ 2.1). Im Rahmen von quantentheoretischen Ansätzen lässt sich jede der vier Grundwechselwirkungen in dieser Form beschreiben; zu jeder Grundkraft gibt es also ein passendes Teilchen, dessen Austausch mit dem Wechselwirkungspartner die Wirkung einer Kraft beschreibt, und eine Teilcheneigenschaft, damit die Kraft eine Wirkung zeigen kann, z. B. elektrische Ladung im Falle der elektromagnetischen Wechselwirkung und Masse im Falle der Gravitation.

> In Quantentheorien wird das Wirken einer Kraft als Austausch eines Wechselwirkungsteilchens beschrieben.
> Das Wechselwirkungsteilchen der elektromagnetischen Wechselwirkung ist das Photon.

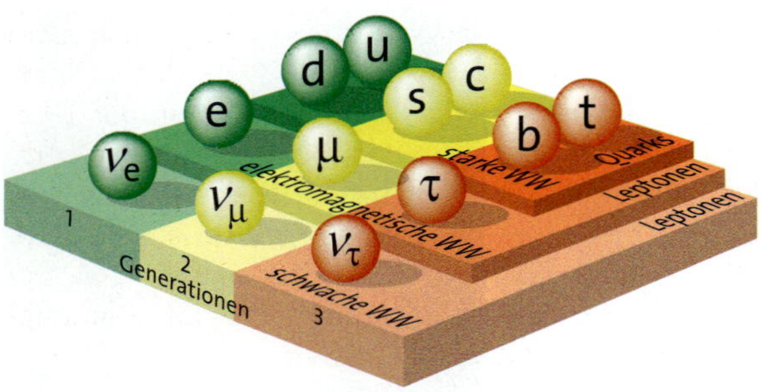

110.1 Die Teilchen des Standardmodells der Elementarteilchen: Auf der unteren Ebene die Neutrinos ν_e, ν_μ und ν_τ, die nur der schwachen Wechselwirkung unterliegen. Die mittlere Ebene zeigt die Leptonen e, μ und τ, die zusätzlich elektrisch wechselwirken. In der oberen Ebene die sechs Quarks u, d, s, c, b und t, die auch noch der starken Wechselwirkung unterliegen.

4.1.1 Quarks im Standardmodell

So wie die Vielzahl möglicher Kraftwirkungen sich auf vier grundlegende Wechselwirkungen reduzieren lässt, so findet mittlerweile auch für den Aufbau der Teilchen ein Modell Anwendung, das die Vielzahl beobachteter Teilchen im Rahmen einer einfachen Struktur erklärt, das **Standardmodell**. Das Teilchenspektrum des Standardmodells (**Abb. 110.1**) besteht aus sechs **Quarks**, die allen Wechselwirkungen unterliegen, und sechs **Leptonen**, die elektromagnetisch wechselwirken. Dazu gibt es noch zu jedem Teilchen im Modell ein Antiteilchen.
Streuexperimente ähnlich dem Experiment von RUTHERFORD, mit dessen Hilfe der Aufbau der Atome aus Kern und Hülle bestätigt werden konnte, lieferten den Aufschluss, dass Protonen und Neutronen eine innere Struktur in Form von drei kleineren Bestandteilen aufweisen. Diese wurden von Murray GELL-MANN beschrieben und von ihm nach der Textstelle „Three quarks for Mister Mark" in „Finnegans Wake" von James JOYCE als „Quarks" bezeichnet.

Eigenschaften der Quarks

Vor der Betrachtung der aus Quarks zusammengesetzten Mesonen und Baryonen sollen erst die fundamentalen Eigenschaften der Quarks selbst aufgeführt werden:

- **Der Quarktyp:** Es existieren sechs verschiedene Quarks: up-, down-, strange-, charm-, bottom- und top-Quark (u, d, s, c, b, t) und die zugehörigen Antiquarks ($\bar{u}$, $\bar{d}$, $\bar{s}$, $\bar{c}$, $\bar{b}$, $\bar{t}$).
- **Die elektrische Ladung:** Quarks tragen entweder die elektrische Ladung $+\frac{2}{3}e$ (u, c, t) oder $-\frac{1}{3}e$ (d, s, b). Antiquarks tragen dementsprechend entweder die Ladung $-\frac{2}{3}e$ oder $+\frac{1}{3}e$, alle mit $e = 1{,}6 \cdot 10^{-19}$ C.
- Quarks haben wie Elektronen einen halbzahligen Spin ($+\frac{1}{2}$ bzw. $-\frac{1}{2}$), für sie gilt also ebenfalls das Pauli-Prinzip. Solche Teilchen werden auch als *Fermionen* be-

zeichnet im Gegensatz zu den *Bosonen*, die einen ganzzahligen Spin aufweisen und für die das Pauli-Prinzip nicht gilt.

- Je zwei Quarks gehören zu einer **Generation**: Die Generationen sind nach steigender Masse geordnet und sind: 1 (u;d), 2 (s;c) und 3 (t;b) (**Abb. 110.1**).
- **Die Massen** sind sehr unterschiedlich: Die Masse der u- und d-Quarks liegt in der Größenordnung unterhalb von 6 MeV/c^2, das s-Quark hat über 100 MeV/c^2, c und b haben Massen über 1 GeV/c^2 und die Masse des t-Quarks liegt bei über 100 GeV/c^2. Alle Quarks mit großen Massen sind instabil und zerfallen schnell in die stabilen u- und d-Quarks.
- **Die Wechselwirkungen:** Die Quarks unterliegen der starken, der elektromagnetischen und der schwachen Wechselwirkung. Sie sind in **Abb. 110.1** deshalb auf der obersten Ebene, die alle drei Wechselwirkungen umfassen soll, eingezeichnet.

Quarks und starke Wechselwirkung

Die Teilcheneigenschaft, aufgrund derer Quarks der starken Wechselwirkung unterliegen, wird als Farbladung bezeichnet. Anstelle der zwei Ladungsarten der Elektrodynamik, die mit positivem oder negativem Vorzeichen gekennzeichnet sind, treten drei Farbladungsarten auf, die symbolisch mit Rot, Grün und Blau (R, G, B) bezeichnet werden. Während die Farbladung der Quarks eine dieser drei Farben annehmen kann, tragen Antiquarks eine der Farben Antirot (Cyan), Antigrün (Magenta) und Antiblau (Gelb), kurz ($\overline{R}$, $\overline{G}$, $\overline{B}$). Das entsprechende Feld der starken Wechselwirkung heißt *Farbfeld*. Die theoretische Beschreibung der starken Wechselwirkung ist die *Quantenchromodynamik*.

Das Austauschteilchen der starken Wechselwirkung ist das **Gluon** (glue, engl.: Leim, Klebstoff). Während aber das Photon als Austauschteilchen der elektromagnetischen Wechselwirkung selbst keine elektrische Ladung trägt, tragen die Gluonen eine Farbladung.

Die Vergrößerung des Abstandes zwischen zwei farbgeladenen Teilchen erfordert Energie. Im Gegensatz zum elektromagnetischen Fall nimmt die Kraft bei der starken Wechselwirkung jedoch nicht mit dem Abstand der Teilchen ab, daher wächst die Energie, die für die Trennung zweier Quarks aufzuwenden ist, für große Abstände linear an. Wenn der Abstand etwa den Wert 1 fm = 10^{-15} m erreicht, ist die Energie des Feldes der starken Wechselwirkung so groß, dass sich mittels Paarerzeugung ein Quark-Antiquark-Paar bildet (→ 3.4.2). Der Versuch, zwei Quarks zu trennen, führt somit zur Erzeugung weiterer Quarkpaare; einzelne freie Quarks sind nicht nachweisbar.

Die starke Wechselwirkung wird durch den Austausch von Gluonen beschrieben. Sie wirkt auf eine Teilcheneigenschaft, die als Farbladung bezeichnet wird und die Werte Rot, Blau oder Grün annimmt. Die Kraft ist so stark, dass keine freien Quarks existieren können, sondern durch Paarerzeugung weitere Quark-Antiquark-Paare erzeugt werden.

Gebundene Quark-Zustände

Quarks treten nicht einzeln auf, sondern immer in Verbindung mit anderen Quarks oder Antiquarks. Diese Verbindungen oder „gebundenen Zustände" sind die beobachtbaren schweren Teilchen, die Hadronen. Phänomenologisch lassen sich die Hadronen in Teilchen mit ganzzahligem Spin aus Quark und Antiquark (Mesonen) und Teilchen mit halbzahligem Spin aus drei Quarks (Baryonen) unterteilen.

1. Baryonen

Das Neutron n (udd-Quarkkombination) und das Proton p (uud-Quarkkombination) sind die wichtigsten Vertreter der Baryonen (**Abb. 111.1**).
Die elektrische Ladung der Teilchen ergibt sich als Summe der Quarkladungen, also für das Proton die Summe der Ladungen zweier up-Quarks mit $2 \cdot \frac{2}{3}$ e und eines down-Quarks mit $-\frac{1}{3}e$, also $+e$. Die Quarkladungen des Neutrons kompensieren sich zu null. Die elektrische Ladung der Baryonen ist im Gegensatz zur elektrischen Ladung der Quarks, immer ganzzahlig. Zum Aufbau der heute in der Natur vorkommenden Materie werden nur Quarks der Typen u und d und das Elektron benötigt: Neutron und Proton bilden den Kern der Atome, Elektronen die Hülle.

Die Zusammenstellung in **Tab. 112.1** zeigt eine Auswahl leichter Baryonen und deren Zusammensetzung aus Quarks. Nur das Proton ist nach heutigem Wissensstand stabil. Alle anderen zerfallen und werden meist nur im Labor oder als kurzlebiges Produkt von Reaktionen des Sonnenwindes mit der Erdatmosphäre beobachtet. Die Tabelle beinhaltet außer der Quarkkombination der Teilchen auch die elektrische Ladung, die Masse, den Spin und die häufigsten Zerfallsprodukte. Die Aufstellung ist bei weitem nicht vollständig, es fehlen z.B. Hadronen, welche charm-Quarks, bottom-Quarks und top-Quarks enthalten.

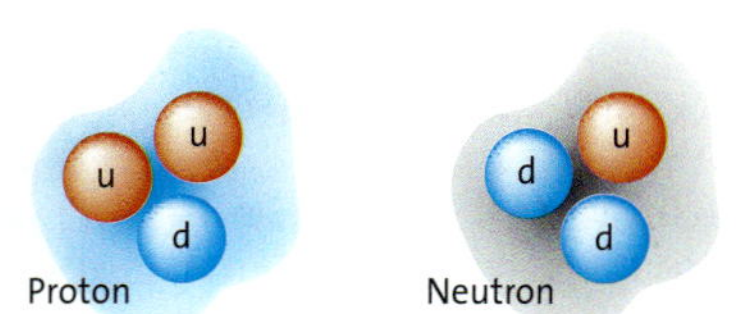

111.1 Die Baryonen Proton p und Neutron n sind aus drei Quarks zusammengesetzt.

Baryon	Quark-kombination	Ladung in e	Masse in MeV/c^2	Spin	häufigste Zerfallsprodukte
n	udd	0	939,565	$\frac{1}{2}$	$p\,e\,\nu_e$
p	uud	1	938,272	$\frac{1}{2}$	stabil (?)
Λ	uds	0	1115,6	$\frac{1}{2}$	$p\pi^-, n\pi^0$
Σ^-	dds	−1	1197,4	$\frac{1}{2}$	$n\pi$
Σ^0	uds	0	1192,6	$\frac{1}{2}$	$\Lambda\gamma$
Σ^+	uus	1	1189,4	$\frac{1}{2}$	$p\pi^0, n\pi^-$
Ξ^-	dss	−1	1321,3	$\frac{1}{2}$	$\Lambda\pi^-$
Ξ^0	uss	0	1314,9	$\frac{1}{2}$	$\Lambda\pi^0$
Δ^-	ddd	−1	1232	$\frac{3}{2}$	$n\pi^-$
Δ^0	udd	0	1232	$\frac{3}{2}$	$n\pi^0, p\pi^-$
Δ^+	uud	1	1232	$\frac{3}{2}$	$n\pi^+, p\pi^0$
Δ^{++}	uuu	2	1232	$\frac{3}{2}$	$p\pi^+$
Σ^{*-}	dds	−1	1385	$\frac{3}{2}$	$\Lambda\pi^-, \Sigma\pi^-$
Σ^{*0}	uds	0	1385	$\frac{3}{2}$	$\Lambda\pi^0, \Sigma\pi^0$
Σ^{*+}	uus	1	1385	$\frac{3}{2}$	$\Lambda\pi^+, \Sigma\pi^+$
Ξ^{*-}	dss	−1	1533	$\frac{3}{2}$	$\Xi\pi^-$
Ξ^{*0}	uss	0	1533	$\frac{3}{2}$	$\Xi\pi^0$
Ω^-	sss	−1	1672	$\frac{3}{2}$	$\Lambda K^-, \Xi\pi^-$

112.1 Ausgewählte Baryonen und ihre Eigenschaften. Die Bezeichnungen der Baryonen sind historisch bedingt und stammen aus der Zeit, als die Zusammensetzung der Hadronen aus Quarks noch unbekannt war. Aus heutiger Sicht sind p, n, Λ usw. Grundzustände der Baryonen (oben in der Tabelle). Die Δ, Σ usw. (unten in der Tabelle) sind angeregte Zustände, mitunter bei gleicher Quarkkombination wie z. B. Σ und Σ^*.

Meson	Quark-kombination	Ladung in e	Masse in MeV/c^2	Spin	häufigste Zerfallsprodukte
π^+	$u\bar{d}$	1	139,57	0	$\mu^+\nu_\mu$
π^0	$(u\bar{u}-d\bar{d})/\sqrt{2}$	0	134,96	0	$\gamma\gamma$
π^-	$d\bar{u}$	−1	139,57	0	$\mu^-\bar{\nu}_\mu$
K^+	$u\bar{s}$	1	493,7	0	$\mu^+\nu_\mu$
K^0	$d\bar{s}$	0	493,7	0	$\pi^+\pi^-$
K^-	$s\bar{u}$	−1	493,7	0	$\mu^-\bar{\nu}_\mu$
ρ^+	$u\bar{d}$	1	770	1	$\pi^+\pi^0$
ρ^0	$(u\bar{u}-d\bar{d})/\sqrt{2}$	0	770	1	$\pi^+\pi^-$
ρ^-	$d\bar{u}$	−1	770	1	$\pi^-\pi^0$
K^{*+}	$u\bar{s}$	1	892	1	$K^+\pi^0$
K^{*0}	$d\bar{s}$	0	900	1	$K^+\pi^-$
K^{*-}	$s\bar{u}$	−1	892	1	$K^-\pi^0$
J/Ψ	$c\bar{c}$	0	3095	1	ggg
Υ	$b\bar{b}$	0	9460	1	ggg

112.2 Ausgewählte Mesonen und ihre Eigenschaften. Der obere Teil der Tabelle zeigt Grundzustände von Quark-Antiquark-Kombinationen wie $\pi^+ = u\bar{d}$ und $K^+ = u\bar{s}$. Andere Mesonen wie ρ^+ und K^{*+} sind energetisch angeregte Zustände von Quark-Antiquark-Kombinationen.

2. Mesonen

Tab. 112.2 zeigt ausgewählte Mesonen, also Quark-Antiquark-Kombinationen, mit ihren wichtigsten Eigenschaften wie Quarkkombination, elektrische Ladung, Masse, Spin und ihre häufigsten Zerfallsprodukte.

Quarkkombinationen und deren Farbladung

Atome als Ganzes erscheinen nach außen elektrisch neutral, weil die Zahl der Protonen im Kern durch die gleiche Anzahl an Hüllenelektronen ausgeglichen ist. Entsprechend erscheint ein aus Trägern einer Farbladung aufgebautes Hadron nach außen „neutral" im Sinne der Farbladung, also weiß. Die Bezeichnung der Farbladungen wurde so gewählt, dass die Farbaddition dieses Bild beschreibt (**Abb. 112.3**). Die Feldstärke des Farbfeldes ist im Randbereich eines Hadrons sehr gering. Dies lässt sich als Kompensation der Felder der sich zu „Weiß" ergänzenden Farbladungen deuten. Im Inneren hingegen wirken auf ein Quark die sich nicht zu „Weiß" kompensierenden Felder anderer Quarks und bewirken die feste Bindung.

Beim Zusammensetzen der Quarks zu Baryonen und Mesonen zeigt sich, dass die Überlagerung der Farben und Antifarben (Komplementärfarben) bei Baryonen und Mesonen immer „Weiß" ergibt.

Ein Quark wechselt seine Farbe durch Reaktionen mit einem **Gluon**. Gluonen tragen selbst zwei Farbladungen, eine Farbe und eine beliebige Antifarbe. Infolge der ständigen Wechselwirkung mit Gluonen kann über die momentane Farbladung der einzelnen Quarks keine Aussage getroffen werden. Sicher hingegen ist: Die Existenz eines Protons aus beispielsweise u (blau), u (blau) und d (rot) ist ausgeschlossen.

> Hadronen tragen nach außen keine Farbladung. Die Farbladungen der Quarks, aus denen sie zusammengesetzt sind, addieren sich zu weiß.
> Baryonen bestehen aus Quarks in allen drei Farben, Mesonen bestehen aus Quark und Antiquark in einer Farbe und der dazugehörigen Antifarbe.
> Die Wechselwirkung mit den Gluonen, die jeweils eine Farbe und eine Antifarbe tragen führt zur Farbänderung des jeweiligen Quarks und des Gluons. Die Farbe der einzelnen Quarks in einem Hadron ändert sich ständig als Folge der starken Wechselwirkung.

a)

b)

112.3 Mesonen **(a)** und Baryonen **(b)** sind farblose Quarkkombinationen.

4.1.2 Die Leptonen

Anders als die sechs Quarks bleiben die Leptonen von der starken Wechselwirkung unbeeinflusst. Wie in der Gesamtübersicht gezeigt (**Tab. 113.1**), lassen sich Leptonen wie Quarks in drei Generationen einordnen. Eine weitere Unterteilung trennt die elektrisch geladenen Leptonen (Elektron, Myon und Tauon) von den ungeladenen Leptonen (den drei Neutrinos ν_e, ν_μ und ν_τ). Zu jedem dieser Leptonen existiert ein Antiteilchen.
Elektron, Myon und Tau tragen eine negative elektrische Elementarladung (e^-, μ^-, τ^-), ihre Antiteilchen (e^+, μ^+, τ^+) eine positive. Die drei Neutrinos sind elektrisch ungeladen, ein Grund dafür, dass sie nur sehr schwer nachzuweisen sind, da sie allein auf die schwache Wechselwirkung reagieren.

Die Massenunterschiede zwischen den Leptonen sind beträchtlich. Das Tauon zum Beispiel ist ca. 3500-mal schwerer als das Elektron. Welche Masse Neutrinos besitzen, ist zum gegenwärtigen Zeitpunkt noch nicht restlos geklärt. Sicher ist jedoch, dass sie eine von null verschiedene Masse haben, da sie oszillieren können, d. h. sie können sich von einem Elektronneutrino in ein Myonneutrino usw. umwandeln. Eine solche Oszillation ist nur möglich, wenn Neutrinos eine Masse haben. Eine entsprechende Modifikation des Standardmodells, welches ursprünglich von masselosen Neutrinos ausging, konnte problemlos vorgenommen werden. Aktuelle Untersuchungen konnten die Obergrenze der Neutrinomassen auf derzeit etwa $0{,}3\ \mathrm{eV}/c^2$ festlegen, wobei der Unterschied in den Massen der drei Neutrino-Arten sehr gering ist. Aufgrund der sehr großen Anzahl der Neutrinos im Universum bilden sie einen wesentlichen Teil seiner gesamten Masse. Daher dienen nicht nur Laborexperimente, sondern auch Untersuchungen der großräumigen Strukturen im Weltall dem Zweck der Massenbestimmung. Gerade diese liefern die derzeit besten Obergrenzen der Neutrinomassen.

Lepton	Symbol	Ladung in e	Masse in MeV/c^2	mittlere Lebensdauer	häufigste Zerfallsprodukte
Elektronneutrino	ν_e	0	$< 10^{-6}$	∞	
Elektron	e	−1	0,511	∞	
Myonneutrino	ν_μ	0	$< 10^{-6}$	∞	
Myon	μ	−1	105,6	$2{,}197 \cdot 10^{-6}$ s	$e\,\nu_\mu\,\overline{\nu}_e$
Tauneutrino	ν_τ	0	$< 10^{-6}$	∞	
Tau	τ	−1	1777	$2{,}91 \cdot 10^{-13}$ s	$p^-\nu_\tau$

113.1 Leptonen und ihre Eigenschaften. Sie haben alle Spin $\frac{1}{2}$.

Die schwache Wechselwirkung

Eine Form der natürlichen Radioaktivität ist der β^--Zerfall. Er wird mit der Reaktion $n \rightarrow p + e^- + \overline{\nu}_e$ beschrieben. Der Aufbau von Proton und Neutron aus Quarks zeigt, dass dazu ein d-Quark zu einem u-Quark werden muss. Weder die starke noch die elektromagnetische Wechselwirkung können den Quarktyp ändern. Solche Reaktionen lassen sich als Folge der schwachen Wechselwirkung verstehen. Im Quantenbild erfolgt die Wechselwirkung in zwei Schritten: Zunächst wandelt sich ein d-Quark unter Abgabe eines W^--Bosons in ein u-Quark um. Dieses W^--Boson ist eines der drei Wechselwirkungsteilchen der schwachen Wechselwirkung, die anderen beiden sind W^+ und Z^0. Das W^--Boson zerfällt anschließend in ein Elektron und ein Elektron-Antineutrino, also in zwei Leptonen. In **Abb 113.2** ist der β-Zerfall des Neutrons in einem sogenannten *Feynman-Diagramm* beschrieben.

> Änderungen des Quarktyps finden nur unter Einfluss der schwachen Wechselwirkung statt. Ein Quark ändert seinen Typ unter Abgabe eines Wechselwirkungsteilchens der schwachen Wechselwirkung, welches anschließend in zwei Leptonen zerfällt.
> Die drei Wechselwirkungsteilchen der schwachen Wechselwirkung sind die geladenen Bosonen W^-, W^+ und das ungeladene Z^0.

Bei solchen Teilchenreaktionen treten nur ganzzahlige Änderungen der elektrischen Ladung auf, da die elektrisch geladenen Quanten des Feldes die elektrische Ladung e (das W^+) und −e (das W^-) haben. Die Feldquanten W^+ und W^- weisen mit $m = 80{,}4\ \mathrm{GeV}/c^2$ sehr große Massen auf und werden vom ungeladenen Z^0 mit $m = 91{,}2\ \mathrm{GeV}/c^2$ noch übertroffen. Diese Tatsache unterscheidet sie von allen anderen Feldquanten und bewirkt die kurze Reichweite der schwachen Wechselwirkung.

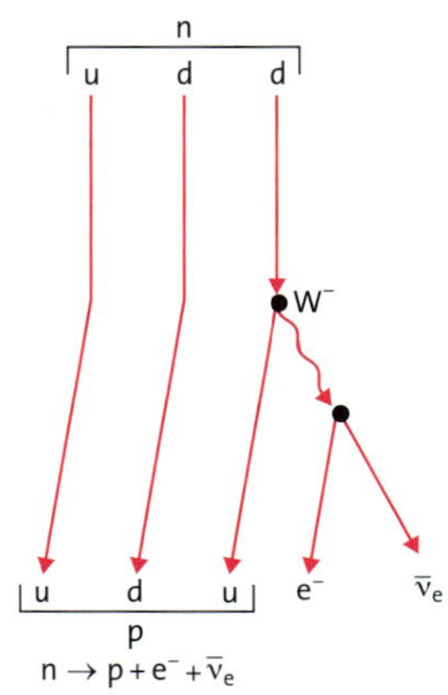

113.2 Der β-Zerfall des Neutrons als Feynman-Diagramm: In solchen schematischen Darstellungen lassen sich Teilchenreaktionen übersichtlich darstellen. Teilchen sind als gerade Linien, Wechselwirkungsteilchen meist als Schlangenlinie gezeichnet. Hier wird aus einem der d-Quarks unter Aussendung eines u-Quarks ein W^--Boson, welches anschließend zu einem Elektron und einem Elektron-Antineutrino zerfällt.

4.1.3 Reaktionen im Standardmodell

Auf den vorhergehenden Seiten wurden mehrfach Beispiele von Reaktionen erwähnt. Darunter sind Prozesse zu verstehen, an denen Teilchen und Feldquanten beteiligt sind. Es wird zwischen Streuprozessen, bei denen ein einlaufendes Teilchen mit einem Feldquant in Wechselwirkung tritt, und Paarerzeugung und Paarvernichtung, bei denen Paare von Teilchen mit Feldquanten reagieren, unterschieden. Des Weiteren werden auch komplexere Teilchenreaktionen betrachtet, bei denen sich Teilchen in andere umwandeln oder zerfallen. Diese stellen meist eine Verkettung von Streuprozessen und Paarerzeugung und Paarvernichtung dar.
Feynman-Diagramme erweisen sich als einfaches Hilfsmittel, um die im mathematischen Formalismus äußerst kompliziert zu beschreibenden Prozesse übersichtlich darstellen zu können. Sie bestehen aus Linien für Teilchen, Schlangenlinien für Wechselwirkungsteilchen und Punkten, Knoten oder Vertex genannt, als Wechselwirkungsorte.

Streuprozesse

Beispiele für Streuprozesse finden sich in **Abb. 114.1 a, b)**. Die so geänderten Eigenschaften des auslaufenden Teilchens genügen folgenden Regeln: Wenn ein Teilchen zu einem anderen Teilchen *derselben* Generation reagiert, ändert sich seine Ladung, sodass solche Reaktionen wegen der Ladungserhaltung nur durch Emission oder Absorption von geladenen Feldquanten stattfinden können, also von W^+- oder W^--Teilchen der schwachen Wechselwirkung. Die elektrische Ladung ändert sich dann um eine ganze Elementarladung.
Reaktionen mit neutralen Feldquanten wie

$$\mu^- \rightarrow e^- + Z^0$$

werden nicht beobachtet.

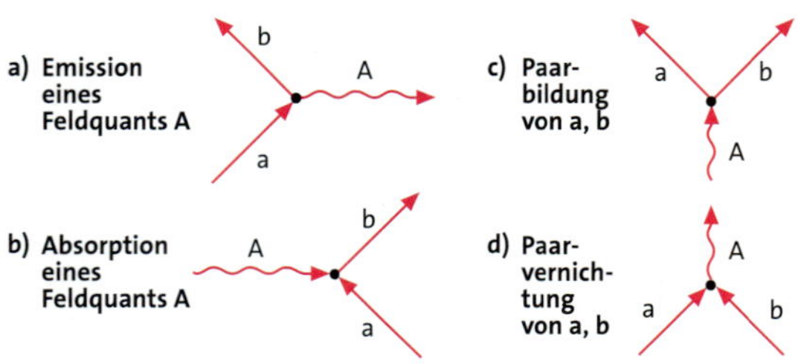

114.1 Feynman-Diagramme der Elementarreaktionen:
a) Ein einlaufendes Teilchen a emittiert am Vertex (engl. für Knoten) ein Feldquant A und läuft als auslaufendes Teilchen b im Feynman-Graphen vom Vertex weg. Ein Beispiel für diesen Grundprozess ist die Emission eines Photons.
b) Ein einlaufendes Teilchen a absorbiert am Vertex ein Feldquant A und läuft als auslaufendes Teilchen b im Feynman-Graphen vom Vertex weg. Ein Beispiel für diesen Grundprozess ist die Absorption eines Photons.
c) Ein einlaufendes Feldquant A bildet am Vertex zwei Teilchen a und b. Zum Beispiel kann ein einlaufendes e^+e^- Paar über ein Z^0 ein Quark-Antiquark-Paar erzeugen.
d) Zwei einlaufende Teilchen a und b treffen am Vertex zusammen und reagieren zu einem Feldquant A.

Nachgewiesen hingegen sind Streuprozesse, bei denen ein Teilchen ein ungeladenes Feldquant emittiert oder absorbiert, z. B.

$$\nu_e + Z^0 \rightarrow \nu_e \quad \text{oder} \quad e^- \rightarrow e^- + \gamma.$$

Da die Ladung der Leptonen ganzzahlig, die der Quarks aber gebrochen ist, können sich Quarks schon deshalb nicht einzeln in Leptonen umwandeln oder umgekehrt. Auch die Reaktionen in Teilchen einer anderen Generation erfolgen bei Quarks nur über die geladenen Feldquanten der schwachen Wechselwirkung und dann mit sehr geringer Wahrscheinlichkeit.

Paarerzeugung und Paarvernichtung

Bei den Teilchenpaaren handelt es sich um ein Teilchen und ein Antiteilchen. Trifft ein solches Paar aufeinander, so reagiert es zu einem Feldquant. Dieser Prozess heißt **Paarvernichtung**. Umgekehrt kann ein Feldquant bei ausreichend hoher Energie zu einem Teilchen-Antiteilchen-Paar werden. Dieser Vorgang heißt **Paarerzeugung**. Die Erhaltung der elektrischen Ladung erfordert für das Teilchenpaar eine ganzzahlige elektrische Ladung. Ungeladene Teilchenpaare können zu ungeladenen Feldquanten (γ, Z^0, g) reagieren:

$$e^+ + e^- \rightarrow \gamma \quad \text{oder} \quad e^+ + e^- \rightarrow g.$$

Ist die Summe ihrer elektrischen Ladung genau eins, so reagieren sie zu einem elektrisch geladenen Feldquant $W^\pm$ der schwachen Wechselwirkung, z. B.:

$$u + \bar{d} \rightarrow W^+$$

Dies ist die bevorzugte Reaktion beim Zerfall von Mesonen, denn diese bestehen aus einem Quark-Antiquark-Paar. Die allgemeine Form solcher Prozesse ist in **Abb. 114.1.c**) und **d)** als Feynman-Diagramm zu sehen.

Teilchenreaktionen

Ein Beispiel einer Teilchenreaktion, in diesem Falle nur im Rahmen der starken Wechselwirkung, ist die Erzeugung von Pionen. Diese treten bei Streuexperimenten mit sehr hohen Energien in großer Zahl auf. Eines der Quarks in einem hochenergetischen Proton kann ein Gluon emittieren, das durch Paarbildung ein Quark-Antiquark-Paar, z. B. $d\bar{d}$, bildet. In diesem Fall entstehen ein π^+ und ein Neutron, im Falle eines $u\bar{u}$-Paares hätten sich ein Proton und ein π^0 gebildet. Pionen galten als erste Kandidaten für die Wechselwirkungsteilchen der starken Wechselwirkung, die zu jenem Zeitpunkt als gleichbedeutend mit der Kernkraft betrachtet wurde. Sie hält die Nukleonen im Kern zusammen.

Kernkräfte: Die Nukleonen, die die Atomkerne aufbauen, sind nach außen farbneutral. Erst bei sehr kleinen Abständen können die in ihnen enthaltenen Quarks über die Farbkraft miteinander wechselwirken. Beim einfachsten Prozess dieser Art wird zwischen zwei Nukleonen ein Quark ausgetauscht. Dabei wird aus einem Proton ein Neutron und umgekehrt. Bei größerem Abstand der Quarks lässt sich die Bindung mit der Emission und Absorption eines Pions beschreiben. Die Kernkraft ist damit ein Nebeneffekt der starken Farbkraft, die die Nukleonen zusammenhält.

Exkurs

Antimaterie

Das Standardmodell beschreibt die uns bekannten Teilchenfamilien. Streng genommen muss → **Abb. 110.1** noch um die zugehörigen Antiteilchen ergänzt werden. Antiteilchen haben dieselbe Masse wie ihre zugehörigen Teilchen, aber eine entgegengesetzte Ladung. Auch zu dem ungeladenen Neutron existiert ein Antiteilchen, das Anti-Neutron, denn es ist aus geladenen Quarks aufgebaut. Das Photon als Wechselwirkungsquant der elektromagnetischen Kraft ist sein eigenes Antiteilchen.
Wenn ein Teilchen und sein Antiteilchen aufeinander treffen, dann erfolgt Paarvernichtung, die Teilchen vernichten sich und es bleiben nur Feldquanten übrig.

Antimaterie im Labor

Ein Anti-Proton und ein Positron können zusammen Anti-Wasserstoff bilden und auch komplexere Anti-Atome aus Anti-Protonen, Anti-Neutronen und Positronen sind möglich. Solche aus Antiteilchen aufgebauten Atome heißen **Antimaterie.** In Labors der Hochenergiephysik entstehen regelmäßig Antiteilchen. Die geladenen Positronen und Anti-Protonen lassen sich in sogenannten *Fallen* aus passend dimensionierten elektrischen und magnetischen Feldern gut speichern. Auch der Kontakt mit Materie kann erfolgreich vermieden werden. Sobald aber das elektrisch neutrale Anti-Wasserstoff-Atom entstanden ist, ist die Falle wirkungslos. Die Anti-Atome driften zu den Wänden der Versuchsapparatur und werden über Paarvernichtung zerstört. Heutzutage können mehrere Forschungslabors weltweit Anti-Wasserstoff erzeugen. Zum ersten Mal gelang es 1995 den Forschern am CERN mit dem Beschleunigerring LEAR. Die **Abb. a)** zeigt einen Teil der Versuchsapparatur. Bald danach gelang dies auch den Forschern am Fermilab bei Chicago. Diese ersten Anti-Wasserstoffatome hatten noch sehr hohe Geschwindigkeiten, daher flogen sie, als neutrale Atome unbeeinflusst von magnetischen und elektrischen Feldern, sehr schnell an die Wände der Apparatur und zerstrahlten wieder durch Paarvernichtung. Seit 2002 können die Anti-Wasserstoffatome gekühlt werden, also auf Teilchengeschwindigkeiten, die einer Temperatur wenige Kelvin über dem absoluten Nullpunkt entsprechen, verlangsamt werden. Dazu werden die Atome in einer magnetischen Falle, z. B. Atrap am CERN

a)

b)

(**Abb. b**), gehalten, die den Kernspin ausnutzt, um die Teilchen zu kontrollieren. Die aktuelle Forschung strebt an, bei solch niedrigen Temperaturen die Spektrallinien des Anti-Wasserstoffs möglichst genau zu analysieren, um kleinste Unterschiede zum Wasserstoffspektrum feststellen zu können. Dabei stellt die niedrige Erzeugungsrate (etwa 100 Antiatome in der Sekunde) zusammen mit der geringen Überlebensdauer der Antiatome derzeit das größte Problem dar.
Außer Anti-Wasserstoff konnte auch der Kern eines Isotops von Anti-Helium erzeugt werden, der aus zwei Antiprotonen und einem Antineutron besteht. Dieser Kern entstand aber bei so hoher Energie, dass sich kein Anti-Atom bilden konnte. Komplexere Anti-Atome wurden bislang noch nicht im Labor erzeugt.

Antimaterie im Universum

Die physikalischen Gesetze gelten weitgehend in gleichem Maße für Materie und Antimaterie, ein aus Antimaterie bestehender Forscher in einem Labor aus Antimaterie würde also weitgehend dieselben Messungen vornehmen wie ein aus Materie bestehender Forscher in einem aus Materie bestehenden Labor.
Mittlerweile ist bekannt, dass das uns bekannte Universum aus Materie besteht. Bei einigen Reaktionen entstehen immer wieder Antiteilchen, die aber kurz darauf durch Paarvernichtung wieder verschwinden. Die Vorstellung von dem oben genannten Forscher aus Antimaterie gehört also in das Reich der Fiktion. Andererseits ist aber bekannt, dass das frühe Universum, unmittelbar nach dem Urknall, aus reiner Energie bestand. Dabei fand ständig Paarerzeugung und Paarvernichtung statt. Demnach müssten auch heute gleiche Mengen von Materie und Antimaterie im Universum vorhanden sein. Dies ist nicht der Fall. Die Materie überwiegt, es liegt also eine Materie-Antimaterie-Asymmetrie oder Baryon-Asymmetrie vor, die ihre Ursachen in der Asymmetrie einer selten auftretenden Elementarteilchenreaktion hat, die im sehr frühen Universum stattfand. Moderne Untersuchungen der Großstrukturen im Weltall und der Verteilung der kosmischen Hintergrundstrahlung deuten darauf hin, dass der Materieüberschuss etwa ein Zehnmilliardstel beträgt. Die heute im Universum existierende Materie ist also äquivalent zu einem Zehnmilliardstel der ursprünglich vorhandenen Energie. Der Rest zerstrahlte durch Paarvernichtung wieder zu reiner Energie und ist als die bereits erwähnte kosmische Hintergrundstrahlung noch heute vorhanden.

Grundwissen Aufbau der Materie

Elementarteilchen

Elementarteilchen sind Teilchen, die nicht mehr aus kleineren Teilchen aufgebaut sind. Streuexperimente ähnlich dem Versuch von RUTHERFORD dienen dazu, Teilchen darauf zu untersuchen, ob sie elementar sind.

Wechselwirkungen

Es werden vier grundlegende Kräfte oder Wechselwirkungen unterschieden, die auf vier unterschiedliche Eigenschaften von Teilchen wirken: Die *starke Wechselwirkung*, die *elektromagnetische Wechselwirkung*, die *schwache Wechselwirkung* und die *Gravitation*.
Jede der Wechselwirkungen spricht auf eine bestimmte Teilcheneigenschaft an, z. B. die elektromagnetische Wechselwirkung auf die elektrische Ladung.

In der quantentheoretischen Beschreibung wirkt eine Kraft, indem *Wechselwirkungsteilchen* ausgetauscht werden. Das Wechselwirkungsteilchen der

- elektromagnetischen Wechselwirkung ist das *Photon*,
- das der starken Wechselwirkung das *Gluon*.
- Die schwacheWechselwirkung hat die drei *Vektorbosonen* W^-, W^+ und Z^0.

Standardmodell

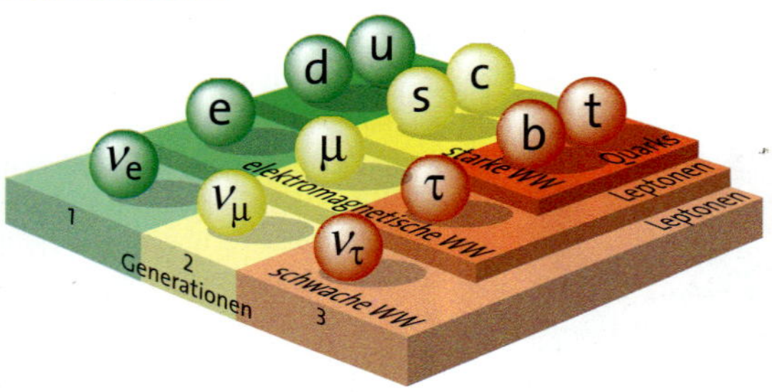

Das Standardmodell der Teilchenphysik ist das derzeit gültige Modell der Elementarteilchen. Es beschreibt alle bekannten Elementarteilchen und die Arten der Wechselwirkung der Teilchen untereinander.

Quarks: Quarks sind die einzigen Teilchen im Standardmodell, die der starken Wechselwirkung unterliegen. Die sechs Quarks sind in drei Generationen angeordnet: (d,u), (s,c), (b,t). Das erste Quark eines solchen Paars trägt jeweils ein Drittel einer negativen Elementarladung, das jeweils zweite trägt zwei Drittel einer positiven Elementarladung. Als Teilcheneigenschaft, auf die die starke Wechselwirkung anspricht, wird den Quarks eine Farbladung zugewiesen. Aus Quarks aufgebaute Teilchen sind nach außen farblos (weiß).
Freie Quarks existieren nicht. Beim Versuch, Quarks zu trennen, entstehen aufgrund der hohen Energien neue Quark-Antiquark-Paare.
Außer der starken Wechselwirkung erfahren die Quarks auch die schwache und die elektromagnetische Wechselwirkung. Nach heutigem Wissensstand sind Quarks elementar.

Hadronen: Quarks setzen sich zu Hadronen zusammen. Es wird zwischen Baryonen, die aus drei Quarks aufgebaut sind, z. B. Protonen und Neutronen, und Mesonen, die aus Quark-Antiquark-Paaren bestehen, z. B. Pionen, unterschieden.

Leptonen: Leptonen sind die Elementarteilchen im Standardmodell, die nicht der starken Wechselwirkung unterliegen. Dabei wird zwischen den geladenen Teilchen: Elektronen, Myonen und Tauonen, die der elektromagnetischen und der schwachen Wechselwirkung unterliegen, und den zugehörigen Neutrinos, die ungeladen sind und die daher nur auf die schwache Wechselwirkung reagieren, unterschieden.

Wissenstest Aufbau der Materie

1. Erklären Sie, warum ein Proton aus einem grünen und zwei roten Quarks nicht existieren kann.

2. Beschreiben Sie den Beta-Zerfall des Neutrons zuerst auf der Ebene der Nukleonen und dann im Bild des Quark-Modells.

3. Die starke Wechselwirkung hat zwar nur eine kurze Reichweite, ist aber in diesem Bereich dem Betrag nach konstant. Begründen Sie, wieso dies dazu führen kann, dass Quark-Antiquark-Paare erzeugt werden anstatt dass Quarks voneinender getrennt werden (Stichwort: potentielle Energie)

4. Teilchen und Antiteilchen zerstrahlen durch Paarvernichtung zu Energie. Begründen Sie, wieso es dennoch die Mesonen, aufgebaut aus Quarks und Antiquarks, geben kann.

5. Beschreiben Sie das Konzept eines Streuexperimentes und erklären Sie qualitativ, wie aus der räumlichen Verteilung der gestreuten Teilchen auf die Struktur des streuenden Körpers geschlossen werden kann.

Grundlagenforschung

Fast unsere gesamte Alltagswelt besteht aus Teilchen der untersten Teilchenfamilie des Standardmodells, also aus den u- und d-Quarks, aus Elektronen und aus Elektronneutrinos. Nur die Höhenstrahlung, also die Reaktion der Teilchen z. B. des Sonnenwindes mit den Teilchen der Erdatmosphäre, bietet einen natürlichen Einblick in die anderen Teilchenfamilien, allerdings nur in äußerst beschränktem Maße. Alle weiteren Informationen sind nur in Forschungslabors zu erhalten, in denen die zur Beobachtung bestimmter Teilchen erforderlichen Bedingungen definiert hergestellt werden können.

Zunächst wurden immer größere Maschinen gebaut, um größere Teilchenenergien zu erreichen und die bei einer Kollision der beschleunigten Teilchen auftretenden Fragmente zu untersuchen. Mittlerweile wird gezielt nach vorhergesagten Teilchen gesucht.
Die Vorhersagen des Standardmodells z. B. über die Existenz und die Masse der Wechselwirkungsquanten der schwachen Wechselwirkung und über das Top-Quark wurden experimentell bestätigt. Heute stehen Untersuchungen im Vordergrund, die die Grenzen des Standardmodells und Vorhersagen von über das Standardmodell hinausgehenden Theorien erforschen.
Die benötigten Forschungsanlagen sind so groß und aufwändig, dass nur durch internationale Zusammenarbeit die finanziellen Mittel aufgebracht werden können. Dort finden aber nicht nur Physiker Arbeit. Die Fülle der anfallenden Daten stellt eine Herausforderung für die Informatik und die Anfertigung von schnellen Speichermedien und Datenverbindungen dar. Unser heutiges Internet beispielsweise entstand ursprünglich am CERN, damit die in der ganzen Welt an Universitäten und anderen Forschungsinstituten beheimateten Forscher, die das CERN nur für gezielte Experimente nutzten, miteinander auf schnellstem Wege kommunizieren konnten. So bringt Grundlagenforschung manchmal auf unerwartete Weise Veränderungen des täglichen Lebens mit sich.

Einige konkrete Ansätze der modernen Grundlagenforschung beziehen sich auf das Standardmodell. Die Vereinheitlichung der elektromagnetischen und der schwachen Wechselwirkung zur elektroschwachen Wechselwirkung erfordert in ihrer mathematischen Beschreibung masselose Wechselwirkungsteilchen. Die W- und Z-Bosonen haben aber eine Masse. Sie muss als Wechselwirkung mit einem weiteren Feld, dem Higgs-Feld, beschrieben werden. Das zugehörige Feldteilchen, das Higgs-Boson, hat eine vorhergesagte Masse, die in einem Bereich liegt, der dem LHC (Large Hadron Collider) am CERN zugänglich wäre. Der Nachweis der Existenz des Higgs-Bosons wäre eine Bestätigung dieser Theorie.

Die Physik geht davon aus, dass bei ausreichend hohen Energien auch eine vereinheitlichte Beschreibung der elektroschwachen und der starken Wechselwirkung möglich ist. Solche Theorien, deren es mehrere gibt, heißen GUT (Grand Unified Theory, also Große Vereinheitlichungstheorie). Bei der Vielzahl an unterschiedlichen Ansätzen der Beschreibung können letztendlich nur Experimente helfen, um zwischen vielversprechenden Ideen und Sackgassen zu unterscheiden. Der Energiebereich, der dazu experimentell erschlossen werden muss, liegt mindestens oberhalb von 10^{14} GeV.

Noch etwa fünf Größenordnungen höher kann möglicherweise auch die Gravitation mit vereinheitlicht werden (TOE, Theory of everything, Weltformel). Solche Theorien sollen viele der derzeit noch offenen Fragen klären, gleichzeitig aber die bekannten und experimentell bestätigten Theorien reproduzieren können. Die hohen Energien können nur in den heutigen oder in zukünftigen großen Beschleunigeranlagen erzielt werden. In unserem Universum herrschten ähnliche Bedingungen sehr kurz nach dem Urknall. Grundlagenforschung dieser Art befasst sich also auch mit der Frage nach dem Ursprung des Universums, das wir kennen.

Gleichzeitig stoßen wir bei der Interpretation der Ergebnisse solcher Forschung an die Grenzen unserer Vorstellungskraft. Wie kann ein Teilchen aus anderen Teilchen aufgebaut sein, wenn es nicht möglich ist, diese Bestandteile zu isolieren? Was ist in diesem Sinne überhaupt ein Teilchen?
Im mikroskopischen Bild, das in der Wärmelehre Anwendung findet, sind Atome modellhaft kleine harte Kügelchen. Doppelspaltexperimente mit Elektronen deuten auf einen gewissen Wellencharakter aller Materie hin und die technische Anwendung im Elektronenmikroskop bestätigt eindrucksvoll diesen Ansatz. Bei den kleinsten Bausteinen unserer Materie ist das Bild von kleinen Kügelchen nicht mehr haltbar. Die Quantenmechanik beschreibt die Welt in Wellenfunktionen und liefert Aufenthaltswahrscheinlichkeiten. Die Unschärferelation macht das scharfe Bild endgültig zunichte. Die Teilchen, die im vorliegenden Kapitel behandelt wurden, sind nicht mehr bildhaft als Kugeln oder ähnliche räumlich begrenzte Objekte zu verstehen.

5 PHYSIK UND WISSENSCHAFTSTHEORIE

Wie zuverlässig ist wissenschaftliche Erkenntnis? Wie steht es um die Begründung von Naturgesetzen? Was ist physikalische Wirklichkeit? Welche Konzepte hat die Philosophie über die physikalische Erkenntnismöglichkeit entwickelt?
Am Schluss dieses Buches sollen in aller Kürze und daher natürlich nur sehr unvollständig einige dieser Fragen angesprochen werden, und zwar aus der dafür zuständigen Disziplin, der Wissenschaftstheorie, einem Teilgebiet der Philosophie, die ihre Prägung von Philosophen wie von Naturwissenschaftlern erfahren hat.

5.1 Theorie – Hypothese – Gesetz – Modell

Die Physik ist eine *theoriegeleitete experimentelle Wissenschaft*. Experimente werden erst durch Theorien möglich. Experimente können aber auch über Theorien entscheiden. Im Experiment stellt der Physiker eine gezielte Frage an die „Natur" oder an die „Wirklichkeit", was immer auch darunter zu verstehen ist. Ein Experiment ist nicht nur bloße Beobachtung allein, wie sie etwa der Biologe vielfach zum Ausgangspunkt seiner Wissenschaft nimmt. Experimente „vereinfachen" die vorhandene „Natur" in bestimmter Weise und zielen bewusst nur auf einen Ausschnitt der „Wirklichkeit" ab. Insofern haftet ihnen etwas Theoretisches an.

Das entscheidende Kriterium für ein Experiment und für das mit ihm neu gefundene Phänomen ist deren **Reproduzierbarkeit**. Das Experiment mit seinem Ergebnis muss so beschrieben sein, dass es auch an anderer Stelle wiederholbar, *reproduzierbar*, ist; seine Durchführung muss *kontrollierbar* sein.
Die Ergebnisse eines Experiments werden in sogenannten **Protokoll-** oder **Basissätzen** festgehalten. Ein Basissatz drückt entweder ein erhaltenes oder ein zu erwartendes Messergebnis in der Sprache der Physik aus, wie wir es in vielen Beispielen in diesem Buch kennengelernt haben. Dabei gehen bei einem Versuch z. B. nicht etwa die Zeigerausschläge in die Beschreibung des Ergebnisses ein, sondern es werden Messgrößen – z. B. Stromstärke und Zeit – registriert. Insofern drücken die Basissätze keineswegs bloße Wahrnehmungen aus, sondern haben *Theoriegehalt*. Ohne physikalische Begriffsbildung kann weder ein Versuch geplant (*Was will man messen?*) noch können seine Ergebnisse (*Was wurde gemessen?*) festgehalten werden.
Ebenso liegen der Verwendung der Geräte, mit denen das Experiment durchgeführt wird, schon theoretische Betrachtungen zugrunde – etwa über das Funktionieren eines Strommessgerätes. Es ist aufgrund einer schon vorhandenen Theorie (Elektrizitätslehre) konstruiert und verstehbar.

Experimente und ihre in Basissätzen formulierten Ergebnisse sind nicht voraussetzungslos zu gewinnen, sondern setzen bereits physikalische Theorienbildung voraus.

Die Formulierung eines Gesetzes, z. B. des Fallgesetzes, aus den Basissätzen (Wertetabellen) geht natürlich nicht ohne *Festsetzungen* und *Entscheidungen* vor sich.
Wenn z. B. beim freien Fall die Messwerte, die im Experiment gewonnen sind, mit der Funktion $s = \frac{1}{2}gt^2$ zusammengefasst werden, wird eine solche Entscheidung getroffen, bei der *Prinzipien*, *Leitlinien*, ohne Begründung angewendet werden wie z. B. hier das *Prinzip der Einfachheit*. Denn keiner Wertetabelle mit der unvermeidlichen Streuung ihrer Werte ist direkt zu entnehmen, dass die genannte quadratische Funktion genau den Messwerten zugrunde liegt. Ohne solche Leitlinien, ohne solche Entscheidungen und Festsetzungen lassen sich keine Gesetze als Ergebnisse von Messungen formulieren. Dennoch haben wir die Intuition, dass die mathematische Formulierung des Fallgesetzes mit $s = \frac{1}{2}gt^2$ die physikalische „Wirklichkeit" wiedergibt.

Die Gesetze der Physik sind keine vordergründigen Beschreibungen von Vorgängen. Aus Basissätzen gewonnen sind sie durch allgemeine Festsetzungen und Entscheidungen mitbestimmt, die nicht aus dem Experiment entnommen werden können.

Im Vorgehen der heutigen Wissenschaft wird noch ein Weiteres offenbar, das mit der Vorstellung von einem objektiven, d. h. vom Menschen unabhängigen Erkenntnisprozess schwer zu vereinbaren ist: Die Übernahme einer Entdeckung als gültiges Gesetz setzt voraus, dass die Gruppe der damit in aller Welt beschäftigten Physiker das veröffentlichte Ergebnis als neues Phänomen anerkennt, *akzeptiert*. Erst die allgemeine **Akzeptanz** macht den wissenschaftlichen Fortschritt aus.

Wie gewiss ist nun ein physikalisches Gesetz? Sofort einsehbar ist, dass keine noch so große Zahl von Experimenten ein Gesetz „beweisen" kann. Dies ist das berühmte *Induktionsproblem* (→ 5.2): Gesetze werden als *Allsätze* formuliert, *sie sollen immer und überall gelten*. Gewonnen werden sie aber nur aus einer endlichen Anzahl von Experimenten. Nach den Gesetzen der Logik ist der Schluss von endlich vielen Fällen auf die allgemeine Gesetzmäßigkeit nicht möglich. Naturgesetze bleiben daher hypothetisch. Jederzeit muss mit einer Revision des Wissens gerechnet werden.

Nach dieser heute allgemein vorherrschenden Auffassung kann ein Naturgesetz nicht bewiesen, sondern nur *falsifiziert* (für falsch befunden) werden. Nach POPPER (→ 5.2) ist die Falsifikation die einzig logisch anzuerkennende Möglichkeit, nach der ein gefundenes Gesetz so lange gültig bleibt, wie kein Gegenbeispiel gefunden ist.
Dennoch wird allgemein auf seine Gültigkeit gesetzt. Die Allgemeinheit oder Universalität physikalischer Erfahrung wird über die Einzelerfahrung hinaus dadurch gewonnen, dass die Vorschriften zur Gewinnung dieser Erfahrung immer wieder von neuem befolgt werden können – und nur darin liegt ihre verlässliche Gesetzmäßigkeit.

> Gesetze und Theorien, die in vielfältigen Experimenten bestätigt wurden, gelten so lange als richtig, wie sie nicht falsifiziert sind.

Experimente und die daraus gewonnenen Gesetze sind Grundlage für die Neuentwicklung einer physikalischen **Theorie**.

> Eine **Theorie** ist eine systematisch geordnete, strukturierte, in sich widerspruchsfreie Zusammenfassung von zumeist gesetzesartigen Aussagen über einen bestimmten Gegenstandsbereich. Das Ideal einer Theorie ist ein System von *axiomatisch formulierten Aussagen*, aus denen sich die Gesetzmäßigkeiten über den betreffenden Gegenstandsbereich deduktiv herleiten lassen.

Beispiele für Theorien sind die Newton'sche Mechanik, zusammengefasst in den Newton'schen Axiomen, oder die Thermodynamik, deren theoretischer Kern die beiden Hauptsätze der Wärmelehre sind, oder die Maxwell'sche Elektrodynamik, das Paradebeispiel einer axiomatisch beschriebenen Theorie: Aus wenigen Gleichungen, die dieser Theorie zugrunde liegen, lassen sich alle wesentlichen Gesetze der Elektrizitätslehre herleiten, wie sie in Band 11 bereits aufgeführt sind.

Die Theorienbildung ist im ersten Stadium *hypothetisch*. Eine Theorie wird als **Hypothese**, als *Vermutung*, eingeführt. Sie wird überprüft und es wird untersucht, ob aus ihr dann einerseits schon bekannte „wahre" Sachverhalte, Tatsachen erklärbar, nämlich als Folgerung dieser Hypothese ableitbar sind. Die Theorie wird umgekehrt aber auch als Hypothese überprüft, indem untersucht wird, wie unabhängig von der Theorie gewonnene Ergebnisse über den gleichen Erfahrungsbereich mit ihren Sätzen vereinbar sind. Darin wird die wechselseitige Beziehung zwischen Theorie und Experiment (oder Basissätzen) deutlich.

> Physikalische Erkenntnis entsteht aus dem Wechselspiel zwischen Theorie und Experiment.

In der Physik werden Theorien aus Denkvorstellungen, sogenannten **Modellen** entwickelt, deren Eigenschaften einer genauen mathematischen Analyse zugänglich sind. Die oben angeführten Beispiele der Theorienbildung sind solche Modelle.
Wir haben viele andere Modellbildungen kennengelernt: Je nach dem Sachverhalt, der untersucht werden soll, wird ein mehr oder weniger umfangreiches Modell herangezogen. So wird der freie Fall am einfachsten mit dem Modell des Massenpunktes beschrieben; sobald der Luftwiderstand berücksichtigt werden soll, wird statt des Massenpunktes das Modell des starren Körpers verwendet; das Auftreffen auf eine elastische Fläche würde mit dem Modell des deformierbaren Körpers untersucht werden.
Das Bohr'sche Modell des Wasserstoffatoms ist ein anderes Beispiel, bei dem nicht nur der Gesichtspunkt der Vereinfachung, sondern auch der der Anschaulichkeit von Sachverhalten eine Rolle spielt. Das Bohr'sche Atommodell ist zwar durch die Quantenmechanik überholt; dennoch gestattet es, bestimmte Sachverhalte wie z. B. die Spektrallinien des Wasserstoffatoms richtig herzuleiten.
Modelle werden aus Gründen der *Vereinfachung* (bei Interferenz und Beugung wird im Wellenmodell die Polarisation weggelassen) oder zur *didaktischen Veranschaulichung* (Bohr'sches Atommodell als ein auf klassischen Vorstellungen beruhendes Bild für anschaulich nicht zugängliche Phänomene) oder als *Analogiebetrachtung* (Strom von Ladungen im Vergleich zu Wasserströmen) aufgestellt.
Der Physiker Heinrich HERTZ (1857 – 1894) hat den Modellbegriff in der Sprache seiner Zeit (Ende des 19. Jahrhunderts) formuliert: *„Wir machen uns innere Scheinbilder oder Symbole der äußeren Gegenstände, und zwar machen wir sie von solcher Art, dass die denknotwendigen Folgen der Bilder stets wieder Bilder seien von den Folgen der abgebildeten Gegenstände."*

> **Modelle** sind (i. Allg. auf einen Bereich beschränkte) *Vorstellungshilfen*, sie sind *Wirklichkeitskonstruktionen*, die eine Theorie exakt erfüllen. Diese Wirklichkeitskonstruktionen sind aber nicht die Wirklichkeit selbst.

Zusammenfassung

1. Naturwissenschaftliche Erkenntnis beruht auf dem Wechselspiel von Theorie und Experiment.
2. Naturgesetze können nicht im Sinne der Mathematik bewiesen werden.
3. Die Modelle der Naturwissenschaft sind in keiner Weise als Abbildungen der Realität aufzufassen. Ein Modell dient zur Beschränkung der Untersuchung auf jeweils als wesentlich betrachtete Phänomene.
4. Bei der Formulierung neuer Naturgesetze aufgrund neuer experimenteller Ergebnisse und neuer theoretischer Einsichten spielt die Konsensbildung innerhalb der Physikergemeinschaft eine wesentliche Rolle.
5. Unser Vertrauen in die Gesetzmäßigkeiten der Physik beruht auf einer Vielzahl miteinander verknüpfter Fakten und Vorstellungen, die hinter jeder Aussage stehen.

5.2 Philosophische Strömungen der Erkenntnisgewinnung

Nach einer weit verbreiteten, naiven Meinung liefern unsere Sinnesempfindungen ein zutreffendes Bild der „Außenwelt". Erkenntnis ist demnach die Abbildung einer irgendwie gegebenen „Realität".
Der **Wissenschaftliche Realismus**, zu dem sich wohl spontan viele Naturwissenschaftler bekennen dürften, besagt, dass die von richtigen Theorien beschriebenen Gegenstände, Zustände, Vorgänge wirklich existieren. Protonen, Photonen, Kraftfelder, Schwarze Löcher sind ebenso real wie Lebewesen, Maschinen, Vulkane. Die Tatsache, dass die Messung der Lichtgeschwindigkeit aus voneinander unabhängigen Beobachtungen und Versuchen zum gleichen Ergebnis führt oder dass mehrere Versuche aus verschiedenen Gebieten zu demselben Wert des Planck'schen Wirkungsquantums kommen, stützen diese vordergründige Ansicht.

Bei näherer Nachfrage jedoch wird sich heute wohl die Mehrheit der Forschenden zu der folgenden – vereinfacht formulierten – Analyse als wesentlichem Element der naturwissenschaftlichen Forschung verstehen: *„Die Physik gelangt zu einer Beschreibung der Wirklichkeit, indem sie darauf verzichtet, das Wesen der Wirklichkeit zu erforschen."* Die Quantenmechanik bietet – wie wir gesehen haben – dafür hinreichende Anhaltspunkte. Jedoch darf nicht übersehen werden, dass es namhafte Forscherpersönlichkeiten gibt und gab wie EINSTEIN, der sich bis an sein Lebensende nicht mit einer *antirealistischen* Ansicht über die Welt anfreunden konnte.

Die *Wissenschaftstheorie* als Teilgebiet der Philosophie beschäftigt sich in der Auseinandersetzung über diese Fragen mit den Erkenntnisprinzipien und Methoden vornehmlich der exakten Wissenschaften. *Logischer Positivismus, Kritischer Rationalismus* und einige Weiterentwicklungen umreißen Hauptströmungen in der Wissenschaftstheorie des 20. und des beginnenden 21. Jahrhunderts.

Mit **Logischem Positivismus** wird eine sich in der ersten Hälfte des 20. Jahrhunderts entwickelnde Richtung naturwissenschaftlich orientierter Wissenschaftstheorie bezeichnet, als dessen Hauptvertreter der deutsch-amerikanische Philosoph Rudolf CARNAP (1891–1970) gilt. Sie baut auf einer Weiterentwicklung des **Empirismus** auf, jener alten philosophischen Grundüberzeugung, die die generelle und ausschließliche Abhängigkeit allen Wissens von der *Erfahrung* und von nichts anderem als von dieser behauptet. Das Wort *logisch* drückt aus, dass neben der Beschränkung auf die Erfahrung, auf die *Empirie*, nur die Schlüsse gelten sollen, die sich bei Anwendung der *Logik* auf die Sätze der empirischen Wissenschaft ergeben.

Nichts außer dem Beobachtbaren könne als etwas Reales erkannt werden. Es gäbe weder Elektronen noch sonst irgendwelche theoretischen *Entitäten* (*Seinsgegenstände*). Die Positivisten neigen zum Nichtrealismus, und zwar nicht nur deshalb, weil sie die Realität auf das Beobachtbare beschränken, sondern auch deshalb, weil sie metaphysische Überlegungen wie die Annahme einer *Kausalität* oder die Richtigkeit von *Erklärungen* für überflüssig und falsch halten.

Die Positivisten, deren Tradition auf David HUMES „A Treatise of Human Nature" (1793) zurückreicht, vertreten die metaphysikfeindliche These: Nicht prüfbare Sätze, nicht wahrnehmbare Entitäten, Kausalität, tiefe Erklärungen – dies alles gehört zur Metaphysik, d. h. zur philosophischen Lehre von dem hinter der sinnlich erfahrbaren, natürlichen Welt Liegenden. Und das alles, so meinen die Positivisten, muss man hinter sich lassen.

Die positivistischen Grundüberzeugungen sind:
1. *Pro Beobachtung:* Die beste Grundlage für alle unsere nicht mathematischen Kenntnisse liefert das, was wir sehen, fühlen, berühren usw. können.
2. *Pro Verifikation:* Sinnvoll sind diejenigen Sätze, deren Wahrheit oder Falschheit mithilfe eines bestimmten logischen Verfahrens aus der Wahrheit oder Falschheit von Beobachtungen abgeleitet wird.
3. *Kontra Kausalität:* Außer der Beständigkeit, mit welcher Ereignisse der einen Art auf Ereignisse der anderen Art folgen, gibt es in der Natur keine Kausalität.
4. *Kontra Erklärungen:* Erklärungen geben keine tieferen Antworten über die „Natur", die wir sowieso nicht erkennen, sondern tragen nur dazu bei, die Phänomene gedanklich in eine gewisse Ordnung zu bringen.
5. *Kontra theoretische Entitäten:* Es gibt hinter den Beobachtungen keine Seinsgegenstände wie Elektronen, Felder usw.

Der Positivist ist davon überzeugt, zu positiver Erkenntnis, d. h. zu *beweisbarem Wissen* fähig zu sein. Es gibt etwas Gegebenes, die Tatsachen, die in den sogenannten *Protokollsätzen* festgehalten werden können. Die Protokollsätze des Positivisten sind einzelne Aussagen über Sinneseindrücke, gewonnen aus Beobachtungen in Experimenten. Sie werden als *theorieunabhängig* angesehen, weil aus ihnen erst durch logische Verknüpfungen Theorien gefunden werden sollen.

Der Schwierigkeit, die darin liegt, die Allgemeingültigkeit der Naturgesetze nur an einer begrenzten Anzahl von Experimenten überprüfen zu können – der induktive Schluss ist kein logischer Schluss – begegnet der Logische Positivismus durch eine Wahrscheinlichkeitsbetrachtung. Das für den Logischen Positivismus charakteristische Verifikationsprinzip besagt, dass in der Aussage eines Naturgesetzes eine eindeutige Prüfmethode beschrieben sein muss. Nicht verifizierbare Aussagen sind weder wahr noch falsch, sondern sinnlos. Diejenigen Hypothesen also, die prinzipiell keine empirischen Anwendungsfälle haben können, werden als unwissenschaftlich verworfen, abgesehen von den sogenannten analytischen Aussagen der Logik und Mathematik.

Aus der Auseinandersetzung mit dem Logischen Positivismus, vor allem mit seinem Induktionsproblem *„Wie folgen aus einer beschränkten Anzahl von Beobachtungen allgemeine Sätze?"*, entwickelte der österreichisch-britische Philosoph und Wissenschaftstheoretiker Karl Raimund POPPER (1904–1994) eine Gegenposition, die die Philosophie der zweiten Hälfte des 20. Jahrhunderts nachhaltig beeinflusste.

Der **Kritische Rationalismus** nach POPPER vertrat als wichtigsten Unterschied zum Logischen Empirismus nach CARNAP die Überzeugung, ein *induktives Vorgehen* in den Naturwissenschaften für unbegründbar zu halten und stattdessen ein *deduktives Vorgehen* im Rahmen eines *„Falsifikationismus"* als adäquate Beschreibung der Naturwissenschaften zu behaupten.
Danach formulierten Naturwissenschaftler allgemeine Hypothesen, die sie einer Bewährungsprobe durch Widerlegungsversuche unterwarfen. Die Abgrenzung der naturwissenschaftlichen Aussagen von den metaphysischen und spekulativen Aussagen liege darin, dass für naturwissenschaftliche Aussagen prinzipiell *Falsifizierbarkeit* bestünde, d. h. wissenschaftliche Aussagen (außer den logisch-mathematischen) sollten an Erfahrungen scheitern können.

Der Erfolg POPPERS ist eindrucksvoll darin zu sehen, dass nicht nur viele Naturwissenschaftler ihr eigenes Selbstverständnis in seiner Wissenschaftstheorie angemessen ausgedrückt finden; die Philosophie des Kritischen Rationalismus hat auch wegweisend gewirkt, das (vermeintliche) Vorbild der erfolgreichen Naturwissenschaften auf Disziplinen wie Psychologie, Sozial- und Wirtschaftswissenschaften und andere zu übertragen.

Dem Kritischen Rationalismus zufolge kann die Wahrheit allgemeiner Aussagen über die Wirklichkeit nur in solchen Sätzen enthalten sein, die sich empirisch überprüfen lassen. Einzelne Aussagen über sinnliche Wahrnehmungen können nur die Falschheit allgemeiner empirischer Aussagen erweisen, sie beweisen nicht, wie es der Logische Positivismus meint, deren Wahrheit. Aus diesen beiden – metaphysisch gefassten – Sätzen des Kritischen Rationalismus ergibt sich POPPERS Abgrenzungskriterium, das *Falsifizierbarkeitskriterium:* Theorien werden nur dann als wissenschaftlich angesehen, wenn sie die Möglichkeit empirischer Überprüfung zulassen.
Der Kritische Rationalismus akzeptiert die Unmöglichkeit eines direkten Zugangs zur gegebenen Realität; insofern berücksichtigt er die Kant'sche Kritik, mit der dieser auf den Anspruch verzichtete, das Wesen der Dinge erkennen zu können. Dennoch gilt der naturwissenschaftliche Fortschritt nach POPPERS Überzeugung als ständige und stetige Verbesserung und Erweiterung eines „Bildes" der Realität.

Die Wissenschaftstheorie der mathematischen Naturwissenschaft hatte sich in den Traditionen des Logischen Empirismus und des Kritischen Rationalismus zu einer Spezialdisziplin entwickelt, die – häufig in einer Darstellung mit einem gewaltigen Formelaufwand – in ihrer letzten Form rein *strukturalistisch* geworden war („strukturalistisch": nur noch die formalen Strukturen von Theorien werden gesucht und diskutiert).

In dieser Situation war dem Buch *„Die Struktur wissenschaftlicher Revolutionen"* des amerikanischen Wissenschaftshistorikers und Wissenschaftstheoretikers Thomas S. KUHN (1922–1996), in dem die **Kuhn'sche Paradigmentheorie** begründet wurde, ein überwältigender Erfolg beschieden: Dem Popper'schen Gedanken einer kumulativen (anhäufenden) Vermehrung naturwissenschaftlichen Wissens durch Erhöhung des Falsifizierbarkeitsgrades ihrer Theorien wurde eine Auffassung vom *Paradigmenwechsel* gegenübergestellt: KUHN hatte mit Verweis auf viele wissenschaftshistorische Beispiele aus Astronomie, Physik und Chemie ins Bewusstsein gehoben, dass *Wissenschaft von Menschen unter historischen Bedingungen* betrieben wird. Danach vollzieht sich Wissenschaft insgesamt oder die eines Teilgebietes nach einem *Paradigma*, einem Denkmuster, das das wissenschaftliche Weltbild einer Zeit prägt. Unter dessen Vorherrschaft einer solchen Grundüberzeugung entwickelt sich eine bestimmte Wissenschaftsauffassung, die richtig oder falsch sein kann, vor der aber ihr entgegenstehende Ansätze keine Aussicht auf Anerkennung finden, bis die Generation von Forschern mit dieser Überzeugung ausstirbt und sich eine gänzlich andere wissenschaftliche Auffassung durchsetzt.

Die Geschichte der Wissenschaft ist damit eine Folge von **Paradigmenwechseln.**

Ein berühmter *Paradigmenwechsel* ist die Ablösung des ptolemäischen Systems durch die kopernikanische Astronomie. Im ptolemäischen System gab es immer wieder Versuche, die immer stärker auftretenden Unstimmigkeiten zwischen Theorie und Beobachtung durch immer weiter gehende Verfeinerungen zu beheben, bis die kopernikanische Revolution zu einer neuen, einfacheren Theorie führte, in der sich bisher offene Fragen beantworten ließen.

KUHNS großes Verdienst besteht zweifellos darin, die Wissenschaftstheorie der Naturwissenschaften aus einer einseitigen Berücksichtigung rational-logischer Begründung herausgeführt und stattdessen auf die historische und soziologische Bedingtheit, unter der Forschung vonstattengeht, hingewiesen zu haben. Gegen seine Ansicht, die zu einer gewissen Relativierung naturwissenschaftlicher Erkenntnis führte, dass nämlich mit einem Paradigmenwechsel nicht unbedingt wissenschaftlicher Fortschritt verbunden sei, sondern nur aus einer anderen Sicht ein Gegenstandsbereich neu erfasst würde, wird allerdings kritisch einzuwenden sein, dass das technische Fundament der naturwissenschaftlichen Forschung und Beobachtungskunst einen eigenständigen, kumulativen Zuwachs an technischem Handlungswissen durchläuft und damit zu einem stetigen Fortschritt in den Wissenschaften führt.

In den letzten Jahrzehnten mehren sich die Ansätze von Wissenschaftstheoretikern, die stärker auf diese historische und kulturelle Gebundenheit der Wissenschaft hinweisen. Die Naturwissenschaften beziehen ihre Gegenstände und Denkvoraussetzungen eben nicht nur aus rein wissenschaftlichen Bereichen, sondern ebenso aus vor- und außerwissenschaftlichen Erfahrungen.

Die Naturwissenschaft und ihre Resultate, seien sie als technisches Verfügungswissen oder als theoretisches Erklärungs- und Prognosewissen gefasst, sind Teil der Kultur und somit beeinflusst durch ihren jeweiligen historischen Zustand. Daher verlangen die Naturwissenschaften als Kulturleistungen auch wegen ihrer Orientierung auf Zwecke hin nach einer moralischen und politischen Legitimation dessen, was sie in ihren Anwendungen bewirken.

Energie der Fotoelektronen in Abhängigkeit von der Frequenz (Kap. 1)

Die Abbildung zeigt die Messergebnisse von MILLIKAN zum lichtelektrischen Effekt, die 1915 im *Physical Review* veröffentlicht wurden. Sie zeigt die Bremsspannungen der von Licht unterschiedlicher Frequenz ausgelösten Elektronen.

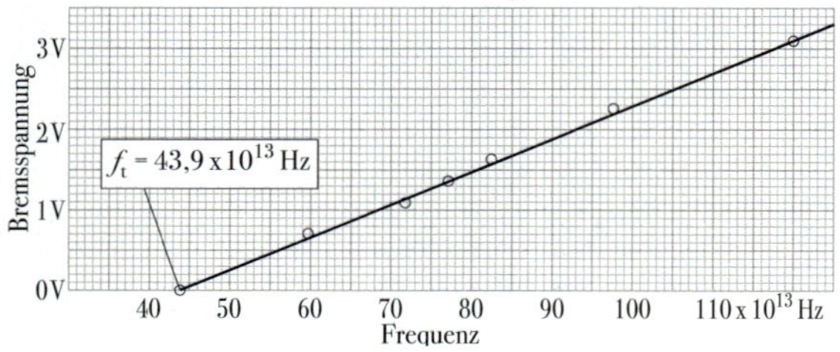

Bestimmen Sie mithilfe der Grafik das Planck'sche Wirkungsquantum und die Austrittsenergie des von MILLIKAN verwendeten Materials.

Lösung

Elektronen, die von der Gegenspannung U_0 gebremst werden, also gerade nicht mehr gegen diese Spannung anlaufen können, haben dann eine Energie von maximal $E_{kin} = e\,U_0$. Diese Energie stammt vom Licht der Frequenz f und beträgt $E = hf$. Wird zur Auslösung von Elektronen aus dem Material die Energie E_A benötigt, so gilt $e\,U_0 = hf - E_A$. Für die Spannungen gilt demnach die Gleichung

$$U_0 = \frac{h}{e}f - \frac{E_A}{e}.$$

Die Steigung der Geraden ist also h/e. Aus der Grafik ist für die Frequenz $f_1 = 120 \cdot 10^{13}$ Hz die Bremsspannung $U_0 = 3{,}1$ V abzulesen. Da die Ausgleichsgerade die Frequenzachse bei $f_t = 43{,}9 \cdot 10^{13}$ Hz schneidet, gilt für die Steigung der Geraden

$$\frac{h}{e} = \frac{3{,}1\ \text{V}}{(120 - 43{,}9) \cdot 10^{-13}\ \text{Hz}}, \quad \text{also}$$

$$h = \frac{3{,}1\ \text{V} \cdot 1{,}6 \cdot 10^{-19}\ \text{As}}{(120 - 43{,}9) \cdot 10^{13}\ \text{s}^{-1}} = 6{,}5 \cdot 10^{-34}\ \text{Js}.$$

Die Austrittsenergie der Elektronen für das verwendete Material ergibt sich aus der Grenzfrequenz $f_t = 43{,}9 \cdot 10^{13}$ Hz, für die gerade keine Elektronen mehr ausgelöst werden, also für die $e\,U_0 = 0$ ist: $\quad 0 = hf_t - E_A \quad$ oder

$E_A = hf_t = 6{,}5 \cdot 10^{-34}\ \text{Js} \cdot 43{,}9 \cdot 10^{13}\ \text{s}^{-1} = 2{,}8 \cdot 10^{-19}\ \text{Js} = 1{,}8\ \text{eV}$

Zeitverzögerung bei kontinuierlicher Energieverteilung nach klassischem Wellenmodell des Lichts (Kap. 1)

Licht der Wellenlänge $\lambda = 400$ nm mit einer Intensität von $I = 0{,}01\ \text{W/m}^2$ trifft auf eine Kaliumoberfläche, für die die Austrittsenergie $E_A = 2{,}2$ eV beträgt.

a) Berechnen Sie unter der Annahme einer gleichmäßigen Verteilung der Energie auf die bestrahlte Fläche und unter der Annahme, dass ein Elektron Energie aus der Querschnittsfläche eines Atoms mit einem Radius von $r = 1 \cdot 10^{-10}$ m aufnehmen kann, wie lange es dauert, bis ein Elektron ausgelöst wird.

b) Bestimmen Sie die Anzahl der Photonen, die bei dieser Intensität in einer Sekunde auf eine Fläche von 1 mm² treffen.

Lösung

a) Für die Intensität gilt die Gleichung $I = E/(\Delta A\,\Delta t)$. Um eine Energie von $E_A = 2{,}2$ eV mit der Intensität I auf eine Fläche $\Delta A = \pi r^2$ einzustrahlen, wird die Zeit $\Delta t = E/(I\,\Delta A)$ benötigt, also

$$\Delta t = \frac{2{,}2 \cdot 1{,}6 \cdot 10^{-19}\ \text{VAs}}{0{,}01\ \text{VA/m}^2 \cdot \pi \cdot (10^{-10}\ \text{m})^2} = 1120\ \text{s} = 18{,}7\ \text{min}.$$

b) Auf eine Fläche $\Delta A = 1\ \text{mm}^2$ wird in der Zeit $\Delta t = 1$ s bei der Intensität $I = 0{,}01\ \text{W/m}^2$ eine Energie E gestrahlt, die aus N Photonen der Energie $E_{Ph} = hf$ besteht, also $Nhf = I\,\Delta A\,\Delta t$:

$$\frac{N}{\Delta t} = \frac{I\,\Delta A}{hf} = \frac{0{,}01\ \text{W/m}^2 \cdot 1 \cdot 10^{-6}\ \text{m}^2 \cdot 400 \cdot 10^{-9}\ \text{m}}{6{,}6 \cdot 10^{-34}\ \text{Js} \cdot 3{,}0 \cdot 10^8\ \text{m/s}} = 2{,}0 \cdot 10^{10}\ \text{s}^{-1}$$

Die De-Broglie-Wellenlänge von Elektronen (Kap. 1)

Elektronen werden durch eine Spannung U beschleunigt, die einmal 10 kV, ein anderes Mal 1 MV beträgt. Berechnen Sie die De-Broglie-Wellenlänge.

Lösung

Die De-Broglie-Wellenlänge ergibt sich aus der Gleichung $\lambda = h/p$. Die kinetische Energie beschleunigter Elektronen ist $E_{kin} = e\,U$, die Ruheenergie eines Elektrons ist $E_0 = m_0 c^2 = 0{,}51$ MeV. Für die Gesamtenergie gilt $E = E_0 + E_{kin}$. Also haben die Elektronen, die mit 10 kV beschleunigt wurden eine Gesamtenergie von $E = 0{,}52$ MeV, die mit 1 MeV beschleunigten Elektronen $E = 1{,}51$ MeV.

Für den Impuls von Elektronen gilt nach der Relativitätstheorie die Beziehung $E^2 = E_0^2 + p^2 c^2$, also

$$p = \frac{\sqrt{E^2 - E_0^2}}{c}.$$

Für die langsameren Elektronen ist $p = 5{,}4 \cdot 10^{-23}$ kg m/s, ein Wert, der sich auch ohne relativistische Rechnung aus dem Zusammenhang $E_{kin} = p^2/(2m)$ ergeben hätte. Die Wellenlänge beträgt $\lambda = 12{,}2 \cdot 10^{-12}$ m.

Für die schnelleren Elektronen ist $p = 7{,}6 \cdot 10^{-22}$ kg m/s und die Wellenlänge $\lambda = 0{,}87 \cdot 10^{-12}$ m.

Lösung der Schrödinger-Gleichung für das Elektron im eindimensionalen Potentialtopf mit unendlich hohen Wänden (Kap. 2)

In einem eindimensionalen Potentialtopf der Länge $a = 100$ pm befindet sich ein Elektron. Berechnen Sie mit dem Energiewert $E = 6 \cdot 10^{-18}$ J die Werte der ψ-Funktion für die ersten drei Schritte mit $\Delta x = 10$ pm.

Die Startwerte sind $\psi(0) = 0$, $\psi'(0) = 1$ und $\psi''(0) = 0$.

Lösung

Die Schrödinger-Gleichung lautet (→ Methode S. 40):

$\Psi''(x) = -1{,}6382 \cdot 10^{38}\,E\,\Psi(x)$.

Also ist für den Startwert $\psi(0) = 0$ auch $\psi''(0) = 0$.

Mit den näherungsweise geltenden Gleichungen für

$\psi'(x)$: $\Psi'(x) = \Psi'(x - \Delta x) + \Psi''(x - \Delta x)\,\Delta x$ und

$\psi(x)$: $\Psi(x) = \Psi(x - \Delta x) + \Psi'(x - \Delta x)\,\Delta x$

ergibt sich für den ersten Schritt $x = \Delta x$:

$\Psi'(\Delta x) = \Psi'(0) + \Psi''(0)\,\Delta x = 1;$

$\Psi(\Delta x) = \Psi(0) + \Psi'(0)\,\Delta x = 1 \cdot 10^{-11}$;
$\Psi''(\Delta x) = -1{,}6382 \cdot 10^{38}\,E\,\Psi(\Delta x) = -9{,}8 \cdot 10^{9}$.
Für den zweiten Schritt $x = 2\,\Delta x$:
$\Psi'(2\,\Delta x) = \Psi'(\Delta x) + \Psi''(\Delta x)\,\Delta x = 0{,}90$;
$\Psi(2\,\Delta x) = \Psi(\Delta x) + \Psi'(\Delta x)\,\Delta x = 2 \cdot 10^{-11}$;
$\Psi''(2\,\Delta x) = -1{,}6382 \cdot 10^{38}\,E\,\Psi(2\,\Delta x) = -1{,}97 \cdot 10^{10}$.
Für den dritten Schritt $x = 3\,\Delta x$:
$\Psi'(3\,\Delta x) = 0{,}70$; $\Psi(3\,\Delta x) = 2{,}9 \cdot 10^{-11}$; $\Psi''(3\,\Delta x) = -2{,}85 \cdot 10^{10}$

Absorption eines Photons durch ein H-Atom (Kap. 2)

Ein ruhendes Wasserstoffatom absorbiert ein Photon, das es aus dem Grundzustand in den Zustand $n = 3$ hebt.

a) Berechnen Sie die Energie des Photons sowie die Wellenlängen des Lichts, das bei den möglichen Übergängen dieses Atoms in den Grundzustand emittiert werden kann, und geben sie an, zu welchen Serien es gehört.

b) Berechnen Sie den Impuls und Geschwindigkeit des H-Atoms nach der Absorption.

Lösung

a) Die Energieänderung des H-Atoms ist
$\Delta E = 13{,}6\text{ eV}\,(1/1^2 - 1/3^2) = 12{,}1\text{ eV}$.
Dies ist gleich der Energie des absorbierten Photons hf.
Bei der Rückkehr in den Grundzustand kann ein gleiches Photon emittiert werden oder die Rückkehr in zwei Stufen erfolgen (von $3 \longrightarrow 2$ und von $2 \longrightarrow 1$). Die Wellenlänge des dabei emittierten Lichts ergibt sich mit $\lambda = c/f$ und $f = \Delta E/h$ zu

$$\lambda = \frac{c\,h}{\Delta E}, \quad \text{also} \quad \lambda = \frac{c\,h}{13{,}6\text{ eV}\,(1/n^2 - 1/m^2)}.$$

Einsetzen ergibt $\lambda_{31} = 102$ nm, $\lambda_{32} = 657$ nm und $\lambda_{21} = 121$ nm. λ_{31} und λ_{21} gehören zur Lyman-Serie, λ_{32} zur Balmer-Serie.

b) Der Impuls des absorbierten Photons ist $p = h/\lambda = 6{,}45 \cdot 10^{-27}$ Ns. Die Masse des H-Atoms, die durch die Energie des absorbierten Photons nicht wesentlich erhöht wird, beträgt $m_H = 1{,}0078$ u mit $u = 1{,}66 \cdot 10^{-27}$ kg. Also ist die Geschwindigkeit des H-Atoms $v = p/m_H = 3{,}85$ m/s.

Röntgenstrahlung (Kap. 2)

In der medizinischen Röntgendiagnostik wird weiches Gewebe mit Molybdän als Anodenmaterial untersucht.

a) Berechnen Sie die Wellenlänge der K_α-Strahlung und der kurzwelligen Grenzstrahlung, wenn die Röntgenröhre bei einer Anodenspannung von $U_A = 40$ kV betrieben wird.

b) Berechnen Sie die Winkel, unter denen die Strahlung dieser Wellenlängen bei einer BRAGG-Reflexion an einem Kristall mit dem Netzebenenabstand $d = 201$ pm beobachtet werden.

Lösung

a) K_α-Strahlung wird emittiert, nachdem ein inneres Elektron des Molybdänatoms aus dem Quantenzustand $n = 1$ herausgelöst wurde und ein anderes Elektron aus dem Zustand $n = 2$ in den Grundzustand übergeht. Nach dem Gesetz von MOSELEY

$$\Delta E = hf = 13{,}6\text{ eV} \cdot (Z-1)^2 \left(\frac{1}{n^2} - \frac{1}{n^2}\right)$$

ergibt sich für Molybdän (mit $Z = 42$) $\Delta E = 17{,}1 \cdot 10^3$ eV, also $f = 4{,}15 \cdot 10^{18}$ Hz und $\lambda = 72{,}4$ pm.

Die Strahlung der kurzwelligen Grenze wird emittiert, wenn die gesamte kinetische Energie eines auf die Anode treffenden Elektrons in die Energie eines Photons umgewandelt wird: $hf = e\,U$. Daraus folgen $f = 9{,}67 \cdot 10^{18}$ Hz, $\lambda = 31{,}0$ pm.

b) Für die BRAGG-Reflexion an einem Kristall gilt die Formel $\lambda = 2\,d \sin\vartheta$, also $\vartheta = \sin^{-1}(\lambda/(2\,d))$.
Die K_α-Strahlung wird unter einem Winkel $\vartheta = 10{,}4°$, die Strahlung der kurzwelligen Grenze unter einem Winkel $\vartheta = 4{,}42°$ registriert.

α-Zerfall (Kap. 3)

Das Radiumnuklid Ra226 ist ein α-Strahler mit der Halbwertszeit $1{,}6 \cdot 10^3$ a und der Atommasse 226,02540 u.

a) Stellen Sie die Zerfallsgleichung für den α-Zerfall von Ra226 auf und berechnen Sie die bei einem Zerfall freigesetzte Energie. (Atommasse von Rn222: 222,01757 u; von He4: 4,002603 u)

b) Die freigesetzten α-Teilchen haben eine maximale Energie von 4,8 MeV. Beim Zerfall entstehen auch γ-Quanten der Energie 0,26 MeV. Bestimmen Sie die möglichen Energiewerte der von dem Ra226-Präparat ausgesandten α-Teilchen.

Lösung

a) Beim α-Zerfall wandelt sich das Ra226-Nuklid unter Aussendung eines He4-Kerns in ein anderes Nuklid (Tochternuklid) um. He4 hat die Kernladungszahl $Z = 2$ und die Massenzahl $A = 4$. Um diese Werte verändern sich also die Kernladungszahl des Radium-Nuklids ($Z = 88$) bzw. dessen Massenzahl ($A = 226$) beim Zerfall. Es entsteht also ein Nuklid mit der Kernladungszahl $Z = 86$ und der Massenzahl $A = 222$. Wie dem Periodensystem der Elemente zu entnehmen ist, handelt es sich beim Tochterkern also um Radon. Die Zerfallsgleichung lautet: ${}^{226}_{88}\text{Ra} \longrightarrow {}^{226}_{86}\text{Rn} + {}^{4}_{2}\text{He}$
Wird berücksichtigt, dass es sich bei einem α-Teilchen um einen He4-Kern, d. h. um ein zweifach positiv geladenes He-Ion handelt, so ergibt sich (das zerfallende Ra-Nuklid ist elektrisch neutral): ${}^{226}_{88}\text{Ra} \longrightarrow {}^{222}_{86}\text{Rn}^{2-} + {}^{4}_{2}\text{He}^{2+}$
Bei der Berechnung der bei diesem α-Zerfall frei werdenden Energie werden die beiden zusätzlichen Elektronen des Rn222 dem He4-Ion zugerechnet (unter Vernachlässigung der sehr kleinen Energieunterschiede für die Bindung in der jeweiligen Atomhülle), so dass mit den Atommassen des neutralen Rn222-Atoms sowie des He4-Atoms gerechnet werden kann.
Der Massendefekt ergibt sich zu:
$\Delta m = m_{\text{Ra226}} - (m_{\text{Rn222}} + m_{\text{He4}})$
$\Delta m = 226{,}02540\text{ u} - (222{,}01757\text{ u} + 4{,}002603\text{ u}) = 5{,}227 \cdot 10^{-3}\text{ u}$
Die freigesetzte Energie beträgt:
$E = \Delta m\,c^2 = 5{,}227 \cdot 10^{-3}\text{ u} \cdot c^2 = 4{,}869\text{ MeV}$

b) Entsteht beim Zerfall ein Rn222-Nuklid im Grundzustand, so erhält das ausgesandte α-Teilchen die gesamte Reaktionsenergie (abzüglich des relativ geringen Energiebetrages, der vom Tochterkern Rn222 aufgenommen wird), im vorliegenden Fall 4,8 MeV.
Daneben entstehen jedoch auch Rn222-Nuklide in einem angeregten Zustand (${}^{226}_{86}\text{Rn}^*$), welcher unter Aussendung eines γ-Quants der Energie 0,26 MeV in den Grundzustand übergeht. Den in diesem Fall ausgesandten α-Teilchen verbleibt dann nur noch die Energie 4,8 MeV − 0,26 MeV = 4,5 MeV.

Musteraufgaben mit Lösungen

β-Zerfall (Kap. 3)

Das Radiumnuklid Ra225 ist ein β-Strahler mit einer Halbwertszeit von 15 Tagen und der Atommasse 225,02360 u. Stellen Sie die Zerfallsgleichung für den β-Zerfall von Ra225 auf und berechnen Sie die bei einem Zerfall freigesetzte Energie. (Atommasse von Ac225: 225,02322 u)

Lösung

Beim β-Zerfall wandelt sich das Ra225-Nuklid unter Aussendung eines Elektrons in ein anderes Nuklid (Tochternuklid) um. Dem Elektron sind die Ladungszahl – 1 und die Massenzahl 0 zuzuordnen. Gegenüber dem Radium-Nuklid erhöht sich die Kernladungszahl beim Tochternuklid also um 1, die Massenzahl (225) verändert sich nicht. Demnach entsteht ein Nuklid mit der Kernladungszahl $Z = 89$ und der Massenzahl $A = 225$. Wie dem Periodensystem der Elemente zu entnehmen ist, handelt es sich beim Tochterkern also um Actinium. Die Zerfallsgleichung lautet: ${}^{225}_{88}\mathrm{Ra} \rightarrow {}^{225}_{89}\mathrm{Ac} + {}^{0}_{-1}\mathrm{e} + \nu_e$.
Das Elektron ist einfach negativ geladen, demnach entsteht wegen der Ladungserhaltung ein einfach positiv geladenes Actinium-Ion: ${}^{225}_{88}\mathrm{Ra} \rightarrow {}^{225}_{89}\mathrm{Ac}^+ + {}^{0}_{-1}\mathrm{e} + \nu_e$.
Durch das Zusammenführen der Massen des Elektrons sowie des Ac-Ions ergibt sich auf der Seite der Produkte näherungsweise die Masse des elektrisch neutralen Actinium-Atoms. Deshalb können bei der Berechnung des Massendefektes einfach die atomaren Massen verwendet werden:

$\Delta m = m_{\mathrm{Ra225}} - m_{\mathrm{Ac225}}$

$\Delta m = 225{,}02360\ \mathrm{u} - 225{,}02322\ \mathrm{u} = 3{,}8 \cdot 10^{-4}\ \mathrm{u}$

Die freigesetzte Energie beträgt

$E = \Delta m\, c^2 = 3{,}8 \cdot 10^{-4}\ \mathrm{u}\, c^2 = 0{,}35\ \mathrm{MeV}$

Zerfall von Radium (Kap. 3)

a) Eine Radiumprobe enthält 1,0 µg Ra226 und 0,00010 µg Ra225. Bestimmen Sie die Aktivität der Probe.
b) Berechnen Sie, auf welchen Wert die Radium-Aktivität nach 30 Tagen abgesunken ist. (Die Aktivität der entstehenden Zerfallsprodukte soll unberücksichtigt bleiben.)

Lösung

a) Die Aktivität A_0 der Probe eines radioaktiven Nuklids ist proportional zu Anzahl N_0 der darin enthaltenen Kerne:

$$A_0 = \lambda N_0 \quad \left(\lambda = \text{Zerfallskonstante} = \frac{\ln 2}{t_H}\right)$$

Die Anzahl N_0 der Kerne ergibt sich aus der vorhandenen Masse, für Ra226:

$$N_{0,\mathrm{Ra226}} = \frac{1{,}0\ \mu\mathrm{g}}{226{,}02540\ \mathrm{u}} = \frac{1{,}0 \cdot 10^{-19}\ \mathrm{kg}}{226{,}02540 \cdot 1{,}660540 \cdot 10^{-27}\ \mathrm{kg}} = 2{,}7 \cdot 10^{15}$$

Für Ra225 analog: $N_{0,\mathrm{Ra225}} = \dfrac{0{,}00010\ \mu\mathrm{g}}{225{,}02360\ \mathrm{u}} = 2{,}7 \cdot 10^{11}$

Damit ergeben sich die Aktivitäten

$$A_{0,\mathrm{Ra226}} = \frac{\ln 2}{1{,}6 \cdot 10^3\ \mathrm{a}} \cdot 2{,}7 \cdot 10^{15} = 37\ \mathrm{kBq} \text{ und}$$

$$A_{0,\mathrm{Ra225}} = \frac{\ln 2}{15\ \mathrm{d}} \cdot 2{,}7 \cdot 10^{11} = 0{,}14\ \mathrm{MBq},$$

was sich zu einer Gesamtaktivität von 0,18 MBq addiert.

b) Für die Aktivität gilt die exponentielle Zeitabhängigkeit

$A(t) = A_0 e^{-\lambda t} = A_0 e^{-\ln 2 \frac{t}{t_H}}$.

Damit ergibt sich für Ra226 mit

$A(t) = 37\ \mathrm{kBq} \cdot e^{-\ln 2 \frac{30\ \mathrm{d}}{1{,}6 \cdot 10^3\ \mathrm{a}}} = 37\ \mathrm{kBq}$

eine (nahezu) unveränderte Aktivität.
Die Aktivität des Ra225 sinkt wegen der gegenüber Ra226 sehr viel kleineren Halbwertszeit auf

$A(t) = 0{,}14\ \mathrm{MBq} \cdot e^{-\ln 2 \frac{30\ \mathrm{d}}{15\ \mathrm{d}}} = 35\ \mathrm{kBq}$,

sodass sich insgesamt eine Radiumaktivität von nur noch 72 kBq ergibt. (In den Zerfallsreihen für Ra226 und Ra225 kommen keine weiteren Radiumisotope mehr vor.)

Kernreaktionen und Neutronenstrahlung (Kap. 3)

Als einfache Neutronenquelle eignet sich ein Gemisch aus Radiumsulfat und Beryllium-Pulver, das in ein Nickel-Röhrchen eingeschlossen ist. Die von dem Radiumsulfat freigesetzten α-Teilchen reagieren mit den Be9-Kernen, wobei jeweils ein Neutron freigesetzt wird.
a) Berechnen Sie die bei einer solchen Kernreaktion freigesetzte Energie und bestimmen Sie, wie diese sich auf die bei der Kernreaktion entstehenden Teilchen verteilt. Nehmen Sie vereinfachend an, dass die miteinander reagierenden Teilchen vor der Wechselwirkung ruhen. (Atommassen: von Be9: 9,012182 u; von He4: 4,002603 u; von C12: 12 u)
b) Erläutern Sie, welche Rolle das Nickel-Röhrchen für die Einsetzbarkeit als Neutronenquelle spielt.
c) Erläutern Sie, warum die Neutronenquelle z. B. mit Paraffin ummantelt werden muss, wenn die Neutronenstrahlung zur Kernspaltung eingesetzt werden soll.

Lösung

a) Die Reaktionsgleichung lautet: ${}^{9}_{4}\mathrm{Be} + {}^{4}_{2}\mathrm{He} \rightarrow {}^{12}_{6}\mathrm{C} + {}^{1}_{0}\mathrm{n}$.
Die Berechnung der Reaktionsenergie mithilfe des Massendefektes ergibt $E = 89{,}535\ \mathrm{MeV}$ (Vorgehensweise wie bei der Musteraufgabe zum α-Zerfall).
Wird vereinfachend angenommen, dass der Gesamtimpuls vor der Wechselwirkung gleich null ist, so gilt wegen der Impulserhaltung:

$p_n = p_{C12}$ bzw. $m_n v_n = m_{C12} v_{C12}$ oder $v_n / v_{C12} = m_{C12} / m_n$

Damit gilt für das Verhältnis der kinetischen Energien dieser Teilchen:

$$\frac{E_{\mathrm{kin,n}}}{E_{\mathrm{kin,C12}}} = \frac{\frac{1}{2} m_n v_n^2}{\frac{1}{2} m_{C12} v_{C12}^2} = \frac{m_n}{m_{C12}} \cdot \frac{m_{C12}^2}{m_n^2} = \frac{m_{C12}}{m_n}$$

Die kinetischen Energien verhalten sich also umgekehrt wie die Massen der entstehenden Teilchen. Da $m_{C12}/m_n \approx \frac{12}{1}$, entfällt ein dreizehntel der Reaktionsenergie auf das C12-Atom, der Rest verbleibt bei dem entstehenden Neutron:

$E_{\mathrm{kin,n}} = 82{,}648\ \mathrm{MeV}$ und $E_{\mathrm{kin,C12}} = 6{,}887\ \mathrm{MeV}$

b) Nickel absorbiert die α-Teilchen des Radiumsulfats, Neutronen werden dagegen durchgelassen, da diese an den Ni-Atomen ohne nennenswerten Energieverlust gestreut werden.
c) Mit etwa 83 MeV sind die Neutronen zu schnell, um in größerem Maße Kernspaltungen zu verursachen. Die Ummantelung mit Paraffin sorgt für eine Abbremsung der Neutronen auf thermische Geschwindigkeiten.

Der lichtelektrische Effekt (Kap. 1)

1888 bestrahlte W. HALLWACHS eine elektrisch geladene, auf einem Elektroskop sitzende Metallplatte mit UV-Licht.

a) Beschreiben Sie die experimentellen Beobachtungen, aus denen HALLWACHS folgern konnte, dass bei Lichteinstrahlung nur negative Ladungsträger aus der Metallplatte austreten und dass der Fotoeffekt erst ab einer bestimmten Frequenz des eingestrahlten Lichts auftritt.

Nach dem Einschalten der Beleuchtung zeigt ein an eine Vakuumfotozelle angeschlossenes (extrem hochohmiges) Spannungsmessgerät die im Diagramm dargestellte zeitabhängige Spannung.

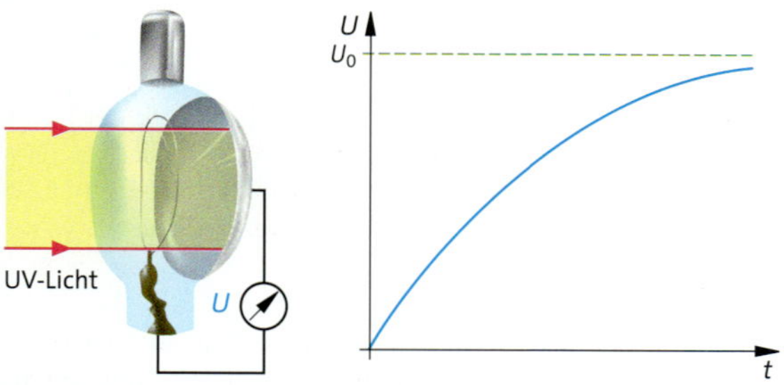

b) Erklären Sie, wie der dargestellte Spannungsverlauf zustandekommt.

c) Beschreiben Sie, wie sich U_0 und die Form der t-U-Kurve verändern, wenn im Versuch bei gleich bleibender Wellenlänge die Intensität der Bestrahlung erhöht wird. Geben Sie für ihre Antwort eine kurze Begründung.

Deutung des lichtelektrischen Effekts (Kap. 1)

Eine Fotozelle wird mit Licht unterschiedlicher Frequenzen f aus dem Spektrum einer Quecksilberdampflampe bestrahlt. Zwischen den Elektroden der Fotozelle wird die Spannung U gemessen. Das Ergebnis ist in dem abgebildeten f-U-Diagramm dargestellt.

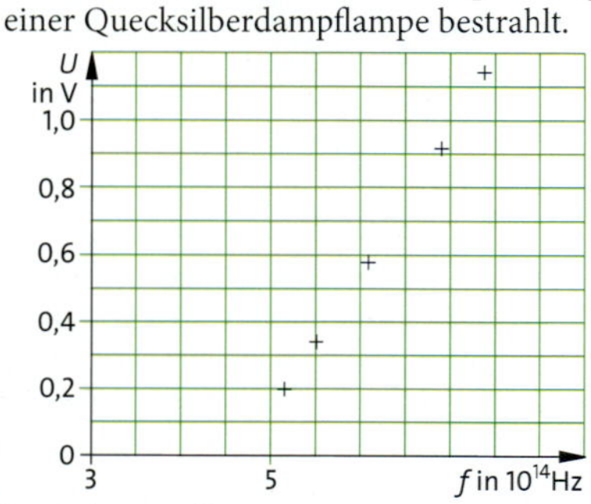

Eine Veränderung des Abstandes d zwischen Lichtquelle und Fotozelle ergibt keine Veränderung der gemessenen Spannung. Der Zeiger des Messgerätes reagiert bei größeren Abständen ($d \geq 1{,}0$ m) ohne Verzögerung auf das Einsetzen der Bestrahlung.

a) Nennen Sie die wesentlichen den Versuch betreffenden Aussagen der klassischen Lichtwellentheorie und erläutern Sie, inwiefern sich aus den Ergebnissen des Versuchs Widersprüche dazu ergeben.

b) Nennen Sie die wesentlichen Aspekte der Einstein'schen Lichtquantenhypothese und erläutern Sie, inwiefern diese durch das Experiment gestützt wird.

c) Berechnen Sie mithilfe des Diagramms das Planck'sche Wirkungsquantum und ermitteln Sie unter Zuhilfenahme eines geeigneten Tafelwerkes das Material der Fotokatode.

Photonenablenkung durch das Schwerefeld der Sonne (Kap. 1)

Die Ablenkung des Lichtes im Schwerefeld der Sonne soll mit dem Photonenmodell erklärt werden.

Zur Vereinfachung werde davon ausgegangen, dass im blau unterlegten Bereich die konstante Schwerebeschleunigung $g_{Sonne} = 2{,}0 \cdot 10^2\ \text{m/s}^2$ in y-Richtung herrscht und die Newton'sche Mechanik anwendbar ist. Außerhalb des markierten Bereichs soll die Schwerebeschleunigung vernachlässigt werden. Der Durchmesser der Sonne beträgt $14 \cdot 10^8$ m.

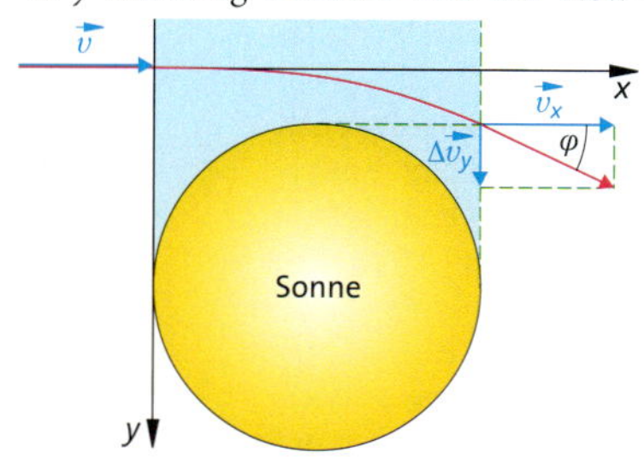

a) Betrachten Sie Licht der Wellenlänge $\lambda = 580$ nm. Berechnen Sie die Gravitationskraft auf ein Photon, wenn den Photonen gemäß der Formel $E = m\,c^2 = h\,f$ eine Masse zugeordnet wird.

b) Zeigen Sie, dass sich ein zunächst in x-Richtung fliegendes Photon etwa $\Delta t = 4{,}7$ s in dem blau dargestellten Gravitationsfeld befindet. Vernachlässigen Sie dabei die Änderung der x-Komponente der Photonengeschwindigkeit.

c) Berechnen Sie die in der Beschleunigungszeit Δt erfolgende Geschwindigkeitszunahme Δv_y und berechnen Sie daraus die Größe des Ablenkwinkels φ in Winkelsekunden.

d) Erörtern Sie, ob die Größe des Ablenkwinkels von der Frequenz des Lichts abhängt.

Raumsonde mit Sonnensegel (Kap. 1)

Unter der Leuchtkraft der Sonne wird die von ihr insgesamt abgestrahlte Strahlungsleistung $P_{Sonne} = 3{,}82 \cdot 10^{26}$ W verstanden.

Eine Raumsonde befindet sich in $1{,}496 \cdot 10^8$ km Entfernung vom Mittelpunkt der Sonne (Anfangsgeschwindigkeit $v_0 = 0$). Sie soll durch ein Sonnensegel in die äußeren Gefilde des Sonnensystems getrieben werden (Gesamtmasse des Raumfahrzeugs: $m = 400$ kg). Das kreisförmige Sonnensegel mit einem Durchmesser von $d = 10$ m ist mit einer spiegelnden Schicht versehen, welche das auftreffende Sonnenlicht reflektiert. Der Einfachheit halber soll angenommen werden, dass es sich bei der Sonnenstrahlung um monochromatisches Licht der Wellenlänge $\lambda = 600$ nm handelt.

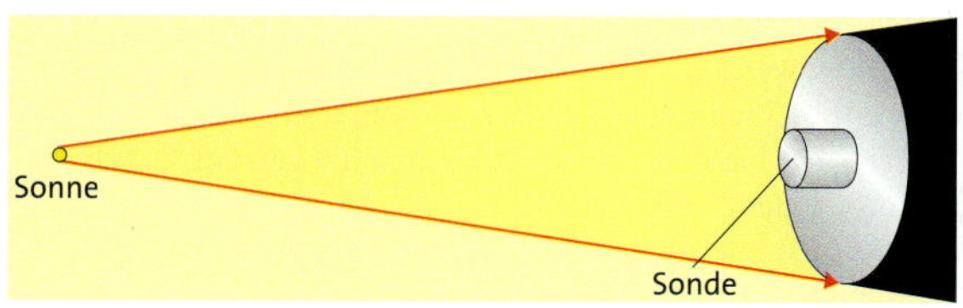

a) Berechnen Sie, wie viele von der Sonne stammende Photonen pro Sekunde auf das Sonnensegel treffen.

b) Berechnen Sie die Beschleunigung, die aufgrund der Reflexion der Photonen am Sonnensegel auf die Sonde wirkt.

c) Bestimmen Sie die Geschwindigkeit, die die Sonde nach einer Woche erreicht hat.

Vernetzende Aufgaben

Wellencharakter von He-Atomen (Kap. 1)

1991 führten CARNAL und MLYNEK eines der ersten Doppelspaltexperimente mit Atomen durch. Die Heliumatome trafen mit einheitlicher Geschwindigkeit v in y-Richtung auf einen Beugungsspalt und in 64 cm Entfernung dahinter auf einen Doppelspalt. 64 cm hinter dem Doppelspalt wurde die Anzahl der in 10 Minuten auftreffenden He-Atome mit einem Detektor aufgezeichnet (Intensität).

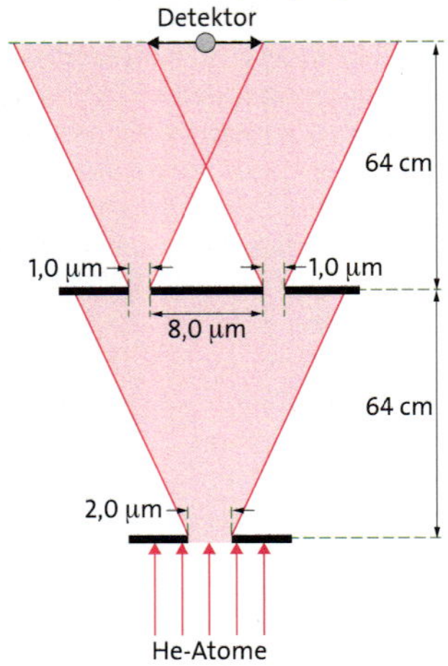

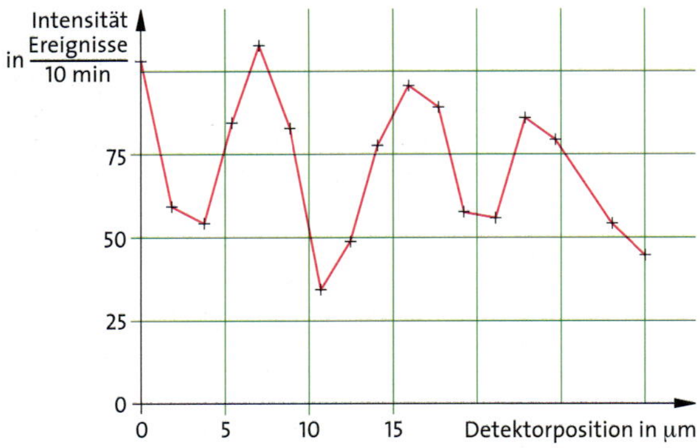

Die übrigen Abmessungen der Versuchsapparatur und die Intensitätsverteilung sind den Abbildungen zu entnehmen.

a) Erläutern Sie, inwiefern der Versuch die Auffassung vom Wellencharakter der Heliumatome bestätigt.

b) Berechnen Sie mithilfe der abgebildeten Intensitätsverteilung die De-Broglie-Wellenlänge λ und die Geschwindigkeit v der Heliumatome. Dabei können Sie die für kleine Winkel gültige Näherung $\sin\alpha \approx \tan\alpha$ verwenden. (Zur Kontrolle: $v = 8{,}7 \cdot 10^2$ m/s)

c) Schätzen Sie mithilfe der Heisenberg'schen Unschärferelation die Breite des Heliumstrahls in der Doppelspaltebene in 64 cm Entfernung vom Beugungsspalt ab. Weisen Sie mit Ihrem Ergebnis nach, dass die beiden Spalte mit der durch den Beugungsspalt aufgeweiteten Strahlung tatsächlich noch ausgeleuchtet werden.

d) Die Geschwindigkeit der He-Atome ist für Quantenobjekte sehr gering. Nennen Sie Vorteile, die eine geringe Geschwindigkeit für den Versuch hat.

e) Die sehr niedrige Zählrate lässt erkennen, dass die He-Atome *einzeln* durch den Doppelspalt gelangen. Erläutern Sie, welche Bedeutung die gemessene Intensitätsverteilung für das einzelne Heliumatom hat.

f) Erklären Sie, inwiefern sich das Versuchergebnis ändert, wenn die Spalte des Doppelspalts während der Messwerterfassung wechselweise für jeweils 5 min einzeln geöffnet werden.

Transmissionselektronenmikroskop (Kap. 1)

In einem Transmissionselektronenmikroskop (TEM) wird eine Probe mit Elektronen anstelle von sichtbarem Licht wie bei einem Lichtmikroskop durchstrahlt. Eine typische Beschleunigungsspannung für den Elektronenstrahl ist $U_B = 50$ kV. Der Elektronenstrahl kann – ähnlich wie Licht durch Glaslinsen – durch sogenannte elektrostatische und magnetische Linsen fokussiert werden (→ Bd. 11, 3.2.2).

Bei einer elektrostatischen Linse wird durch eine raffinierte Anordnung von Lochblenden aus Metall ein elektrisches Feld geformt, dessen Äquipotentialflächen an die Form einer optischen Sammellinse erinnern. In der abgebildeten, vereinfachten Darstellung ist das Potential φ_1 im Inneren höher als das Potential φ_2 am Rand der elektrostatischen Linse.

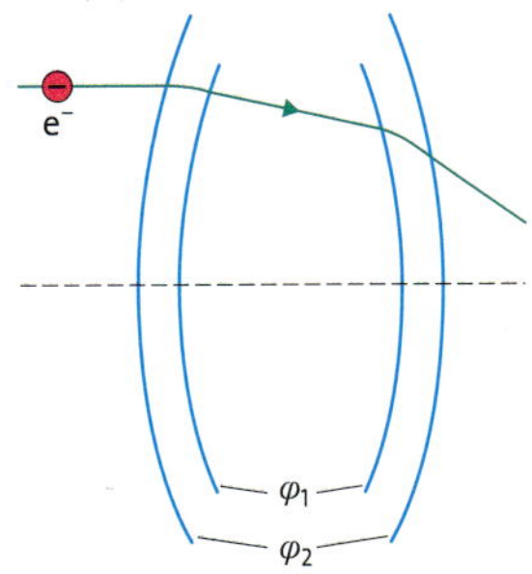

a) Übertragen Sie die Zeichnung auf ein Blatt und ergänzen Sie sie durch elektrische Feldlinien zwischen den Äquipotentialflächen. Begründen Sie mithilfe der Radialkomponenten der elektrischen Feldkraft qualitativ den eingezeichneten Verlauf einer Elektronenbahn.

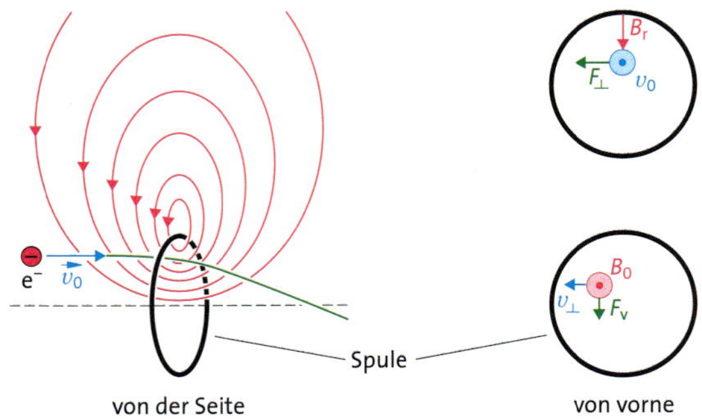

Bei magnetischen Linsen wird ein inhomogenes Magnetfeld einer kurzen, stromdurchflossenen Spule zur Fokussierung genutzt. Ein mit der Geschwindigkeit v_0 parallel zur optischen Achse fliegendes Elektron tritt wie abgebildet in das inhomogene Magnetfeld ein. Das Magnetfeld hat eine Komponente B_0 parallel zur optischen Achse sowie eine radiale Komponente B_r.

b) Begründen Sie anhand der oberen Abbildung, weshalb das Elektron durch das elektrische Feld seine Bewegungsrichtung ändert und eine Geschwindigkeitskomponente $v_\perp$ erhält.

c) Begründen Sie anhand der unterenAbbildung, weshalb der Elektronenstrahl durch das Magnetfeld der Spule in Richtung der optischen Achse abgelenkt wird.

Das Auflösungsvermögen eines Mikroskops, d.h. die Größe der Strukturen, die sich noch sichtbar machen lassen, ist prinzipiell durch Beugungseffekte begrenzt. Es liegt in der Größenordnung der Wellenlänge der verwendeten Strahlung.

d) Vergleichen Sie die beim Lichtmikroskop verwendeten Wellenlängen mit der De-Broglie-Wellenlänge der Elektronen im Elektronenmikroskop (relativistische Rechnung!!).

Versuche mit Helium (Kap. 2)

Bei einer Franck-Hertz-Röhre mit He-Füllung wird bei einer Beschleunigungsspannung von $U = 1{,}76$ V eine Leuchterscheinung unmittelbar vor dem Anodengitter beobachtet.

a) Erklären Sie, wie die Leuchterscheinung zustande kommt, insbesondere, warum die Leuchterscheinung von allen Seiten beobachtbar ist.

b) Berechnen Sie die Wellenlänge des ausgesandten Lichts und bestimmen Sie dessen Farbe.

c) Das Licht eines in der Frequenz zwischen 690 nm und 710 nm verstimmbaren Lasers wird durch einen halbdurchlässigen Spiegel S in zwei gleich intensive Teilstrahlen aufgeteilt.

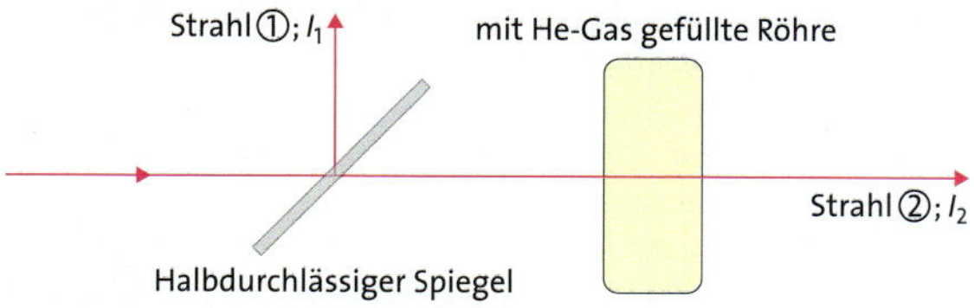

I_1 ist die Intensität von Strahl ①. Strahl ② wird durch eine mit He-Gas gefüllte Röhre gelenkt und anschließend dessen Intensität I_2 bestimmt. Zeichnen Sie ein Diagramm von I_2/I_1 in Abhängigkeit von der Laserwellenlänge λ.

Wasserstoffspektrum (Kap. 2)

Jedes Element und jedes Molekül kann eindeutig durch sein charakteristisches Spektrum identifiziert werden.

a) Beschreiben Sie ein Experiment, mit dem die zu den sichtbaren Linien des Wasserstoffspektrums gehörenden Wellenlängen gemessen werden können.

b) BALMER ermittelte aus den im sichtbaren Bereich gemessenen Wellenlängen λ im Jahre 1884 die Serienformel

$$f = R\left(\frac{1}{4} - \frac{1}{n^2}\right) \quad \text{mit} \quad R = 3{,}2898 \cdot 10^{15}\ \text{Hz}.$$

Berechnen Sie, wie viele Spektrallinien im sichtbaren Bereich ($390\ \text{nm} \le \lambda \le 780\ \text{nm}$) liegen.

c) Die Emission und die Absorption von Photonen wird durch die Änderung von Energiezuständen des Atoms erklärt. Die drei Abbildungen stellen Querschnitte durch die Orbitale der drei niedrigsten Energieniveaus dar. Skizzieren Sie zu jedem der drei Zustände die entsprechende Wellenfunktion und erläutern Sie den Zusammenhang zwischen den Darstellungen der Orbitale und der von Ihnen gezeichneten Wellenfunktion.

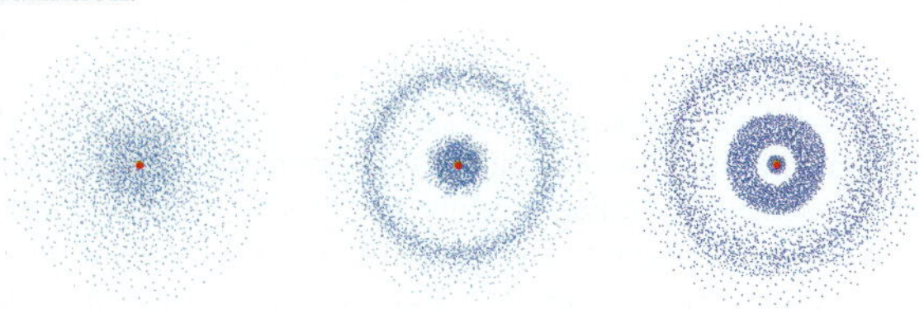

d) Die langwelligste Linie der Balmer-Serie liegt bei $\lambda = 657$ nm. Berechnen Sie die Energie, die mindestens nötig ist, um ein Wasserstoffatom im Grundzustand zur Aussendung eines entsprechenden Photons anzuregen.

e) Erläutern Sie den grundlegenden Unterschied zwischen der Anregung eines Atoms durch Absorption eines Photons bzw. durch Elektronenstoß.

Franck-Hertz-Versuch mit Neon (Kap. 2)

In einer Franck-Hertz-Röhre werden Neon-Atome durch Elektronenstoß angeregt. Hierbei absorbieren die Ne-Atome aus dem Grundzustand heraus bevorzugt die Energie 18,9 eV. Die Anodenstromstärke I_A wird mit einem empfindlichen Stromstärkemessgerät gemessen, während die Spannung U_G zwischen Katode und Gitter von 0 V bis 40 V erhöht wird.

a) Geben Sie ein Schaltbild des Versuchsaufbaus an und skizzieren Sie qualitativ den Verlauf des U_G-I_A-Diagramms.

b) Erklären Sie die periodische Abnahme der Anodenstromstärke bei einem Anwachsen der Spannung um $\Delta U_G \approx 19$ V.

c) Die Abnahme der Anodenstromstärke geht einher mit der Emission von orangefarbenem Licht der Wellenlänge $\lambda = 585$ nm. Geben Sie eine Erklärung für die Emission der Photonen im sichtbaren Bereich und berechnen Sie die Wellenlänge der Strahlung, die zusätzlich zu der sichtbaren Linie emittiert wird.

Stoßanregung von Helium (Kap. 2)

Zur Untersuchung der Anregung von Heliumatomen werden Elektronen mit einer Spannung $U_B = 50$ V beschleunigt, in einen mit Helium-Gas gefüllten Raum geschossen und anschließend in einem Magnetfeld, das senkrecht zur Geschwindigkeit der Elektronen steht, abgelenkt. Die abgelenkten Elektronen werden mit einer Fotoplatte registriert, wobei deren Schwärzung proportional zur Anzahl der Elektronen ist.

a)

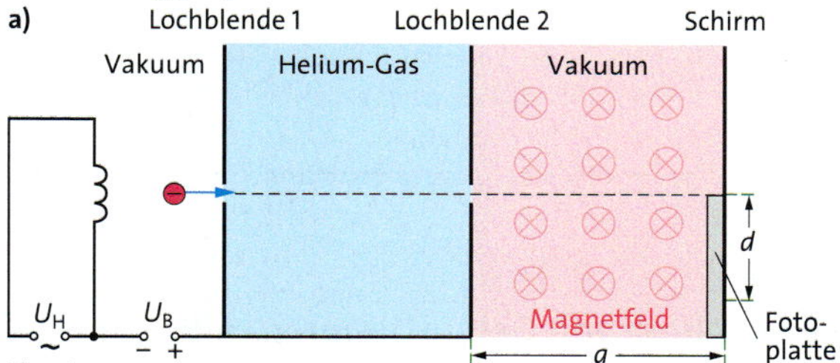

b)

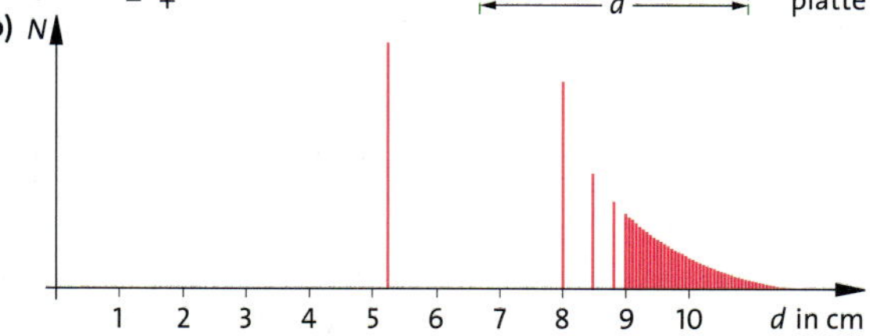

Abb. a) zeigt schematisch den Versuchsaufbau und **Abb. b)** das Messergebnis. Dabei ist die Anzahl der um die Strecke d von der Achse abgelenkten Elektronen durch die Länge des Balkens in **Abb. b)** dargestellt.

a) Begründen Sie, dass sich die Elektronen im Magnetfeld auf einer Kreisbahn bewegen, und zeigen Sie, dass die Energie der Elektronen gegeben ist durch

$$E = \frac{e^2 B^2}{2m} r^2 \quad \text{mit} \quad r = \frac{d^2 + a^2}{2d}, \quad a = 15\ \text{cm} \quad \text{und} \quad B = 0{,}1\ \text{T}.$$

b) Bestimmen Sie die Energien der in den Abständen 5,3 cm; 8,0 cm; 8,5 cm; 8,8 cm und 9,0 cm registrierten Elektronen und erklären Sie das Zustandekommen des diskreten und des kontinuierlichen Teils des Energiespektrums.

c) Ermitteln Sie auf der Grundlage dieser Versuchsergebnisse ein Energieniveauschema des Helium.

Vernetzende Aufgaben

Der Radioisotopen-Generator der Raumsonde Cassini (Kap. 3)

Am 15.10.1997 wurde die Raumsonde Cassini gestartet, die am 01.07.2004 den den Saturnmond Titan erreichte, den sie genauer untersuchte. Weil bei so großer Sonnendistanz die Stromversorgung durch Solarzellen versagt, hatte Cassini einen Radioisotopen-Generator an Bord. In ihm wird thermische Energie, die als Folge von radioaktiven Zerfällen autritt, in elektrische Energie umgewandelt. Der Radio isotopen-Generator von Cassini enthielt beim Start 28,8 kg des α-Strahlers ^{238}Pu (Halbwertszeit $t_H = 87{,}7$ a) in Form von Plutoniumdioxid (PuO_2). Zum Zeitpunkt des Starts lieferte der Generator eine elektrische Leistung von $P = 888$ W.

a) Stellen Sie die Gleichung des ^{238}Pu-Zerfalls auf und geben Sie an, zu welcher Zerfallsreihe der Tochterkern gehört. Begründen Sie, warum der Zerfall dieses Tochterkerns und nachfolgende Zerfälle für die Stromversorgung von Cassini praktisch keine Rolle spielen.

b) Bestimmen Sie die Aktivität des mitgeführten Plutoniums beim Start der Sonde. (Zur Kontrolle: $1{,}83 \cdot 10^{16}$ Bq).

c) Die elektrische Leistung des Generators ist ungefähr proportional zur ^{238}Pu-Aktivität. Berechnen Sie den Prozentsatz, um den die Leistung im Verlauf des Flugs zum Saturn abnahm, sowie die dann noch vorliegende elektrische Leistung.

d) 71 % der Zerfälle von ^{238}Pu führen direkt zum Grundzustand des Tochterkerns, wobei jeweils ein α-Teilchen mit der kinetischen Energie von 5,499 MeV emittiert wird. 29 % der Zerfälle führen zum ersten angeregten Zustand des Tochterkerns. Dabei beträgt die kinetische Energie des emittierten α-Teilchens 5,456 MeV und es wird anschließend ein γ-Quant mit der Energie 43,5 keV ausgesandt. Skizzieren Sie aufgrund dieser Angaben das Energieniveauschema für den α-Zerfall von ^{238}Pu.

Bestrahlung von Gehirntumoren mit Neutronenstrahlung (Kap. 3)

Für die Behandlung bestimmter Gehirntumore werden derzeit Studien zu Therapiemöglichkeiten mit Neutronen durchgeführt. Dabei wird dem Patienten ein borhaltiges Medikament verabreicht, das sich bevorzugt in Tumorzellen anreichert. Dann wird der Patient kontrolliert der Neutronenstrahlung eines Forschungsreaktors ausgesetzt. Dabei fängt ein (ruhender) ^{10}B-Kern ($m_{B10} = 10{,}012\,937$ u) mit großer Wahrscheinlichkeit ein thermisches Neutron ein und zerfällt dann sofort in einen stabilen Restkern, wobei ein α-Teilchen mit der kinetischen Energie 1,47 MeV und ein γ-Quant mit der Energie 0,478 MeV emittiert werden.

a) Geben Sie die Reaktionsgleichung an.

b) Berechnen Sie die kinetische Energie des entstandenen Restkerns. Die kinetische Energie des Neutrons kann hierbei vernachlässigt werden. ($m_{Li7} = 7{,}016\,003$ u)

c) Schnelle Neutronen werden nach dem Eintritt in den Körper zunächst moderiert. Erläutern Sie diesen Vorgang.

d) Das bei der Reaktion entstandene α-Teilchen verliert auf seinem Weg im Körper etwa alle $2 \cdot 10^{-10}$ m durch Wechselwirkung mit Molekülen bzw. Atomen im Durchschnitt 40 eV seiner kinetischen Energie. Schätzen Sie die Reichweite des α-Teilchens ab (zum Vergleich: Zelldurchmesser $2 \cdot 10^{-5}$ m).

Neutronenaktivierung bei Halbleitern (Kap. 3)

Halbleiterbauelemente werden z. B. aus Silicium hergestellt. Um dem Material die benötigten Leitungseigenschaften zu verleihen, wird das Silicium dotiert, d. h. ein Teil der Atome im Silicium-Kristallgitter wird durch andere Atome, z. B. Phosphor, ersetzt. Für spezielle Anwendungen wird nicht das übliche Diffusionsverfahren angewandt, sondern der aufwendigere Weg von Kernumwandlungen beschritten. Beim Bestrahlen mit thermischen Neutronen in einem Reaktor geht das Silicium-Isotop ^{30}Si in ^{31}Si über. ^{31}Si ist instabil und geht durch β^--Zerfall in das stabile Phosphor-Isotop ^{31}P über.

a) Erklären Sie den Begriff „thermisches Neutron" und begründen Sie, warum solche Neutronen besonders gut zur Auslösung von Kernreaktionen geeignet sind.

b) Beschreiben Sie eine Methode zur Erzeugung freier Neutronen sowie eine Möglichkeit zur Abbremsung schneller Neutronen (jeweils mit kurzer Begründung).

c) Begründen Sie im Hinblick auf die besonderen Eigenschaften des Neutrons, warum das Bestrahlen von Silicium mit Neutronen zu einer Dotierung im gesamten Bereich des bestrahlten Siliciums führt.

d) Geben Sie die Kernreaktionsgleichung für die Umwandlung von ^{30}Si in ^{31}Ph an. Begründen Sie durch Rechnung, dass es sich bei dieser Kernumwandlung um einen exothermen Vorgang handelt. (Atommassen: $m_{Si30} = 29{,}973\,771\,7$ u, $m_{P31} = 30{,}973\,762\,8$ u)

e) Direkt nach der Bestrahlung können die Siliciumstäbe nicht zur Verarbeitung weitergegeben werden, da die Radioaktivität des ^{31}Si erst abklingen muss. Berechnen Sie, wie lange es dauert, bis die Aktivität auf 1 % des Anfangswertes abgesunken ist. Die Halbwertszeit von ^{31}Si beträgt 2,6 h.

Positronen-Emissions-Tomographie (PET) (Kap. 3)

Ein diagnostisches Verfahren der Nuklearmedizin ist die sogenannte Positronen-Emissions-Tomographie (PET). Zum Einsatz kommen hierbei künstlich erzeugte β^+-Strahler mit nicht zu langer Halbwertszeit, die leicht in geeignete Trägersubstanzen („Tracer") eingebaut werden können. Diese Eigenschaft besitzt das Kohlenstoff-Isotop ^{11}C, dessen Atommasse $m_{C11} = 11{,}011\,433$ u beträgt. ^{11}C lässt sich durch Bestrahlung von ruhenden ^{14}N-Atomen mit Protonen der Geschwindigkeit $v_P = 2{,}8 \cdot 10^7$ m/s erzeugen. (Für die beiden folgenden Teilaufgaben genügt eine nicht-relativistische Rechnung.)

a) Stellen Sie die Gleichung dieser Kernreaktion auf und begründen Sie durch eine Energiebetrachtung, dass Protonen mit der Geschwindigkeit v_P für die Erzeugung von ^{11}C aus ^{14}N ($m_{N14} = 14{,}003\,074$ u) geeignet sind.

b) Das erzeugte ^{11}C wird chemisch aufbereitet und dem zu untersuchenden Patienten verabreicht. Bei den meisten Zerfällen von ^{11}C entstehen Positronen, die innerhalb einer Strecke von wenigen Millimetern vollständig abgebremst werden. Geben Sie die Zerfallsgleichung für den β^+-Zerfall von ^{11}C an und zeigen Sie, dass dieser Zerfall energetisch möglich ist. ($m_{B11} = 11{,}009\,305$ u)

c) Das abgebremste Positron reagiert mit einem Elektron aus der Umgebung, wobei die Teilchen in zwei Photonen zerstrahlen. Berechnen Sie deren Wellenlänge und begründen Sie, warum der Zerfall in ein einziges Photon ausgeschlossen ist.

e) In der abgebildeten Anordnung treffen die beiden Photonen aus der Vernichtung eines Elektron-Positron-Paares auf zwei geeignete Detektoren im Abstand von 60 cm.

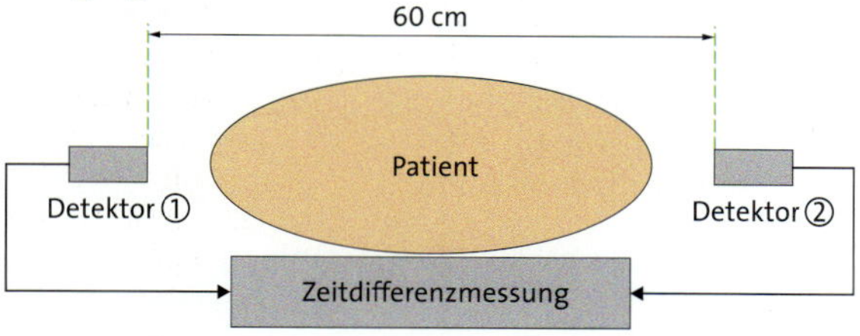

Detektor ① spricht um 0,80 ns später an als Detektor ②. Bestimmen Sie den Zerfallsort und geben Sie ihn eindeutig an. Begründen Sie kurz Ihr Vorgehen.

f) Bei der Positronen-Emissions-Tomografie umgibt ein Ring aus vielen solcher Detektoren das zu untersuchende Organ. Erläutern Sie, wie mithilfe einer solchen Anordnung die Position eines Tumors ermittelt werden kann, auch wenn keine Zeitdifferenzmessungen an zwei gegenüberliegenden Detektoren durchgeführt werden. Berücksichtigen Sie, dass sich der Positronenstrahler ^{11}C im Tumorgewebe stärker anreichert als im übrigen Teil des Körpers.

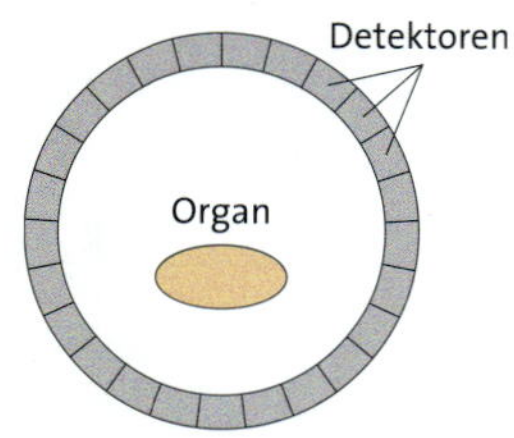

Entdeckung des Neutrons (Kap. 3)

Im Jahre 1930 beobachteten Bothe und sein Mitarbeiter Becker, dass beim Beschuss von Beryllium ^{9}Be mit α-Teilchen der kinetischen Energie 5,4 MeV eine sehr durchdringende Strahlung ausgelöst wurde.

a) Geben Sie an, wie experimentell gezeigt werden konnte, dass die Strahlung nicht aus geladenen Teilchen bestand.

b) Man nahm zunächst an, dass bei dem Versuch von Bothe und Becker ein angeregter Zwischenkern entsteht, der durch einen γ-Übergang in den Grundzustand übergeht. Geben Sie die Gleichung für diese aufeinanderfolgenden hypothetischen Reaktionen an und berechnen Sie die größtmögliche Energie der entstehenden γ-Quanten. Rückstoßeffekte können unberücksichtigt bleiben. (Zur Kontrolle: 16 MeV)

c) Die beobachtete Strahlung löste aus einem wasserstoffhaltigen Material Protonen aus, deren maximale kinetische Energie zu 7,5 MeV bestimmt werden konnte. Skizzieren Sie das Impulsdiagramm für einen vollkommen elastischen zentralen Stoß zwischen einem γ-Quant und einem ruhenden Proton, bei dem der Impuls des gestreuten γ-Quants die entgegengesetzte Richtung aufweist wie der des einfallenden γ-Quants. Berechnen Sie für diesen Stoß die Energie des einfallenden γ-Quants (relativistische Rechnung).

d) Chadwick konnte 1930 zeigen, dass die Widersprüche zwischen den Ergebnissen der Teilaufgaben b) und c) nicht auftreten, wenn angenommen wird, dass bei der vorliegenden Reaktion kein γ-Quant, sondern ein dem Proton vergleichbares, jedoch ungeladenes Teilchen, das „Neutron", emittiert wird. Geben Sie die daraus folgende Gleichung für die betrachtete Kernreaktion an.

e) Geben Sie an, welche maximale kinetische Energie die Neutronen aufgrund der Messergebnisse von Teilaufgabe c) hatten und begründen Sie ihre Antwort.

Mordfall Litvinenko (Kap. 3)

Anfang November 2006 kam das Polonium-Isotop ^{210}Po (Halbwertszeit 138 d; $m_{Po210} = 209{,}98285$ u) wegen eines spektakulären Mordfalls in die Schlagzeilen. Der α-Strahler wurde dem russischen Ex-Agenten Alexander Litvinenko ins Essen gemischt. Dies führte innerhalb von drei Wochen zu dessen Tod. Zur Zeit des Mordfalls war in einer Zeitung zu lesen: „Da die Zerfallsrate von Polonium210 sehr hoch ist, ist auch die Strahlungsintensität sehr hoch. Um die tödliche internistische Dosis zu erzeugen, sind gerade einmal ein 0,1 Millionstel eines Gramms notwendig, eine Giftmenge von der Größe eines Stecknadelkopfes. […] In der Raumfahrt dient Polonium210 als leichtgewichtige Wärmequelle. So kann ein Gramm Polonium210 etwa 140 W Wärmeleistung erzeugen."

a) Ordnen Sie ^{210}Po einer natürlichen Zerfallsreihe zu und begründen Sie Ihre Zuordnung.

b) Geben Sie die Zerfallsgleichung von ^{210}Po an und berechnen Sie die gesamte bei diesem Zerfall freiwerdende Energie E. ($m_{Po206} = 205{,}974440$ u; zur Kontrolle: $E = 5{,}41$ MeV)

c) Als maximale kinetische Energie der von ^{210}Po emittierten α-Teilchen wird in der Nuklidkarte 5,30 MeV angegeben. Geben Sie eine mögliche Ursache für den Unterschied zu E an.

d) Berechnen Sie die Aktivität einer Probe von 1,0 g ^{210}Po. (Zur Kontrolle: $A = 1{,}7 \cdot 10^{14}$ Bq).

e) Bei der Aufnahme von ^{210}Po in den Körper ist bereits eine Aktivität von $1{,}5 \cdot 10^{7}$ Bq tödlich. Zeigen Sie, dass dies bei der im Zeitungstext angegebenen Masse von „0,1 Millionstel eines Gramms" der Fall ist.

f) Geben Sie einen Grund an, warum das Hantieren mit ^{210}Po für die Mörder relativ ungefährlich war.

g) ^{210}Po hat eine Dichte von 9,3 g/cm³. Überprüfen Sie damit die Aussage des Zeitungsartikels bezüglich des Volumens der Giftmenge.

h) Verifizieren Sie die Zahlenangabe zur Wärmeleistung.

Blutvolumenbestimmung mittels Technetium (Kap. 3)

Für manche medizinische Diagnosen ist es wichtig, die Blutmenge im Organismus zu kennen. Man kann dazu folgendes Verfahren anwenden: In den Blutkreislauf des Patienten wird 1 cm³ einer Lösung mit roten Blutkörperchen gespritzt, die mit dem radioaktiven Technetium (^{99}Tc, Halbwertszeit $t_H = 6{,}0$ h) markiert sind. Nach einiger Zeit hat sich die Lösung gleichmäßig im Blut verteilt. Dem Patienten werden dann 20 cm³ Blut entnommen und die Aktivität des beigemischten Technetiums gemessen. 1,5 h nach dem Präparieren und Einspritzen der Lösung wird an der entnommenen Blutprobe die Aktivität 43,5 kBq gemessen, die ursprüngliche Aktivität der eingespritzten Lösung betrug 15 MBq.

a) Berechnen Sie, wie viel Gramm des Radionuklids ^{99}Tc beim Ansatz der Lösung für 1 cm³ verwendet wurde.

b) Bestimmen Sie das Blutvolumen, das sich für den Patienten aus den vorliegenden Angaben ergibt.

Sachverzeichnis

Namenverzeichnis

Physikalische Konstanten (nach Codata-Datenbank 2006)

Name	Zeichen	Größenwert
Atomare Masseneinheit	1 u	$(1{,}660\,538\,782 \pm 0{,}000\,000\,083) \cdot 10^{-27}$ kg
Avogadro-Konstante	N_A	$(6{,}022\,141\,79 \pm 0{,}000\,000\,30) \cdot 10^{23}$ 1/mol
Boltzmann-Konstante	k	$(1{,}380\,6504 \pm 0{,}000\,002\,4) \cdot 10^{-23}$ J/K
Elektrische Feldkonstante	ε_0	$(8{,}854\,187\,817\ldots) \cdot 10^{-12}$ As/(Vm) (exakt)
Elementarladung	e	$(1{,}602\,176\,487 \pm 0{,}000\,000\,040) \cdot 10^{-19}$ C
Energieeinheit Elektronvolt	1 eV	$(1{,}602\,176\,487 \pm 0{,}000\,000\,040) \cdot 10^{-19}$ J
Erdbeschleunigung (Normwert)	g	9,806 65 m/s^2
Lichtgeschwindigkeit	c	299 792 458 m/s (exakt)
Masse des Elektrons	m_e	$(9{,}109\,382\,15 \pm 0{,}000\,000\,45) \cdot 10^{-31}$ kg $(5{,}485\,799\,094\,3 \pm 0{,}000\,000\,002\,3) \cdot 10^{-4}$ u $(0{,}510\,998\,910 \pm 0{,}000\,000\,013)$ MeV/c^2
Masse des Neutrons	m_n	$(1{,}674\,927\,211 \pm 0{,}000\,000\,084) \cdot 10^{-27}$ kg $(1{,}008\,664\,915\,97 \pm 0{,}000\,000\,000\,43)$ u $(939{,}565\,346 \pm 0{,}000\,023)$ MeV/c^2
Masse des Protons	m_p	$(1{,}672\,621\,637 \pm 0{,}000\,000\,083) \cdot 10^{-27}$ kg $(1{,}007\,276\,466\,77 \pm 0{,}000\,000\,000\,10)$ u $(938{,}272\,013 \pm 0{,}000\,023)$ MeV/c^2
Masse des Wasserstoffatoms	m_H	$(1{,}007\,825\,032\,1 \pm 0{,}000\,000\,000\,4)$ u
Massenverhältnis Proton-Elektron	m_p/m_e	$(1836{,}152\,672\,47 \pm 0{,}000\,000\,80)$
Planck'sches Wirkungsquantum	h	$(6{,}626\,068\,96 \pm 0{,}000\,000\,33) \cdot 10^{-34}$ J s
Rydberg-Konstante	R	$(3{,}289\,841\,960\,361 \pm 0{,}000\,000\,000\,022) \cdot 10^{15}$ Hz
Spezifische Ladung des Elektrons	e/m_e	$(1{,}758\,820\,150 \pm 0{,}000\,000\,044) \cdot 10^{11}$ C/kg

Spektraltafel

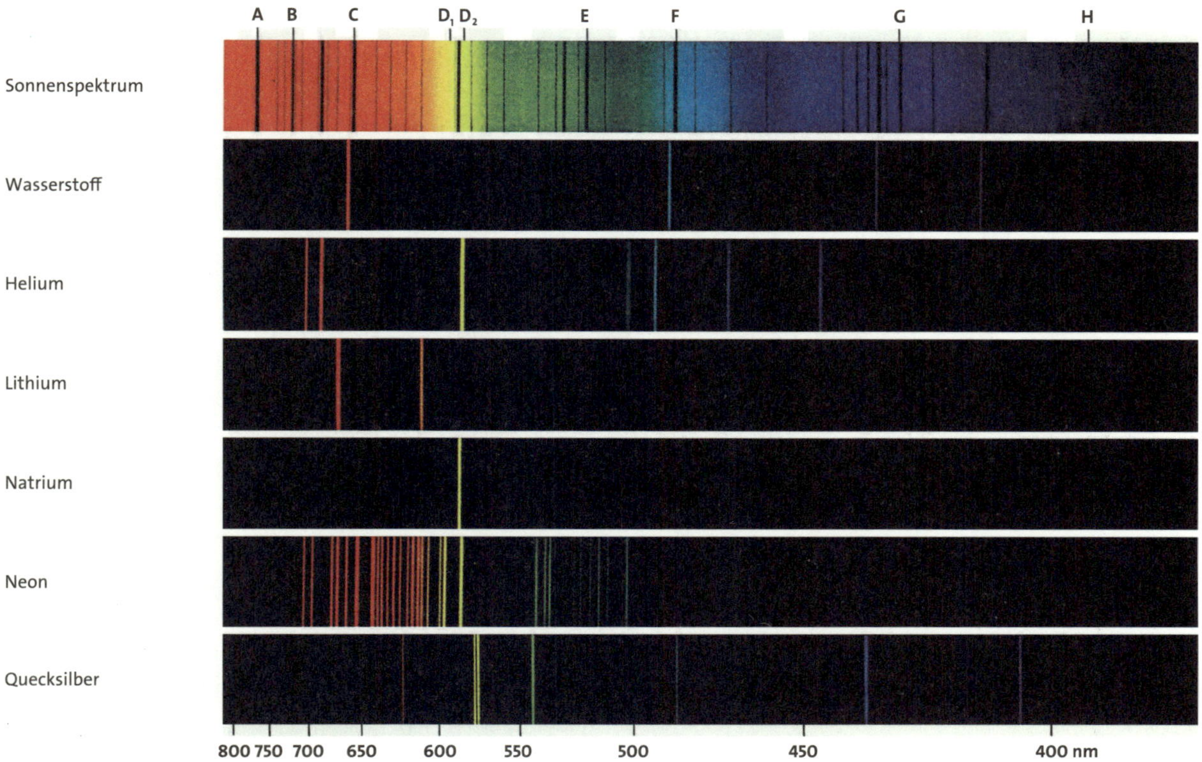

Die Spektraltafel zeigt einige einfach aufgebaute Spektren einiger Elemente. Die Spektren sind mit einem Prisma aufgenommen, sodass sich zum blauen Ende des Spektrums ein gedehnter Maßstab ergibt.

Das Spektrum der Sonne zeigt viele dunkle Linien, die sogenannten *Fraunhofer'schen Linien*, die zum einen durch Absorption des aus der Photosphäre stammenden Sonnenlichts in der Chromosphäre der Sonne, zum anderen durch Absorption des Sonnenlichts in der Erdatmosphäre entstehen. Es ist ein sogenanntes *Absorptionsspektrum.*

Die anderen Spektren sind *Emissionsspektren*. Die unterschiedliche Helligkeit der Linien beruht auf der verschiedenen Häufigkeit der Übergänge zwischen den einzelnen Energieniveaus der Atome, die dieses Licht emittieren.

Atommassen einiger Nuklide

Nuklid	Masse in u	Nuklid	Masse in u	Nuklid	Masse in u	Nuklid	Masse in u
H1	1,007 825	O16	15,994 915	I127	126,904 473	Th231	231,036 30
H2	2,014 102	O17	16,999 131	I131	130,906 12	Th232	232,038 05
H3	3,016 049	Ne20	19,992 436	Cs133	132,905 429	Th233	233,041 58
He3	3,016 029	Na22	21,994 434	Cs137	136,907 08	U233	233,039 63
He4	4,002 603	Na23	22,989 768	Pb204	203,973 03	U234	234,040 95
Li6	6,015 121	Mg24	23,985 042	Pb206	205,974 440	U235	235,043 92
Li7	7,016 004	Ni28	27,976 927	Pb207	206,975 872	U238	238,050 78
Be7	7,016 929	K39	38,963707	Pb208	207,976 627	U239	239,054 30
Be9	9,012 182	K40	39,963 990	Po210	209,982 85	Np237	237,048 17
C12	12	K41	40,961 826	Po211	210,986 64	Np239	239,052 93
C13	13,003 355	Co59	58,933 198	Po216	216,001 86	Pu239	239,052 16
C14	14,003 242	Co60	59,933 82	Rn220	220,011 37	Pu240	240,053 81
N14	14,003 074	Sr88	87,905 619	Rn222	222,017 57	Pu241	241,056 85
N15	15,000 109	Sr90	89,907 738	Ra226	226,025 40	Am241	241,056 82

Periodensystem der Elemente

Die Zahl über dem Elementsymbol gibt die relative Atommasse der auf der Erde vorkommenden Isotopenmischung an, bezogen auf das Kohlenstoff-Isotop ^{12}C (→ 4.1.2 und 13.2.1). Ein Stern * am Elementsymbol bedeutet, dass alle Isotope dieses Elements radioaktiv sind (→ 13.2.3).
Die Zahl links unten am Element ist die Ordnungszahl.
Unter dem Namen des Elements ist die Elektronenkonfiguration (→ 11.3.9), die dem Grundzustand entspricht, schematisch dargestellt. Jedes Kästchen steht für eine durch die Nebenquantenzahl gekennzeichnete Unterschale. Für den Energiezustand der Elektronen einer solchen Unterschale sind die historisch bedingten Abkürzungen s, p, d und f üblich, die in der viertletzten Zeile der Tafel vermerkt sind; die Zahlen in den Kästchen geben die Anzahl der Elektronen an, die sich im Grundzustand in dem durch die Hauptquantenzahl n und die Nebenquantenzahl l bezeichneten Zustand befinden.
In den kleinen grünen Kästchen sind die Elektronen enthalten, die für das chemische Verhalten des Atoms maßgebend sind (Valenzelektronen).

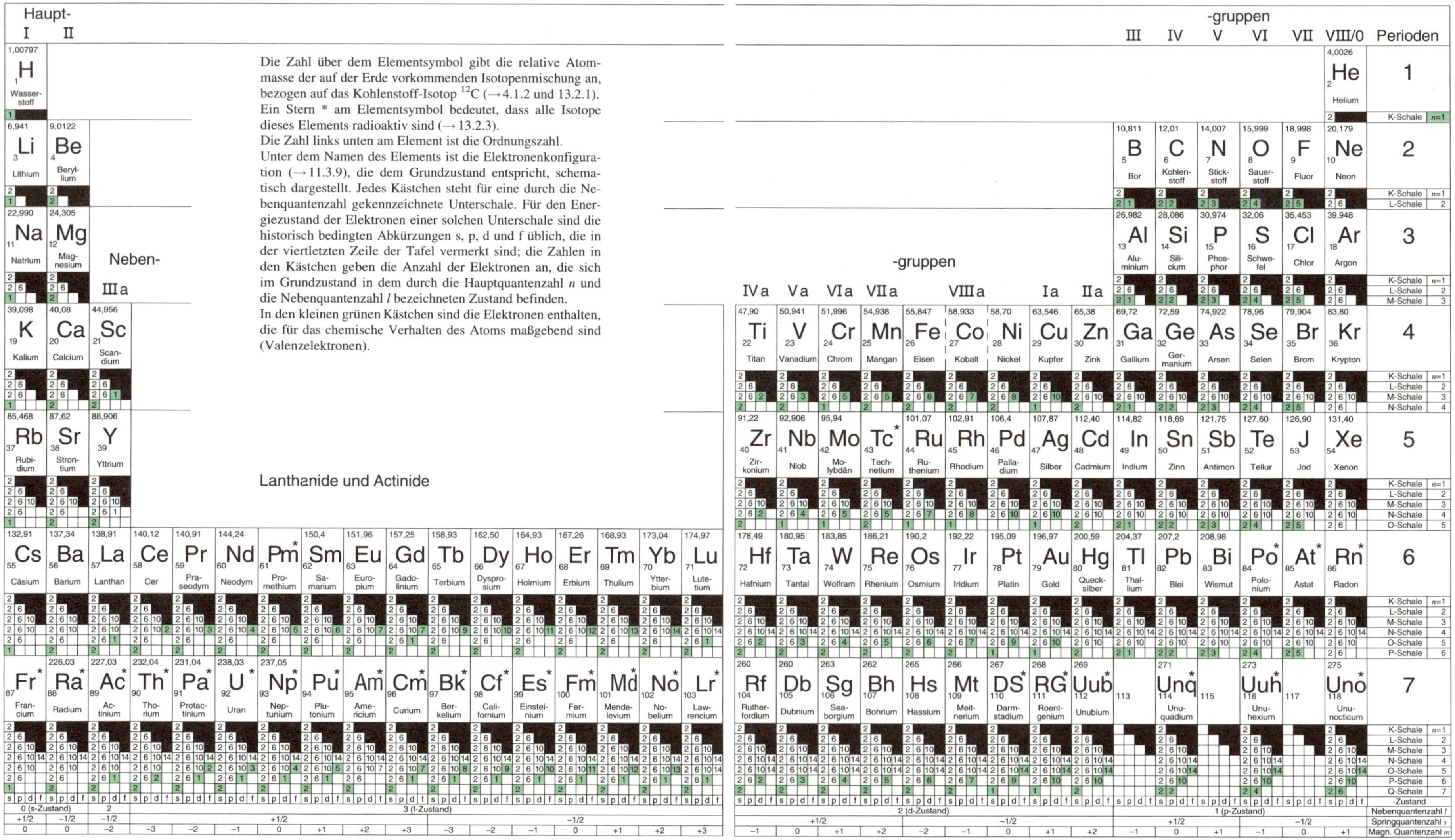

Im Periodensystem sind die Elemente nach ähnlichen chemischen und physikalischen Eigenschaften in Gruppen zusammengefasst, die Elemente einer Gruppe jeweils in einer Spalte untereinander. Eine Ausnahme bilden die Lanthaniden und Actiniden, die keiner Haupt- oder Nebengruppe zugeordnet sind. Die Tafel lässt erkennen, wie das gleichartige Verhalten der Elemente einer Gruppe durch die Gleichartigkeit der Elektronenkonfiguration, insbesondere durch die gleiche Anzahl der Valenzelektronen, zu erklären ist.
In den Hauptgruppen befinden sich die Valenzelektronen in der äußeren Schale: Die Nummer der Hauptgruppe gibt daher die Zahl der (Valenz-)Elektronen in der äußeren Schale an. In den Nebengruppen befinden sich die Valenzelektronen sowohl in der äußeren als auch in der nächst-äußeren Schale; dort sind es die Elektronen der letzten Unterschale. Bei den Lanthaniden und Actiniden sitzen die Valenzelektronen zusätzlich auch noch in der dritten Schale von außen.
Die Periodennummer bezeichnet in jedem Fall die äußere Schale des Atoms, sie stimmt mit der Hauptquantenzahl in der äußeren Schale überein.
Die drei letzten Zeilen der Tafel zeigen, wie viele Elektronen nach dem Pauliprinzip (→ 11.3.9) in jeder Unterschale möglich sind. Im p-Zustand ($l = 2$) z. B. können die Elektronen die Orientierungsquantenzahlen $m = -1, 0, +1$ annehmen und sich außerdem noch in der Spinquantenzahl $s = +\frac{1}{2}$ bzw. $s = -\frac{1}{2}$ unterscheiden; danach sind also 6 Elektronen im p-Zustand möglich.